航空航天新兴领域高等教育教材

空间操控基础

主　编　董正宏　宋旭民
副主编　王伟林　曾　鑫　李小兰

哈爾濱工業大學出版社

内容简介

空间操控是指利用航天器对空间物体进行操作和控制，包括在轨服务、空间环境维护等应用模式。空间操控技术的发展，使得航天器在其寿命周期内可以被维修、维护和升级，可能从根本上改变传统航天器系统建设的固有模式和思路。本书围绕在轨抵近、交会、绕飞、伴飞、操控、撤离等任务，先对空间操控进行概述，再重点介绍空间操控技术的发展历程、航天动力学基础、远程轨道机动、近程轨道机动、导航制导与控制系统原理、空间机器人基础、轨道追逃问题等内容。

本书可作为高等院校飞行器设计、航天器动力学与控制等专业本科生、研究生的教材，也可作为相关领域的研究、设计人员的参考书。

图书在版编目（CIP）数据

空间操控基础／董正宏，宋旭民主编. -- 哈尔滨：哈尔滨工业大学出版社，2024. 11. -- ISBN 978-7-5767-1731-0

Ⅰ. V448. 2

中国国家版本馆 CIP 数据核字第 2024U2H233 号

空间操控基础

KONGJIAN CAOKONG JICHU

策划编辑　薛　力
责任编辑　雷　霞　宋晓翠
封面设计　刘　乐
出版发行　哈尔滨工业大学出版社
社　　址　哈尔滨市南岗区复华四道街 10 号　邮编 150006
传　　真　0451-86414749
网　　址　http://hitpress. hit. edu. cn
印　　刷　哈尔滨博奇印刷有限公司
开　　本　787mm×1092mm　1/16　印张 18. 75　字数 489 千字
版　　次　2024 年 11 月第 1 版　2024 年 11 月第 1 次印刷
书　　号　ISBN 978-7-5767-1731-0
定　　价　98. 00 元

前　言

随着航天技术的不断进步,空间操控技术以其在轨加注、在轨维修、空间碎片清除等应用,正逐步重塑我们对航天器全寿命周期管理的认知。这些技术不仅能够延长航天器的使用寿命,更是从根本上挑战和改变着传统航天系统的构建模式。空间操控技术的成熟,预示着航天发展模式的一次颠覆性变革。

在过去的十年中,空间操控技术取得了显著的发展,关键技术的突破让我们站在了从技术验证到实际应用的门槛上。国际上已有商用在轨延寿任务的成功案例,国内在轨加注、空间交会、空间机械臂操控等领域的试验也取得了突破性进展。这一切预示着空间操控技术的工程应用时代正迅速向我们走来。

空间操控是一个充满活力且快速发展的新兴技术领域。它的概念、应用以及与传统航天器的关键技术差异,都要求我们对这一领域有更深入的了解和研究。

目前,系统性介绍空间操控的教材相对缺乏。本书编写团队基于多年的教学经验和研究成果,开发了面向本科生的空间操控原理及应用课程。本书正是基于这些课程的教学讲义和实践进行编写,旨在为学习者提供一个全面、系统的学习资源。本书不仅融合了传统的轨道力学理论,更涵盖了空间操控技术的最新发展,是一部新型教材,适合作为教学和研究的基础资料。

本书的内容设计以空间操控的基本概念为起点,以空间交会和机器人操控技术为核心,系统地介绍了空间操控轨道动力学基础、远程和近程轨道机动方法、制导导航与控制原理、空间机器人原理等关键知识点。力求通过这些内容,帮助学习者构建起空间操控的知识体系,并掌握任务分析与设计的基本方法。

空间操控是一个与实践紧密相连的领域。本书的编写团队结合了近年来在空间操控教学和科研中的实践经验,将基本原理和关键问题进行了深入的探讨和整合,使得教材内容在继承传统轨道动力学教学的基础上,更加突出了空间操控技术的特色和应用。

本书可作为高等院校飞行器设计、航天器动力学与控制等专业本科生、研究生的教材,也可作为相关领域的研究、设计人员的参考书。鉴于编者的知识和经验有限,书中难免有疏漏或不足之处,敬请批评指正。

编　者

2024 年 10 月

目　录

第 1 章　空间操控概述 …… 1

1.1　基本概念 …… 1
1.2　任务分类 …… 1
1.3　空间操控任务要求 …… 5
1.4　空间操控任务航天器 …… 7

第 2 章　空间操控技术的发展历程 …… 15

2.1　早期技术探索阶段 …… 15
2.2　有人空间操控初步应用阶段 …… 16
2.3　无人空间操控验证及应用阶段 …… 20

第 3 章　航天动力学基础 …… 42

3.1　近地航天器二体轨道基础 …… 42
3.2　轨道摄动及其影响 …… 49
3.3　航天器姿态动力学 …… 67

第 4 章　远程轨道机动 …… 77

4.1　轨道机动概述 …… 77
4.2　轨道调整 …… 84
4.3　轨道改变 …… 90
4.4　轨道转移 …… 104

第 5 章　近程轨道机动 …… 134

5.1　相对运动方程 …… 134
5.2　绕飞轨道及设计 …… 145
5.3　掠飞轨道及设计 …… 153
5.4　抵近轨道及设计 …… 158
5.5　强制运动轨道设计方法 …… 163

第 6 章　导航制导与控制系统原理 …… 168

6.1　GNC 概述 …… 168
6.2　GNC 系统 …… 168

6.3　远距离导引段控制 …… 177
6.4　自主交会段制导与控制 …… 183
6.5　撤离段制导与控制 …… 191

第 7 章　空间机器人基础 …… 199

7.1　空间机器人概述 …… 199
7.2　空间机器人运动学基础 …… 212
7.3　空间机器人位置级运动学 …… 222
7.4　空间机器人速度级运动学 …… 228

第 8 章　轨道追逃问题 …… 236

8.1　相关技术概述 …… 236
8.2　远距离轨道追逃问题 …… 240
8.3　近距离轨道追逃问题 …… 256
8.4　共面轨道追逃问题 …… 272

第1章 空间操控概述

1.1 基 本 概 念

“空间操控”一词源自英文“space operation”。“space operation”一词涵盖的内容十分广泛，在军事领域，常指太空作战、行动等，如美国诸多以“operation”命名的太空作战条令，包括“Space Operation”“Counterspace Operation”等；在民用方面，则用于描述对航天器的维修、捕获等操作。

在国内，空间操控尚无统一定义，不同情境下理解各异。一般而言，可将其界定为利用航天器对其他空间物体进行操作、控制的行为。依据操作、控制范围的不同，空间操控分为狭义与广义两种概念。狭义的空间操控主要涉及对空间物体的抵近、交会、捕获和控制等任务；广义的空间操控则涵盖更广泛内容，除了上述任务，还包括利用在轨航天器实施成像、检查等其他任务。

在空间操控任务中，存在两个核心对象：执行任务的航天器和被操控的空间物体。通常，执行任务的航天器被称为追踪航天器或任务航天器，而被操控的空间物体则被称为目标或目标航天器。

狭义的空间操控任务要求任务航天器主动接近目标航天器至百米甚至米量级的距离，精准到达目标的特定相对位置，进而实施抓捕或操作，涵盖接近、绕飞、伴飞、捕获、对接、操控和撤离等环节。

本书主要围绕狭义的空间操控概念展开，即利用航天器对空间物体进行操作和控制的行为。这里的空间物体，既包括航天器、空间碎片，也涵盖小行星等。操作和控制的方式则包括维修、维护、抓捕、捕获、改变轨道等。

本书将聚焦于空间操控任务的各个阶段，介绍其基础原理。轨道机动和交会能力是所有空间操控任务的基石，也是空间操控技术的关键研究方向。本书将着重介绍如何实现抵近、绕飞、伴飞、撤离等任务，并深入探讨轨道机动、交会、近距离相对运动控制、导航制导与控制等基础原理。此外，目标操控技术是操控任务的核心所在。不同操控任务对应着不同的操控技术和载荷。空间机械臂作为操控载荷中的重要且典型代表，本书也将重点阐述空间机器人运动学建模与路径规划等基础原理。

1.2 任 务 分 类

空间操控的应用类型丰富多样，分类标准也各有不同。本书依据操控对象的类型和操控目的，将其分为在轨服务应用和环境维护应用两类。其中，在轨服务应用主要针对己方或合作方的航天器，典型操作包括抵近拍照、检查、维修、维护、加注、组装等应用。环境维护应用则主要面向空间碎片、小行星天体等，典型操作包括抵近捕获、轨位清理、离轨清除等。

虽然操控应用类型很多,需要的关键技术也各不相同,但其中存在许多共性关键技术,主要包括非合作目标自主接近与交会技术、相对运动精细操作与控制技术、非合作目标抓捕与控制技术。这些技术不仅是空间操控技术的重要组成部分,还是近年来国内外研究攻关、试验验证的重点方向,也是本书重点讲解的内容。除了这些共性关键技术之外,针对各类应用的需求,还衍生出诸多技术方向,但因这些内容与具体应用结合紧密,在本书中未展开介绍。

1.2.1 在轨服务

目前,大多数航天器的设计理念是一次性使用。航天器能否在轨正常运行,主要取决于其发射前在地面上采取的一系列提高可靠性的措施,如采用冗余设计、尽可能选用成熟部件及成熟技术等,但由于航天器设计、制造等自身因素及空间环境的影响,在航天器在轨运行的过程中,各种故障及意外情况不可避免。随着技术的进步,航天器上的仪器设备逐渐陈旧落后,无法达到理想的性能水平。同时,航天器的规模扩大极大地受到当前发射运载器的限制,其寿命也受限于其可携带推进剂的总量。为了解决这些问题,在轨服务的需求应运而生,具体包括以下内容。

(1)部分航天器发射入轨后可能会出现部件失效、轨道偏离、燃料耗尽等问题,如果通过地面遥控不能恢复运行,则航天器报废,造成巨大损失。由此催生了对其进行在轨维修、燃料加注及辅助机动进入预定轨道的需求,以使其恢复正常运行,挽回损失。

(2)部分航天器在完成预定任务或达到寿命终期时,其主要结构和部件仍能正常运行,由此提出了通过部分组件更换或燃料加注来延长其使用寿命,或通过载荷替换使其具有执行其他任务的能力。

(3)随着技术的持续进步,将新的科研成果应用于在轨航天器的需求日益凸显,一方面,这可以用于新技术的演示验证,从而减少专门用于新技术飞行试验的航天任务费用;另一方面也能升级在轨航天器的功能,增强其完成指定任务的能力。

(4)对于复杂大型航天器平台(如大型空间望远镜),在当前运载器发射条件下还不能进行整星一次发射,由此需要将大型结构分块发射入轨,通过在轨组装实现大型航天器的搭建。

综上所述,为了提升航天器的性能、延长其使用寿命、降低费用和风险,对于以在轨燃料加注、维护修复、功能更换和升级、在轨组装等为内容的空间维护技术的需求越来越迫切。这些活动称为在轨服务,又可以分为在轨维护和在轨组装两类。在轨维护是指对在轨航天器进行检查、保养、维修、升级等操作的任务,具体包括抵近观测、在轨加注、模块更换、在轨维修、接管控制、轨道重定位等。在轨组装是指在轨道上进行建造、装配航天器的任务,具体包括在轨装配、在轨制造(含 3D 打印)等。

抵近观测是指通过轨道机动接近目标航天器,围绕目标航天器开展绕飞、悬停等轨道机动,获取目标航天器的光学和电磁特性的任务。由于观测距离更近,因此可以获取目标图像,确定目标的姿态、结构等细节,从而用于对卫星运行状态、故障等情况的确认。

在轨加注是指利用任务航天器对接目标航天器,并为其补充燃料。对于地球静止轨道卫星,由于轨道摄动的影响,其在轨过程中需要周期性进行轨道维持,以确保其保持在设定的轨道位置。对于低轨卫星,若不进行轨道维持,其轨道会因大气摄动影响逐渐降低,因此也有轨道维持的需求。目前很多卫星直到燃料耗尽,其整体功能仍是有效的,即很多卫星的寿命是由其燃料量决定的,在这种情况下,进行在轨加注就可以延长这类卫星的寿命。不过,这需要目标航天器具有被加注能力。

模块更换是指利用任务航天器抓捕目标航天器后，对其部分模块进行更换，如失效的模块、即将到寿的模块或者功能落后的模块，通过更换模块可以对卫星功能进行升级。模块更换不仅要求任务航天器具有更换能力，还要求目标航天器进行针对性设计，具备模块更换能力。

在轨维修是指利用任务航天器抓捕目标航天器后，对其进行操作和维修，可能的维修方式包括辅助机构展开等。

接管控制是指利用任务航天器抓捕目标航天器后，由任务航天器对组合体进行轨道和姿态控制，为目标航天器提供所需的轨道和姿态，使失去轨道和姿态控制能力的目标航天器可以正常工作。

轨道重定位是指利用任务航天器抓捕目标航天器后，将其移动到新的轨道重新工作。

1.2.2 空间环境维护

人类航天活动在太空留下的废弃的人造物体及其衍生物称为空间碎片，又称空间垃圾。空间碎片包括工作寿命结束的航天器，废弃的运载火箭末级，航天发射运行过程中的抛弃物、脱落物、泄漏物，以及人造物体爆炸、碎裂或碰撞产生的碎片等。按照空间碎片的大小，可以将其分为大碎片（大于10 cm）、小碎片（小于0.1 cm）和中等碎片（0.1～10 cm）三类。

空间碎片在轨飞行速度很快，一旦与在轨航天器发生碰撞，可能会对航天器造成破坏。一般来说，直径小于0.01 cm的碎片（在近地轨道上数量很多）主要使航天器表面产生凹陷和剥蚀，长期与航天器碰撞可能对航天器造成明显的累积影响；直径0.01～1 cm的碎片会对航天器产生明显影响，其中，直径大于0.1 cm的碎片会对航天器结构造成损害；直径大于1 cm的碎片会对航天器造成灾难性的破坏。历史上已经发生多次碎片碰撞事件。例如，2009年，俄罗斯废弃卫星“宇宙2251”和美国在役卫星“铱33”以11.64 km/s的相对速度发生碰撞，产生了大量新的空间碎片。

随着人类航天活动的日益频繁，空间碎片的数量也在不断攀升，低于2 000 km的低地球轨道（LEO）是碎片的主要集中区域，地球同步轨道上也形成了碎片环。目前已经被观测编目的空间碎片数目已超过20 000块，而无法编目的微小碎片质量已达几千吨，数量超过200亿块。太空中频繁发生与空间碎片相关的相撞事件。

1996年7月24日，法国的CERISE微型卫星在入轨正常运行一年后，开始在700 km高的极轨道上快速翻滚。经查证，事故原因是一块空间碎片撞击了卫星的引力梯度杆，使得卫星姿态失去了控制。这块碎片是1986年发射的“阿里安”V-16末级火箭分解产生的，编号为18208。1986年发生的“阿里安”V-16末级火箭爆炸，释放出了564块10 cm大小的残骸和2 300块小碎片。

2005年1月17日，在距离地球表面885 km的近地轨道上，两块火箭残骸发生碰撞，一块为1974年入轨的雷神-博纳火箭末级，而另一块为中国于2000年发射的“长征4号”运载火箭助推段残片。

航天飞机飞行中也常常受到空间碎片的撞击，据美国国家航空航天局（National Aeronautics and Space Administration，NASA）统计，因碎片撞击，航天飞机平均每次飞行要更换1.41块舷窗。苏联“和平”号空间站公布的图片清晰显示，“和平”号陨落前已经被空间碎片撞得千疮百孔。

为了有效地遏制当前空间环境日渐恶化的趋势，各航天大国、国际组织在航天活动中采取了多种措施，以期达到减少空间碎片、保护空间环境的目的。然而就目前而言，人类更多的是采取被动的措施防护和规避空间碎片对在轨航天器的威胁，或者通过减缓措施预防新空间碎片的产生。目前对于大于 2 cm 的碎片，唯一有效的方法是躲避。1988—1997 年，美国航天飞机 50 余次的飞行中，至少有 5 次因躲避碎片而改变飞行路线。国际空间站为了躲避空间碎片，平均每年需要进行规避飞行 14 次。

通过采取以上措施，虽然可以在一定程度上帮助人们提高航天活动的安全性，预防新空间碎片的产生，但对彻底治理和减少已形成的空间碎片、净化空间环境的作用非常有限。由于碎片在太空中相互碰撞会产生更多的碎片，可能会引发连锁碰撞。研究表明，目前低地球轨道特别是极区的物质密度已达临界点，只有预防已不足以维持空间碎片环境的长期稳定，因为空间物体之间发生碰撞产生碎片的速度比因大气阻力自然清除碎片的速度更快。

此外，微纳卫星、大规模星座等技术迅速发展，国外提出了上万颗星构成的巨型星座，虽然星座中大部分卫星都可以采取主动离轨措施，但存在卫星失效无法主动离轨的风险，使得空间碎片环境更为严峻。

高轨是独一无二的轨道资源，具有对地覆盖范围广、与地面相对静止等优点，部署较少的卫星便可实现全球覆盖，经济性和战略价值极高。然而随着需求和高轨发射次数的增多，高轨中的卫星、火箭末子级及飞行过程中的抛弃物越来越多，高轨变得越来越拥挤，特别是高轨废弃、失效和故障卫星对高轨轨位的利用产生了严重影响。高轨失效卫星数量的增多，显著增加了卫星碰撞的概率，这将造成难以估量的灾难性影响。据欧洲航天局预测，若不采取有效的措施清除轨道垃圾，到 2030 年左右，将有 3.7% 的碰撞概率，即每 25 颗正常卫星中将有一颗与不受控物体相碰。保护宝贵而有限的地球同步轨道资源，已成为国际社会的广泛共识。

因此，必须采取主动的碎片清除措施，清除轨道上业已存在的空间碎片，彻底治理和保护空间环境。

空间碎片之间的相互碰撞成为未来碎片数量增长的主要因素，因此，只有采取主动清除措施，清除影响比较大的现有在轨碎片（主要是废弃卫星），以阻止新碎片的产生，才能从根本上阻止空间碎片的增长，进而改善空间碎片环境，为人类空间活动可持续发展提供支撑。

国际上已提出多种空间碎片清除方法，但大部分还处于概念探索或技术研究阶段，表 1.1 给出了清除空间碎片的主要方法。

表 1.1　清除空间碎片的主要方法

清除方法	具体操作
推移离轨	激光推移离轨
	离子束推移离轨
	太阳帆推移离轨
增阻离轨	膨胀泡沫增阻离轨
	静电力增阻离轨
	粉尘拦阻离轨

续表 1.1

清除方法	具体操作
捕获离轨	空间拖船捕获离轨
	空间绳系捕获离轨
	容器收集器捕获离轨
	天基磁场发生器捕获离轨
服务后重用	在轨维修后重用
	在轨加注后重用
自主离轨	充气装置自主离轨
	制动帆自主离轨
	太阳帆自主离轨

1.3　空间操控任务要求

空间操控任务中,目标航天器一般不进行主动或被动的控制,而追踪航天器需要通过主动实施轨道和姿态控制,接近目标航天器并与其交会,最后根据任务要求对目标航天器实施服务、捕获乃至接管等操控任务。在一些理论研究中,也有在追踪航天器接近过程中,同时对目标航天器进行控制的情况,这带来更为复杂的理论问题,对追踪航天器要求更高,在本书中不涉及。

1.3.1　交会对接任务过程

目前在建造空间站、试验航天飞机、探月等项目中,已经实现了多次有人、无人交会对接任务。交会对接任务也需要通过轨道机动与目标交会,并与目标对接,其任务过程与空间操控任务过程有一定的类似性。

图 1.1 为一般交会对接任务的飞行过程,主要包括发射段、远距离导引段、自主控制段三部分,其中自主控制段又可分为近距离导引段和平移靠拢段。图中轨迹线为任务航天器相对于目标航天器的相对运动轨迹。图中 V-bar 为沿目标航天器运动方向,R-bar 为指向地心方向。

自主控制段与远距离导引段的主要区别在于,在远距离导引段,追踪航天器无法直接测量目标航天器的相对位置,实际是根据地面预报的目标航天器轨道盲飞。在自主控制段,追踪航天器自身的敏感器可以捕获到目标航天器,并自主精确测量目标航天器的位置,部分情况下还可自主控制飞行轨迹,这两个阶段在动力学与控制上也有较大差别。

远距离导引段与自主控制段的分界点通常称为“初始瞄准点”,即图中 P_1 点。然而这个点并不是一个固定点。初始瞄准点的位置取决于几个因素,例如,它是在 V-bar 的+侧还是-侧,是在目标轨道上还是高于/低于目标轨道,离目标距离多远。初始瞄准点的选择将综合考虑多种因素,包括操作任务需求、追踪航天器的探测能力等。将瞄准点设在目标航天器的后侧稍下的位置是最方便的解决方案，因为自然漂移会使追踪航天器慢慢向目标航天器运动，而不需要额外的推进机动。这也是在交会任务中最常用的策略，追踪航天器是从后下方接近目标。在这个漂移过程中，最后一次机动后的残留误差——高度误差、偏心率误差、轨道面外误差都能得到修正。

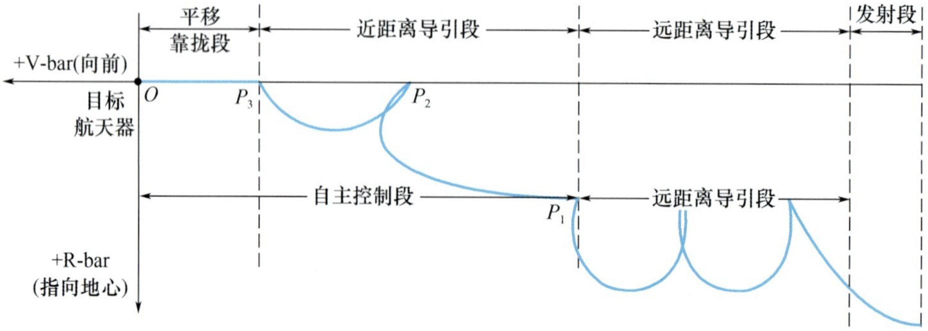

图 1.1 一般交会对接任务的飞行过程

P_2、P_3 为近距离导引段中间设置的停泊点，任务航天器在 P_2、P_3 点可以与目标航天器形成稳定的伴飞状态，因而可以进行一些状态确认调整工作。

1.3.2 任务要求

空间操控任务过程与传统交会对接任务过程有一定的相似性，都需要追踪航天器与目标航天器交会，也可以分为远距离导引段和自主控制段两大部分。但相比于交会对接任务，空间操控任务类型较为多样，因此会有一些特殊的要求，带来任务流程和设计上的一些区别，主要包括以下几点。

(1)在空间操控任务中，很多情况下目标是非合作目标或半合作目标；而交会对接中目标大部分都是合作目标。

非合作目标在空间操控中是一个常见的概念，是指任务过程中目标不配合的状态。所谓的配合，包含很多方面。常见的如：目标航天器提供应答设备、标志器、差分 GPS(全球定位系统)等设备配合追踪航天器对其提供相对位置和姿态测量；目标航天器按任务要求提供对接机构、抓捕手柄、定位标志器等辅助任务航天器对其进行对接、抓捕；目标航天器根据交会的要求主动控制自身的轨道或姿态，以协助任务航天器对其进行交会和操作。

在交会对接任务中，目标航天器往往针对交会对接任务进行了特殊设计，一般是合作目标。而在大部分空间操控任务中，目标都不是特殊设计的，甚至像空间碎片等目标还处于完全失控翻滚状态，往往都是非合作目标。显而易见，对非合作目标进行交会、对接和操作要困难得多。

(2)在空间操控任务中，任务航天器和目标航天器的轨道往往具有较大的差异。而在交会对接任务中，任务航天器和目标航天器的轨道差异往往是事先设计好的，可实现二者轨道基本共面，形成理想的相位关系，有时候目标航天器还会根据需要调整自身轨道以实现良好的交会对接条件，因而飞行程序较为固定。在空间操控任务中，一般难以事先确定任务航天器和目标航天器的轨道位置关系，且交会轨道条件可能较差，因此对空间操控任务航天器的机动能力、任务规划能力都提出了更高的要求。

(3)空间操控任务需要更大的自主性和灵活性。在交会对接任务中,因为交会程序和交会时间一般是固定的,经过长期的设计验证,并调用大量资源进行保障,以保证任务的安全性。而在空间操控任务中,任务时间约束可能更为严格,保障更少,对自主能力要求更高。

(4)空间操控任务对任务航天器相对运动能力有更高的要求。在空间操控任务中,需要根据任务要求从特定方位接近目标,对目标进行伴飞、绕飞、悬停等相对运动等,这都需要任务航天器能精确测量目标相对位置,精确控制其运动轨迹。这里对本书中经常涉及的几个概念进行界定。

交会,是指两个航天器达到相对距离接近、相对速度差很小的状态。其中相对距离、相对速度差的大小与空间操控的任务要求有关。本书中笼统认为相对距离在百公里以内,相对速度差在几十米每秒以内。显而易见,在交会情况下,两个航天器可以在无控的情况下,在较长时间内保持相对稳定的相对运动关系。应注意的是在不同的文献中,交会的概念可能不完全相同。有些文献中将交会的距离和速度差限定得更小,例如在交会对接场景下,认为需要实现相对距离在米级、相对速度在 cm/s 级才称为交会;还有一些文献中,认为只要相对距离小于一定距离就称为交会,而对相对速度没有限制,这在本书中将其定义为飞越。

飞越,是指两个航天器达到相对距离接近、但相对速度差较大的状态。在飞越任务中,追踪航天器快速从目标航天器旁边近距离掠过。与交会不同,飞越不要求追踪航天器位于和目标航天器接近的轨道面上。

对接,是指追踪航天器和目标航天器通过对接机构连接成为一个刚性整体。显然交会是对接的前提。

伴飞,是指追踪航天器与目标航天器处于相同或近似轨道,仅仅相位角不同。使得追踪航天器相对于目标航天器的相对运动轨迹近似为一个定点,且定点位置在目标航天器轨道上。

绕飞,是指追踪航天器相对于目标航天器在轨道面内的相对运动轨迹为一近似封闭椭圆,且目标航天器位于椭圆内部。

悬停,追踪航天器相对于目标航天器的相对运动轨迹为定点时,且定点位置不在目标航天器轨道上时,称为悬停。悬停必须要求追踪航天器施加主动控制。

(5)追踪航天器需要对目标航天器进行对接、抓捕、服务等各种操作,需要设计专门的操作载荷,同时这些操控动作往往对任务航天器自身的各分系统提出了更高的要求。

1.4　空间操控任务航天器

1.4.1　卫星系统组成

空间操控任务的关键在于空间操控任务航天器。任务航天器本质上是一颗卫星,具有与一般卫星类似的分系统。

1.4.1.1　结构和机构子系统

(1)总线是一种用于安装其他部件的金属或复合材料框架。由于要承受发射时的压力,总线通常都有弹性。

(2)结构是指为卫星及其各分系统提供支撑,承受和传递载荷,并保持一定刚度和尺寸稳定性的部件和附件的总称。

(3)机构是指使卫星及其部件或附件完成规定动作或运动的机械组件。机构可以分为以下几类。

压紧与释放机构:发射时实现卫星本体和挠性附件之间的部件与部件之间的牢固连接(压紧);入轨后可以按照规定要求解除约束,用于太阳翼和天线。

展开机构:使卫星部件由收拢状态展开到规定位置或展开成规定形状的装置。展开机构分为弹簧式展开机构、电机式展开机构、弹性储能式展开机构和充气式展开机构。

驱动机构:根据指令按照规定的速率和时间驱动(转动或移动)相关部件或附件(如相机、天线的指向)。

连接与分离机构:实现一部分与另一部分分离的装置,包括部件级、舱段级、星箭级、航天器之间的连接与分离。

1.4.1.2 热控子系统

卫星计算机和接收器等工作部件都能产生大量的热量,同时入射的太阳光也产生热量。热控子系统用于控制卫星内外热交换过程,保证星体各个部位及星上设备在整个任务期间都处于正常工作的温度范围。其任务包括:常温要求、高低温要求、恒温要求(温度变化速率)、等温要求(反射面天线、天文望远镜等)。同时要考虑航天器在不同运行阶段(地面段、上升段、轨道段、返回段)、不同位置、姿态(进出日影、姿态控制方式)及仪器的工作状态变化时的热控要求。

常用的热控子系统设计方法可分为被动热控和主动热控两种。前者的特点是简单可靠,但使用条件有限,受环境影响较大,主要有使用热涂层、多层隔热材料、相变热控材料、接触热阻和导热填料等方式。后者调节范围大,主要有辐射(百叶窗)、传导(接触式热开关和可控导热管)、对流(气体循环系统流体循环系统)三类。

历史上曾发生过多起热控系统失效的案例。天空实验室在起飞时太阳能电池帆板和舱体表面热控涂层遭受破坏,入轨后太阳能电池不能正常工作,电力不足,导致载人舱受太阳照射,温度达 87.7 ℃,航天员无法进入舱内工作。后来使用喷覆金属涂层的折叠伞来遮挡阳光,舱温才逐渐下降至正常。1973 年加拿大通信技术卫星超高频转发器温度急剧上升,不能工作,原因是用于散热的热管受到卫星本体的遮挡,温度下降,管内工质冻结失去传热能力。1978 年日本广播卫星部件温度偏高,是由于太阳能帆板机构漏油,污染了卫星的热控涂层,导致对阳光的吸收率增加。1984 年中国试验卫星,卫星自旋速度达到一定值时,行波管温度超出预定值,原因是行波管导热热管中有一死角,当卫星自转加快时,离心力增大,热管工质回流受阻,传热量下降。

1.4.1.3 电源子系统

通常采用太阳能电池阵列(太阳能帆板)来提供电能,电能存储在可充电电池中,这样,当卫星飞到阴影区时仍然能够得到充足的电能。随着电池方面的科技发展,高能量(每单位质量存储的能量多)、高可靠性电池应运而生。

太阳能电池安装在卫星表面或平板上。太阳能电池安装在卫星表面上时,卫星结构比较紧凑(在空间有限或质量有限,或者在有意隐藏卫星的情况下,这种结构显然比较理想)。但是,由于太阳并不能时刻照射到所有组件,与把太阳能电池安装在可以不断调整、一直面向太阳的帆板上相比,这种结构产生的电能要少一些。

由于太阳能帆板的面积较大,经常与空间粒子或碎片发生碰撞,因此太阳能帆板很容易受损。如果只是部分受损,卫星仍然能够继续执行任务。虽然卫星性能有所降低,但还不至于使整个卫星失效。但是,如果太阳帆板被碰掉或者无法展开,并且卫星没有其他电源,那么卫星很快就会停止工作。电能分配系统如果出现故障也会导致卫星失效。

还可以使用其他电源来提供电能。据报道苏联曾经用核反应堆对在轨雷达系统等耗能较大的系统供电,美国也发射过反应堆供电卫星。当前,美国正研究如何用铀反应堆对空间系统进行高质量供电。虽然较新的卫星设计中采用的燃料电池可以利用氢氧等化学成分产生电能,但是目前星载化学电源还没有投入使用。由于卫星在外层空间探测时离太阳过远,无法依赖太阳能帆板,因此采用放射性物质供电。过去环地轨道卫星通常用放射性物质供电,但是现在用得较少了。

1.4.1.4 数据管理子系统

星载计算机控制卫星子系统的状态和机动并进行数据处理。高性能卫星里装有可由计算机控制的精密抗干扰硬件。一旦他人控制了计算机系统,卫星对其真正的主人就没有用途了。计算机系统对其所处的电磁环境非常敏感,如果遭遇太阳风暴或受到高能电磁辐射,计算机可能会关机或重新启动。

1.4.1.5 测控通信子系统

测控通信子系统用于卫星与地面站、卫星与卫星之间的通信联系,其由发射器、接收器及一个或多个天线组成。所有卫星都需要一个天地之间的链路来完成“遥测、跟踪和控制”任务(TT&C)。

1.4.1.6 GNC 子系统

制导、导航和控制(guidance, navigation and control, GNC)子系统是对卫星的轨道和姿态实施控制的子系统,其一般包含测量、控制和执行三部分,构成反馈控制。

控制回路都包含测量、控制和执行机构三部分。获得航天器的位置和速度信息主要有非自主导航和自主导航两种方法,前者主要由地面站提供位置和速度信息,并上传到星上;后者根据参照物的不同分为天文导航、陆标导航、信标测距(GPS 等)、惯性导航(陀螺、加速度计)、主要自主导航设备、空间六分仪、GPS、Mans 等。

姿态敏感器用来测量航天器本体坐标系相对于某个基准坐标系的相对角位置和角速度。首先获得相对于两个或多个已知基准方位的姿态,再转换为所需要的结果。姿态敏感器按不同的基准方位,可分为下列五类:

(1)以地球为基准方位,如红外地平仪、地球反照敏感器;

(2)以天体为基准方位,如太阳敏感器、星敏感器;

(3)以惯性空间为基准方位,如陀螺、加速度计;

(4)以地面站为基准方位,如射频敏感器;

(5)其他,例如磁强计(以地磁场为基准方位)、陆标敏感器(以地貌为基准方位)。

轨道控制的任务是对卫星的质心施加外力,以改变其质心的运动轨迹的技术,大致可以分为以下四种:

(1)变轨控制,使卫星从一个自由飞行段轨道转移到另一个自由飞行段轨道;

(2)轨道保持,使卫星克服空间各种摄动的影响,保持卫星轨道的某些参数不变的控制;

(3)返回控制,使卫星脱离原来的轨道,进入大气层的控制;

(4)轨道交会,使一个卫星与另一个卫星在同一时间、以相同的速度到达空间统一位置的过程。

姿态控制是对卫星施加绕质心的外力矩,以保持或按要求改变卫星上一条或多条轴线在空间定向的技术。不同的卫星对姿态控制有不同的要求。一般来说轨道控制与姿态控制密切相关,即在进行轨道控制的同时也必须进行姿态控制。卫星的姿态控制方式可以分为两大类:自旋稳定和三轴稳定。

按对卫星控制力的来源,姿态控制可以分为被动控制和主动控制。被动控制的控制力来源于空间环境或卫星动力学特性,不需要消耗星上能源。主动控制的姿态和轨道测量与确定都能够按照给定的控制规律产生或发出控制指令,并通过星载执行机构产生控制力或控制力矩,由星上或地面设备共同组成的闭环系统来实现。

执行机构可以分为三类:推力器类、飞轮类和环境类执行机构。其中推力器类是最常见的执行机构,可以用于姿态和轨道控制。

飞轮类执行机构仅用于姿态控制,通过改变安装在航天器上的高速旋转刚体的动量矩,从而产生与刚体动量矩变化率成正比的控制力矩,作用于航天器上使其动量矩相应变化。飞轮类执行机构可分为惯性轮(反作用轮、动量轮或偏置动量轮)、控制力矩陀螺和框架动量轮三类。

环境类执行机构依靠环境特性来产生所需的控制力和控制力矩,包括以下几类:

(1)磁力矩;

(2)重力梯度力矩;

(3)太阳辐射力矩;

(4)气动力和气动力矩。

卫星上的控制器一般采用控制电路或星载计算机来实现:

(1)满足航天器基本要求,例如质量轻、体积小、功耗低等特点;

(2)适合在空间环境长期工作,例如轨道环境辐射、真空条件与温度变化;

(3)具有冗余结构和故障检测、故障处理与修复等功能的高可靠性要求;

(4)实现结构和接口上的模块化、标准化,便于在轨更换和升级。

1.4.1.7 任务载荷子系统

有效载荷是保证卫星完成任务的关键部件,有效载荷一般可分为以下几类:

(1)科学探测与实验类,用于探测空间环境、观测天体和空间科学试验的各种仪器、设备、系统;

(2)信息获取类,对地观测的各种遥感器;

(3)信息传输类,用于中继通信或单向信息传输的仪器、设备和系统;

(4)信息基准类,用于提供空间基准和时间基准的各种仪器。

不同的任务对应于不同的有效载荷,不同任务的有效载荷差异很大,空间操控任务有专门的操控载荷,这里不再展开叙述。

1.4.2　空间操控系统的特殊要求

空间操控任务对任务航天器提出了特殊的能力要求,空间操控任务航天器多个子系统都需要据此进行特殊设计,因此任务航天器是一类特殊的卫星。

GNC 子系统负责卫星的轨道、姿态控制,空间操控任务航天器需要完成复杂的轨道交会和姿态控制任务,显然 GNC 子系统与一般卫星差异很大。近年来开展了大量的空间操控试验,其中主要是对 GNC 技术进行试验验证。

(1)轨道机动能力要求。

首先,任务航天器需要通过大范围轨道机动,实现对目标的接近和交会。目前大部分卫星的轨道机动主要用于轨道维持,一些低轨卫星甚至没有轨道机动能力。轨道维持的主要目的是使航天器保持在轨道附近,机动速度增量和轨道改变量也比较小。其主要要求是大范围机动、快速机动、自主机动,这与传统卫星的要求有很大差异。

(2)近程相对运动控制能力。

需要与目标自主交会,并开展复杂的相对运动控制。同时根据任务要求,进行姿态轨道耦合控制及相对目标精确姿态指向控制。这要求空间操控任务航天器 GNC 子系统具备非合作目标相对测量能力、敏捷快速的姿态机动控制能力、相对运动制导与控制能力等。其主要要求在于非合作目标、敏捷精确控制、姿态轨道耦合控制等。

(3)协同控制能力。

空间操控任务载荷工作需要较高的轨道和姿态控制要求,需要 GNC 子系统具备协同控制能力。例如,在空间机器人操作中,机械臂动作会对航天器本体造成较大的扰动,需要 GNC 子系统与机械臂进行协同控制。在一些抓捕操作中,需要任务航天器对目标保持精确的姿态指向、抑制因操作带来的扰动等。在辅助变轨等任务中,需要 GNC 子系统对组合体进行控制。在拖曳离轨任务中,需要 GNC 子系统对目标进行拖曳控制,保证任务航天器可对目标航天器实施可靠拖曳且不发生碰撞。

除上述要求外,空间操控任务航天器需要很强的自主运行能力,要求对复杂的操控任务自主实行任务规划,并在尽量减少地面控制和保障的情况下完成任务,这对 GNC 子系统、星务与数据管理子系统都提出了特殊的要求。

部分空间操控任务对任务航天器的电源和热控有特殊的要求。

1.4.3　空间机器人系统

空间机器人是指在太空环境下进行空间作业的机器人,它由机器人本体及搭载在本体上的机械手组成。空间机器人主要从事的工作有空间组装、航天器的维护与修理、空间生产和科学实验等。

空间机器人是一类重要的空间操控任务航天器。目前主要发展的在轨服务空间机器人主要包括以下三类:

(1)自由飞行空间机器人,安装有机械臂系统,具有自主机动能力,能够灵活执行多种服务操作；

（2）附着机器人，既包括固定于航天飞机、空间站或者其他服务平台上的机械臂系统，也包括可以在飞行器平台内部进行科学实验、科学载荷维护服务和其他管理的机器人，以及在飞行器表面根据预定滑轨进行移动“爬行”的小型机器人系统；

（3）星球探测机器人，主要用于月球或行星探测，典型的如“凤凰”号火星车等。

空间操控任务中，主要涉及的是前两类机器人。

自由飞行空间机器人是目前空间机器人领域的主要研究方向之一，它同样由机器人本体（卫星）和搭接在本体上的机械臂（包括机械手）组成。携带喷气装置，可以在宇宙空间自由飞行或浮游，代替航天员完成舱外作业。对该类具有移动功能的空间机器人有多种称谓，如机器人卫星（robot satellite）等。

自由飞行空间机器人与微小服务卫星相似，具有体积小、质量轻、发射成本低及操作敏捷等优点，能够对己方航天器进行检测、维护、加注、升级和营救等，对敌方航天器进行监视、软/硬杀伤等。同时，由于自由飞行空间机器人安装有先进的机械臂系统，因此其具有更强的服务能力，能够执行更多更复杂的服务操作，如目标捕获、在轨模块更换等。该类机器人的主要特点如下：体积小、质量轻，可一箭多星或搭载发射，发射费用低；操作敏捷，可以灵活进行伴飞、绕飞操作，但是机动能力有限；具有机械臂系统，能够执行多种复杂的任务操作。由于机械臂操作的精确性和灵敏性，因此其能够替代航天员进行舱外货物搬运、在轨组装与拆卸、有毒或危险品处理等操作。

由于空间环境和地面环境差别很大，空间机器人工作在微重力、高真空、超低温、强辐射、照明差的环境中，因此空间机器人与地面机器人的要求也必然不同。从总体上来看，空间机器人具有如下特点：

（1）体积比较小，质量比较小，抗干扰能力要求高；

（2）适应真空、辐射、热、光照、轨道等空间环境影响；

（3）可靠性要求高；

（4）自主性要求高；

（5）任务适应能力要求高；

（6）基座不固定，操作限制大；

（7）轨道动力学特性要求。

空间机器人捕获目标后可对目标实施各类操作控制，这是目前研究的重点。对于非合作目标的在轨抓捕任务，空间机器人抓捕有很高的技术难度：

（1）由于动力学特性，失效航天器等非合作目标一般处于姿态翻滚状态，对空间机器人的抓捕非常不利；姿态翻滚速度较快时，需要首先对目标航天器进行消旋，使其姿态稳定或旋转角速度降低后才能使用机器人抓捕，难度很大。

（2）非合作目标一般不具备供机器人抓捕的机械接口，空间机器人难以设计抓捕与操作机构。

（3）空间机器人操作精确性要求很高，需要对目标的外形、运动状态、结构特征、质量特性等有较为准确的了解，非合作目标一般不具备合作测量的装置，对其各种特性的了解也非常有限，因此利用机器人抓捕难度很高。

（4）刚性机构与自由飞行平台之间存在着较强的动力学耦合，机械臂末端抓捕执行机构的控制问题变得十分复杂，并且抓捕过程风险较大；目标动力学参数存在较大的不确定性，捕获后的系统姿态控制问题异常复杂。

1.4.4　空间飞网系统

对于一些操控任务，只需要抓捕目标而不需要对其进行服务，以柔性飞网为捕获手段的柔性捕获模式提供了一种新的在轨捕获模式。空间飞网是在空间通过向目标发射、展开收纳在发射器容腔内的柔性网体，将飞网张开并包络锁紧目标，形成死锁防止目标脱离，从而实现对目标的抓捕。

空间飞网系统由空间操控任务航天器携载，任务航天器负责接近目标，测量目标的相对运动状态，并对目标进行精确指向后发射飞网。飞网发射后，通过系绳与任务航天器连接，在完成目标捕获以后，自由飞行器平台可根据任务需求拖曳目标实施变轨。空间飞网系统可用于对重要轨道资源上的废弃卫星及空间垃圾的清除，也可用于轨道轨位清理，还可用于对敌方非合作目标的抓捕。

由柔性材料制作的飞网打包后体积很小，在轨道上展开到足够大的尺寸，可以在较远距离上用较大的拦截面积去覆盖目标。与传统的机械手抓捕方式相比，飞网抓捕方式具有安全性高、对载体航天器影响小、消耗能量少、抓捕容错范围大等优点，非常适用于对非合作目标实施近距离快速捕获。飞行器平台可以同时携带多套飞网捕获装置，执行多批次目标捕获任务。

空间飞网系统的主要问题是，需要考虑绳系组合体带来的诸多问题，发射、飞网折叠封贮、收口装置稳定飞行、系绳张力控制、飞网抓捕与拖曳离轨动力学等技术非常复杂，还很不成熟；控制系统设计困难，各项技术都还处于探索阶段，尚未实际验证。

2001 年欧洲航天局制订了地球同步轨道清理机器人（robotic geostationary orbit restorer，ROGER）计划，该计划以清除同步轨道上的废弃卫星和运载器上面级为目标，开展卫星服务系统的可行性研究，项目采用了飞网和飞爪捕获的方式，任务过程包括发射入轨、在轨机动、调相逼近目标、对目标的检测与捕获、目标转移与分离等多个环节。

空间飞网系统（图 1.2）通过向目标发射柔性网体对目标进行抓捕，包裹目标后网口收拢，达到捕获目的。网口大小有 10 m×10 m 和 15 m×15 m 两种，网体连接在 60 m 的系绳上，适用于近距离目标的抓捕。空间飞爪抓捕系统利用系绳手爪机构捕获目标，如图 1.3 所示。飞爪通过系绳与搭载平台相连，系绳还有向飞爪传输电源和通信数据的功能。飞爪上装有由 12 个推进器组成的冷气推进系统，并利用承载平台上的两个立体摄像机和一个激光测距仪为飞爪提供精确控制数据，可形成比飞网抓捕距离更远的精准抓捕能力。

尽管 ROGER 对空间飞网/飞爪抓捕系统的研究主要针对地球同步轨道废弃卫星的离轨操作，这项技术同样可应用到对敌对方非合作目标的抓捕，通过在轨抓捕和绳系拖曳机动达到空间操控的目的，因此空间飞网/飞爪抓捕技术是空间平台通过近距离达到对目标杀伤的有效手段，突破这项技术，对提升对近距离目标的抓捕能力具有重要意义。

在 ROGER 项目中，对目标航天器的抓捕过程同样包括了接近、飞网展开和收口三个步骤。首先，ROGER 飞行器通过调整近地点，并多次调整相位，从轨道运动方向接近目标航天器。经过伴飞观察目标航天器之后，ROGER 飞行器重新从伴飞轨道进入目标航天器的轨道，并进一步接近到 15 m 左右的距离。然后，ROGER 飞行器抛撒出捕获绳网，捕获绳网在空间展开，并包拢目标航天器，通过安装在网口的“收口绳”完成收紧网口，完成捕获。最后利用飞网将目标航天器拖曳入低轨道离轨或进入坟墓轨道。

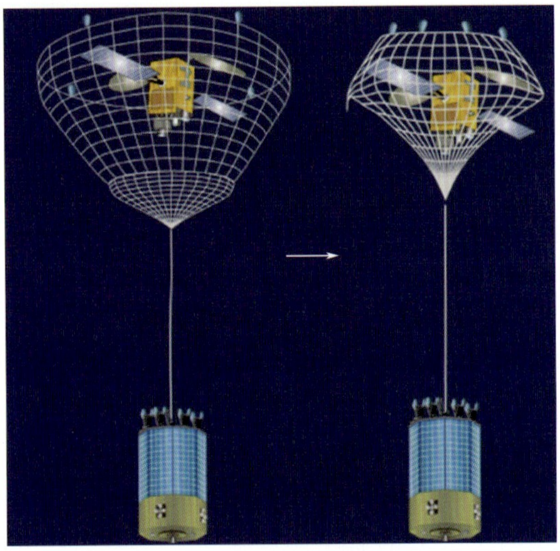

图 1.2　空间飞网系统效果图

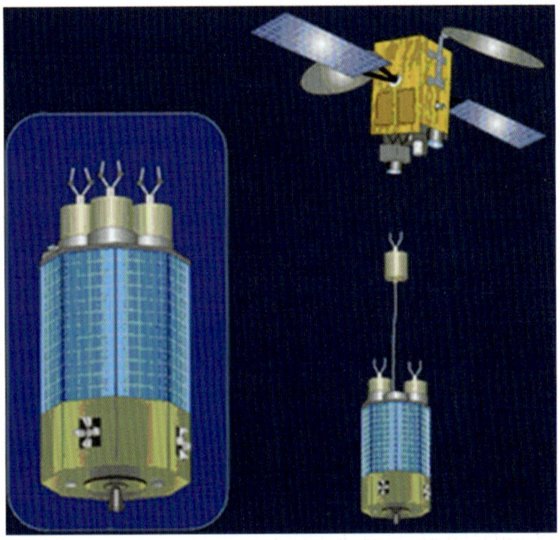

图 1.3　空间系绳手爪效果图

“太空碎片移除”项目通过一颗试验卫星发射(工程应用时将由本书所定义的太空机器人发射)“飞网”或“鱼叉”捕获用立方星模拟的太空碎片,并通过“拖曳帆”拖动碎片离轨。飞网捕获技术于 2018 年 9 月完成在轨试验。

练　习　题

(1)空间操控任务与传统的通信、导航、遥感任务相比有什么区别?
(2)空间操控任务与卫星测控任务有什么区别和联系?
(3)空间操控任务的典型应用领域有哪些?
(4)空间操控在技术上面临哪些方面的问题?
(5)未来在轨服务任务的应用场景有哪些?

第2章 空间操控技术的发展历程

空间操控技术的应用,使得航天器在其寿命周期内可以被维修、维护和升级,从根本上改变传统航天系统建设的固有模式和思路,对提升国家空间能力具有重要意义。在人类航天探索的早期,人们就尝试通过航天员出舱活动对在轨航天器进行操作和维修活动,这些活动为空间操控技术提供了宝贵的实践经验,本书将这一阶段称为空间操控的早期技术探索阶段。20世纪80年代到20世纪末,人们对无人空间操控技术进行了大量研究,重点包括非合作目标自主接近与交会、空间机器人等关键技术,特别是随着航天飞机的应用,空间操控的范围和活动被大大拓展,并取得了哈勃望远镜维修等历史性的成果,充分证明了其价值和可行性,本书将这一阶段称为有人空间操控初步应用阶段。进入21世纪,世界航天大国围绕空间自主抵近与交会、空间机械臂等关键技术开展了一系列在轨试验验证,空间操控的概念和关键技术基本成熟。近些年,基于无人航天器自主开展空间操控已经具备了工程应用条件,美国任务扩展飞行器(mission extension vehicle,MEV)完成首次商用的在轨延寿任务,同时多个面向实用的空间操控项目也正在实施之中,这些都标志着无人空间操控正在走向实用化,本书将这一阶段称为无人空间操控验证及应用阶段。

本章将追溯空间操控技术早期探索到实际应用的发展历程,这一过程不仅标志着人类对太空探索能力的扩展,对于理解空间操控技术的发展也具有参考价值。

2.1 早期技术探索阶段

20世纪60~70年代,美国和苏联开展了早期空间操控探索,主要利用航天员出舱活动开展一些在轨维修、维护活动,取得了一定成效。

随着苏联和美国的航天员相继上天,他们均认识到了航天员在太空中可以发挥特殊的作用,因而在20世纪60年代初,美国和苏联即开始了“在轨服务”概念的研究,主要包括在轨服务技术的方案探索、在轨服务的效益评估、分解和研究关键技术等,开始对一些与有人在轨服务相关的关键技术,如航天器的交会对接技术、航天员的舱外活动技术等进行攻关研究。

1965年3月18日,苏联航天员阿里克谢·列昂诺夫走出“上升”2号载人飞船,实现了人类第一次舱外活动(extravehicular activity,EVA)。之后,美、苏两国分别进行了的大量出舱试验,为进一步利用EVA进行空间维护做了充分、细致的准备。

1973年5月25日,航天员保罗·韦茨进行直立出舱活动,试图将美国“天空实验室”因铝条缠绕而未能展开的太阳能帆板打开,但由于无法施展全力而没有成功。接下来在6月7日的出舱活动中,航天员康拉德和克尔温成功切断了铝条,并展开了太阳能帆板。直到1974年2月,美国航天员围绕天空实验室的出舱活动基本任务就是回收/置换“阿波罗”空间望远镜的胶片盒,对星体进行拍摄,维修、维护天空实验室与“阿波罗”空间望远镜。这是美国进行的最早的有人空间维护系列活动。

苏联也在随后的“礼炮”系列空间站上进行了大量出舱活动，大大发展了太空行走、空间维修和装配技术，并完成了许多具体的维修、维护和装配任务。

2.2 有人空间操控初步应用阶段

1981 年 4 月第一架航天飞机“哥伦比亚”号成功进入太空。该航天飞机可搭载 7 名航天员，具有很强的轨道机动能力，可以与空间站和在轨卫星进行交会，并配置有功能强大的机械臂系统，具有较大的货舱，可以重复使用。这些能力为航天飞机执行空间操控任务提供了很好的条件。至 2011 年航天飞机全部退役之前，美国利用航天飞机执行了大量空间操控任务，完成了卫星维修、回收和轨道重新部署等，体现了空间操控的巨大应用价值。这一阶段空间操控的特点是利用航天飞机实施轨道机动、利用航天员与航天飞机机械臂配合实施操控。

2.2.1 在轨卫星的捕获、回收与部署

通过航天员搭乘航天飞机进行舱外活动操作，美国先后完成了多颗卫星的回收任务并返回地面。

1984 年 2 月，“挑战者”号航天飞机携带美国“西星 6”号(Westar-6)和印度尼西亚“帕拉帕 B2”(Palapa-B2)入轨部署，两颗卫星均为地球静止轨道卫星，但入轨后上面级没有正常工作，导致卫星无法正常入轨。

1984 年 11 月 8 日，“发现者”号航天飞机发射，在完成两颗通信卫星部署后，于 11 月 14 日对“帕拉帕 B2”进行了回收，航天员艾伦通过载人机动装置接近卫星，并将胸前安装的 1.8 m 长的长矛状“探刺”装置成功插入卫星的发动机喷嘴，使直径 1 m 的配接环牢牢套在喷嘴上。之后，他启动载人机动装置的推进器使“帕拉帕 B2”卫星停止旋转。另一名航天员操纵机械臂，计划把卫星拖进货舱。但卫星的天线太长，不能放进货舱。于是航天员加德纳出舱，先把天线锯掉，两名航天员合力将接近 7 t 的卫星放入货舱，整个舱外活动持续了 6 h。

11 月 16 日，加德纳乘载人机动装置去捕获“西星 6”号卫星，艾伦站在机械臂端的脚固定装置上等候。加德纳用同样的办法捕获卫星并使其消旋，然后位于机械臂末端的艾伦抓住“西星 6”号卫星，将其放入货舱。随后，两颗卫星被航天飞机带回地面。“西星 6”号卫星回收后，由保险商组织开展了地面维修。1988 年，亚洲卫星公司从保险商手中购买了“西星 6”号卫星，更名为“亚洲一”号卫星，1990 年由中国的长征三号火箭重新发射入轨，直至 2003 年才退役。

1990 年航天飞机回收了“长期暴露设施”(long duration exposure facility，LDEF)卫星等。LDEF 卫星主要用于通过长期运行，探测空间碎片对其撞击情况，在设计过程中预先考虑了由航天飞机回收并返回地面的任务，因此在其外部设计了用于捕获与固定的机械部件，以便于航天飞机利用遥操作机械系统进行捕获及其他操作。

2.2.2 “太阳峰年任务”卫星的在轨维修

“太阳峰年任务”(solar maximum mission，SMM)卫星于 1980 年发射，但不久之后就因姿控系统故障而无法工作。1984 年航天飞机完成了 LDEF 卫星的部署后，对该星进行维修和重新部署。

1984 年 4 月 10 日，航天员操纵机械臂抓住卫星，并将其固定在航天飞机的货舱内。第二天，航天员通过出舱行走，利用特制的工具，卸下 20 颗螺钉，拆换了星上失效的部件，经过 3 个多小时完成了修理工作，最后利用机械臂完成了卫星的在轨释放。从而使 SMM 卫星成为第一个利用航天飞机进行在轨捕获、维修和释放的航天器。1984 年 4 月 24 日，这颗修复后的卫星就观测到了自 1978 年以来最大的一次太阳耀斑活动。

SMM 的在轨修理任务共花费 3 500 万美元（1983 财年），而 SMM 当年的投资为 1.7 亿美元（1979 财年）。由此可见，SMM 的修理费只是其投资总额的 15%。SMM 被更换回收的失效模块也没有浪费，经过修理后又安装在高层大气研究卫星上，其成本只是生产一个新模块的 40%。

2.2.3　“国际通信卫星”的在轨维修

1992 年利用航天飞机实现了“国际通信卫星”Intelsat-603 的维修，如图 2.1 所示，航天员正在回收 Intelsat-603。Intelsat-603 是一颗地球静止轨道卫星，在 1990 年 3 月发射时，运载火箭与火箭上面级分离失败，使得 Intelsat-603 无法正常入轨。为了避免卫星坠入大气层，地面紧急控制卫星与火箭上面级分离，并利用卫星自身推进剂抬升了轨道，暂时避免了坠毁的风险。但是由于没有上面级，Intelsat-603 无法进入地球静止轨道。通过对大量营救方案进行比较，最终决定利用航天飞机在轨为其安装新的远地点发动机。1992 年 5 月 13 日，在“奋进”号航天飞机的 STS-49 飞行任务中，对 Intelsat-603 进行了营救。在原计划的利用机械臂抓捕卫星的操作失败后，3 名航天员同时出舱活动，经过 8 h 29 min 的舱外作业，完成了对卫星的抓捕，为其安装了 1 台新的远地点发动机，并再次部署成功，最终营救了这颗高价值卫星。

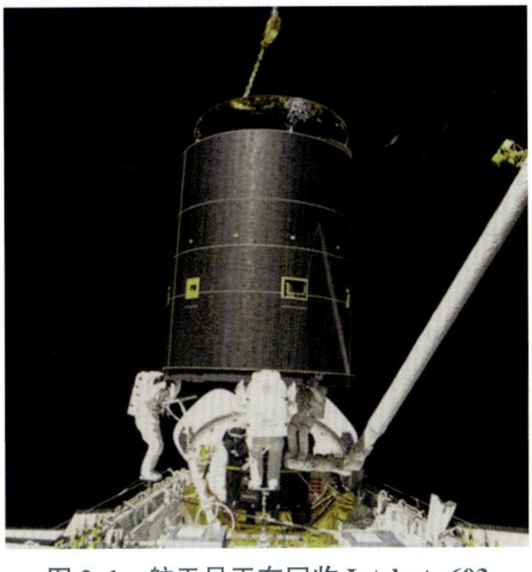

图 2.1　航天员正在回收 Intelsat-603

2.2.4　哈勃空间望远镜的在轨维修

哈勃空间望远镜简称哈勃望远镜，已经 30 多岁了，它记录了无数张美轮美奂的宇宙照片，创造出诸多辉煌，为天文学的发展做出了重要的贡献，成为人类历史上最伟大的航天器之一。然而，哈勃望远镜在运行之初就被发现有先天缺陷，正是依靠航天飞机的五次在轨维修，保障了哈勃望远镜能高效可靠运行 30 多年。

1990 年 4 月 25 日,哈勃望远镜成功入轨。但科学家很快就发现这个花费 25 亿美元的设备居然是个“近视眼”,望远镜拍摄到的照片有聚焦不准的问题。分析发现是由于望远镜在加工时出现了 2.2 μm 的误差,大概是一根头发丝直径的 1/50。这个误差虽小,但对于哈勃望远镜却是灾难性的。幸运的是,哈勃望远镜在设计中就考虑了利用航天飞机对其进行定期维护升级,计划每 3 年进行一次维修任务,这使得望远镜有被修复的希望。

1993 年 12 月,“奋进”号航天飞机升空,于 10 d 内对哈勃望远镜进行第一次维修。航天员通过 5 次 EVA,为哈勃望远镜加装了矫正焦距的装置,更换了陀螺仪、太阳能帆板、照相机等设备,为哈勃望远镜带上了“眼镜”,彻底修好了镜片误差的问题。

1997 年 2 月,“发现”号航天飞机对哈勃望远镜进行了第二次维护。航天员通过 EVA 为哈勃望远镜加装了近红外照相机、多目标分光仪和空间望远镜影像摄谱仪,替换调戈达德高分辨率摄谱仪、暗弱天体摄谱仪、数据存储设备,以及用于精细调整望远镜指向的传感器,提高了望远镜的综合性能,如图 2.2 所示。

图 2.2　航天员在对哈勃望远镜进行维护

1999 年 11 月,哈勃望远镜的 6 个陀螺仪中已有 4 个发生故障,哈勃望远镜进入预定的“安全模式”。美国国家航空航天局紧急启动第三次维修任务,派遣航天员更换了全部陀螺仪,并同时更换了望远镜的计算机系统、绝缘外罩、数据传输天线等部件。

2002 年 3 月 1 日—12 日,美国“哥伦比亚”号航天飞机完成了对哈勃望远镜的第四次在轨维修任务。这次维修任务非常复杂,由 4 名航天员分两组轮流在 5 次 EVA 中完成。其中最困难的是更换太阳能帆板和电源控制装置,这次更换被喻为“心脏移植手术”。首先,是因为作业空间狭小,行动不便,而且电缆、接头数量多,操作复杂。该装置有 36 个电连接器,其中一些还隐藏在不可见的位置,没有特殊设计的工具根本无法获取,因此其复杂程度绝不亚于心脏手术。其次,这个装置肩负着哈勃望远镜的全部电力供应任务,如同人的心脏供应血液一样。一旦更换失败,哈勃望远镜将彻底报废,成为太空垃圾。最后,为了防止航天员被电击,在整个维修过程中,哈勃望远镜需全部断电。但是如果不能在 10 h 内恢复供电,望远镜上的一些设备将被冻坏,这很像心脏暂时停止跳动的情况。因此,这项工作被 NASA 称为“迄今最冒险”和“最具技术挑战性”的维修工作。维修工作共持续了 6 h 48 min,新的电力控制装置成功通过了测试。

2003 年,“哥伦比亚”号航天飞机失事。调查表明失事主要原因是航天飞机起飞时受到隔热泡沫的撞击,使航天飞机防热瓦出现缺陷,导致航天飞机再入时被烧毁。随后 NASA 要求在航天飞机在轨返回之前,对其自身进行检查,确认没有问题后再执行返航,以免发生事故。由于哈勃望远镜与国际空间站轨道差异很大,一旦在维修哈勃望远镜的过程中出现问题,航天员将无法进入国际空间站,可能会带来危险。因此 NASA 一度计划不再对哈勃望远镜进行维修。

不过最终 NASA 决定在 2009 年 5 月对哈勃望远镜进行了最后一次维修,"亚特兰蒂斯"号航天飞机搭载 7 名航天员通过 5 次 EVA,为哈勃望远镜更换了全部电池模块、6 个陀螺仪和 3 个位置测量敏感器、热防护层,安装了多个天文仪器设备。同时,还为其安装了用于与无人航天器对接的对接环,以便当其达到寿命终期时,由无人航天器对其捕获并将其安全拖离轨道。为了避免航天飞机返航时可能存在的风险,NASA 在任务期间用航天飞机待命,一旦需要即起飞对航天员进行营救。

2011 年 7 月 21 日,"亚特兰蒂斯"号航天飞机圆满完成任务后,美国航天飞机全部退役。2018 年 10 月,哈勃望远镜的 6 个陀螺仪中有 4 个发生了故障,哈勃望远镜再次进入了"安全模式",不过后来 NASA 想办法使一个备用陀螺仪正常工作,又一次挽救了哈勃望远镜。

2.2.5　国际空间站的在轨组装与维护

早在国际空间站(International Space Station,ISS)计划开始之前,1985 年,就由 NASA 和欧洲航天局合作,利用航天飞机在 STS-61-B 飞行任务中完成了舱外行走装配与可展开空间结构装配(Experimental Assembly of Structures in EVA and the Assembly Concept for Construction of Erectable Space Structures,EASE/ACCESS)桁架结构的在轨组装试验,充分演示了在轨装配的可行性,如图 2.3 和图 2.4 所示。

图 2.3　EASE 在轨组装

图 2.4　ACCESS 在轨组装

国际空间站在设计过程中就预先计划了在轨组装等服务任务。根据最初的计划,国际空间站的桁架结构都由标准杆件进行在轨连接组装。但是在设计阶段,考虑桁架结构为空间站的基础结构,需集成多种光缆、管路及各种接口,因此在地面组装桁架结构,只有桁架的主要部分及与加压舱的连接部分进行在轨组装。国际空间站的在轨组装与维护均通过航天飞机航天员舱外操作或遥操作机械臂执行完成。

国际空间站运行至今还接受了大量的在轨维护、模块更换等操作，近几年的维护工作主要包括：

(1)2000 年 12 月，5 名航天员搭载“奋进”号航天飞机，为空间站加装了巨型太阳帆板。

(2)2002 年 4 月，国际空间站更换了用于紧急逃生的“联盟”飞船。

(3)2004 年 8 月，为了保证 2005 年发射的欧洲首艘自动转移载具货运飞船与国际空间站精确对接，航天员进行 EVA，在国际空间站“星辰”号服务舱外面安装了一个激光系统、一个用于对接时瞄准的标靶和一个无线电线路天线，并更换了其他一些试验设备。

(4)2005 年 7 月，航天员对一个失效陀螺仪进行了更换，并在空间站外安装了一个用于堆放物品的平台。

(5)2006 年 6 月，两名航天员经过 6.5 h 的 EVA，更换了一个外部通风阀，重新定位一条电缆，收回放置在站外的试验装置。

2.2.6 “发现”号航天飞机的在轨维修

2005 年 7 月 26 日，美国发射“发现”号航天飞机升空执行 STS-114 任务，这是自“哥伦比亚”号航天飞机解体悲剧发生后，美国首次发射航天飞机。升空过程中，“发现”号的外挂燃料贮箱上有一块脱落的防热瓦与航天飞机本体在发射瞬间发生触碰而脱落。由“发现”号上的高分辨率摄影机所摄得的影像分析可知，这块脱落的防热瓦长 24～33 in①，宽 10～13 in，厚 2.5～8 in。针对上述发射过程中出现的情况，NASA 临时安排一次紧急的 EVA 任务进行维修，这也是人类有史以来第一次通过 EVA 对航天飞机表面受损部位进行紧急维修。航天员成功地修复了防热瓦，并清除了一处凸起。这次维修任务完成得非常出色，最终保证“发现”号平安返回美国加州爱德华兹空军基地。

2.3 无人空间操控验证及应用阶段

航天飞机成功地实施有人空间操控，证实了空间操控的可行性和价值。但是有人空间操控存在高成本、高风险的问题。各航天大国开始发展以空间机器人为代表的无人空间操控技术，2000 年以来围绕非合作目标自主交会与接近、空间机器人操作、在轨加注与模块更换等关键技术开展了大量的试验验证。这一阶段前期，主要以关键技术探索为主，实施了一系列技术验证在轨试验，2015 年以后，空间操控项目逐步以实际应用或者试验与实用相结合为目的。2020 年 MEV 飞行器首次实现商业通信卫星延寿服务，这是一项标志性事件，体现了空间操控技术逐步走向成熟，已经迈过由实验室技术探索走向实际应用的门槛，对航天系统的建设和应用具有重要的影响。

2.3.1 空间机器人在轨试验

2.3.1.1 ETS-Ⅶ试验

日本技术实验卫星 ETS-Ⅶ由日本宇宙开发事业团(NASDA)研制，由东芝公司生产。卫

① 1 in=2.54 cm。

星总质量 3.0 t，其中追踪卫星 2.5 t，目标卫星 0.5 t。用 H-2 火箭把“热带降雨观测卫星”和 ETS-Ⅶ采用一箭双星发射的方式送到高 350 km、倾角 35°的圆轨道，然后，ETS-Ⅶ通过星载变轨发动机进入 550 km 圆轨道，追踪卫星与目标卫星分离。追踪卫星采用高精度零动量三轴姿态控制方式，确保在每 23 h 内（15 个轨道周期）完成 1 次交会对接，以及顺利完成空间遥操作机器人试验。目标卫星也采用三轴姿态控制方式，在交会对接试验中可保证目标卫星在自由飞行过程中指向地球，提供满足试验所需环境。

ETS-Ⅶ的主要试验内容如下：

（1）机器人手臂与卫星姿态的协调控制试验。

（2）大延时情况空间机器人的遥操作试验。

（3）在轨卫星维护试验。

①利用安装在机器人手臂上的摄像头对卫星进行监测。

②利用机器人手臂进行在轨可更换单元（orbital replacement unit，ORU）的更换。

③燃料补给。燃料消耗是决定卫星寿命的主要因素之一，试验在 ORU 中的两个燃料箱及 ORU 平台上进行。

④目标卫星的抓持，用安装在跟踪卫星上的机器人手臂抓持目标卫星，并围绕追踪卫星移动，用来演示空间机器人对大型负荷的抓持和移动。

（4）先进机器人手（三指多传感器手）试验。

通过上述遥操作在轨服务的飞行试验，一方面验证了遥操作空间机器人进行在轨服务的可行性；另一方面也暴露了一些问题，如：遥操作大延时问题对操作人员的感知、判断和决策带来严重影响；操作人员的个人能力和生理差别对操作效果有很大影响，给遥操作服务的可靠性引入许多不确定性因素。这些问题为自主在轨服务的进一步发展提供了参考。

机械手是 ETS-Ⅶ最主要的分系统，称为“先进机器人手”（advanced robotic hand，ARH）。ARH 是世界上第一只在航天器舱外运行的精密机器人遥控系统，它安装在无人航天器上并且暴露在空间环境中，严酷的空间环境意味着系统必须有足够的耐久性、可靠性及自主能力。

ARH 质量约 45 kg，在 ETS-Ⅶ上进行了精密的操作试验，其多传感器功能如图 2.5 所示，试验结构如图 2.6 所示。星上部分由机器人试验台、控制计算机及电源组成。机器人试验台主要包括手、小型手臂及任务板。

ETS-Ⅶ试验的成功完成是自主在轨服务发展的一个重要里程碑事件，它带动了世界各航天国家对自主在轨服务的进一步研究。

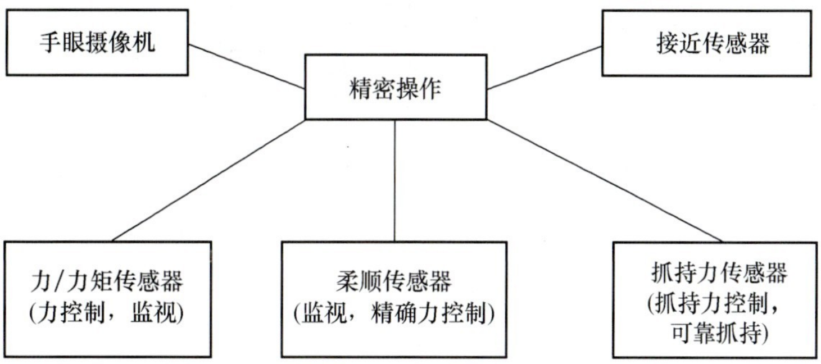

图 2.5　ARH 的多传感器功能

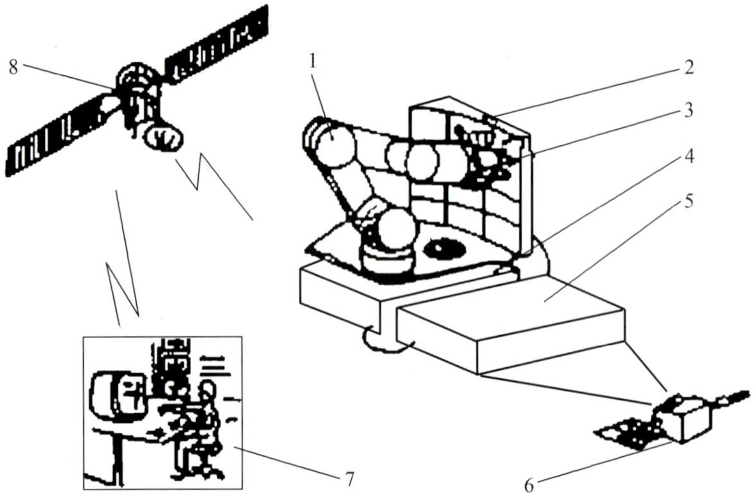

1—机器人小手臂;2—任务板;3—手;4—电源单元;5—控制计算机;
6—ETS-Ⅶ卫星;7—地面控制站;8—数据中继卫星。

图 2.6　ARH 的试验结构

2.3.1.2　轨道快车计划

轨道快车计划又称轨道快车高级技术演示或轨道快车演示系统。轨道快车计划于 1999 年 11 月提出,是一项较为完整的空间维护体系演示验证计划,主要研发用于支持未来美国国家安全和商业应用的空间维护技术。该项目由能够为卫星提供空间维护的服务航天器 ASTRO(autonomous space transfer and robotic orbiter)和可升级、可维修的目标星 NEXTSat(next generation of satellite)两部分组成,演示验证自主对接、在轨加注、部件更换维护等空间维护关键技术。NEXTSat 在演示未来可接受空间维护航天器的同时,还演示存储燃料与零部件的物资存储平台(CSC),为 ASTRO 提供燃料加注和 ORU 模块。ASTRO 与 NEXTSat 已于 2007 年 3 月 8 日发射成功。图 2.7 为轨道快车在轨示意图。

图 2.7　轨道快车在轨示意图

轨道快车演示系统要演示的是低成本空间维护途径与自主空间维护技术的可行性，具体包括以下几方面内容：

(1) 自主制导、导航与控制系统；

(2) 自主交会、接近与捕获；

(3) 在轨燃料传送；

(4) 在轨组件传输与组件核实操作；

(5) 无产权的卫星服务接口规范；

(6) 支持在轨操作的复杂地面支持基础设施。

轨道快车计划试验具备如下几方面的意义：

(1) 提升在轨卫星的生存能力，延长卫星的寿命。轨道快车卫星具有"自我维护与保养"和"相互维护与保养"的能力，从而可以大大提升在轨卫星的生存能力并延长其寿命。

(2) 执行未来维修任务，拯救事故卫星。美国的航天飞机已全部退役，未来维修美国重要在轨航天器的任务自然落到了轨道快车之类的新型航天器上。轨道快车发射升空前，美国洛克希德·马丁公司宣布，之前进入轨道的间谍卫星"逝世"，地面控制人员恢复卫星功能的各种努力全部以失败告终。该卫星于 2006 年 12 月 14 日升空，造价数亿美元，但自从进入轨道后就一直处于异常状态。地面测控人员分析了卫星传回的有限数据后认为，该间谍卫星上的电脑系统发生故障，而且数次重新启动失败。据悉，该卫星携带有高精密照相设备，可以拍摄极高分辨率的地球表面图片，是美国"未来图像架构"项目的重要组成部分。美国希望轨道快车能为解决类似问题贡献一臂之力。

(3) 极大提升卫星的侦察能力。轨道快车卫星能自行变轨，灵活运动，而不必围绕固定轨道运行。因此，一旦它对某个目标区域感兴趣，就能对该区域进行锁定侦察，而且能灵活避开对方的反卫星侦察。

(4) 大大提升美军卫星的空间作战能力。轨道快车卫星可以作为空间作战机器人，在空间中捕获敌方卫星。

轨道快车计划的具体步骤如下：

(1) 准备发射与任务规划。确定任务类型和对象、服务频率、服务航天器数目及部署方案。

(2) 发射。将载有燃料与 ORU 模块的 ASTRO 发射送入 NEXTSat 附近的轨道。根据需要还将发射 CSC 入轨，其轨道略低于 ASTRO。

(3) 远距离机动交会。ASTRO 根据 NEXTSat 的位置信息（地面提供）进行机动，当 NEXTSat 进入 ASTRO 的敏感器观测范围内，ASTRO 远距离观测器开始对 NEXTSat 进行捕获跟踪并机动接近。

(4) 近距离机动。ASTRO 机动至 NEXTSat 附近，启动近距离观测器，获取 NEXTSat 的高精度位置与姿态。

(5) 接近与捕获。ASTRO 进入接近最后阶段，将其对接面与 NEXTSat 对齐，并调整旋转速度与 NEXTSat 一致。ASTRO 与 NEXTSat 进行通信，告知其接近状态，并确定 NEXTSat 做好对接准备。在此状态下，ASTRO 既可以采用直接捕获对接的方式通过对接系统与目标卫星接触对接，也可以采用"软对接"的方式，由 ASTRO 上的机器臂捕获 NEXTSat 将其拉近，当 ASTRO 与 NEXTSat 间的距离小于 10 cm 时，由 ASTRO 上的对接机构捕获固定住 NEXTSat 上的目标部位完成对接。

(6)对接后操作。对接完成后,ASTRO 进行燃料传输与 ORU 替换的初始化准备工作,并进行电插口的刚性连接。NEXTSat 的姿控系统停止工作,由 ASTRO 对组合体进行整体控制。ASTRO 与 NEXTSat 间随之建立传输数据的链路,两者的燃料口也实现对接,形成密封的管路。之后,ASTRO 就可以向 NEXTSat 进行燃料传输和 ORU 更换操作。

(7)释放与分离。完成空间维护后,ASTRO 释放 NEXTSat 并与之分离。观测器保持跟踪状态以避免分离后的再次接触。

(8)轨道停泊。ASTRO 没有任务时,就在略低于 NEXTSat 的停泊轨道运行待命。

(9)与 CSC 的交会对接。ASTRO 与 CSC 的交会对接方式和它与 NEXTSat 的交会对接方式相同。

(10)与 CSC 对接后操作。对接后,ASTRO 从 CSC 上获取燃料、ORU 等补给物品,同时为自身加注燃料。对接过程中由 ASTRO 进行组合体的姿态控制。获得物资补给后 ASTRO 可再次为目标卫星提供服务,由此可以多次执行任务。

(11)离轨处理。ASTRO 完成任务或达到寿命后,转移至快速衰减的轨道进行处理。由于 CSC 一直运行在较低的轨道,因此在大气阻力作用下逐渐进入大气层并销毁。

通过上述轨道快车中的遥操作在轨服务技术飞行试验,演示验证了该自主服务模式的技术可行性,并且与 ETS-Ⅶ相比有很大的进步,为遥操作在轨服务的进一步发展奠定了基础。

2.3.1.3 SUMO/FREND 计划

在轨道快车计划后,美国重点发展了针对非合作目标的新一代空间机器人计划——前端机器人使能近期演示验证(FREND)计划,主要目的是对地球静止轨道的通信卫星进行维修或者燃料补给,该计划的前身为通用轨道修正航天器(SUMO)计划。

FREND 是一个典型的面向非合作目标的自主交会、逼近、抓捕并实施空间维护的演示任务,重点对机器视觉、机械臂、自主控制方法等关键技术进行验证。

FREND 配有 3 个七自由度的机械臂,精确抓取推进舱安装环上的螺钉,先由一个臂完成接触抓取,然后由另外两个臂完成抓捕。图 2.8 为轨道拖曳示意图。

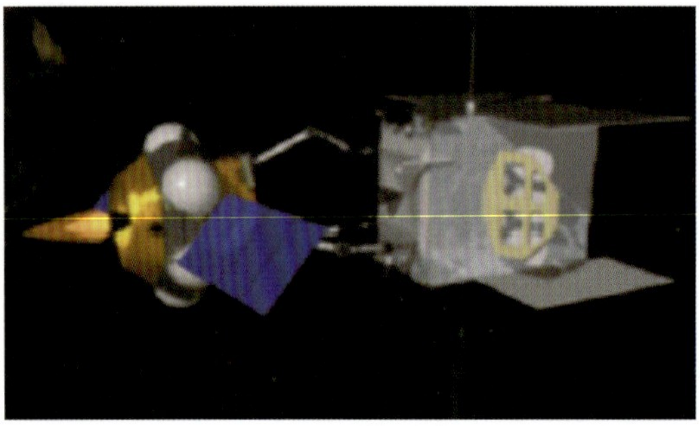

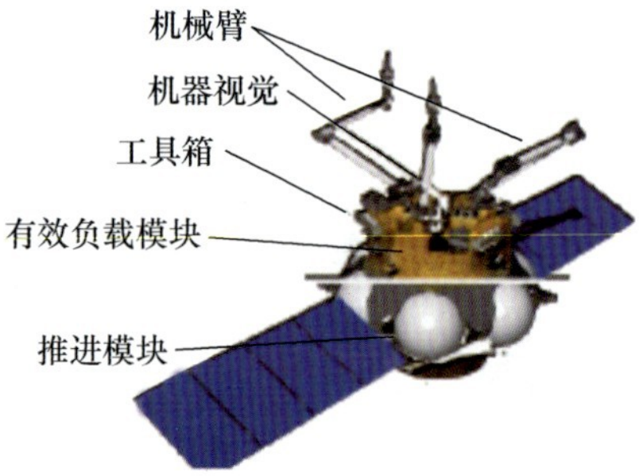

图 2.8 轨道拖曳示意图

FREND 交会过程的相对导航敏感器完全是针对非合作目标设计的,远距离采用捕获跟踪敏感器,近距离采用机器视觉敏感器,超近距离采用双目立体测量相机进行抓捕导航测量。目前此项计划正处于方案和关键技术攻关阶段。美国海军研究实验室研制了近旁操作地面演示验证系统。

2.3.1.4　“凤凰”计划

(1)概况。

2011 年 10 月,美国国防部高级研究计划局(DARPA)启动了“凤凰”计划。“凤凰”计划的目标:开发和验证可以从地球同步轨道或地球同步轨道附近的废弃合作卫星上取下有价值部件的技术,并且利用这些部件,能让建造新的空间系统时的成本大大降低。DARPA 在战略技术报告中指出,“凤凰”计划期望演示验证的具有挑战性的先进航天概念包括以下 3 个方面:验证将“细胞化”和“构型重组”的新理念应用于卫星的设计和制造中;验证利用商业卫星搭载并释放有效载荷在轨交付(playload orbital delivery,POD)系统;验证“服务卫星”的概念,开展在轨精细操作,具有在轨拆卸目标卫星、重组新卫星的能力。

根据 DARPA 在 2011 年 12 月发布的公告书,该计划由美国海军研究实验室负责系统集成,2015—2016 年进行在轨演示试验。整个计划分 3 个阶段实施:第一阶段 14 个月,完成初步设计并进行原型验证;第二阶段 26 个月,完成所有飞行器硬件组装、测试,并集成到“服务卫星”上,做好发射前准备;第三阶段 12 个月,发射“服务卫星”并进行在轨演示验证任务。

2014 年 4 月初,DARPA 宣布其“凤凰”项目已完成第一阶段任务,验证了机器人工具及装配技术的可行性,并验证了能用集成细胞星的方式在轨建造新卫星。

(2)系统组成与任务流程。

“凤凰”计划主要由 3 部分组成:空间机器人系统(service/tender)、POD 系统和细胞卫星(satlets)。

空间机器人系统是计划中执行多种自主交会对接的主要平台,配有工具带、机械臂和手眼视觉系统,具备在轨捕获和维护能力。空间机器人系统将被独立发射进入地球同步轨道,能够自主机动飞行。前端有 3 组机械臂,可更换机械臂末端执行器,开展抓捕、放置、天线切割作业等任务。图 2.9 为“凤凰”计划空间机器人系统概念图。

POD 系统用于存放细胞卫星和机械手臂的末端执行工具,通过商业卫星搭载进入太空。图 2.10 为“凤凰”计划 POD 系统概念图。

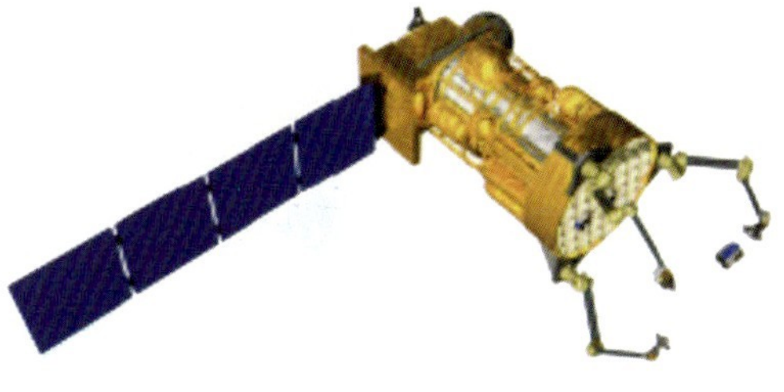

图 2.9　“凤凰”计划空间机器人系统概念图

图 2.10　“凤凰”计划 POD 系统概念图

细胞卫星是应用“细胞化”和“形态学重构”概念创造的一种新的卫星结构,每个细胞卫星都是一个独立的卫星子系统,分别具有指令和数据操作、电源、热控制、数据分享、姿态控制和推进等功能，同时能够附着在被切割下来的废弃卫星天线上，共同对天线提供电源、数据处理、姿态控制等功能。图 2.11 为“凤凰”计划细胞卫星概念图。

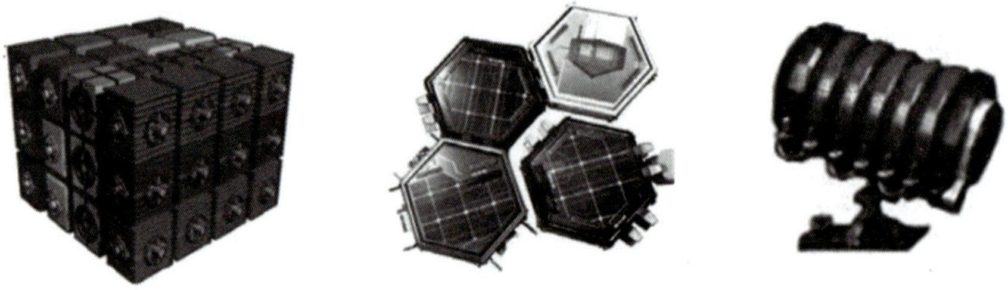

图 2.11　“凤凰”计划细胞卫星概念图

根据 DARPA 发布的公告书，“凤凰”计划任务过程分为 7 步，如图 2.12 所示。

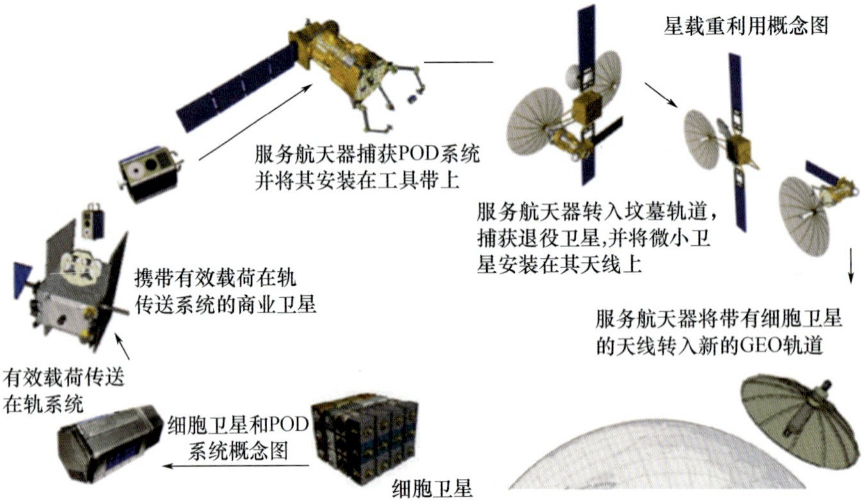

图 2.12　“凤凰”计划任务过程

(3)计划进展。

2014 年 4 月，DARPA 宣布“凤凰”计划已经完成第一阶段任务。DARPA 项目经理大卫·巴恩哈特表示：“第一阶段不仅证明了机器人工具及装配技术的可行性，也验证了细胞卫星在轨组合、建造新卫星的方案。”“凤凰”计划第二阶段将重点开展以下 3 项技术研究：①先进空间机器人技术，在地球同步轨道完成装配、维修、资产寿命延长、燃料加注等在轨任务。②发展一种低成本的模块化卫星体系结构，即细胞卫星。由于采用了模块化结构，细胞卫星可实现快速制造与有效载荷集成。目前 DARPA 正考虑在低地球轨道验证细胞卫星技术概念。③POD 系统，一种标准化的航天器部署系统，能够携带载荷或细胞卫星搭载商业通信卫星快速到达或接近同步轨道。作用包括：借助商业通信卫星进入地球静止轨道，并利用弹射装置与商业通信卫星分离；为服务卫星提供操作接口，承载细胞卫星等载荷。

2015 财年起，“凤凰”计划在完成第一阶段研究后，被拆分为“凤凰”和“地球同步轨道卫星机器人服务（robotic servicing of geosynchronous satellites，RSGS）”两个项目。前者主要关注在轨模块化组装技术，开展细胞卫星和 POD 系统研究，开展低轨在轨试验验证，提高技术成熟度；后者将专注于地球静止轨道进行机器人卫星服务试验。

第一个飞行验证计划主要验证细胞卫星的可行性。细胞卫星可提供一种新型的低成本、模块化卫星架构。NovaWurks 公司为“凤凰”计划研制了细胞卫星，称为 HiSats。HiSats 为小型、独立化模块，尺寸为 20 cm×20 cm×10 cm，质量约 7 kg，具备电源和运动控制等基本功能。细胞卫星能以物理方式聚合起来，形成不同的组合和尺寸，可以组合完成不同的空间任务。

飞行试验将发送 eXCITe 卫星至低地球轨道，eXCITe 卫星由 10~20 颗细胞卫星组成，由 NovaWurks 公司研制。2014 年 12 月 9 日，太空飞行公司宣布与 NovaWurks 公司签订发射服务合同，首次飞行试验于 2015 年 12 月 17 日成功发射。

另一个飞行试验主要验证基于商业通信卫星搭载的方式，运送细胞卫星到地球同步轨道的能力。目前 DARPA 打算开展飞行试验以验证 POD 技术，但还没有确定的具体时间。2014 年 11 月 10 日，DARPA 在其官网发布“寄宿 POD 组件接口控制文件”，详细描述了 POD 系统接口参数，POD 尺寸为 0.4 m×0.5 m×1 m，可携带 60~100 kg 的有效载荷，这表明 POD 系统向研制和演示验证又迈进了一步。POD 将采用标准化接口连接宿主卫星，并在预定轨道从宿主上释放。商业通信卫星发射频繁，且经常有空间和运载能力余量，利用 POD 系统可实现“地球静止轨道联邦快递”的设想，实现低成本、快速、简便的地球同步轨道部署功能。

RSGS 操作任务如图 2.13 所示，主要开展先进空间机器人技术方向的研究，但是对最初的任务做了较大的修改。任务最主要的改变在于其将从对废弃目标的技术验证性试验转变为针对在轨飞行器开展应用性操作，主要包括故障卫星修复、抵近图像获取、卫星重新定位或移除等操作。“任务将不仅进行演示验证，而是构建一个原型系统，希望能开展真正有用的操作，同时展示真正的经济和军事价值”。

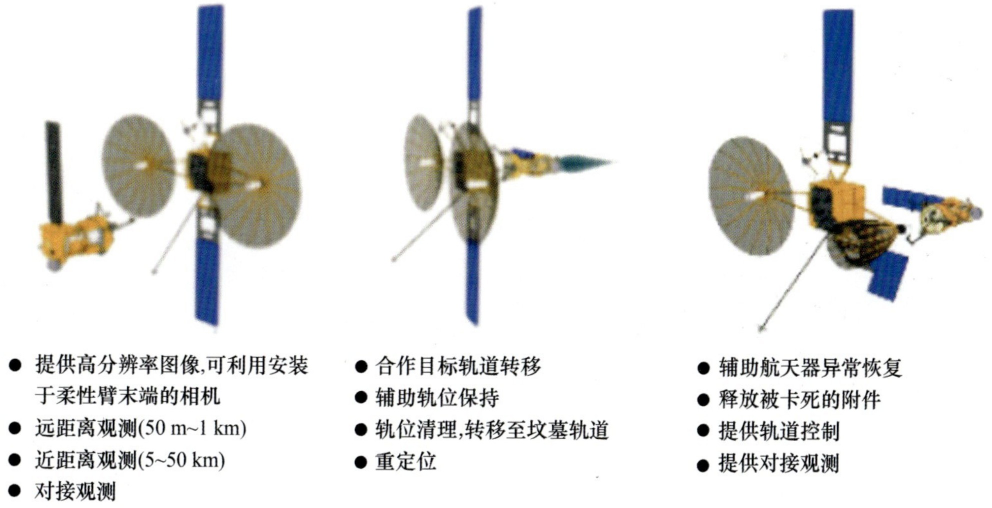
● 提供高分辨率图像,可利用安装于柔性臂末端的相机
● 远距离观测(50 m~1 km)
● 近距离观测(5~50 km)
● 对接观测
● 合作目标轨道转移
● 辅助轨位保持
● 轨位清理,转移至坟墓轨道
● 重定位
● 辅助航天器异常恢复
● 释放被卡死的附件
● 提供轨道控制
● 提供对接观测

图 2.13　RSGS 操作任务

在轨服务机器人设计寿命为 8 年，按照计划，在任务最初的 6~9 个月内主要对飞行器的安全操作能力进行验证。随后，将针对在轨航天器开展主动服务和维修，包括帮助展开卫星因

故障未展开的组件等，可多次开展在轨操作任务。接下来开展目标监视任务，将对目标航天器进行绕飞拍照，并对其几何结构进行三维重建。

2.3.2 自主抵近及拍照试验

2.3.2.1 试验卫星系统计划

由于过去已经执行的空间维护任务存在任务周期长、难度大、技术复杂和费用高的问题，美国空军研究实验室（AFRL）提出了模块化空间维护（modular on-orbit servicing，MOS）的概念，旨在提高空间维护的可行性。在 MOS 项目中，包括了 5 种类型的航天器，即下一代卫星、微型卫星、空间机器人、轨道转移飞行器、发射运载器，并共同构成完整的服务体系。试验卫星系统（experimental satellite system，XSS）计划是 AFRL 进行 MOS 微型卫星空间维护技术研究及演示验证的核心部分。该计划采取了循序渐进的发展思路，每一个 XSS 飞行任务的完成都将空间维护的能力向前推进了一大步。目前，已经公布的 XSS 系列卫星主要有 XSS-10、XSS-11、XSS-12，其具体情况简介如下。

（1）XSS-10。

XSS-10 卫星是 XSS 计划中的第一颗卫星。

2003 年 1 月 28 日，美国空军研究实验室的 XSS-10 微型卫星搭载“德尔塔 2”运载火箭随同主载荷全球定位系统卫星 GPS IIR-8 一起升空。XSS-10 卫星运行在圆轨道上，其寿命只有 24 h，在这 24 h 里，其成功地完成了整个任务，验证了用于微型卫星自主交会逼近、近距监视空间目标的软硬件技术，如半自主相对导航和绝对导航技术，基于视觉测量的相对目标的绕飞、悬飞、接近、撤退机动技术，与地面站的实时通信技术等。XSS-10 卫星如图 2.14 所示。

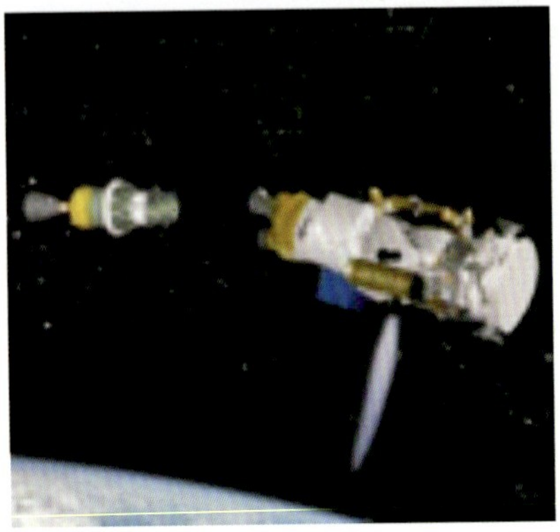
(a)

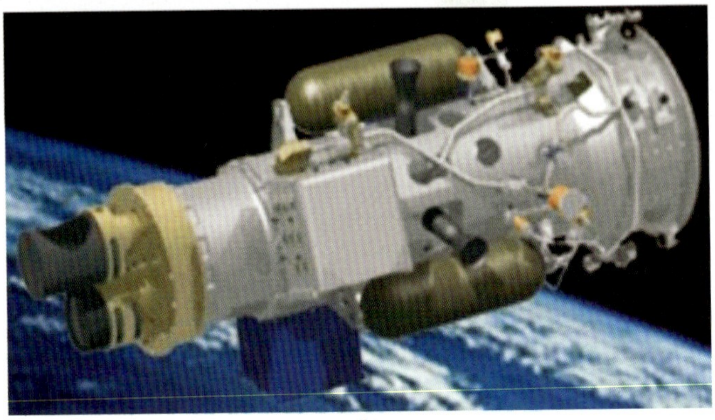
(b)

图 2.14 XSS-10 卫星

XSS-10 卫星与上面级分离，演示了姿态定向、对目标航天器接近（绕“德尔塔 2”第二级进行 35~100 m 的近距离机动）、拍摄及视频数据下传等操作。试验的重点是逼近操作，以验证微型卫星能够为这种操作完成必要的机动。此次试验中，XSS-10 卫星 3 次逼近“德尔塔 2”火箭第二级，在 200 m、100 m、35 m 的距离上用自身携带的摄像机对火箭第二级进行了拍照，演示验证了半自主运行和近距空间目标监视能力。由于星上电源能力的限制，整个试验只能持续进行 24 h。前 3 次任务，XSS-10 卫星与火箭第二级的距离保持在 100 m 左右。第四次任务时,XSS-10 卫星进行了“V-bar”的机动,使其与火箭第二级的距离在 35 m 左右,其任务图如图 2.15 所示,其在图 2.15 的位置 1 处拍摄的火箭二级的图像如图 2.16 所示。

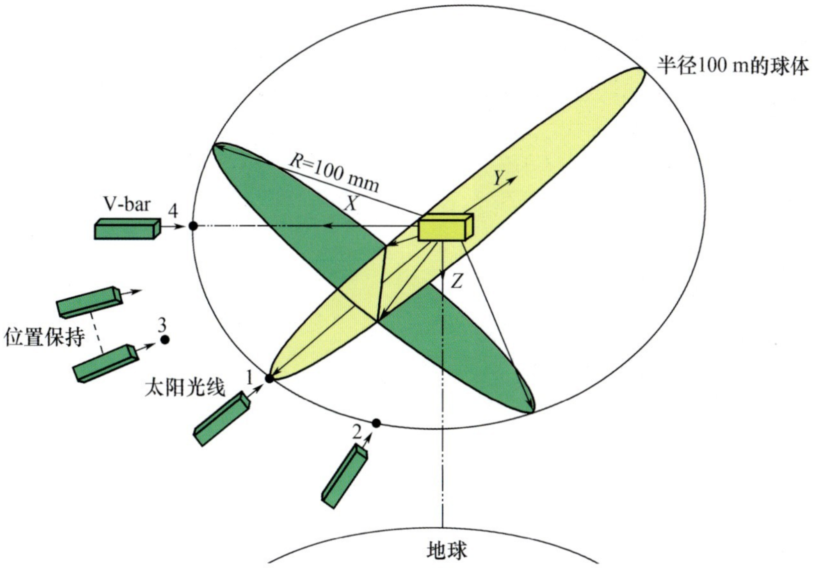

图 2.15　XSS-10 卫星任务图

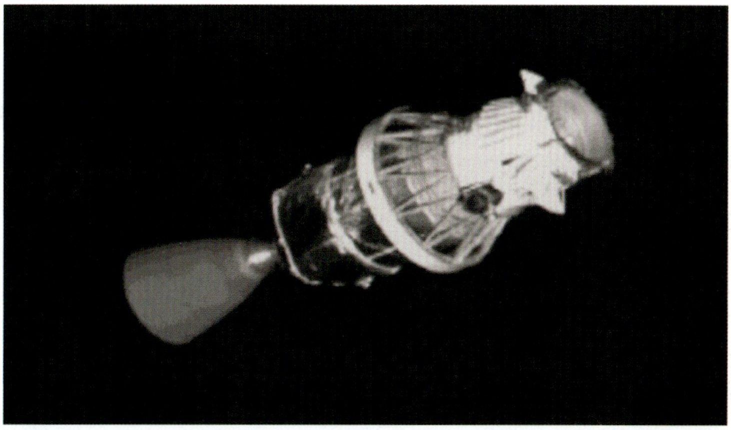

图 2.16　XSS-10 卫星在图 2.15 的位置 1 处拍摄到的火箭二级的图像

飞行试验证明,微型卫星自主机动的算法、集成化的光学摄像机和星敏感器的设计及运行基本成功,完成了所有任务目标。光学摄像机和星敏感器提供了很好的目标(火箭体)图像,该卫星验证的技术还有关键位置保持、机动控制和自主导航所必需的逻辑制导、控制软件,衍生于导弹拦截器的轻质量双组元推进系统及 GNC 技术。XSS-10 卫星的试验证明,微型自主卫星能用于靠近在轨的其他卫星,近距离检查是有效的,但只能按预先编好程序的模式进行操作,因此局限于半自主化水平。

(2)XSS-11。

XSS-11 卫星于 2005 年 4 月 11 日由一枚“人牛怪(Minotaur)”火箭从美国范登堡空军基

地成功发射入轨,如图 2.17 所示。XSS-11 卫星计划的目标是研制完全自主、高超能力的微型卫星。XSS-11 卫星由洛克西德·马丁公司研制,质量为 145 kg,携带 15 kg 推进剂,研制周期为 39 个月。

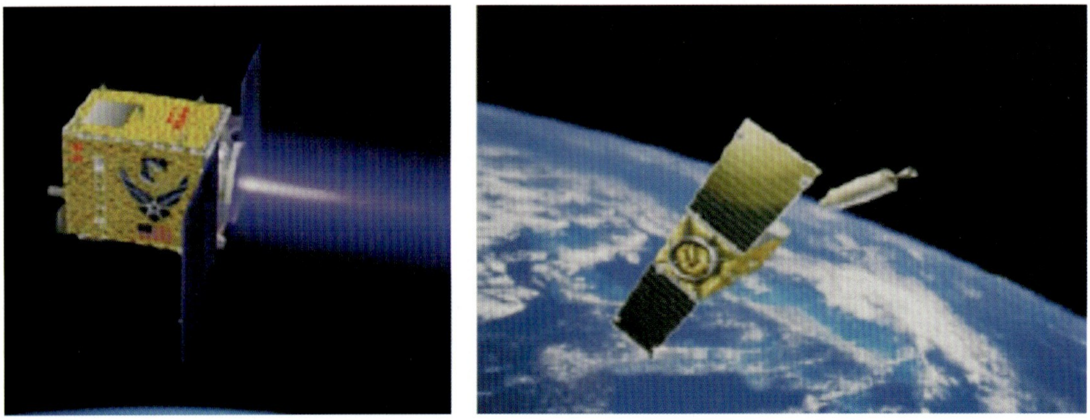

图 2.17　XSS-11 卫星

XSS-11 卫星计划的主要任务是验证星载监视设备对目标的监视能力、验证先进的轨道机动和位置保持能力、演示其自身对空间威胁的感知能力、感知自身是否受到干扰或激光武器的攻击。

XSS-11 卫星按照预先制订的程序进行接近美国废弃火箭的试验(演示 XSS-11 卫星自主与附近空间目标交会的能力)。星箭分离后,XSS-11 卫星首先对"人牛怪"火箭上面级绕飞并拍摄照片,如图 2.18 所示。之后在任务周期内,卫星对 6~7 个接近的空间物体进行拍照。

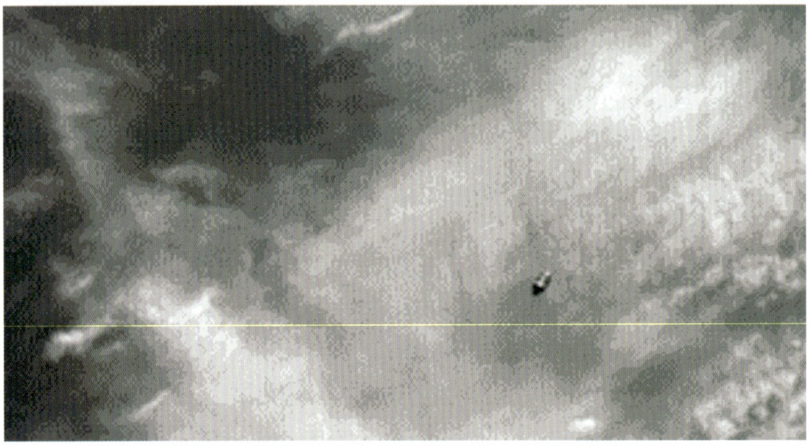

图 2.18　XSS-11 卫星拍摄的火箭上面级

2005 年 7 月末 XSS-11 卫星在距离"人牛怪"火箭上面级 1.6 km 的位置与其进行交会。后来与"人牛怪"火箭上面级又交会 3~4 次,交会距离近至 0.5 km,以测试交会敏感器及其相关技术。

XSS-11 卫星由人工控制飞行,因为 XSS-11 卫星运行和性能良好,加上星载自主能力的提升，地面控制中心执行控制地面站人机交互操作界面任务的试验队员从最初的 30 人减少为 15 人，后来又再次减少，直至由卫星在无人参与的情况下完成交会。XSS-11 卫星的主要参数见表 2.1。

表 2.1　XSS-11 卫星的主要参数

主要参数	数据或信息
尺寸	60 cm×100 cm
功率	300 W
质量	145 kg
轨道	840 km/872 km(初始 839 km/875 km)
倾角	98.8°
轨道周期	102 min
轨道机动的速度增量(ΔV)	>600 m/s
承载能力	15 kg,20 W
设计寿命	12~18 个月
承包商	洛克西德·马丁公司
运载工具	“人牛怪”火箭
发射场	范登堡空军基地
发射时间	2005 年 4 月 11 日

2.3.2.2　MiTEx 计划

MiTEx 卫星由 DARPA、美国空军和海军研究实验室联合研制。2006 年 6 月 21 日，DARPA 从卡纳维拉尔角利用“德尔塔 2”火箭发射 2 颗 MiTEx 卫星，每颗卫星质量约 226.8 kg，轨道科学公司与洛克希德·马丁公司各建造一颗。主要目的是确定、集成、试验和评估与地球静止轨道机动有关的微型卫星技术。

MiTEx 卫星部署在地球同步轨道上，其上面级与普通的上面级不同，除了推力器外，还装有太阳能电池板和 1 台卫星跟踪仪，其寿命至少可持续几周。

MiTEx-A、B 卫星属于接近检查飞行器，能够机动到地球静止轨道上的目标卫星附近，如图 2.19 所示，进行接近检查并获取详细的图像。这两颗卫星用“德尔塔 2”火箭发射升空，0.5 h 后进入椭圆转移轨道；然后依靠上面级火箭发动机将它们推到赤道上空的圆形静止轨道。

2009 年，美国宣布 DSP 卫星发生故障，利用 MiTEx-A、B 卫星对其进行了抵近观察。这是 MiTEx-A、B 卫星进行实际应用。

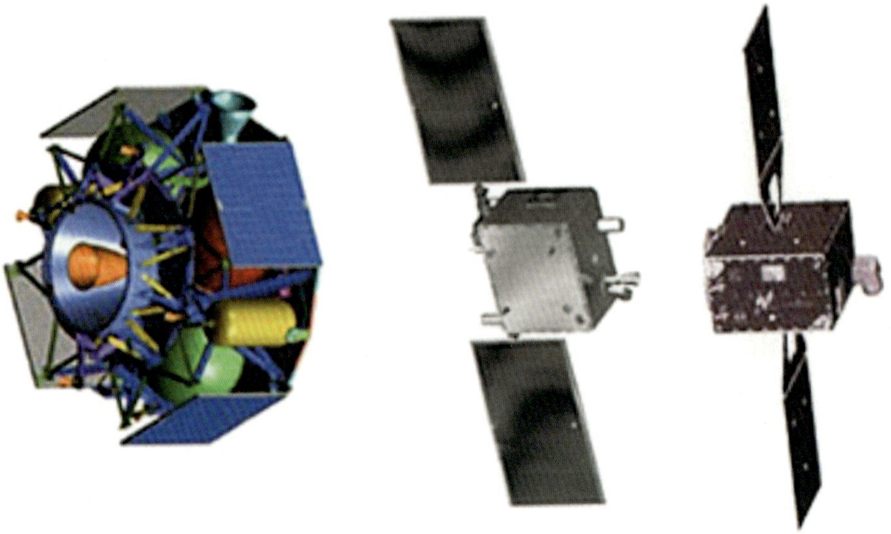

图 2.19　静止轨道小卫星 MiTEx

2.3.2.3　GSSAP 卫星在轨应用

地球同步轨道太空态势感知计划(GSSAP)卫星是一组工作在地球同步轨道的卫星,主要用于对高轨卫星进行拍照和侦察,目前有 6 颗 GSSAP 卫星在轨。2014 年发射了第一组两颗卫星,2016 年发射第二组。GSSAP 一直处于高度保密状态,直到 2014 年初美空军才承认了该计划的存在,不过技术细节仍在保密之中。美空军航天司令部谢尔顿将军称,“我们正在观察地球同步轨道上发生了什么,非常近距离的观察,它有望产生威慑影响”。

GSSAP 卫星能够与非合作目标执行交会与抵近操作,可到达目标 10 km 左右的位置。由于 GSSAP 位于地球静止轨道,距离地球很远,同时自身亮度较低,地面光学设备很难监视到其行动。

由俄罗斯“国际科学光学检测网”的数据表明,2014 年以来 GSSAP 卫星实施了上百次轨道机动,并对十几颗地球同步轨道卫星实施了近距离抵近,包括俄罗斯和中国的军事卫星,最近距离达到约 10 km。

2.3.3　机动及平台技术试验

2.3.3.1　“深度撞击”计划

2005 年 7 月 4 日,美国的“深度撞击”航天器成功撞击坦普尔 1 号彗星,引起世界关注。在离地球极远的深空对预定的目标进行撞击,对航天器的总体技术、轨道设计、导航、制导与控制技术提出了极高的要求。

“深度撞击”航天器系统长 3.3 m,宽 1.7 m,高 2.3 m,包括飞越器(图 2.20)和撞击器(图 2.21)两个航天器,每个航天器都各自携带自己的仪器,能够接收并传输数据。其中,飞越器携带有高分辨率和中分辨率两种成像仪器,撞击器携带有撞击瞄准传感器(ITS)成像仪。

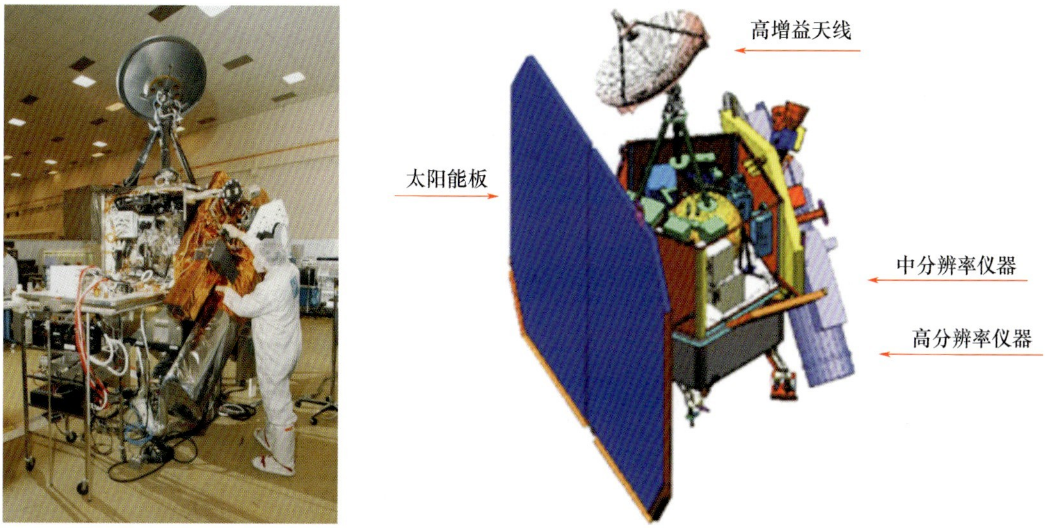

图 2.20　飞越器

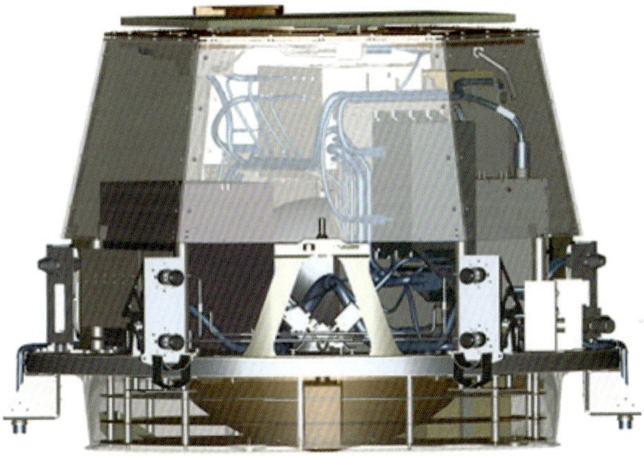

图 2.21　撞击器

(1)飞越器。

飞越器搭载撞击器飞向彗星,并提供轨道机动、通信所需的能源。飞越器接近彗星后,释放出撞击器,接收撞击器发出的数据,拍摄撞击过程及形成的弹坑,并把数据传输回地球。飞越器采用三轴稳定方式,意味着它在飞行过程中不用旋转就能将观测仪器一直指向彗星。飞越器使用一个固定的太阳能电池板和小型镍氢电池作为它的能量系统,可为载荷提供 92 h 的电能。推进系统采用德尔塔 V 型火箭,喷燃速度为 25 m/s,采用肼燃料,动力冲量为 5 000 N · s。

仪器载荷包括用于成像、拍摄红外光谱和用于光学导航的高分辨率仪器和中分辨率仪器。探测器上设有 1 m 直径抛物线高增益天线,利用 X 波段与地球通信,数据容量为 309 Mbit,上、下行数据传输率分别为 125 bit/s 和 175 kbit/s。另外采用 S 波段与分离后的撞击器保持单向联系,数据传输率为 64 kbit/s。

当接近彗核时,彗星周围密集的星尘将会高速撞击探测器,类似于子弹射在上面,很容易损坏探测器携带的精密设备。飞越器设计了两个由 8 层凯夫拉防弹材料和 12 层内克斯特尔合成材料组成的碎片屏蔽板,它可以保护成像仪器和通信系统免受微小粒子击打损害的危险。在通过彗星的内层彗发前,导航控制系统将命令探测器偏转方向,让碎片屏蔽板朝向彗核一侧,使受到碎片损害的可能减小到最低程度。

(2)撞击器。

根据设计要求,为了保证在坦普尔 1 号彗星表面撞出一个足够大的深坑,撞击器必须具有较大的质量,以便在高速撞击时具有很大的动能。实际建造的撞击器质量为 370 kg,直径 1 m,高 0.8 m,主要由铜(49%)和铝(24%)制成(这样可以将分析彗核光谱发射线的衰减误差减少到最小)。当它撞击到坦普尔 1 号彗星表面时相对速度约为 10.2 km/s。

这项任务最困难之处是瞄准并成功地击中坦普尔 1 号彗星上彗核被阳光照亮的区域,以便于地球上的望远镜进行观察。因为撞击器实际上是一个小型的智能独立探测器,在与飞越器分离后,它将沿着原先的飞行路线,以与彗星约 10 km/s 的相对速度继续飞行,并要击中一个远在 8.64×10^5 km 以外、直径不到 6 km 的区域。为了完成这个任务,撞击器装有德尔塔 V 型火箭推进系统和一个高精度的瞄准器,又称“撞击器瞄准传感器”,根据光学测量背景恒星以及坦普尔 1 号彗星的相对飞行轨迹来获得导航数据,自主进行微小的轨道偏差纠正和姿态控制,其精度到达 1 μrad,瞄准位置精度为 300 m,引导撞击器准确无误地飞向目标。姿态调整火箭使用肼燃料,喷燃速度为 25 m/s,动力冲量为 1 750 N · s。

整个撞击任务可分为 6 个阶段完成,分别是探测器发射、试运行检测、巡航飞行、接近彗星、撞击彗星及信息收集处理阶段。

“深度撞击”航天器撞击彗星的具体过程见表 2.2 表中,航天器飞行轨道如图 2.22 所示。

表 2.2 “深度撞击”航天器撞击彗星的具体过程

时间	过程
2005-07-03 T 06:07	撞击器释放
2005-07-04 T 04:22	撞击器第一次瞄准目标机动
2005-07-04 T 05:17	撞击器第二次瞄准目标机动
2005-07-04 T 05:39	撞击器第三次瞄准目标机动
2005-07-04 T 05:52	与坦普尔 1 号彗星碰撞
2005-07-04 T 06:05	飞越器转为防护模式
2005-07-04 T 06:06	飞越器与彗星的接近距离最小

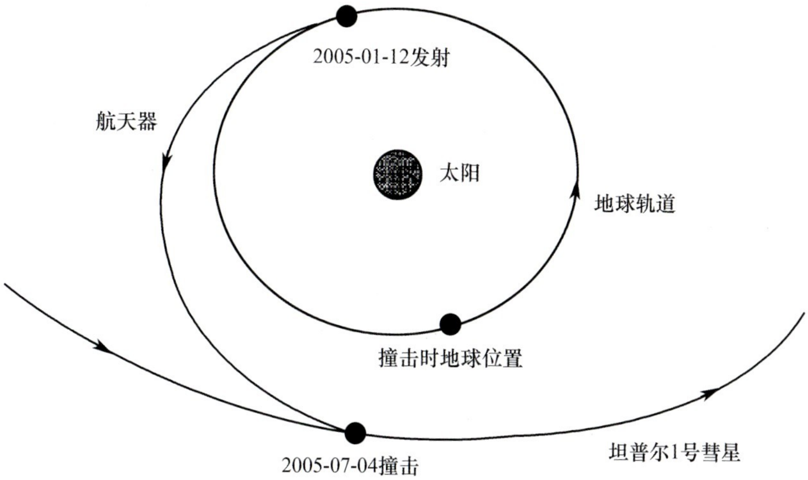

图 2.22　航天器飞行轨道

2.3.3.2　X-37B 轨道飞行试验

美军一直高度重视跨大气层往返、自由进出空间能力建设，以谋求控制空间，确保空间优势。X-37B 是美国空军提出的军用航天飞机发展计划中空间机动飞行器的技术验证飞行器。

X-37B 是一类可重复使用的无人天地往返飞行器，起飞时搭载在火箭整流罩内垂直发射，完成任务后可自主离轨再入、水平降落于普通机场跑道并自主滑停。X-37B 长约 8.9 m，高约 2.9 m，翼展约 4.5 m，发射质量约 4 990 kg，其外形和功能都酷似迷你航天飞机，但其尺寸只有美国航天飞机的四分之一。与航天飞机相似，X-37B 机身中段背部设计有一个顶开式的有效载荷舱，载荷舱平面尺寸为 2.13 m×1.22 m，可搭载约 200 kg 有效载荷。X-37B 在轨飞行期间由砷化镓太阳能电池和锂离子蓄电池供电，设计在轨工作时间为 270 d，轨道高度范围为 177~805 m。X-37B 参数见表 2.3。

表 2.3　X-37B 参数

项目	参数值
停机高度/m	2.895 6
参考长度/m	8.915 4
翼展长度/m	4.5466
载荷舱尺寸/m	2.133 6×1.219 2
发射质量/kg	4 990
设计在轨时间/d	270
轨道高度范围/km	177~805

X-37B 集航空器和航天器优势于一身，其技术特点可以总结如下：

一是天地往返。与航天飞机一样,X-37B 也采取垂直发射、水平着陆的方式进行天地往返,从而实现可重复使用这一目标。

二是无人驾驶。由于不需要庞大的生命保障系统,X-37B 的尺寸仅有航天飞机的四分之一左右,再加上两者外形相似,X-37B 常被看作迷你航天飞机。

三是长期驻轨。由于加装了太阳能帆板,X-37B 的在轨运行时间高达 700 d 以上,远大于航天飞机的几十天。

四是快速反应。X-37B 可实现快速发射入轨、在轨快速响应突发事件、返回后快速维修可重用。

五是自动化强。X-37B 完成任务后可自动返回和着陆,这是航天飞机所不具备的技术。

美国空军目前已研制两架 X-37B 试验样机,自 2010 年 4 月以来,两架 X-37B 交替入轨,先后开展了 7 次轨道飞行试验,试验概况如下,详细信息见表 2.4。

表 2.4　X-37B 7 次轨道飞行试验概况

	OTV-1	OTV-2	OTV-3	OTV-4	OTV-5	OTV-6	OTV-7
航天器	1 号轨道器	2 号轨道器	1 号轨道器	2 号轨道器	2 号轨道器	1 号轨道器	2 号轨道器
发射时间	2010-04-22	2011-03-05	2012-12-11	2015-05-20	2017-09-07	2020-05-17	2023-12-28
返回时间	2010-12-03	2012-06-16	2014-10-17	2017-05-07	2019-10-27	2022-11-12	—
在轨时间	225 d	469 d	675 d	718 d	780 d	908 d	—
着陆场	范登堡空军基地肯尼迪航天中心						—
发射场	卡纳维拉尔角空军站						
运载火箭	宇宙神-5(501 型)						猎鹰 9FT

OTV-1 任务发射于 2010 年 4 月 22 日,同年 12 月 3 日返航,在轨飞行 225 d,采用 1 号轨道器。OTV-2 任务 2011 年 3 月 5 日发射,次年 6 月 16 日返航,在轨飞行 469 d,采用 2 号轨道器。OTV-3 任务 2012 年 12 月 11 日发射,2014 年 10 月 17 日返航,在轨飞行 675 d,采用 1 号轨道器。OTV-4 任务 2015 年 5 月 20 日发射,2017 年 5 月 7 日返航,采用 2 号轨道器,在轨飞行 718 d,再次改写了留轨时间纪录。OTV-5 任务 2017 年 9 月 7 日发射,2019 年 10 月 27 日返航,在轨飞行 780 d,采用 2 号轨道器。OTV-6 任务 2020 年 5 月 17 日发射,2022 年 11 月 12 日返航,在轨飞行 908 d,采用 1 号轨道器。OTV-7 任务 2023 年 12 月 28 日发射,目前仍在轨飞行。

前 6 次任务累计在轨飞行时间达到 3 775 d。OTV-7 任务是 X-37B 首次在 SpaceX 猎鹰重型火箭上发射,进入了一个比以往更高的高度椭圆轨道。该任务还首次尝试了空气制动机动,这是一种利用地球大气层的阻力来改变轨道的技术。

图 2.23 为 X-37B 与宇宙神-5 整流罩的装配图,图 2.24 为 OTV-4 着陆于肯尼迪航天中心的跑道。

图 2.23　X-37B 与宇宙神-5 整流罩的装配图

图 2.24　OTV-4 着陆于肯尼迪航天中心的跑道

2.3.4　首次商业卫星延寿任务:MEV-1

2020 年 2 月 25 日,美国诺格公司研制的任务延长飞行器 MEV-1(图 2.25)成功与超期服役的国际通信卫星-901(Intelsat-901)交会对接,在完成卫星组合体在轨测试后,将为 Intelsat-901 提供 5 年工作寿命延长服务。这是全球首次成功实施的商业延寿任务,是历史上首次与当初设计时并未考虑对接的一颗卫星实现对接,也是首次由两颗商业卫星相互对接,标志着空间维护应用发展迈入了新的阶段。

图 2.25　MEV-1

MEV-1 的服务对象是国际通信卫星公司的 Intelsat-901 卫星。Intelsat-901 卫星于 2001 年 6 月 9 日发射,原设计寿命 13 年,2019 年时已在轨运行超过 18 年时间,超期工作 5 年。当时这颗 18 岁的通信卫星运行良好,唯一困扰的是星上所剩燃料只够用几个月,若不由 MEV-1 提供延寿服务,将需要在弃星轨道上彻底退役,卫星处于寿命末期。根据国际通信卫星公司报告及相关国际条约规定,Intelsat-901 卫星会在 2019 年内耗尽所有燃料前完成离轨处置,抬升 300 km 轨道高度至坟墓轨道。

MEV-1 会在坟墓轨道与 Intelsat-901 卫星对接后重新定点到新的轨位,继续提供通信服务。Intelsat-901 将在 332.5°E 轨位投入使用,将采用 C 波段转发器和可控 Ku 波段波束覆盖南北美、非洲和欧洲。该星将接替已有 17 年星龄、已超期服务 4 年的 Intelsat-907。斯彭格勒说,Intelsat-901 和 Intelsat-907 属于近乎完全一样的卫星。他说,MEV 让虽然老旧但却依然能用的卫星得以继续服役,从而让国际通信卫星公司得以推迟花钱置办新补网卫星。

2.3.4.1 任务过程

(1)2019 年 10 月 9 日,美国诺格公司的 MEV-1 与欧洲通信卫星(Eutelsat 5 West B)由俄罗斯国际发射服务公司的一枚质子-M/微风-M 型运载火箭完成“拼单”发射,如图 2.26 所示。MEV-1 飞行器发射质量 2 326 kg,其中约一半是供电推进和常规化学推进系统使用的气体和液体推进剂,但推进剂装载量远不止于此。

图 2.26 MEV-1 发射场

质子火箭点火 16 h 后,两颗卫星与微风-M 上面级分离。微风-M 上面级点火 5 次,将 Eutelsat 5 West B 和 MEV-1 送入一个“超同步”转移轨道,该轨道远地点 65 000 km,近地点 12 050 km,倾角为 13.4°。

Eutelsat 5 West B 质量 2 864 kg,将于格林尼治标准时间周四 01:53 与微风-M 上面级分离。经过调整方位后,微风-M 将在格林尼治标准时间 02:12 部署质量 2 326 kg 的 MEV-1。

Eutelsat 5 West B 和 MEV-1 将使用自己的推进系统进行轨道圆化,并减少它们靠近赤道的轨道倾角。因为使用的是推力小的电推进系统,因此整个转移过程持续约 4 个月。

(2)在完成与运载火箭分离释放后,MEV-1 利用全电推模块进入地球同步转移轨道(GTO),耗费 3~4 个月时间到达 Intelsat-901 卫星所在的坟墓轨道。同时,国际通信卫星组织控制人员将发送命令,控制 Intelsat-901 卫星离开其在 18°W 的工作位置,并将其高度提高近 300 km,进入所谓的坟墓轨道,地球静止卫星通常在该轨道退役。

(3)2020 年 2 月 5 日,MEV-1 与 Intelsat-901 在坟墓轨道接近。在接下来的 19 d 里,MEV-1 对 Intelsat-901 进行了一系列“试验”方法,验证其自主接近、撤离目标,以及校准和微调其传感器的能力。在接近过程中，MEV-1 使用了一组视觉成像仪、红外摄像机和侧扫式激光雷达对 Intelsat-901 的相对位置进行测量。在所有这些能力得到验证之后，MEV-1 与 Intelsat-901 进行了对接机动(图 2.27)。

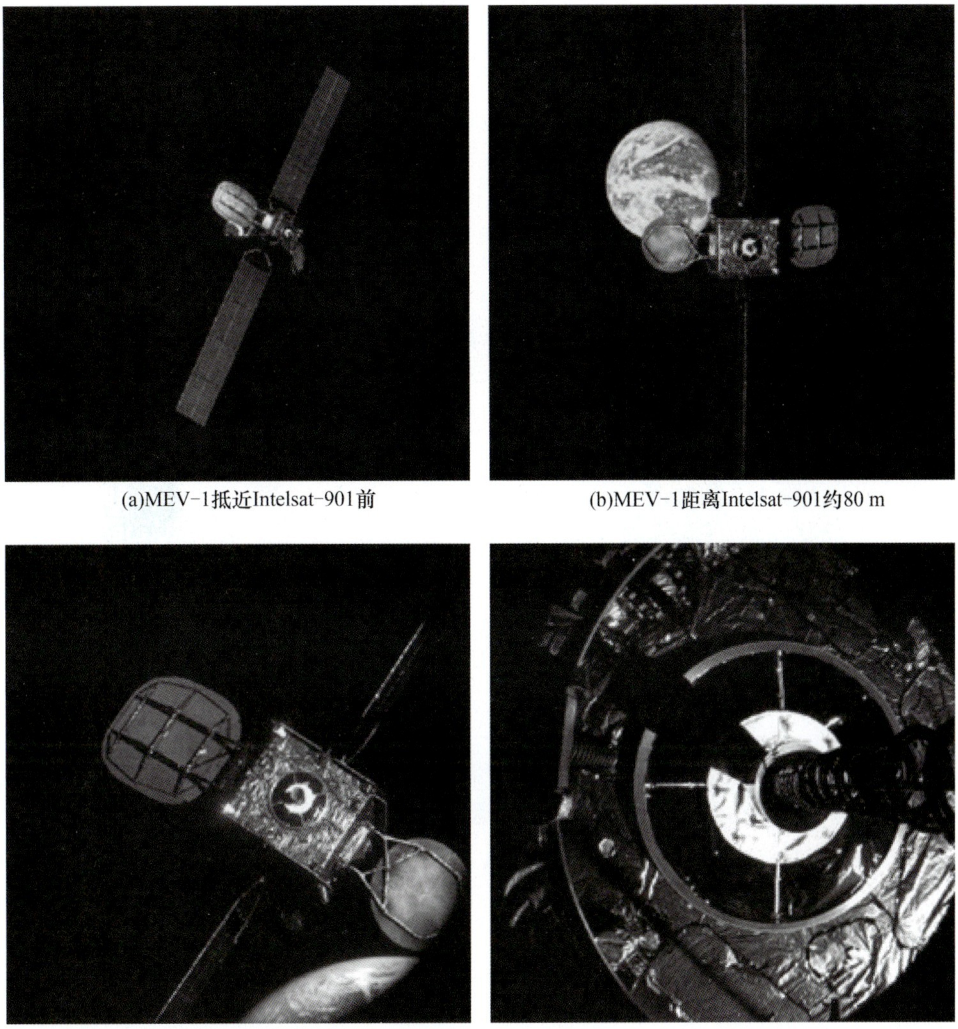

(a)MEV-1抵近Intelsat-901前　(b)MEV-1距离Intelsat-901约80 m

(c)MEV-1距离Intelsat-901约20 m　(d)对接过程

图 2.27　MEV-1 与 IS-901 卫星交会对接

(4)2020 年 2 月 24 日，MEV-1 按地面指令在距服务对象 80 m 处悬停，2 月 25 日，MEV-1 按指令移至 Intelsat-901 卫星附近，并利用对接机构穿入 Intelsat-901 卫星远地点发动机喷管喉部实现交会对接。两星相距约 1 m 时，地面控制系统授权 MEV-1 从 Intelsat-901 卫星背地面自主抵近完成对接操作。2020 年 2 月 25 日，两星成功在 Intelsat-901 卫星远地点发动机所在面进行对接。

(5)待 MEV-1 和 Intelsat-901 卫星组合状态开展进一步测试后，由 MEV-1 正式接管 Intelsat-901 卫星的姿态控制及轨道控制，通过调低轨道高度及轨道倾角将 Intelsat-901 卫星摆渡至地球同步轨道，由坟墓轨道重新定点至 27.5°W 的新地球同步轨道业务轨位。未来由

MEV-1 为卫星组合体提供 5 年业务运行所必需的轨道保持、姿态控制等服务。

(6)5 年服务周期结束后,卫星组合体再次抬升轨道高度至坟墓轨道,由 MEV-1 辅助 Intelsat-901 卫星完成离轨处置操作。

(7)卫星组合体分离为原 Intelsat-901 卫星和 MEV-1。MEV-1 是按 15 年使用寿命来设计的,将在剩余寿命内开始下一次服务计划。

MEV-1 任务全过程如图 2.28 所示。

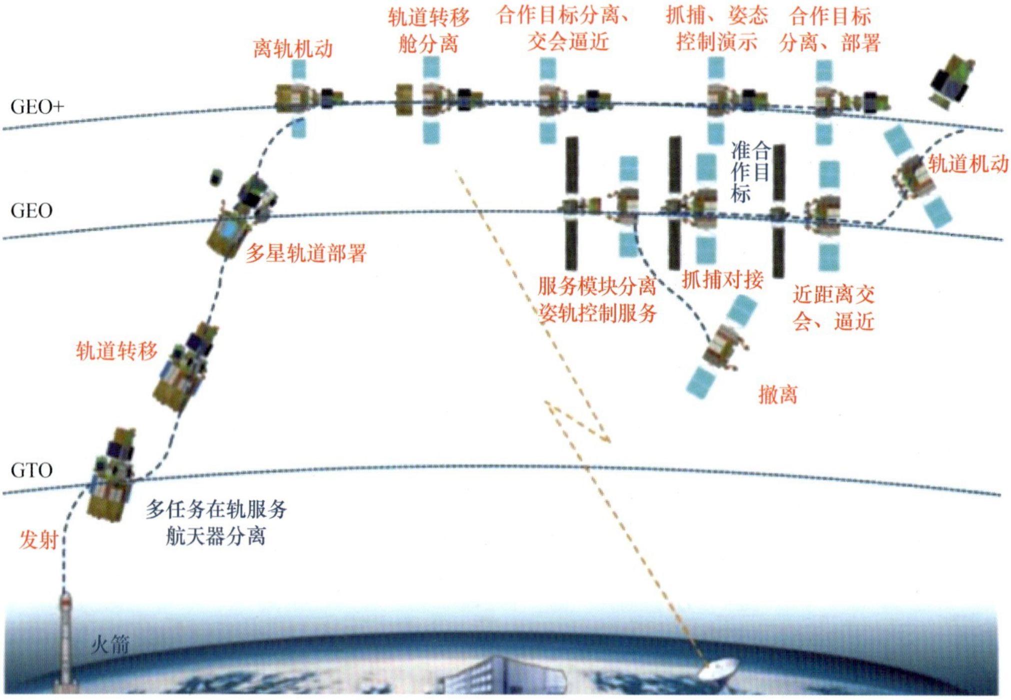

图 2.28　MEV-1 任务全过程

2.3.4.2　后续计划

从基本技术上说,MEV-1 就是原轨道 ATK 公司的“天鹅座”飞船。轨道 ATK 公司被诺格收购以后,其所有的火箭与飞船都以诺格的品牌运营。“天鹅座”飞船用于为国际空间站运送物资和实验器材,其对接空间站的姿态控制系统用在了 MEV-1 与 Intelsat-901 卫星对接和轨位保持等能力中。现在的“天鹅座”飞船任务量并不饱满,每年两次发射对接国际空间站,而 SpaceX 公司的货运龙飞船每年至少 3 次任务,成本还比“天鹅座”低很多。虽然原轨道 ATK 公司火箭(尤其是固体动力火箭)、卫星与飞船技术成熟,属于资历较深的美国航天工业力量,但其经济性和创新能力并不具有明显优势。这使得“天鹅座”飞船也只能承担空间站货运一项任务,“安塔瑞斯”火箭也只用来发射“天鹅座”飞船,两大产品市场空间都非常有限,相比于 SpaceX 公司的“猎鹰 9”火箭和货运龙飞船,差距甚大。

因此,此次“天鹅座”飞船的技术改进用于卫星在轨延寿,可以看作诺格公司充分利用该飞船转移技术、推动创新的举措,在其航天产品前景不佳的形势下也许是一条出路。诺格公司同时在研制的“欧米伽”火箭,可能也是出于相似的考虑:用一款技术成熟但火箭系统设计完全创新的固体火箭,竞争美国军事卫星的发射任务。总体来看,诺格公司航天系统创新能力的突破具有难度,尝试用 MEV-1 来打开僵局是一个不错的思路。

MEV 后续计划是新型“任务机器人飞行器”(MRV),其第一个亮点是将挂带多个“任务延寿吊舱”(mission extension pod,MEP),将以 MEV 设计为基础,用于为燃料即将耗尽的静地卫星提供位置保持服务。根据设计,MRV 将载带 10~12 个 MEP,每一个延寿挂舱都相当于一颗小型化的延寿卫星,主要包括太阳能电力系统和以氙为推进剂的电能离子推进发动机,可以为不需要 MEV 全面功能的客户提供新的解决方案。MEP 的使用寿命比 MEV 短,并且不提供姿态控制功能。第二个亮点则是配备了一个机械臂,不仅可以更方便延寿卫星捕获,还可以对老旧卫星进行一定程度的维修。它将抵近用户的卫星,利用机械臂把其中一个吊舱安装到卫星上。该吊舱随后将接管位保功能,可实现长达 5 年的延寿。同时,任务航天器可以执行简单的机器人维修,例如释放无法正确部署的太阳能电池板,还包括其他正在投资的完成更复杂任务所需的技术,例如彻底检查卫星外部、安装主机有效载荷、进行大规模维修,以及在复杂情况下捕获航天器和在轨道上组装结构。

得益于首次 MEV-1 任务的成功实施,美国国防部高级研究计划局在 2020 年宣布,已经选定诺格公司成为军用空间维护项目——“地球同步轨道机器人自主服务”(RSGS)的商业合作伙伴。双方协议,由诺格公司为 RSGS 项目提供卫星平台及技术支持,由美国海军研究实验室为 MRV 提供双臂空间机械臂载荷及相关支持。RSGS 项目将利用自主服务航天器平台在地球同步轨道开展在轨操作服务的创新性研究项目,主要目标是为目标提供灵巧操作能力。

空间操控技术的发展历程展示了人类对太空探索能力的不断扩展和提升。从早期的航天员出舱活动到现在的无人空间操控技术,空间操控技术已经取得了巨大的进步,也充分证明了其价值和可行性。目前,无人空间操控技术正在加速走向实用,这将使得航天器在其寿命周期内可以被维修、维护和升级,应用前景广阔,可能从根本上改变传统航天系统建设的固有模式和思路,意义深远。

练 习 题

(1)空间操控技术发展经历了几个阶段,各有什么特点?

(2)为什么说当前空间操控正在由试验走向实用?

(3)为什么要发展无人空间操控,相比于有人操控其有哪些优点和不足?

(4)空间操控的任务流程机器关键技术问题有哪些?

(5)轨道快车任务验证了哪些技术?

(6)空间操控技术未来的发展趋势有哪些?

第3章　航天动力学基础

空间操控任务航天器和目标航天器都遵循轨道动力学规律在空间运行，航天动力学是进行空间操控的基础。本章讨论近地航天器轨道和姿态动力学基本原理，为后续的轨道机动、交会、近距离相对运动等问题提供基础。

3.1　近地航天器二体轨道基础

3.1.1　二体问题及其运动方程

二体问题最早是牛顿在研究天体运动时抽象出来的理想化力学模型：已知只受相互间万有引力的两个质点在某时刻的位置和速度，求此后任意时刻质点的位置和速度。

研究近地航天器的轨道运动时，如果做如下基本假设：地球为均质圆球（均质圆球对外界的万有引力作用等效于质量集中在球心的质点）、航天器等效为质点、航天器仅受地球万有引力作用，则地球与航天器构成二体系统，其相互运动为二体运动。

定义地心到航天器的矢量为地心矢径或位置矢量，记为 $\boldsymbol{r}$。可推导出"地球-航天器"二体问题的运动方程：

$$\ddot{\boldsymbol{r}} + \frac{\mu}{r^3}\boldsymbol{r} = 0 \tag{3.1}$$

式中，$\mu = G(M+m)$，G 为万有引力常数，M 为地球质量，m 为航天器质量。一般而言，二体系统的两个质点都以两者的质心为中心进行运动。但在"地球-航天器"二体系统中，由于 $m \ll M$，此二体问题可视为限制性二体问题。此时，航天器的万有引力对地球的影响可以忽略不计，二体系统的质心即为地球质心，航天器围绕地球质心运动，式(3.1)中的 μ 可以近似等于 GM，为简便起见，本书后续部分记 $\mu = GM$ 为地球引力常数。

从二体运动式(3.1)出发，经过复杂的数学运算可以推导出二体轨道精确解析解。研究表明二体轨道的几何形状是一条以中心天体为焦点的圆锥曲线，轨道的具体形状由圆锥曲线的偏心率 e 决定：$e=0$ 时为圆轨道，$0<e<1$ 时为椭圆轨道，$e=1$ 时为抛物线轨道，$e>1$ 时为双曲线轨道，如图3.1所示。

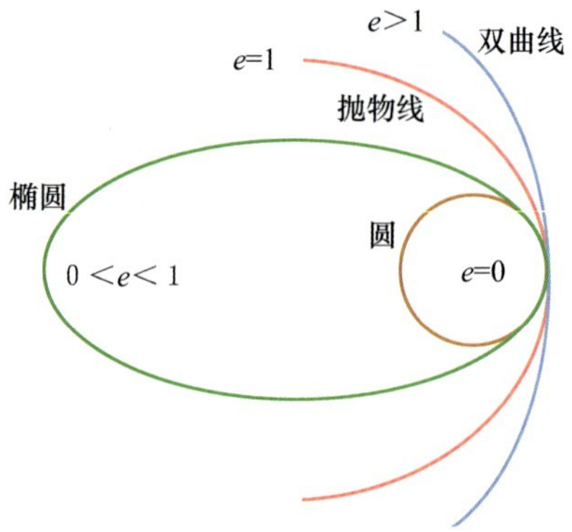

图3.1　轨道形状与偏心率的关系

从几何的角度看，抛物线轨道是闭合轨道（椭圆轨道）与非闭合轨道（双曲线轨道）的分界线；从物理的角度看，抛物线轨道是被中心引力场俘获（椭圆轨道）与摆脱中心引力场（双曲线轨道）的分界线，抛物线轨道上的速度即为逃逸速度。因为本书中空间操控不涉及逃离地球引力场的情形,因此本书只讨论椭圆轨道,其中圆轨道视为椭圆轨道的一种特殊情况。椭圆轨道符合开普勒行星运动三大定律,也称为开普勒轨道。

3.1.2　椭圆轨道几何关系

椭圆轨道几何关系如图 3.2 所示,椭圆有两个焦点,地球作为引力中心,其质心 O_E 位于椭圆的一个焦点,另一个焦点 O'_E 为虚焦点且没有物理意义。两个焦点的距离称为焦距,如图 3.2 中线段 $O_EO'_E$,焦距的一半记为半焦距 c;通过两个焦点的弦长称为长轴,如图 3.2 中线段 AP,长轴的一半记为半长轴 a;过椭圆中心且垂直于长轴的弦长称为短轴,如图 3.2 中线段 BC,短轴的一半记为半短轴 b;通过焦点且与长轴垂直的弦长称为通径,通径的一半记为半通径 p。根据椭圆几何关系有

$$a^2 = b^2 + c^2 \tag{3.2}$$

$$e = \frac{c}{a} \tag{3.3}$$

$$p = a(1 - e^2) \tag{3.4}$$

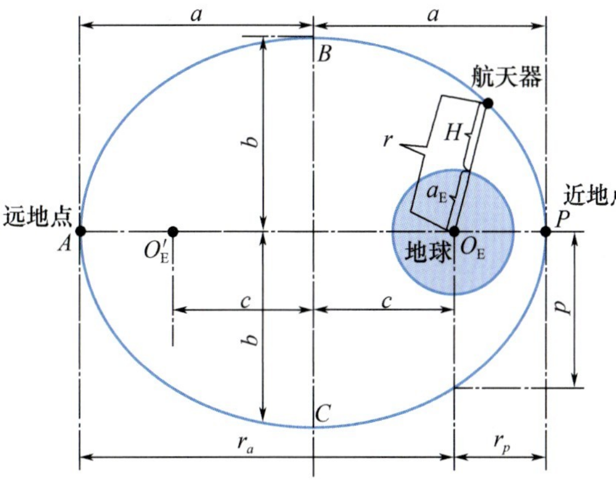

图 3.2　椭圆轨道几何关系

轨道上距离引力中心最近或最远的点称为拱点,其中距离最近的点称为近拱点或近心点,最远的点称为远拱点或远心点,连接近拱点与远拱点的直线称为拱点线或拱线。对椭圆轨道而言,拱线与长轴共线,如图 3.2 中线段 AP。对于环绕地球的轨道,近拱点也称为近地点,如图 3.2 中 P 点,远拱点也称为远地点,如图 3.2 中 A 点。

如图 3.2 所示,地心矢径 $\boldsymbol{r}$ 的大小定义为地心距 r,从近地点到航天器当前位置相对地心转过的角度定义为真近地点角 f,则地心距 r 可写成真近地点角 f 的函数:

$$r = \frac{p}{1 + e\cos f} = \frac{a(1 - e^2)}{1 + e\cos f} \tag{3.5}$$

式中,$f = 90°$ 或 $270°$ 时 $r = p$,这与半通径的定义一致;$f = 0°$ 时航天器位于近地点,此时 r 取最小值 $r_{\min}$,设为近地点地心距 r_p,且有

$$r_{\min} = r_p = a(1 - e) \tag{3.6}$$

$f = 180°$ 时航天器位于远地点,此时 r 取最大值 $r_{\max}$,设为远地点地心距 r_a,且有

$$r_{\max} = r_a = a(1 + e) \tag{3.7}$$

地球半径记为 a_E，本书中取值为 a_E=6 378 137 m，则轨道高度 H 为

$$H = r - a_E \tag{3.8}$$

相应地，近地点高度 H_p 与远地点高度 H_a 分别为

$$H_p = r_p - a_E \tag{3.9}$$

$$H_a = r_a - a_E \tag{3.10}$$

按照轨道高度可以将轨道大致区分为：①当轨道高度 H<2 000 km 时为低轨道；②当轨道高度 2 000 km≤H<20 000 km 时为中轨道；③当轨道高度 H≥20 000 km 时为高轨道。

3.1.3 坐标系定义

为了描述航天器相对于地球的运动，定义地心惯性系 O_E-XYZ，如图 3.3 所示，其原点位于地球质心 O_E，X 轴指向春分点，Z 轴垂直于赤道面指向北极，Y 轴由右手法则确定。

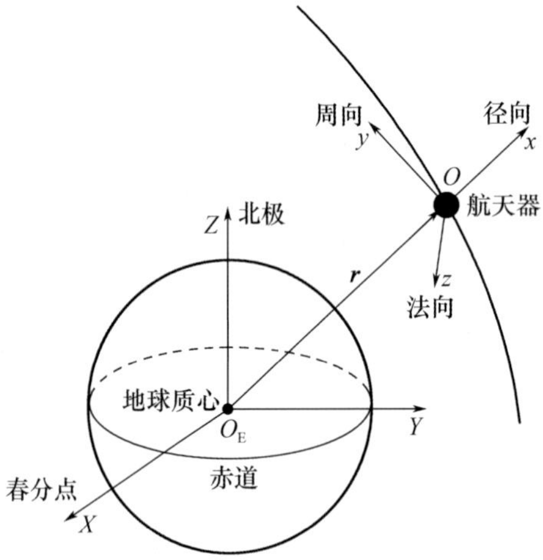

图 3.3 坐标系定义

为了对航天器进行受力分析或研究航天器之间的相对运动，往往还需要建立固连于航天器本体的轨道坐标系。这样的轨道坐标系有多种定义方式，图 3.3 定义了一种轨道坐标系 O-xyz，其原点 O 固连于航天器质心，x、y、z 三轴分别沿航天器的径向、周向和法向。在本书中，径向（radial direction）定义为由地心指向航天器，用下标 r 表示；周向（circumferential direction）定义为轨道面内垂直于径向，且沿轨道前进的方向，用下标 c 表示；法向（normal direction）定义为垂直于轨道面，且与轨道角动量矢量同向，用下标 n 表示。值得注意的是，周向并不同于切向（tangential direction），切向是指航天器速度方向，与轨道曲线相切。对于椭圆轨道，周向与切向仅在近地点和远地点处指向相同；而对于圆轨道，周向与切向始终重合。

3.1.4 经典轨道根数

二体运动式(3.1)是一个二阶非线性矢量微分方程，通过矢量运算可以推导出描述轨道运动特性的一组积分常数。一组积分常数包含 6 个相互独立的要素，常用 $\boldsymbol{\sigma}$ 表示。这类积分常数有多种表现形式，其中最为常用的是经典轨道根数：半长轴 a、偏心率 e、轨道倾角 i、升交点赤经 Ω、近地点幅角 ω 和过近地点时刻 τ，记为 $\boldsymbol{\sigma}=(a,e,i,\Omega,\omega,\tau)$。下面依次分析 6 个轨道

根数的意义。

(1)轨道大小——半长轴 a。

半长轴 a 的定义如图 3.2 所示,它体现了轨道的大小。轨道半长轴与航天器轨道周期具有对应关系,轨道周期是航天器在轨道上运行 1 圈的时间。轨道半长轴 a 越大,则轨道周期 T 越长,且有

$$T = 2\pi\sqrt{\frac{a^3}{\mu}} \tag{3.11}$$

(2)轨道形状——偏心率 e。

偏心率 e 等于半焦距与半长轴的比值,如式(3.3)所示,它决定了椭圆轨道的形状。椭圆轨道的偏心率 $0 \leqslant e < 1$,e 越接近于 1 则椭圆轨道越扁,而 $e=0$ 时椭圆轨道成为圆轨道。

(3)轨道方位——轨道倾角 i。

轨道倾角 i 是轨道面与地球赤道面的夹角,反映的是轨道面相对于赤道面的倾斜程度,轨道倾角 i 的取值范围是 $0° \leqslant i \leqslant 180°$,如图 3.4 所示。

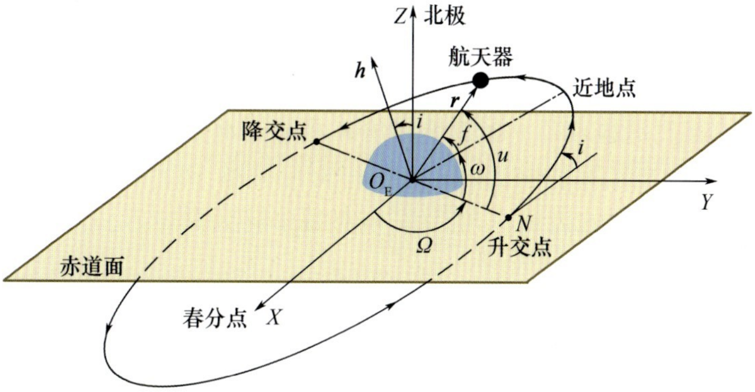

图 3.4　经典轨道根数

轨道倾角 i 还决定了轨道的运行方向,由此可以区分不同轨道类型。如图 3.5 所示,$0° \leqslant i < 90°$时为顺行轨道,航天器总是由西(西南或西北)向东(东北或东南)运行,其中 $i=0°$时为赤道轨道;$90° < i \leqslant 180°$时为逆行轨道,航天器的运行方向与顺行轨道相反;$i=90°$时为极轨道。

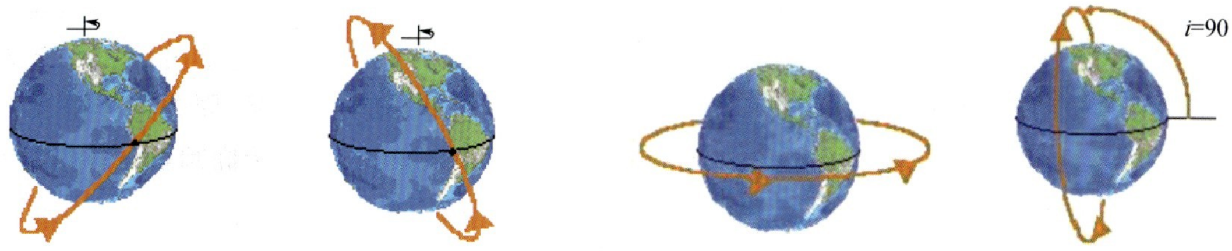

(a)$0° \leqslant i < 90°$ 顺行轨道　(b)$90° < i \leqslant 180°$ 逆行轨道　(c)$i=0°$ 赤道轨道　(d)$i=90°$ 极轨道

图 3.5　不同轨道倾角对应的轨道类型

(4)轨道方位——升交点赤经 Ω。

航天器沿轨道由南向北通过赤道面的点称为升交点或节点,如图 3.4 中的 N 点,$O_E N$ 称

为节线。图 3.4 中降交点是航天器沿轨道由北向南通过赤道面的点,春分点是太阳沿黄道由南向北通过赤道面的点。升交点赤经 Ω 是春分点和升交点对地心的张角,取值范围是 $[0°,360°)$。

(5)轨道方位——近地点幅角 ω。

近地点幅角 ω 是近地点与升交点对地心的张角,也称为近地点角距,取值范围是 $[0°,360°)$,如图 3.4 所示。升交点与航天器当前位置对地心的张角称为纬度幅角,记为 u。$u=0$ 表示航天器位于轨道升交点,$u=\pi$ 则表示航天器位于轨道降交点。对于圆轨道,$u=\pi/2$ 时航天器位于轨道最北点,$u=3\pi/2$ 时航天器位于轨道最南点。由几何关系可知

$$u = \omega + f \tag{3.12}$$

轨道倾角 i、升交点赤经 Ω 和近地点幅角 ω 三者共同决定了轨道在空间的方位。其中 i 和 Ω 决定了轨道面的方位,ω 决定了椭圆轨道在轨道面中的方位。

至此,a、e、i、Ω、ω 这 5 个参数完全确定了空间中一条唯一的轨道,但如果要确定航天器在任意指定时刻位于该轨道的哪一个位置,则还需再引入一个积分常数:过近地点时刻 τ。

(6)航天器位置——过近地点时刻 τ。

航天器经过近地点的时刻 τ 是轨道运动的时间起算点,由 τ 可以推算出任意 t 时刻航天器从近地点起所转过的角度(即近地点角),从而能确定航天器在轨道上的位置。近地点角有三种定义方式,分别是真近地点角 f、偏近地点角 E 和平近地点角 M。这三个近地点角都不是积分常数,但任意时刻 t 的 f、E 或 M 都与 τ 有一一对应关系,而且近地点角具有更加明确的几何意义,因此常用某一时刻的近地点角代替 τ 来描述航天器位置,近地点角的取值范围是 $[0°,360°)$。

3.1.5 其他轨道参数

3.1.5.1 偏近地点角

偏近地点角 E 的定义如图 3.6 所示,引入辅助圆,其圆心与椭圆轨道的中心 O 重合,半径等于椭圆半长轴 a。设椭圆焦点 F 为引力中心,航天器位于 S 点,过 S 点作垂直于椭圆长轴的直线,与辅助圆相交于 Q 点。则 $\angle QOF$ 称为偏近地点角,记为 E。

地心距 r 可以用偏近地点角 E 表示为

$$r = a(1 - e\cos E) \tag{3.13}$$

偏近地点角 E 与真近地点角 f 之间满足如下关系:

$$\tan\frac{f}{2} = \sqrt{\frac{1+e}{1-e}}\tan\frac{E}{2} \tag{3.14}$$

偏近地点角 E、过近地点时刻 τ 与平近地点角 M 之间满足如下关系:

$$E - e\sin E = n(t-\tau) = M \tag{3.15}$$

式(3.15)即为开普勒方程,式中 $n=\sqrt{\mu/a^3}$ 为平均角速度,M 为平近地点角,它可以看作是以平均角速度 n 在辅助圆上运动的点在时刻 t 的角位置。

3.1.5.2 速度倾角

为了描述航天器的飞行方向,定义航天器速度方向(切向)相对于轨道周向的倾角为速度

倾角，也称为飞行路径角或航迹角，记为 Θ，如图 3.7 所示。航天器径向分量远离地球时 $\Theta>0°$，靠近地球时 $\Theta<0°$，Θ 的取值范围是 $-90°\leqslant\Theta\leqslant 90°$。航天器的速度矢量 $\boldsymbol{v}$ 在轨道坐标系 $O\text{-}xyz$ 的三分量分别为 v_r、v_c 和 0，则有

$$v_r = v\sin\Theta = \sqrt{\frac{\mu}{p}}e\sin f \tag{3.16}$$

$$v_c = v\cos\Theta = \sqrt{\frac{\mu}{p}}(1 + e\cos f) \tag{3.17}$$

$$\tan\Theta = \frac{v_r}{v_c} = \frac{e\sin f}{1 + e\cos f} \tag{3.18}$$

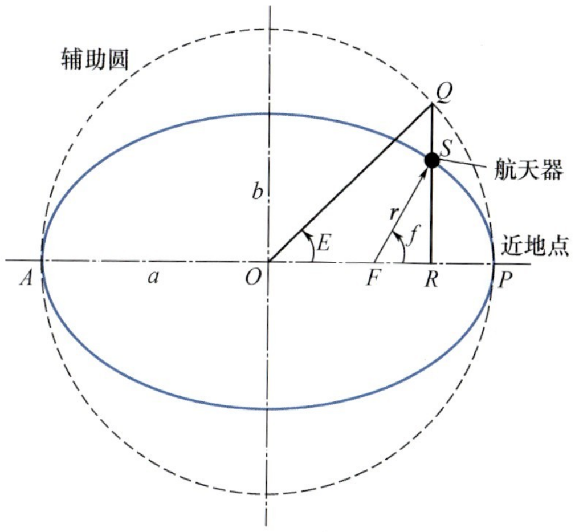

图 3.6　辅助圆与偏近地点角 E

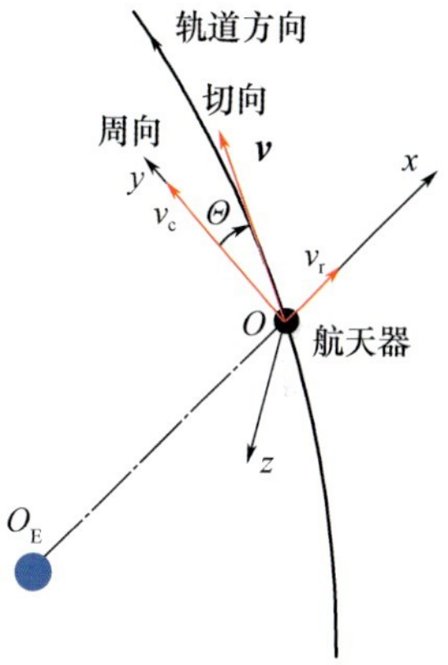

图 3.7　速度倾角 Θ

3.1.5.3　轨道角动量

单位质量航天器相对于地心的角动量称为轨道角动量，记为 $\boldsymbol{h}$。根据定义，$\boldsymbol{h}$ 可表示为

$$\boldsymbol{h} = \boldsymbol{r} \times \boldsymbol{v} \tag{3.19}$$

在二体问题中，由于航天器只受中心引力的作用，因此角动量守恒，轨道角动量 $\boldsymbol{h}$ 为常矢量。$\boldsymbol{h}$ 的大小 h 与地球引力常数 μ 共同决定了轨道半通径的大小，即

$$p = \frac{h^2}{\mu} \tag{3.20}$$

轨道角动量 $\boldsymbol{h}$ 还决定了轨道面在空间的方位，其方向 $\boldsymbol{i}_h$ 可以用轨道倾角 i 和升交点赤经 Ω 来表示，且有

$$\boldsymbol{i}_h = \begin{bmatrix} \sin i\sin\Omega \\ -\sin i\cos\Omega \\ \cos i \end{bmatrix} \tag{3.21}$$

3.1.5.4　轨道机械能

轨道上单位质量航天器的机械能称为轨道机械能，记为 ε。在二体问题中，只有万有引力

对航天器做功,因此机械能守恒,ε 为常数。定义无穷远处为引力势能的零点,则根据定义 ε 可表示为

$$\varepsilon = \frac{v^2}{2} - \frac{\mu}{r} \tag{3.22}$$

式中,v 为航天器速度,$v^2/2$ 为动能,$-\mu/r$ 为引力势能。

因为轨道机械能 ε 为常数,故可根据轨道上任一点的 r 和 v 计算 ε。取 $f=\pi/2$,由式(3.5)、式(3.16) 和式(3.17) 可知此时 $r=p$,$v^2=v_r^2+v_c^2=\frac{\mu}{p}(1+e^2)$,代入式(3.22)得

$$\varepsilon = -\frac{\mu}{2a} \tag{3.23}$$

由式 (3.23) 可知轨道机械能 ε 只与半长轴 a 有关,而与偏心率 e 无关。

结合式 (3.22) 与式 (3.23) 可得

$$v^2 = \mu\left(\frac{2}{r} - \frac{1}{a}\right) \tag{3.24}$$

式(3.24)称为活力公式,由此可以方便地计算轨道上某一位置的速度大小。对于圆轨道,半长轴与轨道半径始终相等,则其轨道速度大小可以表示为

$$v = \sqrt{\frac{\mu}{a}} \tag{3.25}$$

3.1.5.5 能量比参数

在分析航天器的轨道特性时,还常使用能量比参数 γ,其计算式为

$$\gamma = \frac{rv^2}{\mu} \tag{3.26}$$

它表示航天器的 2 倍动能与引力势能的绝对值之比,是一个无量纲参数,而且根据定义可知 $\gamma>0$。

a、e、f 等轨道根数也可以用能量比参数 γ 和速度倾角 Θ 表示,下面进行简单推导。

结合式(3.26)与活力公式(3.24)可求得半长轴 a 为

$$a = \frac{r}{2-\gamma} \tag{3.27}$$

轨道角动量大小 h 由式(3.19)可表示为

$$h = rv\cos\Theta \tag{3.28}$$

轨道角动量大小 h 与半通径 p 满足如下关系,而半通径 p 又可由 a 和 e 表示:

$$\frac{h^2}{\mu} = p = a(1-e^2) \tag{3.29}$$

结合式(3.26)~式(3.29)可求得偏心率 e 为

$$e = \sqrt{1+\gamma(\gamma-2)\cos^2\Theta} \tag{3.30}$$

径向速度 v_r、周向速度 v_c 既可表示为 Θ 的函数,也可表示为 f 的函数,如式(3.16)、式(3.17)所示,结合式(3.16)、式(3.17)、式(3.26)、式(3.27)和式(3.30)可求得真近地点角 f 的表达式:

$$f = \text{atan }2(\gamma\sin\Theta\cos\Theta, \gamma\cos^2\Theta - 1) \tag{3.31}$$

式中,atan 2 函数定义如下:

$$\text{atan }2(y,x) = \begin{cases} \arctan\left(\dfrac{y}{x}\right) & x > 0 \\ \arctan\left(\dfrac{y}{x}\right) + \pi & y \geqslant 0, x < 0 \\ \arctan\left(\dfrac{y}{x}\right) - \pi & y < 0, x < 0 \\ \dfrac{\pi}{2} & y > 0, x = 0 \\ -\dfrac{\pi}{2} & y < 0, x = 0 \\ \text{undefined} & y = 0, x = 0 \end{cases} \tag{3.32}$$

atan 2 函数可用于计算如下问题:已知二维平面上某点的坐标(x,y),求该点在二维平面上的方位角。在 C 语言和 MATLAB 等编程语言里都包含 atan 2 自带函数,求得的方位角取值范围为$(-\pi,\pi]$。

不同类型的二体轨道对应的一些特征参数见表 3.1。

表 3.1　二体轨道的特征参数

轨道形状	偏心率	半长轴	半焦距	轨道机械能	能量比参数
圆	$e=0$	$a>0$	$c>0$	$\varepsilon<0$	$\gamma=1$
椭圆	$0<e<1$	$a>0$	$c>0$	$\varepsilon<0$	$0<\gamma<2$
抛物线	$e=1$	$a=\infty$	$c=\infty$	$\varepsilon=0$	$\gamma=2$
双曲线	$e>1$	$a<0$	$c<0$	$\varepsilon>0$	$\gamma>2$

3.2　轨道摄动及其影响

3.2.1　轨道摄动的基本概念

上节讨论的二体轨道运动,基本假设有“地球为均质圆球、航天器仅受地球万有引力作用”,但实际情况中这两个假设并不严格成立:地球并不是均质圆球,而是形状复杂的不规则椭球体,质量分布也不均匀;除了地球的万有引力,航天器还可能受到大气阻力、第三体引力及太阳光压等影响。

航天器实际运动时,除了受理想地球(均质圆球假设的地球,下同)的万有引力和控制系统的控制力外所受到的其他作用力定义为摄动力。摄动力的存在会导致航天器的实际运动偏离二体轨道,这种现象称为轨道摄动,相应的轨道称为摄动轨道或受摄轨道,如图 3.8 所示。

根据轨道摄动对轨道根数的相对影响可将摄动分为长期摄动、长周期摄动和短周期摄动三种形态,如图 3.9 所示。长期摄动会引起轨道根数的稳定偏离,长周期摄动和短周期摄动统称为周期摄动,会引起轨道根数的周期变化,其中长周期摄动的周期大于轨道周期,短周期摄动的周期小于轨道周期。

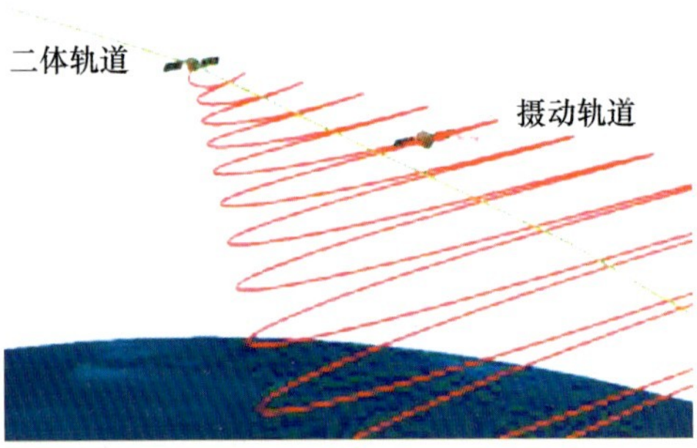

图 3.8　摄动力作用下的轨道偏离

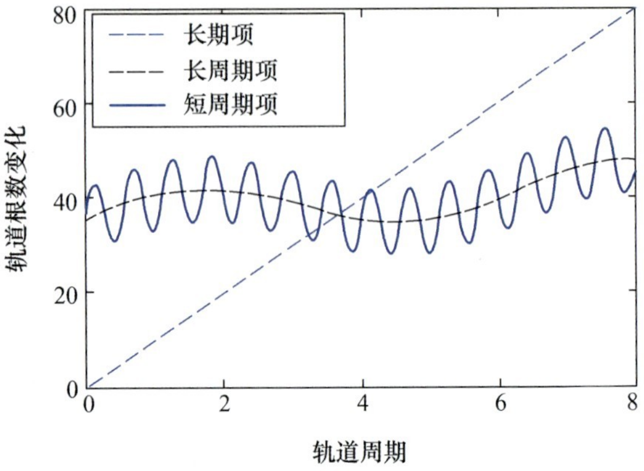

图 3.9　轨道摄动的三种形态

3.2.2　考虑摄动力的轨道动力学方程

考虑摄动力的影响时,航天器轨道摄动方程可以写成如下形式:

$$\ddot{\boldsymbol{r}} + \frac{\mu}{r^3}\boldsymbol{r} = \boldsymbol{a}_p \tag{3.33}$$

式中,$\boldsymbol{a}_p = \sum_{k=1}^{N} \boldsymbol{a}_{pk}$ 是各种摄动力对航天器产生的总摄动加速度。与二体问题的运动式(3.1)相比,式(3.33)只在右端多了总摄动加速度 $\boldsymbol{a}_p$。

3.2.2.1　直角坐标形式的摄动方程

式(3.33)所示的摄动方程是二阶矢量微分方程的形式,为了便于求解,最简单的处理方式是将它表示成直角坐标形式。

引入航天器的速度矢量 $\boldsymbol{v}$,则可将式(3.33)写为一阶矢量微分方程形式:

$$\begin{cases} \dot{\boldsymbol{r}} = \boldsymbol{v} \\ \dot{\boldsymbol{v}} = -\dfrac{\mu}{r^3}\boldsymbol{r} + \boldsymbol{a}_p \end{cases} \tag{3.34}$$

进一步可在地心惯性系下写出直角坐标形式的摄动方程:

$$\begin{cases} \dot{X} = v_X, \quad \dot{v}_X = -\dfrac{\mu}{r^3}X + a_{pX} \\ \dot{Y} = v_Y, \quad \dot{v}_Y = -\dfrac{\mu}{r^3}Y + a_{pY} \\ \dot{Z} = v_Z, \quad \dot{v}_Z = -\dfrac{\mu}{r^3}Z + a_{pZ} \end{cases} \tag{3.35}$$

直角坐标形式的摄动方程的优点是公式简单，运算方便，可以同时处理任意多个摄动。但它的缺点也是很明显的，一方面，在直角坐标形式的运动方程中，位置和速度分量的变化很大且很快；另一方面，该方程将中心引力加速度与摄动加速度放在一起积分，而摄动加速度又往往相对是小量。这两个原因使得运用直角坐标形式的摄动方程进行轨道计算时，为保证精度，积分步长必须取得很小，这就会大大增加计算时间和舍入误差的累积。

3.2.2.2　轨道根数形式的摄动方程

为了避免直角坐标形式的摄动方程的以上缺点，考虑采用轨道根数形式的摄动方程。

引入密切轨道的概念，如图 3.10 所示，航天器实际轨道上的每一点，在该瞬时都存在一个对应的二体轨道（如图 3.10 中椭圆轨道）与实际轨道相切，且切点处两个轨道的速度相同，这样的二体轨道称为实际轨道在该点的密切轨道，也称为吻切轨道，相应的轨道根数称为密切轨道根数。易知，若航天器只受理想中心引力，则实际轨道与密切轨道重合。

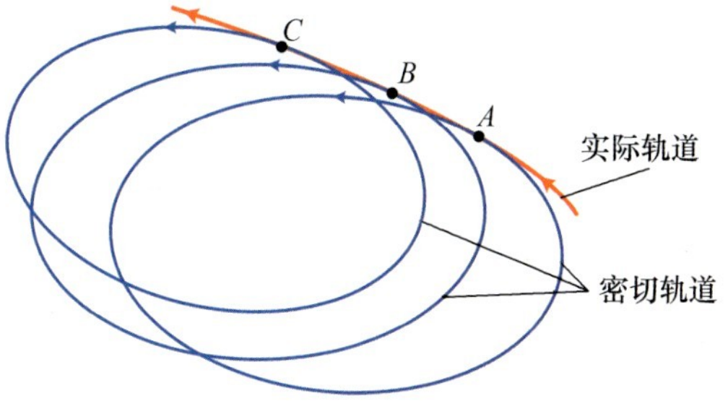

图 3.10　密切轨道示意图

了解了密切轨道的概念后，就知道实际轨道的每一点的位置和速度，都对应着一组密切轨道根数。因此可以将密切轨道根数作为状态变量，通过求解密切轨道根数随时间变化的规律，确定航天器的实际轨道，这种方法称为轨道根数变分法，也称为参数变分法或常数变易法。

利用轨道根数变分法推导摄动方程主要有两种方法，一种是摄动函数法，用该方法建立的方程称为拉格朗日型摄动方程；另一种是力分解法，用该方法建立的方程称为高斯型摄动方程。

（1）拉格朗日型摄动方程。

若所有的摄动力都能以摄动函数 R 表示，则摄动加速度可表示为

$$\boldsymbol{a}_p = \nabla R = \begin{bmatrix} \dfrac{\partial R}{\partial X} & \dfrac{\partial R}{\partial Y} & \dfrac{\partial R}{\partial Z} \end{bmatrix}^{\mathrm{T}} \tag{3.36}$$

此时航天器的摄动方程（3.33）具有如下形式：

$$\ddot{\boldsymbol{r}} + \frac{\mu}{r^3}\boldsymbol{r} = \nabla R \tag{3.37}$$

拉格朗日在研究行星运动时，基于方程（3.37）推导了一组以密切轨道根数为状态变量的摄动方程，被称为拉格朗日型行星摄动方程，后来经过改进，有如下形式：

$$
\begin{cases}
\dot{a} = \dfrac{2}{na}\dfrac{\partial R}{\partial M} \\
\dot{e} = \dfrac{1-e^2}{na^2 e}\dfrac{\partial R}{\partial M} - \dfrac{\sqrt{1-e^2}}{na^2 e}\dfrac{\partial R}{\partial \omega} \\
\dot{i} = \dfrac{1}{na^2\sqrt{1-e^2}\sin i}\left(\cos i\dfrac{\partial R}{\partial \omega} - \dfrac{\partial R}{\partial \Omega}\right) \\
\dot{\Omega} = \dfrac{1}{na^2\sqrt{1-e^2}\sin i}\dfrac{\partial R}{\partial i} \\
\dot{\omega} = \dfrac{\sqrt{1-e^2}}{na^2 e}\dfrac{\partial R}{\partial e} - \dfrac{\cos i}{na^2\sqrt{1-e^2}\sin i}\dfrac{\partial R}{\partial i} \\
\dot{M} = n - \dfrac{1-e^2}{na^2 e}\dfrac{\partial R}{\partial e} - \dfrac{2}{na}\dfrac{\partial R}{\partial a}
\end{cases} \tag{3.38}
$$

式(3.38)中,前三个方程的左端是 a、e、i 的导数,右端却只涉及摄动函数对 Ω、ω、M 的偏导数,而后三个方程的左端是 Ω、ω、M 的导数,右端却只涉及摄动函数对 a、e、i 的偏导数,其中蕴含了一种“对称性”。

拉格朗日型摄动方程有一个适用条件:要求所有的摄动力都能由摄动函数导出。在近地航天器的摄动力中,地球非球形引力、日月引力等保守力可以满足这一要求,应用拉格朗日型摄动方程对这类摄动力进行摄动分析时比较方便。然而对于摄动力包含耗散力的情形,比如大气阻力、太阳光压等,拉格朗日型摄动方程则不再适用。为了研究更一般的情况,需要使用高斯型摄动方程。

(2)高斯型摄动方程。

高斯型摄动方程推导中,需要将任意时刻作用在航天器的摄动加速度分解成相互垂直的三个分量。分解力的坐标系可以有多种选择,工程实践中最常采用如图 3.3 所示的轨道坐标系 $O\text{-}xyz$,摄动加速度 $\boldsymbol{a}$ 在轨道坐标系的三个分量分别为 a_r、a_c、a_n,如图 3.11 所示。

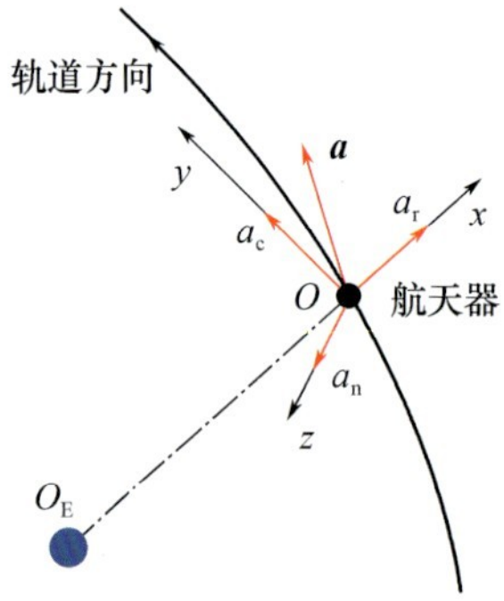

图 3.11　摄动加速度在轨道坐标系的分解

经过推导可建立起轨道根数变化率与摄动加速度三分量的关系:

$$
\begin{cases}
\dot{a} = \dfrac{2a^2}{\sqrt{\mu p}}[e\sin f \cdot a_r + (1 + e\cos f) \cdot a_c] \\
\dot{e} = \dfrac{r[\sin f(1 + e\cos f) \cdot a_r + (2\cos f + e + e\cos^2 f) \cdot a_c]}{\sqrt{\mu p}} \\
\dot{i} = \dfrac{r\cos u}{\sqrt{\mu p}}a_n \\
\dot{\Omega} = \dfrac{r\sin u}{\sqrt{\mu p}\sin i}a_n \\
\dot{\omega} = \dfrac{r[-\cos f(1 + e\cos f) \cdot a_r + \sin f(2 + e\cos f) \cdot a_c]}{e\sqrt{\mu p}} - \cos i \cdot \dot{\Omega} \\
\dot{M} = \dfrac{(p\cos f - 2re) \cdot a_r - (p + r)\sin f \cdot a_c}{e\sqrt{\mu a}} + \sqrt{\dfrac{\mu}{a^3}}
\end{cases}
\tag{3.39}
$$

式(3.39)是高斯在研究木星对智神星的摄动时首先提出的,因此被称为高斯型摄动方程。由式(3.39)可以看出,半长轴 a、偏心率 e 与航天器位置 M 的变化仅与轨道面内的摄动加速度 a_r、a_c 有关;升交点赤经 Ω、轨道倾角 i 的变化仅与法向的摄动加速度 a_n 有关;近地点幅角 ω 的变化与三个方向的摄动加速度都有关系。

相比于拉格朗日型摄动方程,高斯型摄动方程不要求摄动力必须由摄动函数导出,对摄动力类型没有要求,因此适用范围更广。甚至对于控制系统的控制力,也可以等效视作摄动力并应用高斯型摄动方程进行分析,这将在远程轨道机动原理的章节进行讨论。

3.2.2.3　摄动方程求解方法

要使前面介绍的摄动方程得到实际应用,还必须进行求解,求解的方法主要有特殊摄动法和一般摄动法。

特殊摄动法本质上是一种数值积分法,它基于摄动方程和已知的航天器轨道状态量(位置和速度或密切轨道根数),一步步地计算下一时刻的状态量。特殊摄动法的优点是计算公式和程序相对较为简单,各种摄动力的影响可以很方便地列入摄动方程的右端函数中,只要积分的阶数和步长取得合适,原则上可以满足任意的精度要求;缺点是它没有给出摄动轨道的解析表达式,不能对摄动轨道特征进行定性描述。

一般摄动法的基本思想是将摄动力或摄动函数用级数展开的方法表示为小参数的幂级数,然后逐项积分求解方程。一般摄动法的优点在于它得到的是解析表达式,便于对摄动轨道和摄动力进行定性分析,如摄动轨道的长期项、长周期项影响等;此外还能从轨道数据中揭示出摄动源,比如由天王星的轨道摄动数据发现了海王星的存在。一般摄动法的缺点在于公式推导的过程过于复杂和烦琐,级数展开的阶数过高则公式过于冗长,计算比较复杂;阶数过低则模型误差大,计算精度较低。

特殊摄动法和一般摄动法的对比见表 3.2。

表 3.2 摄动方程求解方法的比较

求解方法	优点	缺点
特殊摄动法	公式和程序简单；方便处理各种摄动力；计算精度高	无解析表达式，不能对摄动轨道特征进行定性描述
一般摄动法	解析表达式，便于对摄动轨道和摄动力进行定性分析；能从轨道数据中揭示出摄动源	推导复杂；公式冗长，计算复杂；模型误差大，计算精度低

3.2.3 地球非球形引力摄动及其影响

3.2.3.1 地球引力位模型

均质圆球是一种理想的地球模型，而真实的地球在形状上是一个复杂的不规则球体，在密度分布上也不均匀。地球形状的不规则表现有：赤道半径比两极半径长，同时赤道又呈轻微的椭圆状；南半球和北半球也不对称，北极略凸起，南极略扁平，类似于梨的形状，如图 3.12 所示（注意此图将地球的不规则特点放大了）。形状的不规则和密度的不均匀，导致真实地球引力加速度与理想地球引力加速度之间有一定差异，由此引力加速度之差而产生的轨道摄动称为地球非球形引力摄动。

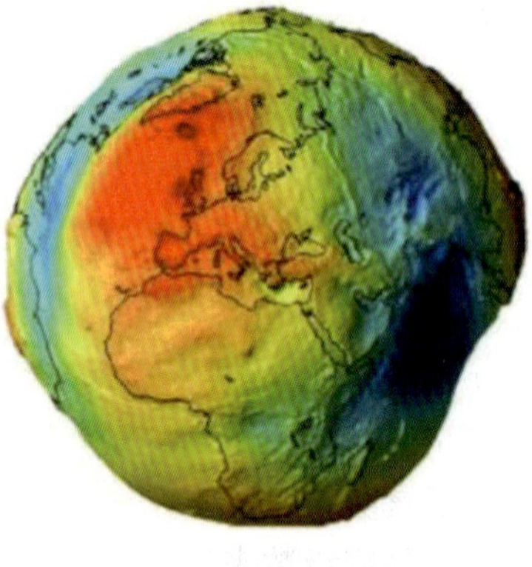

图 3.12 不规则的地球

在引力场的研究中，常用引力位函数来描述引力场。引力位函数简称引力位，记为 U，引力场中单位质量质点所具有的能量称为该点的引力位，它在数值上等于单位质量的质点从无穷远处移到此点时引力所做的功。引力场中某点的引力加速度 $\boldsymbol{g}$ 等于该点的引力位 U 的梯度，即

$$\boldsymbol{g} = \nabla U = \left[\frac{\partial U}{\partial X} \quad \frac{\partial U}{\partial Y} \quad \frac{\partial U}{\partial Z}\right]^{\mathrm{T}} \tag{3.40}$$

因此地球非球形引力摄动的求解问题，就转化成了地球引力位的求解。在求地球引力位之前，为便于研究，首先考虑质点的引力位。如图 3.13 所示，质点 M（质量为 M）对质点 m（质量为 m）的万有引力为

$$\boldsymbol{F} = -\frac{GmM}{r^3}\boldsymbol{r} \tag{3.41}$$

式中，$\boldsymbol{r}=\boldsymbol{r}_m-\boldsymbol{r}_M$，为质点 m 相对于质点 M 的位置矢量。根据定义，质点 M 在位置矢量 $\boldsymbol{r}$ 处的引力位为

$$U = \int_{\infty}^{r} \frac{\boldsymbol{F}\cdot \mathrm{d}\boldsymbol{r}}{m} = \int_{\infty}^{r} -\frac{GM}{r^3}\boldsymbol{r}\cdot \mathrm{d}\boldsymbol{r} = \int_{r}^{\infty} \frac{GM}{r^3}\boldsymbol{r}\cdot \mathrm{d}\boldsymbol{r} = GM\int_{\infty}^{r} \mathrm{d}\left(\frac{1}{r}\right) = \frac{GM}{r} \tag{3.42}$$

基于质点引力位的公式(3.42)，接着分析地球的引力位。如图 3.14 所示，质点 M 表示地球，$\mathrm{d}m$ 为地球内部一质量元，P 为地球外部空间任一点，r_m 为质量元 $\mathrm{d}m$ 到 P 点的距离，则 $\mathrm{d}m$ 在 P 点产生的引力位为

$$\mathrm{d}U=\frac{G}{r_m}\mathrm{d}m \tag{3.43}$$

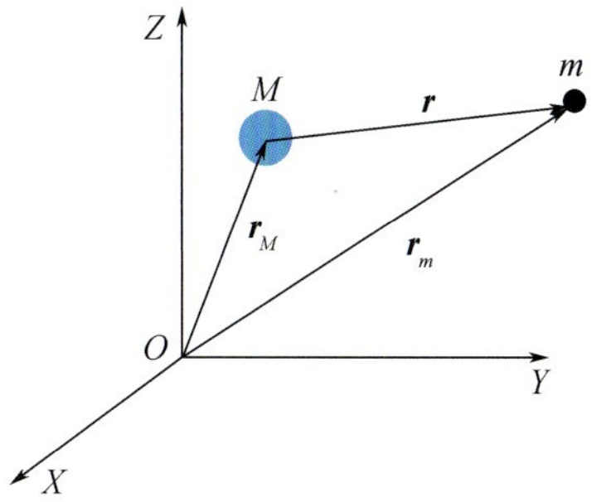

图 3.13　中心质点的引力位

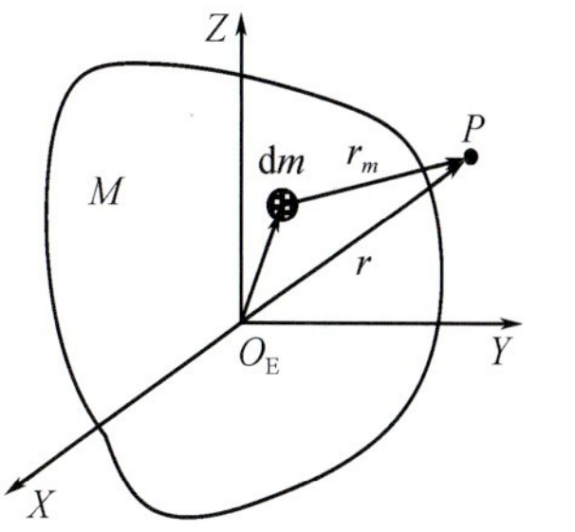

图 3.14　地球引力位计算

由式(3.43),地球的引力位可表示为

$$U=\int_M \mathrm{d}U=\int_M \frac{G}{r_m}\mathrm{d}m=G\int_V \frac{\rho}{r_m}\mathrm{d}V \tag{3.44}$$

若地球为理想地球,则可积分求出式(3.44)的解析表达式

$$U=G\rho\int_V \frac{\mathrm{d}V}{r_m}=G\rho\frac{V}{r}=\frac{GM}{r}=\frac{\mu}{r} \tag{3.45}$$

式中,r 为地心 O_E 到 P 点的距离。由式(3.45)可知,理想地球对其外部空间的引力位等价于质量等于地球总质量的质点位于地心时产生的引力位。

对于真实地球,原则上仍可用式(3.44)计算其引力位,但无法再获得解析表达式,一个可行的办法是用级数来逼近,经过复杂推导可写出地球引力位的级数表达式:

$$U=\frac{\mu}{r}-\frac{\mu}{r}\sum_{n=2}^{\infty}\left(\frac{a_E}{r}\right)^n J_n P_n(\sin\varphi)+\frac{\mu}{r}\sum_{n=2}^{\infty}\sum_{m=1}^{n}\left(\frac{a_E}{r}\right)^n P_{n,m}(\sin\varphi)(C_{n,m}\cos m\lambda+S_{n,m}\sin m\lambda) \tag{3.46}$$

式中,a_E 为地球赤道半径;r、λ、φ 为地心地固坐标系中的地心距、地心经度和地心纬度;P_n 为 n 阶勒让德多项式,$P_{n,m}$ 为 n 阶 m 次缔合勒让德多项式;J_n 为带谐系数,$C_{m,n}$、$S_{m,n}$ 为田谐系数,统称球谐系数;在田谐系数中,若有 $m=n$,则 $C_{n,n}$、$S_{n,n}$ 也称为扇谐系数。

对于式(3.46)所示的地球引力位的级数表达式,可以在物理意义上做如下分析。地球引力位与其密度分布和几何形状均有关系,可以选择变化两者之一来实现引力位的逼近,通常采用密度均匀分布但形状不规则的多组物体的引力位的叠加来等效地球的引力位。式(3.46)右端第一项是理想地球的引力位,其余各项是对理想地球引力位的修正。右端第二项是带谐项,它将地球描述为一系列几何形状沿纬度方向凹凸不平的带状旋转体,如图 3.15(a)所示。右端第三项则区分两种情况,当 $m=n$ 时为扇谐项,它将地球描述为一系列几何形状沿经度方向凹凸不平的扇状体,如图 3.15(b)所示;当 $m\neq n$ 时为田谐项,它将地球描述为一系列几何形状沿经度和纬度方向呈凹凸田块状的不规则体,如图 3.15(c)所示。就是通过这样一些均质不规则体的叠加,最终实现了对真实地球引力位的逼近。

式(3.46)中的球谐系数,目前主要通过重力场测量卫星获得。不同的研究机构在确定球谐系数时使用的测量数据和估计方法是不同的,由此得到的球谐系数也不一样,一组球谐系数

(a)带谐项 (b)扇谐项 (c)田谐项

图 3.15 真实地球引力位的逼近

往往称为一种引力场模型。美国在 2008 年发布的 EGM2008 地球引力模型达到 $n=2\ 159$、$m=2\ 159$ 的精度,其中的球谐系数前几项为

$$\begin{cases} J_2 = 1.082\ 635\ 5 \times 10^{-3} \\ J_3 = -2.532\ 410\ 5 \times 10^{-6} \\ J_4 = -1.619\ 897\ 6 \times 10^{-6} \\ J_5 = -2.277\ 535\ 9 \times 10^{-7} \\ C_{2,2} = 1.574\ 615\ 3 \times 10^{-6} \\ S_{2,2} = -9.038\ 727\ 9 \times 10^{-7} \end{cases} \tag{3.47}$$

由式(3.47)可见,带谐系数 J_2 为 10^{-3} 量级,J_2 项常被视为一阶小量;带谐系数 J_3、J_4 与田谐系数 $C_{2,2}$ 为 10^{-6} 量级,所对应的项常被视为二阶小量。由于带谐系数 J_2 远大于其他球谐系数,因此很多情况下仅考虑 J_2 项就能够满足精度要求。

J_2 项也称为扁率项,在物理意义上表示用一个旋转椭球体对真实地球的逼近。考虑到真实地球近似为两级扁平、赤道隆起的椭球体,所以用来模拟地球的旋转椭球体也是由一个短轴沿两极方向的椭圆绕其短轴旋转而得到。实际上,最逼近真实地球的旋转椭球体与大地水准面相比,最大偏离只不过几十米,如图 3.16 所示。

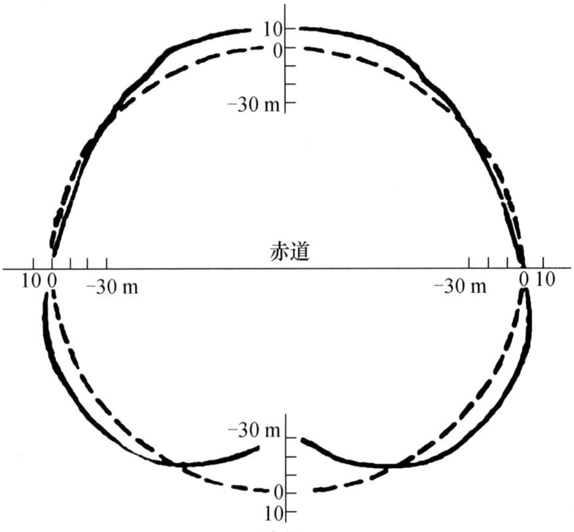

图 3.16 旋转椭球体与大地水准面比较

旋转椭球体的主要参数为地球赤道半径 a_E、地球扁率 f_E 和地球引力常数 μ。其中地球扁率 f_E 计算公式为

$$f_E = \frac{a_E - b_E}{a_E} \tag{3.48}$$

式中，b_E 为两极半径。

目前已建立了多种旋转椭球体模型，即所谓的参考椭球体。不同的参考椭球体，上述参数略有不同，有各自的特点和适用范围。以 WSG1984 参考椭球体为例：

$$a_E = 6\ 378.137\ \text{km},\quad f_E = 1/298.256,\quad \mu = 3.986\ 004 \times 10^{14}\ \text{m}^3/\text{s}^2 \tag{3.49}$$

3.2.3.2 地球扁率摄动方程

由于地球引力位模型中，地球扁率 J_2 项的量级远大于其他项，下面只考虑 J_2 项，推导地球扁率摄动方程。

经研究，只考虑地球扁率 J_2 项时，式(3.46)所示的地球引力位可写为

$$U = \frac{\mu}{r} - \frac{\mu J_2 a_E^2}{2r^3}(3\sin^2\varphi - 1) \tag{3.50}$$

于是，地球扁率 J_2 项的摄动函数为

$$R = U - \frac{\mu}{r} = \frac{\mu J_2 a_E^2}{2r^3}(1 - 3\sin^2\varphi) \tag{3.51}$$

为了便于分析，需要将式(3.51)中的地心纬度 φ 表示为轨道根数的函数。在图 3.17 中所在的地心天球中，赤道、航天器轨道、航天器当前位置的赤经这三者围成一个球面直角三角形，根据球面三角形正弦定理，有

$$\frac{\sin\varphi}{\sin i} = \frac{\sin u}{\sin(\pi/2)} \tag{3.52}$$

于是，地心纬度 φ 满足

$$\sin\varphi = \sin i \sin(\omega + f) \tag{3.53}$$

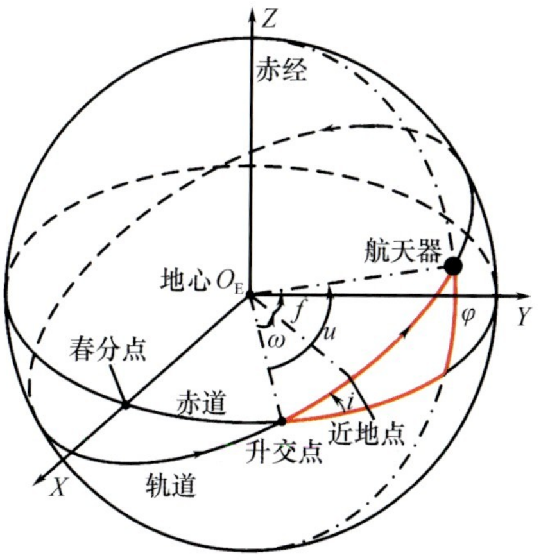

(a) 地心天球中的球面三角关系

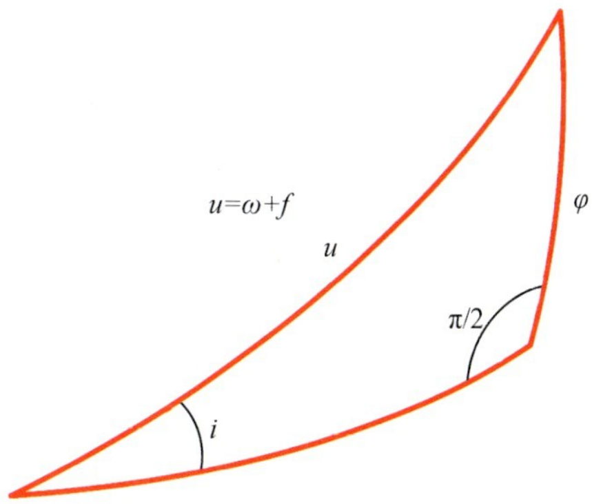

(b) 球面直角三角形

图 3.17 赤道、轨道和赤经围成的球面三角形

将式(3.53)代入式(3.51)得到用轨道根数表示的地球扁率摄动函数

$$R=\frac{J_2\mu a_E^2}{2a^3}\left(\frac{a}{r}\right)^3\left[\left(1-\frac{3}{2}\sin^2 i\right)+\frac{3}{2}\sin^2 i\cos 2(\omega+f)\right] \tag{3.54}$$

由式(3.54)可看出 R 是 a、i、ω、f 的函数,再加上 r 是偏心率 e 的函数,因此 R 是 a、e、i、ω、f 的函数,即有

$$R=R(a,e,i,\omega,f) \tag{3.55}$$

将式(3.55)代入拉格朗日型摄动式(3.38),可看出地球扁率摄动对6个轨道根数都有影响。

进一步分析发现,地球扁率摄动函数包含长期项和短周期项(不包含长周期项)。因为航天任务中更关注的是地球扁率摄动的长期影响,因此需要从地球扁率摄动函数中分离出长期项。为此,将摄动函数 R 在轨道周期 T 内求积分均值,可以过滤掉在一个周期内积分均值为0的短周期项 R_s,从而只剩下长期项 R_c,即有

$$R_c=\frac{1}{T}\int_0^T R\mathrm{d}t=\frac{1}{T}\int_0^T\frac{J_2\mu a_E^2}{2a^3}\left(\frac{a}{r}\right)^3\left[\left(1-\frac{3}{2}\sin^2 i\right)+\frac{3}{2}\sin^2 i\cos 2(\omega+f)\right]\mathrm{d}t \tag{3.56}$$

在对式(3.56)积分时涉及以下几项的积分,且有

$$\begin{cases}\dfrac{1}{T}\displaystyle\int_0^T\left(\frac{a}{r}\right)^3\mathrm{d}t=(1-e^2)^{-3/2}\\ \dfrac{1}{T}\displaystyle\int_0^T\left(\frac{a}{r}\right)^3\cos 2f\mathrm{d}t=0\\ \dfrac{1}{T}\displaystyle\int_0^T\left(\frac{a}{r}\right)^3\sin 2f\mathrm{d}t=0\end{cases} \tag{3.57}$$

将式(3.57)代入式(3.56)得

$$R_c=\frac{J_2\mu a_E^2}{2a^3}\left(1-\frac{3}{2}\sin^2 i\right)(1-e^2)^{-3/2} \tag{3.58}$$

由式(3.58)可看出,地球扁率摄动的长期项 R_c 是 a、e、i 的函数,而与 Ω、ω、f 无关,即有

$$R_c=R_c(a,e,i) \tag{3.59}$$

将 R_c 的表达式代入拉格朗日型摄动式(3.38),可得到地球扁率摄动长期项作用下的摄动方程:

$$\begin{cases}\dot{a}=0\\ \dot{e}=0\\ \dot{i}=0\\ \dot{\Omega}=-\dfrac{3J_2a_E^2\sqrt{\mu}}{2}\dfrac{\cos i}{a^{7/2}(1-e^2)^2}\\ \dot{\omega}=\dfrac{3J_2a_E^2\sqrt{\mu}}{2}\dfrac{2-5\sin^2 i/2}{a^{7/2}(1-e^2)^2}\\ \dot{M}=\dfrac{3J_2a_E^2\sqrt{\mu}}{2}\dfrac{1-3\sin^2 i/2}{a^{7/2}(1-e^2)^{3/2}}\end{cases} \tag{3.60}$$

值得注意的是,式(3.60)描述的是地球扁率摄动影响下轨道根数的长期变化,而短周期的变化则没有体现。地球扁率摄动对 a、e、i 的长期影响为0,但还是会导致 a、e、i 在每个轨道周期内的短周期波动。地球扁率摄动对 Ω、ω、f(或 M)有长期影响,通过对 $\dot{\Omega}$、$\dot{\omega}$ 的分析,可以设计出有特殊应用价值的轨道。

3.2.3.3 地球扁率长期摄动的影响

地球扁率长期摄动的影响主要体现在两个方面:轨道面的进动和轨道面内长轴的旋转。

地球是近似一个赤道隆起的椭球体,赤道附近的凸起部分可简化成赤道上的一圈质量环,如图3.18所示。赤道质量环对航天器的引力不恒指向地心,对轨道面产生一个力矩 $\boldsymbol{M}$。根据陀螺的进动性原理,赤道质量环产生的力矩 $\boldsymbol{M}$ 使轨道面绕地轴进动,轨道面进动率可以用升交点赤经变化率 $\dot{\Omega}$ 来描述。

地球扁率长期摄动对轨道高度分别为200 km、10 000 km和35 786 km的三个圆轨道的升交点赤经的影响如图3.19所示。结合式(3.60)和图3.19可以看出:

(1)$\dot{\Omega}$ 的正负取决于 i 的取值:如果 $i=90°$(极轨道),那么 $\dot{\Omega}=0$,说明升交点保持不变,轨道面没有进动;如果 $i<90°$(顺行轨道),那么 $\dot{\Omega}<0$,说明升交点会西退,轨道面进动自东向西;如果 $i>90°$(逆行轨道),那么 $\dot{\Omega}>0$,说明升交点会东进,轨道面进动自西向东。

(2)轨道高度越高,地球扁率长期摄动对轨道面进动的影响越小,在地球同步轨道高度,其影响可以忽略不计。

(3)轨道倾角越接近0°或180°,地球扁率长期摄动对轨道面进动的影响越大。对于轨道高度200 km且轨道倾角为0°或180°的轨道,地球扁率长期摄动可导致升交点每天移动达9°。

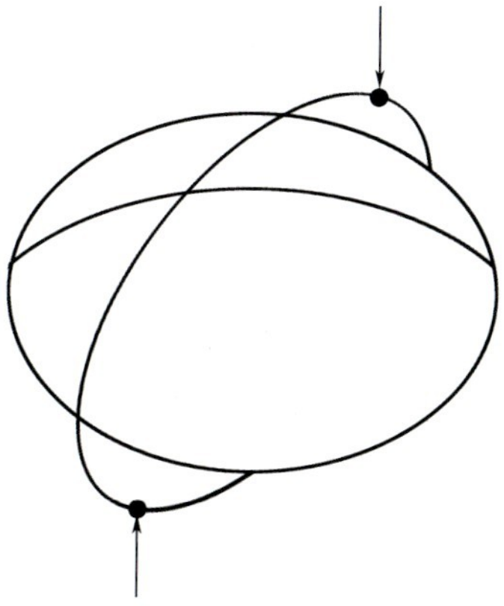

图3.18 地球扁率对轨道的影响

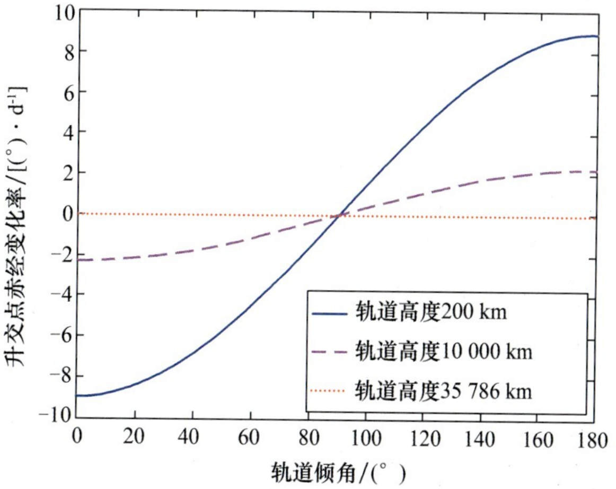

图3.19 地球扁率对升交点赤经的影响

地球扁率长期摄动的另一个影响是会使得轨道长轴(拱线)在轨道面内旋转,同样轨道近地点也会在轨道面内不断地转动,这种转动可以用近地点幅角变化率 $\dot{\omega}$ 来描述。

图3.20给出了地球扁率长期摄动对轨道高度分别为200 km、10 000 km和35 786 km的三个圆轨道的近地点幅角的影响。结合式(3.60)和图3.20可以看出:

(1)$\dot{\omega}$ 的正负取决于 i 的取值:如果 $i=63.4°$ 或 $i=116.6°$,那么 $\dot{\omega}=0$,说明近地点幅角保持不变,轨道长轴在轨道面内没有旋转;如果 $i<63.4°$ 或 $i>116.6°$,那么 $\dot{\omega}>0$,说明近地点幅角逐渐增大,轨道长轴在轨道面内沿航天器运动方向旋转;如果 $63.4°<i<116.6°$,那么 $\dot{\omega}<0$,说明近地点幅角逐渐减小,轨道长轴在轨道面内沿航天器运动反方向旋转。

(2)轨道高度越高,地球扁率长期摄动对轨道长轴旋转的影响越小,在地球同步轨道高度,其影响可以忽略不计。

(3)轨道倾角越接近0°或180°,地球扁率长期摄动对轨道长轴旋转的影响越大。对于轨道高度200 km且轨道倾角为0°或180°的轨道,地球扁率长期摄动可导致近地点每天移动达18°。

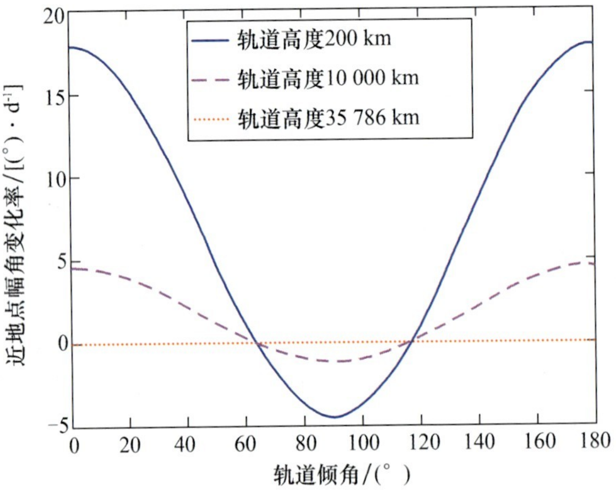

图 3.20　地球扁率对近地点幅角的影响

3.2.3.4　基于地球扁率摄动的轨道设计

利用地球扁率长期摄动对升交点和近地点的影响,可以设计两种特殊的具有实际应用价值的轨道:太阳同步轨道和冻结轨道。

地球绕太阳公转每天约0.985 6°(360°除以365天),可以依据式(3.60)来设计轨道的大小、形状和倾角,使得升交点每天东进约0.985 6°,这样不必变轨就可使得轨道面与太阳的夹角保持不变,相应的轨道称为太阳同步轨道。在这种轨道上运行的卫星,以相同方向经过同一纬度的当地地方时相同。例如卫星某次由南向北(升段)穿过北纬40°上空是当地地方时早晨4时整,以后凡是升段经过北纬40°上空都是当地地方时早晨4时。卫星能够以相同的地方时经过同一地点,这一特性对于依赖光照特性的航天任务受益很多。比如:可以选择适当的发射时刻,使得卫星经过特定地区时,其光照条件始终很好,有利于获取高质量地面目标的图像;对于需要测量观测目标的影长的遥感任务,如果轨道为太阳同步轨道,那么在相隔几天进行遥感观测时,观测目标与太阳的夹角保持相同,有利于进行图像分析。在实际应用时,太阳同步轨道还经常设计成兼有回归轨道特点的太阳同步回归轨道。

冻结轨道是指近地点幅角保持不变的轨道。冻结轨道的近地点不会在轨道面内转动,这一特性对大椭圆轨道尤为重要。大椭圆轨道往往利用航天器在远地点较长时间驻留的特点,实现高纬度地区的通信和电子侦察；或者利用航天器在近地点附近轨道高度低的特点，可实现高分辨率成像侦察。如果大椭圆轨道的近地点在轨道面内转动，则会严重影响航天器的效能。因此，如果设计大椭圆轨道的倾角为 63.4°或 116.6°，则可使轨道近地点或远地点“冻结”，达到理想效果。冻结轨道最典型的代表是闪电轨道，它得名于苏联用于通信的“闪电”卫星。如图 3.21 所示，闪电轨道是偏心率约为 0.7 的大椭圆轨道，轨道倾角为 63.4°，近地点幅角为-90°，轨道周期为半个恒星日。因为闪电轨道的轨道倾角符合冻结轨道要求，所以其远地点可以始终停留在北半球。再加上它的大椭圆轨道特性，使得闪电轨道在 12 h 的轨道周期内有近 10 h 处于北半球高纬度地区。

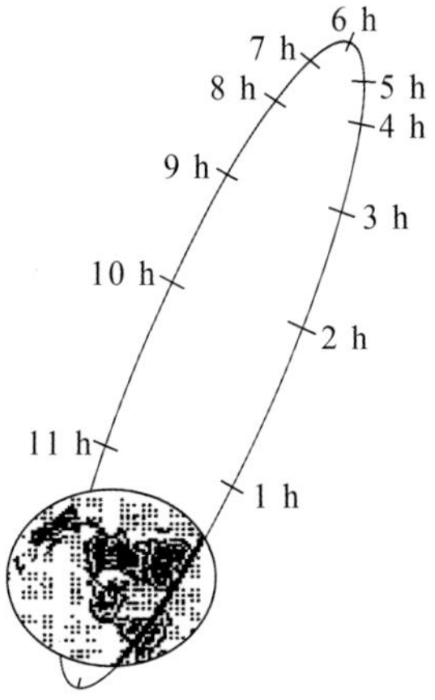

图 3.21　闪电轨道

3.2.4　其他摄动

除了地球非球形引力摄动，近地航天器轨道摄动还包括大气阻力摄动、第三体引力摄动、太阳光压摄动、地球形变摄动、地球反照辐射摄动、广义相对论效应摄动等。这几项摄动中，后三项摄动量级相对较小，在此只介绍基本概念。地球形变摄动是指地球并不是一个刚体，若考虑其形变则会使地球引力场产生附加的摄动。地球反照辐射摄动是指地球受到太阳的直接辐射后，会产生次级辐射，作用机理与太阳光压摄动类似。广义相对论效应摄动是指考虑广义相对论效应后所产生的附加摄动，也称后牛顿效应。对于另外三项摄动，下面逐一简要介绍。

3.2.4.1　大气阻力摄动

航天器在轨道上高速运行时，会受到地球高层大气的气动力作用。气动力包括阻力、升力和侧力，但最主要的是阻力，而且工程实践中通常仅考虑阻力作用。虽然地球高层大气极为稀薄，但由于航天器飞行速度快、持续运行时间长，再加上大气阻力是耗散力，累计效应大，它使轨道的机械能不断损耗，从而导致轨道高度逐渐降低。因此，大气阻力是低轨航天器必须考虑的最主要的摄动力之一，也是影响低轨航天器在轨寿命的关键因素。

根据空气动力学，航天器所受大气阻力的加速度可由下式确定：

$$\boldsymbol{a}_{\mathrm{D}} = -\frac{1}{2}C_{\mathrm{D}}\frac{S_{\mathrm{D}}}{m}\rho\boldsymbol{v}_{\mathrm{D}} \tag{3.61}$$

式中，C_{D} 为大气阻力系数，一般取 1.5~3.0；S_{D} 为迎风面积，即垂直于速度方向的航天器截面积；m 为航天器质量；S_{D}/m 为大气阻力对应的面质比；ρ 为大气密度；$\boldsymbol{v}_{\mathrm{D}}$ 是航天器相对于大气的速度。

式(3.61)中的大气密度 ρ 的影响很关键，而且变化规律很复杂。整体而言，大气密度随距地面高度的升高呈指数级减小；大气密度受太阳辐射影响极其严重，还与地磁场扰动、季节、纬度等因素有关。目前的大气密度模型都是半经验模型，常用的有指数模型和改进的 Harris-Priester 模型等，其中指数模型最为简单。指数模型是一种一维大气密度模型，它假定大气密度随距地面高度按指数级衰减，有

$$\rho = \rho_0 e^{-(r-r_0)/H} \tag{3.62}$$

$$H = H_0 + \frac{\mu_H}{2}(r - r_0) \tag{3.63}$$

式中，H 为密度标高；r 为地心距；μ_H、H_0、r_0、ρ_0 为常系数，一般取值为

$$\begin{cases} \mu_H \approx 0.1 \\ H_0 = 37.4\ \text{km} \\ r_0 = H_0 + 6\ 371\ \text{km} \\ \rho_0 = 3.6 \times 10^{-10}\ \text{kg/m}^3 \end{cases} \tag{3.64}$$

由式(3.62)~式(3.64)所示的指数模型求得的大气密度随距地面高度变化的曲线如图 3.22 所示。

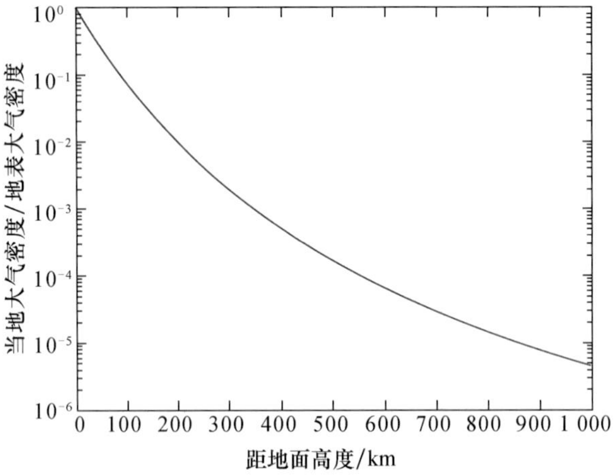

图 3.22　指数模型中的大气密度随高度的变化

航天器相对于大气的速度 $\boldsymbol{v}_\text{D}$ 等于航天器相对于地心的速度 $\boldsymbol{v}$ 减去航天器所在位置的大气速度 $\boldsymbol{v}_\text{a}$，即

$$\boldsymbol{v}_\text{D} = \boldsymbol{v} - \boldsymbol{v}_\text{a} \tag{3.65}$$

大气速度的计算比较复杂，一种简化处理是假设它伴随地球同步旋转，于是

$$\boldsymbol{v}_\text{a} = \boldsymbol{\omega}_\text{E} \times \boldsymbol{r} \tag{3.66}$$

式中，$\boldsymbol{\omega}_\text{E}$ 为地球自转角速度，$\boldsymbol{r}$ 为地心矢径。但一般而言，有

$$|\boldsymbol{\omega}_\text{E} \times \boldsymbol{r}| \ll |\boldsymbol{v}| \tag{3.67}$$

因此也经常假设大气相对于地心惯性系静止不动，即 $\boldsymbol{v}_\text{a}=0$，于是

$$\boldsymbol{v}_\text{D} = \boldsymbol{v} \tag{3.68}$$

下面假设大气是静止的，将 $\boldsymbol{v}_\text{D}$ 在图 3.3 所示的轨道坐标系 $O\text{-}xyz$ 下分解，有

$$\boldsymbol{v}_\text{D} = \boldsymbol{v} = v_\text{r}\boldsymbol{i}_\text{r} + v_\text{c}\boldsymbol{i}_\text{c} \tag{3.69}$$

将式(3.69)代入式(3.61)，并令 $\boldsymbol{a}_\text{D}$ 在轨道坐标系下三分量为 $[a_\text{r}, a_\text{c}, a_\text{n}]^\text{T}$，于是有

$$
\begin{cases}
a_r = -\dfrac{1}{2}C_D\dfrac{S_D}{m}\rho v_r \\
a_c = -\dfrac{1}{2}C_D\dfrac{S_D}{m}\rho v_c \\
a_n = 0
\end{cases}
\tag{3.70}
$$

将式(3.70)代入高斯型摄动方程(3.39),并由式(3.16)、式(3.17)将 v、v_r、v_c 用轨道根数表示,经整理可得大气阻力摄动方程为

$$
\begin{cases}
\dot{a} = -\left(\dfrac{C_D S_D}{m}\right)\rho\dfrac{na^2}{(1-e^2)^{1/2}}(1+e^2+2e\cos f)^{3/2} \\
\dot{e} = -\left(\dfrac{C_D S_D}{m}\right)\rho\dfrac{na^2}{(1-e^2)^{3/2}}(1+e^2+2e\cos f)^{1/2} \\
\dot{i} = 0 \\
\dot{\Omega} = 0 \\
\dot{\omega} = -\left(\dfrac{C_D S_D}{m}\right)\rho\dfrac{na}{e(1-e^2)^{1/2}} + (1+e^2+2e\cos f)\sin f \\
\dot{M} = n + \left(\dfrac{C_D S_D}{m}\right)\rho\dfrac{na}{e}\left(\dfrac{1+e^2+e\cos f}{1+e\cos f}\right)(1+e^2+2e\cos f)^{1/2}\sin f
\end{cases}
\tag{3.71}
$$

下面基于式(3.71)分析大气阻力摄动的影响。

(1)$\dot{a}<0$、$\dot{e}<0$,这表明 a 和 e 都将随着时间的增长而逐渐减小,所以航天器轨道在大气阻力作用下不断缩小、变圆。

(2)$\dot{a}$、$\dot{e}$、$\dot{\omega}$、$\dot{M}$ 都与大气密度 ρ 成正比,而 ρ 随轨道高度的升高呈指数级减小,所以大气阻力的影响也随轨道高度的增加而急剧减弱。当轨道高度低于 200 km 时,大气阻力是最主要的摄动力之一;当轨道高度大于 1 000 km 时,大气阻力摄动可以忽略不计。

(3)$\dot{i}=0$、$\dot{\Omega}=0$,这表明静止大气的阻力对轨道根数 i 和 Ω 没有影响,即不会引起轨道面空间方位的变化。

(4)$\dot{\omega}$、$\dot{M}$ 的右端函数都含有 $\sin f$,表明大气阻力会引起 ω 与 M 的周期振荡,但由于系数 $(C_D S_D/m)\rho$ 是一个很小的量(200 km 高度处约为 10^{-8} 量级),所以 ω 与 M 仅有微幅振荡,在一阶近似计算中可以略去不计。

大气阻力摄动的影响规律如图 3.23 所示,初始时刻航天器位于椭圆轨道,每次经过近地点时因受到较大的大气阻力而减速,导致下一次的远地点高度有所降低,长此以往轨道高度将逐渐降低,轨道形状将逐渐变圆。

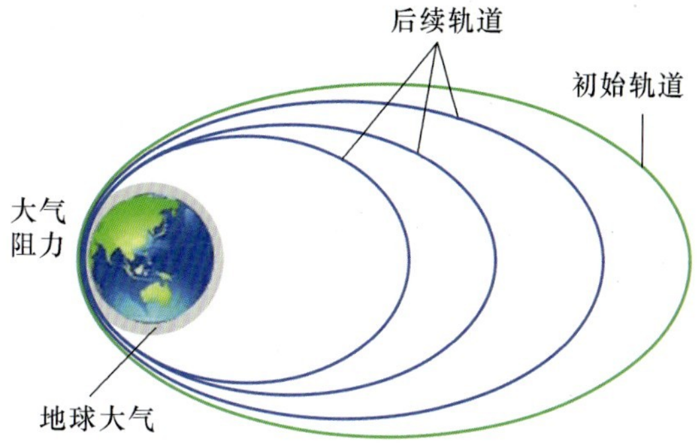

图 3.23　大气阻力摄动的影响示意图

3.2.4.2 第三体引力摄动

第三体引力摄动是指由二体问题以外的第三个天体的引力产生的轨道摄动。

如图 3.24 所示的惯性坐标系 $O-XYZ$ 中，M、m 和 M' 分别代表地球、航天器和第三体，而且三者的质量也为 M、m 和 M'，位置矢量分别为 $\boldsymbol{r}_M$、$\boldsymbol{r}_m$ 和 $\boldsymbol{r}_{M'}$，对位置矢量有

$$\begin{cases} \boldsymbol{r} = \boldsymbol{r}_m - \boldsymbol{r}_M \\ \boldsymbol{\rho} = \boldsymbol{r}_M - \boldsymbol{r}_{M'} \\ \boldsymbol{d} = \boldsymbol{r}_m - \boldsymbol{r}_{M'} \end{cases} \tag{3.72}$$

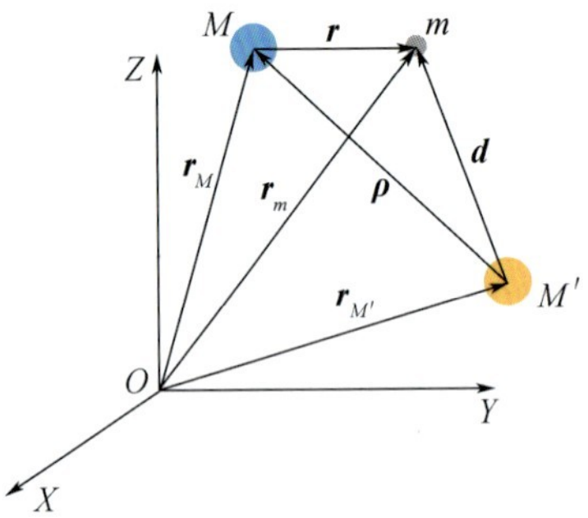

图 3.24　第三体摄动

根据万有引力定律，地球、航天器在惯性坐标系中的运动方程分别为

$$\begin{cases} \ddot{\boldsymbol{r}}_M = -\dfrac{GM'}{\rho^3}\boldsymbol{\rho} + \dfrac{Gm}{r^3}\boldsymbol{r} \\ \ddot{\boldsymbol{r}}_m = -\dfrac{GM}{r^3}\boldsymbol{r} - \dfrac{GM'}{d^3}\boldsymbol{d} \end{cases} \tag{3.73}$$

将式(3.73)的上下两式相减得到

$$\ddot{\boldsymbol{r}} = \ddot{\boldsymbol{r}}_m - \ddot{\boldsymbol{r}}_M = -\frac{G(M+m)}{r^3}\boldsymbol{r} + GM'\left(\frac{\boldsymbol{\rho}}{\rho^3} - \frac{\boldsymbol{d}}{d^3}\right) \tag{3.74}$$

式(3.74)中右端第一项即为二体问题中的引力加速度，第二项即为第三体引力的摄动加速度，具体表达式为

$$\boldsymbol{a}_G = GM'\left(\frac{\boldsymbol{\rho}}{\rho^3} - \frac{\boldsymbol{d}}{d^3}\right) \tag{3.75}$$

基于式(3.75)可得出如下结论：

(1) $\boldsymbol{a} \neq -GM'\dfrac{\boldsymbol{d}}{d^3}$，这说明第三体引力摄动并不仅仅是由于第三体对航天器的引力加速度造成的，而是由第三体对航天器与地球的引力加速度之差而产生的。

(2) $\boldsymbol{a}_G$ 与 $\dfrac{\boldsymbol{\rho}}{\rho^3}-\dfrac{\boldsymbol{d}}{d^3}$ 成正比，说明第三体引力摄动取决于第三体与地球、航天器的相对位置关系。极端的情况，即若航天器与地球质心重合，则第三体引力摄动为 0；总体而言，航天器轨道

高度越大，则第三体引力摄动越大。当航天器轨道高度大于地球同步轨道时，第三体引力摄动甚至超过地球扁率摄动成为最主要的摄动因素。

(3) 对于近地航天器而言，第三体引力摄动主要是由太阳和月球的引力产生的，称为日月引力摄动。日月引力摄动计算时涉及月球、太阳位置的计算，可以借助近似模型或星历软件。

3.2.4.3　太阳光压摄动

太阳光压是太阳光照射在物体表面时对物体产生的压力。自然界中彗星的彗尾总是背向太阳，就是因为太阳光压的作用，如图 3.25 所示。同样，航天器在轨道上运行时，也会受到太阳光压的摄动作用。

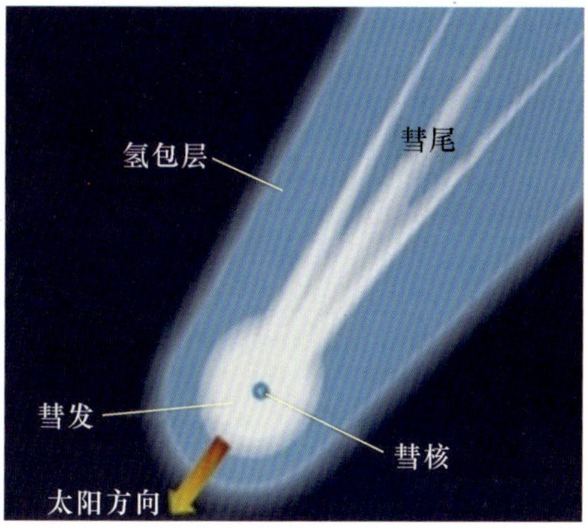

图 3.25　太阳光压引起彗尾背向太阳

太阳光压对航天器产生的摄动加速度可由下式来估算：

$$\boldsymbol{a}_{\mathrm{R}} = -\frac{S_{\mathrm{R}}}{m}C_{\mathrm{R}}k_{\Theta}p_{\Theta}\boldsymbol{i}_{\Theta} \tag{3.76}$$

式中，S_{R} 为垂直于太阳光线的航天器截面积；m 为航天器质量；S_{R}/m 为太阳光压对应的面质比（不同于大气阻力对应的面质比 S_{D}/m）；C_{R} 为航天器的表面反射系数，一般取 1~1.44；k_{Θ} 为受晒因子，当航天器被太阳照射时为 1，当航天器位于地球阴影内时为 0；p_{Θ} 为地球附近的太阳光压强，一般取为 $4.56\times10^{-6}\ \mathrm{N/m^2}$；$\boldsymbol{i}_{\Theta}$ 是由地球到太阳的单位矢量。

分析式(3.76)可知，右端表达式中，受晒因子 k_{Θ}、太阳光压强 p_{Θ}、地日单位矢量 $\boldsymbol{i}_{\Theta}$ 取决于地球、太阳和航天器三者的位置；对于航天器本身而言，能影响太阳光压的主要是面质比 S_{R}/m 和表面反射系数 C_{R}。

若将太阳光压摄动与大气阻力摄动相比较，则有以下特点：

(1) 两者都与航天器的面质比有关，但截面积的定义有区别。

(2) 经分析发现，太阳光压摄动可引起所有轨道六要素的长期或长周期的变化；而在静止大气假设下，大气阻力摄动不会引起轨道面空间方位的变化。

(3) 一般而言，当轨道高度较小时，如 800 km 以下轨道，大气阻力摄动的影响更大；而在更高的轨道上，太阳光压摄动的影响更大。

太阳光压还可以作为航天器的动力来源，典型应用就是太阳帆。例如，2010 年日本首次在轨试验成功了太阳帆，名为 IKAROS，如图 3.26 所示，其帆面形状为边长为 14 m 的正方形，工作时能产生约 1.12 mN 的推进力。

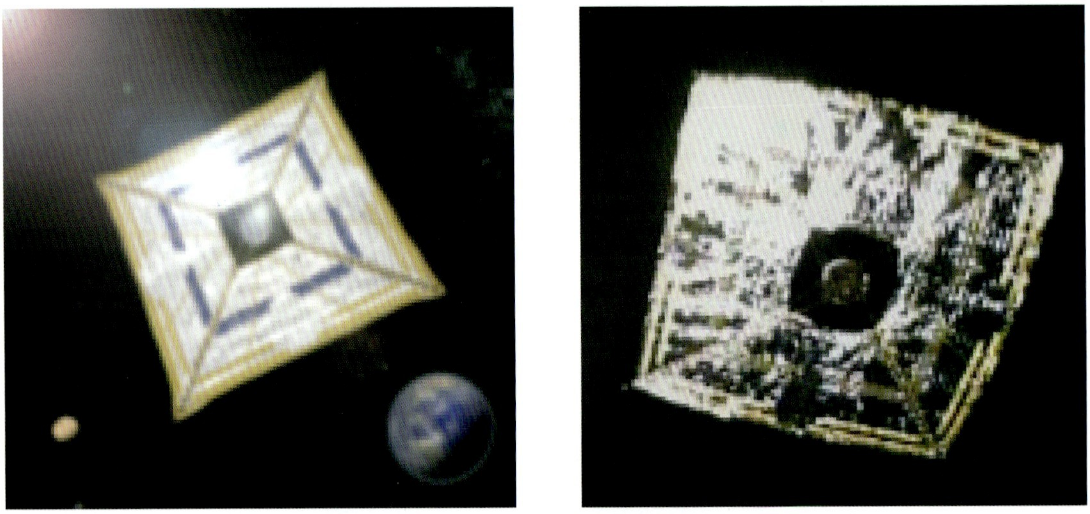

(a) 想象图　　(b)在轨实拍图

图 3.26　日本 IKAROS 太阳帆

3.2.4.4　摄动力比较

为了便于整体比较近地航天器的各项摄动力，表 3.3 给出了近地航天器所受摄动力的量级估计及其对轨道的主要影响。需要说明的是摄动力大小也与航天器的形状、尺寸、表面材料、轨道特点等多种因素有关，下面只是针对一般情况做的大致的量级估计。

表 3.3　近地航天器主要摄动力量级估计及其影响

摄动源		摄动力/中心引力		对轨道的主要影响
		低轨道	静止轨道	
地球非球形引力	J_2 项	10^{-3}	10^{-5}	轨道面的进动、轨道面内长轴的旋转
	J_2 项($n>2$)	10^{-6}	10^{-8}	—
大气阻力		10^{-6}	0.0	轨道高度降低，轨道形状变圆
第三体引力		10^{-7}	10^{-5}	取决于地球、航天器、第三体之间的相对位置关系
太阳光压		10^{-7}	10^{-6}	所有轨道根数的长期或长周期的变化
地球形变摄动		10^{-8}	10^{-10}	影响较小
地球反照辐射摄动		10^{-8}	10^{-10}	
广义相对论效应		10^{-9}	10^{-9}	

3.3　航天器姿态动力学

航天器的姿态运动学是从几何学的观点来研究航天器的运动的,它只讨论航天器运动的几何性质,不涉及产生运动和改变运动的原因;而航天器的姿态动力学则是研究航天器绕其质心运动的状态和性质的。因此,航天器姿态的运动方程须由两部分组成,一部分为通过坐标变换关系得出的运动学方程,另一部分则是以牛顿动力学定律(如动量矩定律)为基础的动力学方程。本章将航天器视作刚体。

3.3.1　航天器姿态表示

3.3.1.1　常用参考坐标系

描述航天器的任何运动都离不开坐标系,姿态运动也不例外。在姿态研究中,常用的坐标系有惯性坐标系、轨道坐标系和本体坐标系。每种坐标系都有其自己的特点,只适用于一定的范围,所以必须根据具体情况选择适当的坐标系。

(1)惯性坐标系 $O'-XYZ$。

所有的运动都要参照的基本坐标系是惯性坐标系,按一般意义讲,它相对于恒星固定的坐标系。卫星绕地球的轨道运动就可以用地心赤道坐标系,也称为地心惯性坐标系;在研究星际航行(如宇宙探测器)时,往往把坐标原点放在太阳中心,坐标轴相对于恒星不旋转的坐标系就是一个合适的惯性坐标系。

(2)轨道坐标系 $O-x_0y_0z_0$。

轨道坐标系是一个以航天器质心为原点的正交坐标系。z_0 轴沿当地垂线指向地心;x_0 轴在轨道平面内与 z_0 垂直并指向航天器的速度方向;y_0 轴在轨道平面的法线方向与 x_0、z_0 垂直,并遵守右手定则。这个坐标系在空间以角速度 ω_0(即航天器的轨道角速度)绕 y_0 轴旋转,且旋转方向与 y_0 轴的方向相反。该坐标系常用于描述三轴稳定航天器的对地定向运动。

(3)本体坐标系 $O-x_by_bz_b$。

本体坐标系又称为星体坐标系。其坐标原点在航天器质心,x_b、y_b、z_b 三轴固定在航天器本体上。若 x_b、y_b、z_b 三轴为航天器的惯量主轴,则该坐标系称为主轴坐标系。姿态角就是本体坐标系与轨道坐标系之间的偏差,在标称姿态时,本体坐标系与轨道坐标系重合。

3.3.1.2　姿态描述

姿态是描述航天飞行器的本体相对于某个特定坐标系的旋转信息。姿态运动参数通常有四种表示形式:方向余弦矩阵、欧拉角、欧拉轴角和四元数。本章我们主要介绍方向余弦矩阵和欧拉角。

(1)方向余弦矩阵。

方向余弦矩阵是直接描述两坐标系间关系的参量。令 $\boldsymbol{x}_b$、$\boldsymbol{y}_b$、$\boldsymbol{z}_b$ 和 $\boldsymbol{x}_r$、$\boldsymbol{y}_r$、$\boldsymbol{z}_r$ 分别为卫星本体坐标系与参考坐标系的坐标轴单位向量,则卫星本体坐标系与参考坐标系之间的关系为

$$\begin{bmatrix}\boldsymbol{x}_b\\ \boldsymbol{y}_b\\ \boldsymbol{z}_b\end{bmatrix}=\boldsymbol{C}\begin{bmatrix}\boldsymbol{x}_r\\ \boldsymbol{y}_r\\ \boldsymbol{z}_r\end{bmatrix}=\begin{bmatrix}C_{11} & C_{12} & C_{13}\\ C_{21} & C_{22} & C_{23}\\ C_{31} & C_{32} & C_{33}\end{bmatrix}\begin{bmatrix}\boldsymbol{x}_r\\ \boldsymbol{y}_r\\ \boldsymbol{z}_r\end{bmatrix}$$

式中，$\boldsymbol{C}$ 为参考坐标系到卫星本体坐标系的方向余弦矩阵，其各元素 $C_{ij}(i,j=1,2,3)$ 为两坐标系坐标轴单位向量间的点积(方向余弦)，即

$$C_{11}=\boldsymbol{x}_{\mathrm{b}}\cdot\boldsymbol{x}_{\mathrm{r}},\quad C_{12}=\boldsymbol{x}_{\mathrm{b}}\cdot\boldsymbol{y}_{\mathrm{r}},\quad C_{13}=\boldsymbol{x}_{\mathrm{b}}\cdot\boldsymbol{z}_{\mathrm{r}}$$
$$C_{21}=\boldsymbol{y}_{\mathrm{b}}\cdot\boldsymbol{x}_{\mathrm{r}},\quad C_{22}=\boldsymbol{y}_{\mathrm{b}}\cdot\boldsymbol{y}_{\mathrm{r}},\quad C_{23}=\boldsymbol{y}_{\mathrm{b}}\cdot\boldsymbol{z}_{\mathrm{r}}$$
$$C_{31}=\boldsymbol{z}_{\mathrm{b}}\cdot\boldsymbol{x}_{\mathrm{r}},\quad C_{32}=\boldsymbol{z}_{\mathrm{b}}\cdot\boldsymbol{y}_{\mathrm{r}},\quad C_{33}=\boldsymbol{z}_{\mathrm{b}}\cdot\boldsymbol{z}_{\mathrm{r}}$$

由于方向余弦矩阵可以完全确定星体坐标系相对参考坐标系的方位，因此称该矩阵为姿态矩阵，矩阵中的每个元素为姿态参数。由于参考坐标系和本体坐标系都是正交坐标系，因而姿态矩阵是正交矩阵，即满足 $\boldsymbol{C}\boldsymbol{C}^{\mathrm{T}}=\boldsymbol{C}^{\mathrm{T}}\boldsymbol{C}=\boldsymbol{I}$。

虽然根据方向余弦矩阵关系 $\boldsymbol{C}\boldsymbol{C}^{\mathrm{T}}=\boldsymbol{C}^{\mathrm{T}}\boldsymbol{C}=\boldsymbol{I}$ 存在 9 个方程，但由于组成方向余弦矩阵的向量为相互正交的单位向量，故只有 3 个独立的姿态参量。

(2)欧拉角。

欧拉角是经典的、应用最为广泛的一种姿态参数，具有直接、明显的几何意义，维数(三维)最少，并且往往可由姿态敏感器直接测量。根据欧拉原理，刚体绕固定点的角位移可以看作是绕该点的若干次有限转动的合成。换言之，任意两个坐标系可通过绕其一坐标系不同坐标轴连续旋转 3 次旋转而重合，其每次旋转角度称为欧拉角。欧拉角描述姿态比较直观方便，常用的姿态角是指本体坐标系与参考坐标系间的 3 个有序欧拉转角。

在航天飞行器中，习惯上将绕 x 轴转动的角度称为滚动角，用 φ 表示；将绕 y 轴转动的角度称为俯仰角，用 θ 表示；将绕 z 轴转动的角度称为偏航角，用 ψ 表示。因此，绕 x 轴、y 轴、z 轴旋转的基元旋转矩阵分别为

$$\boldsymbol{C}_x=\begin{bmatrix}1&0&0\\0&\cos\varphi&\sin\varphi\\0&-\sin\varphi&\cos\varphi\end{bmatrix},\boldsymbol{C}_y=\begin{bmatrix}\cos\theta&0&-\sin\theta\\0&1&0\\\sin\theta&0&\cos\theta\end{bmatrix},\boldsymbol{C}_z=\begin{bmatrix}\cos\psi&\sin\psi&0\\-\sin\psi&\cos\psi&0\\0&0&1\end{bmatrix}$$

以数字 1、2、3 分别代表坐标轴 x、y、z，上述对应的基元旋转矩阵分别为 $\boldsymbol{C}_1=\boldsymbol{C}_x$、$\boldsymbol{C}_2=\boldsymbol{C}_y$ 和 $\boldsymbol{C}_3=\boldsymbol{C}_z$。

欧拉角描述的姿态运动学方程与旋转顺序是相关的，旋转顺序具有多种形式，但不能绕一个轴连续旋转两次，因为连续两次旋转等同于绕这个轴的一次旋转。欧拉转序可分为两类，共有 12 种旋转顺序：第一类为 3 次绕不同体轴旋转，即 1-2-3，1-3-2，2-1-3，2-3-1，3-1-2，3-2-1；第二类为第 1 次与第 3 次绕相同体轴旋转，即 1-2-1，1-3-1，2-1-2，2-3-2，3-1-3，3-2-3。

下面以“3-2-1”旋转为例，详细推导两坐标系之间的转换关系。

坐标系 $O-x_{\mathrm{m}}y_{\mathrm{m}}z_{\mathrm{m}}$ 以“3-2-1”即“$z(\psi)-y(\theta)-x(\varphi)$”的顺序经过 3 次欧拉旋转，得到新的坐标系 $O-x_{\mathrm{n}}y_{\mathrm{n}}z_{\mathrm{n}}$，旋转过程如下：

①先以角速度 $\dot{\Psi}$ 绕 z_{m} 轴转过 ψ 角，得到坐标系 $O-x_1y_1z_1$。

$$\boldsymbol{X}_1=\boldsymbol{C}_3\boldsymbol{X}_{\mathrm{m}},\quad\begin{bmatrix}x_1\\y_1\\z_1\end{bmatrix}=\begin{bmatrix}\cos\psi&\sin\psi&0\\-\sin\psi&\cos\psi&0\\0&0&1\end{bmatrix}\begin{bmatrix}x_{\mathrm{m}}\\y_{\mathrm{m}}\\z_{\mathrm{m}}\end{bmatrix}$$

②再以角速度 $\dot{\theta}$ 绕 y_1 轴转过 θ 角，得到坐标系 $O\text{-}x_2y_2z_2$。

$$\boldsymbol{X}_2=\boldsymbol{C}_2\boldsymbol{X}_1,\quad \begin{bmatrix}x_2\\y_2\\z_2\end{bmatrix}=\begin{bmatrix}\cos\theta & 0 & -\sin\theta\\0 & 1 & 0\\\sin\theta & 0 & \cos\theta\end{bmatrix}\begin{bmatrix}x_1\\y_1\\z_1\end{bmatrix}$$

③最后以角速度 $\dot{\varphi}$ 绕 x_2 轴转过 φ 角，得到新的坐标系 $O\text{-}x_ny_nz_n$。

$$\boldsymbol{X}_\mathrm{n}=\boldsymbol{C}_1\boldsymbol{X}_2,\quad \begin{bmatrix}x_\mathrm{n}\\y_\mathrm{n}\\z_\mathrm{n}\end{bmatrix}=\begin{bmatrix}1 & 0 & 0\\0 & \cos\varphi & \sin\varphi\\0 & -\sin\varphi & \cos\varphi\end{bmatrix}\begin{bmatrix}x_2\\y_2\\z_2\end{bmatrix}$$

因此，坐标系 $O-x_\mathrm{m}y_\mathrm{m}z_\mathrm{m}$ 与 $O-x_\mathrm{n}y_\mathrm{n}z_\mathrm{n}$ 之间的坐标变换关系为 $\boldsymbol{X}_\mathrm{n}=\boldsymbol{C}_1\boldsymbol{C}_2\boldsymbol{C}_3\boldsymbol{X}_m=\boldsymbol{C}_\mathrm{nm}\boldsymbol{X}_\mathrm{m}$，其中，

$$\boldsymbol{C}_\mathrm{nm}=\begin{bmatrix}\cos\theta\cos\psi & \cos\theta\sin\psi & -\sin\theta\\-\cos\varphi\sin\psi+\sin\varphi\sin\theta\cos\psi & \cos\varphi\cos\psi+\sin\varphi\sin\theta\sin\psi & \sin\varphi\cos\theta\\\sin\varphi\sin\psi+\cos\varphi\sin\theta\cos\psi & -\sin\varphi\cos\psi+\cos\varphi\sin\theta\sin\psi & \cos\varphi\cos\theta\end{bmatrix}$$

值得注意的是，转换矩阵 $\boldsymbol{C}_\mathrm{nm}$ 也为两个坐标系 $O-x_\mathrm{m}y_\mathrm{m}z_\mathrm{m}$ 与 $O-x_\mathrm{n}y_\mathrm{n}z_\mathrm{n}$ 之间的方向余弦矩阵。

3.3.2　姿态运动学方程

姿态运动学方程描述了姿态参数的瞬时变化率与旋转角速度之间的关系。以下给出欧拉角与四元数姿态描述的运动学方程。

航天器姿态相对于参考坐标系的转动角速度 $\boldsymbol{\omega}$ 在航天器本体坐标系中表示为 $\boldsymbol{\omega}=[\omega_x,\omega_y,\omega_z]^\mathrm{T}$。角速度可以视为矢量，能够进行矢量叠加。因此，角速度 $\boldsymbol{\omega}$ 可视为三次欧拉转动的合成。欧拉角描述的姿态运动学方程与旋转顺序是相关的，以下以“3-2-1”旋转和“3-1-2”旋转为例写出运动学方程。

(1)“3-2-1”旋转。

将航天器相对参考坐标系的转动角速度 $\boldsymbol{\omega}$ 在本体坐标系中的分量 ω_x、ω_y、ω_z 用欧拉角表示，从而推导出航天器的姿态运动学方程。对于“3-2-1”旋转顺序，坐标系分别以角速度 $\dot{\psi}$、$\dot{\theta}$ 和 $\dot{\varphi}$ 进行旋转。

①第一次旋转形成的角速度为 $[0,0,\dot{\psi}]^\mathrm{T}$，其在坐标系 $O-x_1y_1z_1$ 中。将 $[0,0,\dot{\psi}]^\mathrm{T}$ 转换至本体坐标系 $O\text{-}x_\mathrm{b}y_\mathrm{b}z_\mathrm{b}$，则有

$$\begin{bmatrix}\omega_x\\\omega_y\\\omega_z\end{bmatrix}_1=\boldsymbol{C}_1\boldsymbol{C}_2\begin{bmatrix}0\\0\\\dot{\psi}\end{bmatrix}\tag{3.77}$$

②第二次旋转形成的角速度为 $[0,\dot{\theta},0]^\mathrm{T}$，其在坐标系 $O\text{-}x_2y_2z_2$ 中。将 $[0,\dot{\theta},0]^\mathrm{T}$ 转换至本体坐标系 $O\text{-}x_\mathrm{b}y_\mathrm{b}z_\mathrm{b}$，则有

$$\begin{bmatrix}\omega_x\\\omega_y\\\omega_z\end{bmatrix}_2=\boldsymbol{C}_1\begin{bmatrix}0\\\dot{\theta}\\0\end{bmatrix}\tag{3.78}$$

③第三次旋转形成的角速度为$[\dot{\varphi},0,0]^{\mathrm{T}}$，其在坐标系 $O-x_{\mathrm{b}}y_{\mathrm{b}}z_{\mathrm{b}}$ 中。将$[\dot{\varphi},0,0]^{\mathrm{T}}$ 转换至本体坐标系 $O-x_{\mathrm{b}}y_{\mathrm{b}}z_{\mathrm{b}}$，则有

$$\begin{bmatrix}\omega_x\\ \omega_y\\ \omega_z\end{bmatrix}_3=\begin{bmatrix}\dot{\varphi}\\ 0\\ 0\end{bmatrix} \tag{3.79}$$

因为欧拉旋转所形成的角速度均为矢量，所以三次旋转运动所形成的角速度 $\boldsymbol{\omega}$ 为三次欧拉转动的合成，即

$$\begin{bmatrix}\omega_x\\ \omega_y\\ \omega_z\end{bmatrix}=\begin{bmatrix}\omega_x\\ \omega_y\\ \omega_z\end{bmatrix}_1+\begin{bmatrix}\omega_x\\ \omega_y\\ \omega_z\end{bmatrix}_2+\begin{bmatrix}\omega_x\\ \omega_y\\ \omega_z\end{bmatrix}_3 \tag{3.80}$$

将式(3.77)~式(3.79)代入式(3.80)，得

$$\begin{bmatrix}\omega_x\\ \omega_y\\ \omega_z\end{bmatrix}=\begin{bmatrix}1 & 0 & -\sin\theta\\ 0 & \cos\varphi & \sin\varphi\cos\theta\\ 0 & -\sin\varphi & \cos\varphi\cos\theta\end{bmatrix}\begin{bmatrix}\dot{\varphi}\\ \dot{\theta}\\ \dot{\psi}\end{bmatrix} \tag{3.81}$$

式(3.81)是三次旋转运动所形成的角速度的矢量和，不是姿态运动学方程。一般情况下，运动学方程是状态的导数与状态之间的关系。因此，对式(3.81)进一步变换，可得欧拉角姿态运动学方程，即

$$\begin{bmatrix}\dot{\varphi}\\ \dot{\theta}\\ \dot{\psi}\end{bmatrix}=\begin{bmatrix}1 & \sin\varphi\tan\theta & \cos\varphi\tan\theta\\ 0 & \cos\varphi & -\sin\varphi\\ 0 & \sin\varphi/\cos\theta & \cos\varphi/\cos\theta\end{bmatrix}\begin{bmatrix}\omega_x\\ \omega_y\\ \omega_z\end{bmatrix}$$

(2)“3-1-2”旋转。

对于“3-1-2”旋转顺序，坐标系分别以角速度 $\dot{\psi}$、$\dot{\varphi}$ 和 $\dot{\theta}$ 进行旋转。

①第一次旋转形成的角速度为$[0,0,\dot{\psi}]^{\mathrm{T}}$，其在坐标系 $O-x_1y_1z_1$ 中。将$[0,0,\dot{\psi}]^{\mathrm{T}}$ 转换至本体坐标系 $O-x_{\mathrm{b}}y_{\mathrm{b}}z_{\mathrm{b}}$，则有

$$\begin{bmatrix}\omega_x\\ \omega_y\\ \omega_z\end{bmatrix}_1=\boldsymbol{C}_2\boldsymbol{C}_1\begin{bmatrix}0\\ 0\\ \dot{\psi}\end{bmatrix} \tag{3.82}$$

②第二次旋转形成的角速度为$[\dot{\varphi},0,0]^{\mathrm{T}}$，其在坐标系 $O-x_2y_2z_2$ 中。将$[\dot{\varphi},0,0]^{\mathrm{T}}$ 转换至本体坐标系 $O-x_{\mathrm{b}}y_{\mathrm{b}}z_{\mathrm{b}}$，则有

$$\begin{bmatrix}\omega_x\\ \omega_y\\ \omega_z\end{bmatrix}_2=\boldsymbol{C}_2\begin{bmatrix}\dot{\varphi}\\ 0\\ 0\end{bmatrix} \tag{3.83}$$

③第三次旋转形成的角速度为$[0,\dot{\theta},0]^{\mathrm{T}}$，其在坐标系 $O-x_{\mathrm{b}}y_{\mathrm{b}}z_{\mathrm{b}}$ 中。将$[0,\dot{\theta},0]^{\mathrm{T}}$ 转换至本体坐标系 $O-x_{\mathrm{b}}y_{\mathrm{b}}z_{\mathrm{b}}$，则有

$$\begin{bmatrix}\omega_x\\ \omega_y\\ \omega_z\end{bmatrix}_3=\begin{bmatrix}0\\ \dot{\theta}\\ 0\end{bmatrix} \tag{3.84}$$

因为欧拉旋转所形成的角速度均为矢量,所以三次旋转运动所形成的角速度为 $\boldsymbol{\omega}$ 为三次欧拉转动的合成,即

$$\begin{bmatrix}\omega_x\\ \omega_y\\ \omega_z\end{bmatrix}=\begin{bmatrix}\omega_x\\ \omega_y\\ \omega_z\end{bmatrix}_1+\begin{bmatrix}\omega_x\\ \omega_y\\ \omega_z\end{bmatrix}_2+\begin{bmatrix}\omega_x\\ \omega_y\\ \omega_z\end{bmatrix}_3 \tag{3.85}$$

将式(3.82)~式(3.84)代入式(3.85),得

$$\begin{bmatrix}\omega_x\\ \omega_y\\ \omega_z\end{bmatrix}=\begin{bmatrix}\cos\theta & 0 & \sin\theta\\ -\tan\varphi\sin\theta & 1 & -\tan\varphi\cos\theta\\ -\sin\theta/\cos\varphi & 0 & \cos\theta/\cos\varphi\end{bmatrix}\begin{bmatrix}\omega_x\\ \omega_y\\ \omega_z\end{bmatrix} \tag{3.86}$$

可以看出,姿态运动学方程的形式是与欧拉旋转顺序相关的,姿态运动学方程的使用应当与姿态角的定义保持一致。另外,这里的角速度是航天器相对参考坐标系的转动角速度,如果参考坐标系是非惯性坐标系,则航天器相对惯性系的角速度还需要考虑参考坐标系的角速度。

3.3.3　姿态动力学方程

航天器的姿态动力学是以刚体的动量矩定理为基础的。航天器的姿态运动是指其绕自身质心的转动。当航天器被看作刚体时,它的姿态动力学是以刚体的动量矩定理为基础。因此,航天器的姿态动力学方程可以直接从刚体相对于质心的动量矩定理导出。

设航天器在空间以角速度 $\boldsymbol{\omega}$ 旋转,其动量矩为 $\boldsymbol{H}$。为方便起见,选航天器本体坐标系 $O-xyz$ 的原点,即航天器质心 O 作为基准点,$\boldsymbol{M}$ 是作用在航天器相对于质心 O 的合外力矩,因此航天器的动量矩为

$$\boldsymbol{H}=\int_m \boldsymbol{r}\times\frac{\mathrm{d}\boldsymbol{r}}{\mathrm{d}t}\mathrm{d}m \tag{3.87}$$

式中,矢量 $\boldsymbol{r}$ 是刚体内质量元 $\mathrm{d}m$ 相对于质心的矢径;$\mathrm{d}\boldsymbol{r}/\mathrm{d}t$ 是质量元在空间相对于质心的速度矢量;m 为航天器的总质量。因此,在本体坐标系中,刚体的 $\boldsymbol{\omega}$、$\boldsymbol{H}$、$\boldsymbol{r}$ 和 $\boldsymbol{M}$ 可以分别表示成

$$\boldsymbol{\omega}=\omega_x\boldsymbol{i}+\omega_y\boldsymbol{j}+\omega_z\boldsymbol{k} \tag{3.88}$$

$$\boldsymbol{H}=h_x\boldsymbol{i}+h_y\boldsymbol{j}+h_z\boldsymbol{k} \tag{3.89}$$

$$\boldsymbol{r}=x\boldsymbol{i}+y\boldsymbol{j}+z\boldsymbol{k} \tag{3.90}$$

$$\boldsymbol{M}=M_x\boldsymbol{i}+M_y\boldsymbol{j}+M_z\boldsymbol{k} \tag{3.91}$$

式中,$\boldsymbol{i}$、$\boldsymbol{j}$、$\boldsymbol{k}$ 是航天器本体坐标系各轴的单位矢量,以上 4 式右端的系数则是相应矢量沿各坐标轴的分量。将式(3.89)对时间 t 求取导数,得动量矩 H 在空间的变化率,即

$$\frac{\mathrm{d}\boldsymbol{H}}{\mathrm{d}t}=\dot{h}_x\boldsymbol{i}+\dot{h}_y\boldsymbol{j}+\dot{h}_z\boldsymbol{k}+h_x\frac{\mathrm{d}\boldsymbol{i}}{\mathrm{d}t}+h_y\frac{\mathrm{d}\boldsymbol{j}}{\mathrm{d}t}+h_z\frac{\mathrm{d}\boldsymbol{k}}{\mathrm{d}t} \tag{3.92}$$

由于刚体在空间中以角速度 $\boldsymbol{\omega}$ 旋转,所以与其固连的本体坐标系各轴方向也在相应变化。由理论力学中的泊桑公式,坐标轴单位矢量的导数为

$$\frac{\mathrm{d}\boldsymbol{i}}{\mathrm{d}t}=\boldsymbol{\omega}\times\boldsymbol{i},\quad \frac{\mathrm{d}\boldsymbol{j}}{\mathrm{d}t}=\boldsymbol{\omega}\times\boldsymbol{j},\quad \frac{\mathrm{d}\boldsymbol{k}}{\mathrm{d}t}=\boldsymbol{\omega}\times\boldsymbol{k} \tag{3.93}$$

将式(3.93)代入式(3.92),并根据动量矩定理得

$$M=\frac{\mathrm{d}H}{\mathrm{d}t}=\dot{H}+\omega\times H \tag{3.94}$$

因

$$\omega\times H=(\omega_y h_z-\omega_z h_y)i+(\omega_z h_x-\omega_x h_z)j+(\omega_x h_y-\omega_y h_x)k$$

所以式(3.94)在航天器本体坐标系中可以展开为

$$\begin{aligned}M&=M_x i+M_y j+M_z k\\&=(\dot{h}_x+\omega_y h_z-\omega_z h_z)i+(\dot{h}_y+\omega_z h_x-\omega_x h_z)j+(\dot{h}_z+\omega_x h_y-\omega_y h_x)k\end{aligned} \tag{3.95}$$

其在各轴的分量为

$$\begin{cases}M_x=\dot{h}_x+\omega_y h_z-\omega_z h_y\\M_y=\dot{h}_y+\omega_z h_x-\omega_x h_z\\M_z=\dot{h}_z+\omega_x h_y-\omega_y h_x\end{cases} \tag{3.96}$$

或表示成矩阵矢量形式,即

$$\begin{bmatrix}M_x\\M_y\\M_z\end{bmatrix}=\begin{bmatrix}\dot{h}_x\\\dot{h}_y\\\dot{h}_z\end{bmatrix}=\begin{bmatrix}0&-\omega_z&\omega_y\\\omega_z&0&-\omega_x\\-\omega_y&\omega_x&0\end{bmatrix}=\begin{bmatrix}h_x\\h_y\\h_z\end{bmatrix} \tag{3.97}$$

式(3.96)或式(3.97)称为欧拉力矩方程式。

同理,对式(3.90)求导也可得

$$\frac{\mathrm{d}r}{\mathrm{d}t}=\dot{r}+\omega\times r \tag{3.98}$$

若刚体内各质点相对于质心的位置不变,式(3.87)描述的动量矩即为

$$H=\int_m r\times(\omega\times r)\mathrm{d}m \tag{3.99}$$

利用矢量叉乘公式,有

$$\begin{aligned}r\times(\omega\times r)=&[\omega_x(y^2+z^2)-\omega_y(xy)-\omega_z(xz)]i+\\&[-\omega_x(xy)+\omega_y(x^2+z^2)-\omega_z(yz)]j+\\&[-\omega_x(xy)-\omega_y(yz)+\omega_z(x^2+y^2)]k\end{aligned}$$

将上式代入式(3.99),并考虑到式(3.89),则

$$\begin{cases}h_x=I_x\omega_x-I_{xy}\omega_y-I_{xz}\omega_z\\h_y=-I_{xy}\omega_z+I_y\omega_y-I_{yz}\omega_z\\h_z=-I_{xz}\omega_x-I_{yz}\omega_y+I_z\omega_z\end{cases} \tag{3.100}$$

即

$$\begin{bmatrix}h_x\\h_y\\h_z\end{bmatrix}=\begin{bmatrix}I_x&-I_{xy}&-I_{xz}\\-I_{xy}&I_y&-I_{yz}\\-I_{xz}&-I_{yz}&I_z\end{bmatrix}\begin{bmatrix}\omega_x\\\omega_y\\\omega_z\end{bmatrix}=I\begin{bmatrix}\omega_x\\\omega_y\\\omega_z\end{bmatrix} \tag{3.101}$$

式中，$\boldsymbol{I}$ 为惯性矩阵；I_x、I_y、I_z 分别为刚体绕 x、y、z 轴的转动惯量；I_{xy}、I_{yz}、I_{xz} 称为惯量积。它们分别为

$$I_x = \int_m (y^2 + z^2)\mathrm{d}m, \quad I_y = \int_m (x^2 + z^2)\mathrm{d}m, \quad I_z = \int_m (y^2 + x^2)\mathrm{d}m,$$

$$I_{xy} = \int_m (xy)\mathrm{d}m, \quad I_{yz} = \int_m (yz)\mathrm{d}m, \quad I_{xz} = \int_m (xz)\mathrm{d}m$$

惯量积的数值可正可负，它们与坐标系的选取密切相关。如果在某一坐标系中，$I_{xy} = I_{yz} = I_{xz} = 0$，则该坐标系称为主轴坐标系，$x$、$y$、$z$ 轴就是刚体的主惯量轴。

因此，如果取航天器的本体坐标系为主轴坐标系，则有

$$\begin{cases} h_x = I_x\omega_x \\ h_y = I_y\omega_y \\ h_z = I_z\omega_z \end{cases} \tag{3.102}$$

把它们代入欧拉力矩方程式(3.96)，并忽略质量变化，就可以得到

$$\begin{cases} I_x \dfrac{\mathrm{d}\omega_x}{\mathrm{d}t} + \omega_y\omega_z(I_z - I_y) = M_x \\ I_y \dfrac{\mathrm{d}\omega_y}{\mathrm{d}t} + \omega_x\omega_z(I_x - I_z) = M_y \\ I_z \dfrac{\mathrm{d}\omega_z}{\mathrm{d}t} + \omega_x\omega_y(I_y - I_x) = M_z \end{cases} \tag{3.103}$$

这就是基于本体坐标系的航天器的姿态动力学方程组，也称为欧拉动力学方程。这是一组非线性微分方程式，一般解析解难以得到，只有根据具体情况加以处理或者求数值解。

3.3.4　航天器环境力矩

在轨道上运动的航天器受各种力（通过航天器质心）和力矩（不通过航天器质心）的作用，其中环境力矩使航天器的姿态产生扰动。作用于航天器的环境力矩有气动力矩、重力梯度力矩、太阳辐射力矩以及空间微粒碰撞产生的力矩等。环境力矩是相对的，在有些情况下可把上述环境力矩作为姿态稳定力矩，如重力梯度稳定、磁稳定等。下面简要介绍几种主要的环境力矩。

3.3.4.1　气动力矩

气动力矩能显著地干扰航天器姿态，特别是影响自旋卫星的自旋速度。因而在航天器姿态控制系统设计中，1 000 km 以下的轨道，气动力矩必须予以考虑，特别是 500 km 以下的轨道，气动力矩是主要的空间环境力矩。当轨道高度为 120~1 000 km 时，气动力矩可以用自由分子流理论来计算，也就是认为大气分子的平均自由行程大于航天器的特征尺寸。此时航天器所受气动力与力矩取决于大气密度、飞行器大小和外形、表面材料特性、来流速度及飞行器姿态等多种因素。

在设计航天器姿态控制系统时，气动力矩 $\boldsymbol{M}_\mathrm{D}$ 可表示为

$$\boldsymbol{M}_\mathrm{D} = \boldsymbol{L}_\mathrm{D} \times \boldsymbol{F}_\mathrm{D} \tag{3.104}$$

式中，$\boldsymbol{L}_\mathrm{D}$ 为气动压心相对于航天器质心的矢径；$\boldsymbol{F}_\mathrm{D}$ 为气动力矢量，其值可表示为

$$\begin{cases} \boldsymbol{F}_{\mathrm{D}} = -\dfrac{1}{2} S_{\mathrm{D}} C_{\mathrm{D}} \rho \boldsymbol{V} \\ \boldsymbol{V} = \boldsymbol{v} - \boldsymbol{v}_{\mathrm{a}} \end{cases} \tag{3.105}$$

式中，S_{D} 为航天器的特征面积，一般取与速度方向垂直的平面内航天器的最大截面积；C_{D} 为阻力系数，它与航天器形状、飞行姿态、速度有关；ρ 为大气密度；$\boldsymbol{V}$ 为航天器相对大气的速度；$\boldsymbol{v}$ 和 $\boldsymbol{v}_{\mathrm{a}}$ 分别航天器和大气相对地球的运动速度。

气动力矩与航天器外形、姿态角、压心相对质心的位置以及表面性质密切相关。

3.3.4.2 重力梯度力矩

重力梯度力矩是因航天器各部分质量具有不同重力而产生的。确定这个力矩需要知道重力场的资料和航天器的质量分布特性，它与轨道半径的三次方成反比。

航天器由重力梯度所引起的力矩在本体坐标系三个轴上的投影约为

$$\begin{cases} M_{gx} = \dfrac{3\mu}{r^3}(I_z - I_y)\varphi \\ M_{gy} = \dfrac{3\mu}{r^3}(I_z - I_x)\varphi \\ M_{gz} = 0 \end{cases} \tag{3.106}$$

式中，r 为轨道半径或航天器质心到引力体中心的距离。

可见，把航天器尽可能设计成接近于等惯量，即具有相同的三轴主惯量，这样就可以在任一轨道上使重力梯度力矩达到最小。这些必须在结构设计中考虑到，否则在确定航天器结构以后，再对它重新更改是非常困难的，而且代价也很高。重力梯度力矩在低轨道运动的航天器设计中是一个需要考虑的重要因素。重力梯度力矩也可以用来作为姿态稳定力矩，这时设计航天器质量分布特性的目的在于增加而不是减少惯量之间的差。

3.3.4.3 磁干扰力矩

地磁场分布在地球上空高达数万千米，在这个范围内运动的航天器都要受到地磁场的影响。观测表明，地磁场的来源是地球内核、地球表面和高层大气。地球内部熔岩的电流被认为是地磁场的主要来源，约占总磁场强度的 90%。地球内部有长期不规则的缓慢运动与变化，会造成地磁场长期性地变化。地球表面不同位置上的铁磁性矿物质和金属是地磁场的第二个来源。铁磁性物质分布不均匀，使得地磁场出现一些偏离偶极子磁场的局部异常分布。地磁场的第三个来源与高层大气和近地空间中带电粒子的运动有关。这些带电正负离子的运动会产生不同强度的磁场，这部分磁场会经常性地迅速发生变化，有时达每秒几十次。

磁干扰力矩是由航天器的磁特性和环境磁场相互作用而产生的。确定这个力矩需要知道环境磁场的强度和方向、航天器的磁矩，以及这个磁矩相对于当地磁场向量的方向。当然，星体上的电流回路、永磁铁和能产生剩磁或感生磁性的材料是主要的磁矩源，但是，航天器整体或其中一部分在磁场中很快地旋转时，通过涡流和磁滞效应所产生的磁干扰力矩也是很可观的。当航天器采用被动稳定（如重力梯度稳定）方式时，或者当长期作用的小干扰对航天器的姿态可能产生重要影响时（如自旋稳定卫星自旋轴的进动），使磁干扰力矩达到最小是非常必要的。

当然,磁力矩也可作为姿态控制的力矩,它可以粗略地表示为

$$M_M = |\boldsymbol{M}_M| = |\boldsymbol{P} \times \boldsymbol{B}| = PB\sin\beta \tag{3.107}$$

式中,$\boldsymbol{P}$ 为航天器的剩余磁矩,P 为其数值;$\boldsymbol{B}$ 为航天器所在高度的环境磁场强度,B 为其数值;β 为环境磁场与剩余磁矩的夹角。

3.3.4.4　辐射力矩

辐射力矩主要是由太阳的直接照射以及航天器质心和压心不重合所引起的。对于在地球轨道上的航天器,还存在着另外两种辐射源,即地球反射的太阳光和地球及其大气层的红外辐射。航天器上的电磁能(典型的有红外线或无线电信号)的不对称辐射也应看作是一种辐射源。

航天器在轨运动时,各种辐射源的照射光子流对其表面碰撞产生辐射压力。当辐射压力的合力方向不穿过航天器质心时,则产生辐射压力矩。航天器所受辐射压力矩主要是太阳光压所致。对于地球轨道航天器而言,随着轨道高度升高,辐射力矩成为主要环境力矩。

决定辐射力矩的主要因素有以下几项:

(1)入射辐射或反射辐射的强度、频谱及方向。

(2)表面形状及太阳面相对于航天器质心的位置。

(3)辐射入射表面或辐射发射表面的光学性质。

由于太阳辐射与太阳和航天器的距离之二次方成反比,因而对于地球轨道上的航天器来说,太阳辐射力矩基本上与轨道高度无关。由于其他环境力矩多数是随着高度增加而减少的,因而在对轨道高度为 1 000 km 以上且表面积大的航天器进行设计时,辐射力矩是一个很重要的环境力矩。

$$\boldsymbol{M}_{SR} = \boldsymbol{L}_{SR} \times \boldsymbol{F}_{SR} \tag{3.108}$$

式中,$\boldsymbol{L}_{SR}$ 为辐射压心相对于航天器质心的矢径;$\boldsymbol{F}_{SR}$ 为辐射压力矢量,其数值由式(3.109)计算

$$\begin{cases} \boldsymbol{F}_{SR} = \sigma(1+\eta)S_R\rho_{SR}\left(\dfrac{\boldsymbol{\Delta}}{\Delta}\right) \\ \boldsymbol{\Delta} = \boldsymbol{r} - \boldsymbol{r}_s \end{cases} \tag{3.109}$$

式中,σ 为受晒系数,当航天器被太阳照射时,$\sigma=1$,当航天器位于地球阴影内时,$\sigma=0$,即在地球阴影区,太阳辐射压为零;η 是航天器的表面反射性能系数,与表面材料、表面粗糙度和形状等因素有关,一般取值为 0~1,如全吸收,取 $\eta=0$,完全镜面反射,取 $\eta=1$,漫反射时通常取 $\eta=0.44$;S_R 为垂直于太阳光线的航天器截面积;ρ_{SR} 为航天器所在位置的光压强度;$\boldsymbol{r}$ 为航天器的地心位置矢量;$\boldsymbol{r}_s$ 为太阳的位置矢量。

练　习　题

(1)设某卫星质量 $h=1\ 000$ kg,在时刻 t_0 其在地心惯性系中的位置矢量为 $\boldsymbol{r}_0=[3\ 270\quad 5\ 459\quad 2\ 714]^{\mathrm{T}}$ km,速度矢量为 $\boldsymbol{v}_0=[-6.532\quad 0.783\ 5\quad 6.142]^{\mathrm{T}}p$ km/s,试采用数值积分的方式计算卫星的最大轨道高度。

(2)对于椭圆轨道,证明 $r=a(1-e\cos E)$。

(3)设某卫星的轨道周期为 2 h,在某时刻的速度大小为 8 km/s,试计算此时的轨道高度。

(4)设有一颗卫星的轨道的近地点半径为 $r_p = 9\ 600$ km,远地点半径为 $r_a = 21\ 000$ km,计算该卫星从近地点出发到真近点角 120°所用的时间。

(5)已知 t 时刻某航天器的位置矢量和速度矢量在地心惯性系中的表示分别为

$$\boldsymbol{r} = [-6\ 045 \quad -3\ 490 \quad 2\ 500]^{\mathrm{T}}\ \mathrm{km}$$

$$\dot{\boldsymbol{r}} = [-3.457 \quad 6.618 \quad 2.533]^{\mathrm{T}}\ \mathrm{km/s}$$

试计算经典轨道六要素。

(6)已知 t 时刻航天器的轨道六要素为 $h = 80\ 000\ \mathrm{km^2/s}$,$e = 1.4$,$i = 30°$,$\Omega = 40°$,$\omega = 60°$,$f = 30°$。试计算位置矢量 $\boldsymbol{r}$ 和速度矢量 $\dot{\boldsymbol{r}}$ 在地心惯性系中的表示。

(7)在地球扁率长期摄动影响下,近地航天器的哪项轨道参数会发生变化?

(8)近地航天器轨道摄动力中,哪些项是保守力?

(9)对于轨道高度为 300 km 的圆轨道,当 $\Delta v_h = 100$ m/s 时,试分析单独调整 i 的范围;若 $i = 45°$,试分析单独调整 Ω 的范围。

第4章　远程轨道机动

空间操控任务中，任务航天器往往需要实现对目标航天器的接近和交会，这就需要对任务航天器实施控制改变其原有轨道，这一过程称为轨道机动。轨道机动是实施空间操控任务的基础。空间操控任务中，一般将与目标的交会过程分为远程和近程两个大的阶段，远程阶段主要基于两航天器的绝对运动方程开展轨道机动任务设计，近程阶段基于相对运动方程开展分析较为方便。本章主要讨论航天器远程轨道机动的原理和设计方法，主要包括轨道机动概述、轨道调整、轨道改变和轨道转移等内容。

4.1　轨道机动概述

4.1.1　轨道机动基本概念

4.1.1.1　轨道机动的定义

航天器在控制系统作用下，改变原有的自由飞行轨道，进入另一条任务轨道的操作过程，称为轨道机动，又称变轨，如图4.1所示。机动前的自由轨道称为初轨道或停泊轨道，机动后的任务轨道称为终轨道或目标轨道。

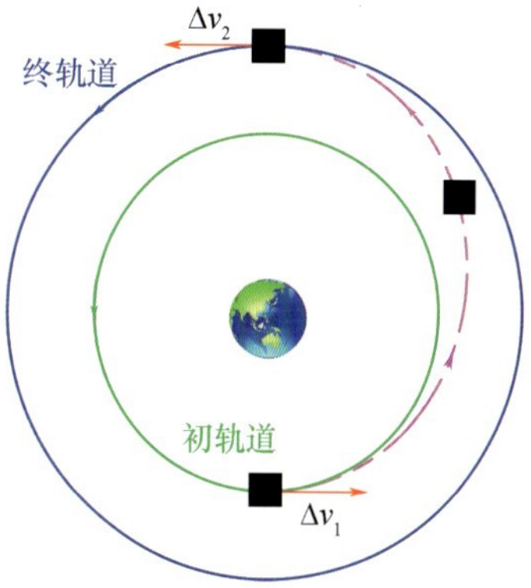

图4.1　轨道机动

4.1.1.2　轨道机动的特点

轨道机动有如下几个显著特点：

(1)属于主动运动，以满足特定的任务目标；

(2)利用发动机推力或环境外力主动改变飞行轨道；

(3)通过速度的离散或连续变化来改变航天器的轨道；

(4)轨道机动是轨道力学区别于天体力学的主要特征；

(5)花费成本高昂，实现过程复杂。

4.1.1.3　轨道机动的作用

航天器发射入轨后，由于地球引力场计算、导航测量、发动机推力等误差因素的影响，入轨轨道与设计的标称轨道总会存在一定的偏差；有时运载火箭可能没有足够的能力直接将航天器送入目标轨道，这些都需要通过轨道机动才能建立标称轨道；

航天器在轨运行中，由于各种摄动力和不确定因素的影响，航天器的真实轨道会逐渐偏离任务轨道，这时也需要通过轨道机动来消除偏差，重新建立标称轨道；即使是航天器再入返回前,也需要提前主动变轨降低轨道,以满足再入条件。

近年来,随着航天技术的发展,人们对空间任务提出越来越多的要求,比如深空探测、在轨维修与燃料加注、非合作目标在轨逼近与操作等,因此具有较强的自主轨道机动能力成为一些新型航天器的共性要求。

4.1.2 轨道机动的分类

为了研究和分析问题的方便,人们根据不同的分类标准将轨道机动分为不同的类型,主要有以下几种分类方法。

4.1.2.1 特征速度大小

特征速度定义为推力加速度在整个变轨时间区间上的积分,对于脉冲推力模型,特征速度等于各次变轨的速度增量大小之和。根据轨道机动过程特征速度的大小,可以将轨道机动分为轨道调整和一般轨道机动。

轨道调整是指初、终轨道的轨道根数差别不大,变轨特征速度较小的轨道机动。轨道调整中,轨道根数的改变都是小量,因此可以采用小偏差条件下的线性化模型,简化机动过程的分析与设计。

一般轨道机动的特征速度较大,初、终轨道的轨道根数变化显著,此时小偏差假设不再成立,必须采用一般的轨道动力学模型加以研究。一般轨道机动又可以分为轨道改变和轨道转移两种形式。

4.1.2.2 初、终轨道是否相交(切)

轨道改变和轨道转移的区分取决于初、终轨道是否相交或相切。

若初轨道与终轨道相交(切),则在交(切)点处施加一次冲量即可由初轨道进入终轨道,这称为轨道改变,如图 4.2 所示。

若初轨道与终轨道不相交(切),则至少需要施加两次冲量才能由初轨道进入终轨道,这称为轨道转移。连接初轨道与终轨道的过渡轨道称为转移轨道,如图 4.3 所示。轨道转移可看作两次或多次轨道改变的组合序列。

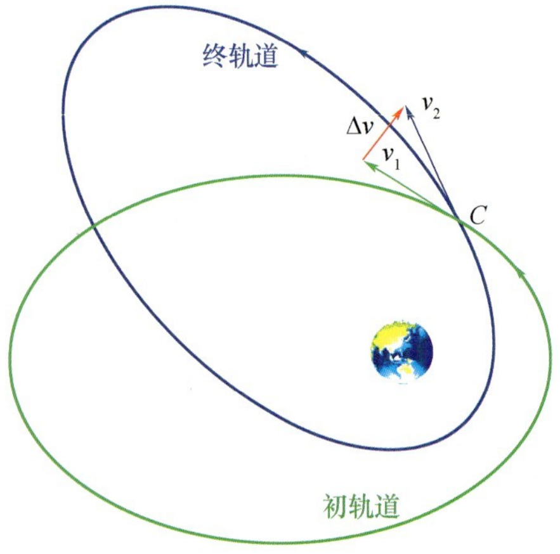

图 4.2 轨道改变

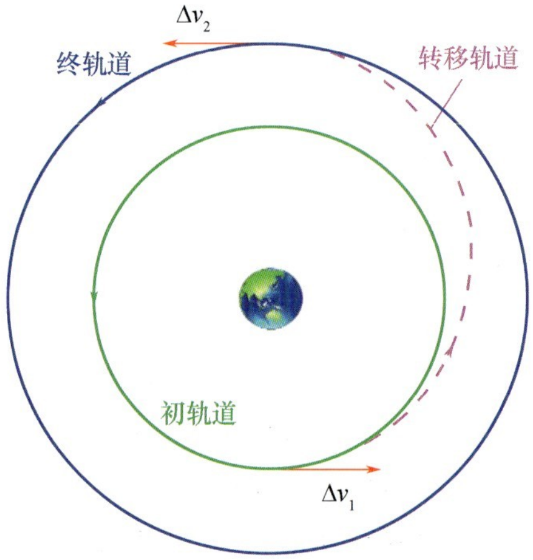

图 4.3 轨道转移

4.1.2.3 对目标轨道的要求

一条自由轨道可以由 6 个轨道根数来描述,也可以由某个时刻的位置和速度 6 个状态变量来描述,它们是等价的。不同的飞行任务对目标轨道状态有不同的要求,由此可将轨道机动分为轨道拦截、轨道转移和轨道交会。

轨道拦截要求航天器在未来某一时刻到达某一指定位置,但对到达该点的速度不做要求。即给定目标轨道的三个状态量(位置),另外三个(速度)可以自由选择。

轨道转移给定目标轨道的大小、形状和在空间的方位,即给定 5 个轨道根数,但对航天器在轨道上的相位没有要求;或给定航天器到达目标点时的位置和速度,但对到达时刻没有要求。注意这里讲的轨道转移是按任务要求分类的,前面所讲的轨道转移是按照初、终轨道的关系分类的,两者含义并不相同。

轨道交会给定目标轨道的大小、形状、在空间的方位,以及航天器在轨道上的相位,即给定全部 6 个轨道根数;或给定航天器到达目标点时的位置、速度及到达的时刻。

4.1.2.4 推力模型

根据推力大小和作用时间的不同,航天器发动机的推力常采用脉冲推力、有限推力和小推力这三种推力模型进行描述。相应地,轨道机动也可按这三种推力模型进行分类。

(1)脉冲推力轨道机动。

若发动机作用时间很短,可将推力随时间变化的函数近似为脉冲函数,这就是脉冲推力模型。在脉冲推力假设下,航天器瞬时就能获得所需的速度增量,而位置在推力作用前后不发生变化。一般而言,发动机工作时间越短,脉冲推力模型的近似效果越好。

施加一次脉冲推力有 4 个设计参数,分别是脉冲施加时刻、冲量大小和冲量作用方向(两个参数)。若整个轨道机动过程有 n 次脉冲推力,则设计参数就有 $4n$ 个,轨道优化可以通过直接搜索待求参数或借助微积分理论求解。由于脉冲推力模型比真实推力模型的求解简单得多,因此在很多轨道机动问题的初步研究中,都采用脉冲推力模型。

(2)有限推力轨道机动。

有限推力模型是对真实变轨过程更精确的数学描述,它假定变轨过程中推力是连续作用的且为有限值。有限推力模型一方面用于推力较小,作用时间较长,不能再使用脉冲推力模型的情形;另一方面用于在脉冲推力设计的基础上,更精细地设计推力的制导方法。

由于发动机推力的大小一般不可调节,因此有限推力也常假设为常值推力。对常值推力,一次变轨的控制量包括发动机开关机时刻两个参数和描述推力方向变化的两个标量函数。与脉冲推力相比,有限推力轨道机动是过程优化问题,需要用变分理论解决,通常只能求得数值解。

(3)小推力轨道机动。

小推力是有限推力的一种特殊情况,小推力模型在工程实际中多用来描述电推进系统,或用来研究利用太阳光压等自然力进行轨道机动的问题。电推进系统利用电磁场加速带电粒子,并由喷管喷出以获得推力。它的一大优势是发动机的有效排气速度(即推进剂喷出时相对于喷管的速度)很高,可高达 50~150 km/s,而目前化学火箭发动机的有效排气速度最高也只有 5~6 km/s。电推进系统的不足之处在于产生的推力很小,一般为几十到几百毫牛量级。

小推力发动机不能用于从地球表面直接发射航天器，甚至也不能在大气阻力较大的情况下使用，主要用于加速飞行时间很长的深空探测器，或进行航天器姿态控制、轨道保持等。利用小推力发动机进行轨道机动所需的时间一般很长，往往超过轨道周期，过程中轨道根数的变化也很慢，转移轨道的设计有其独特的规律和方法，需要专门进行研究。

图 4.4 所示为三种推力模型的轨道机动过程的示意图。本章后续讨论的都是基于脉冲推力假设的轨道机动问题。

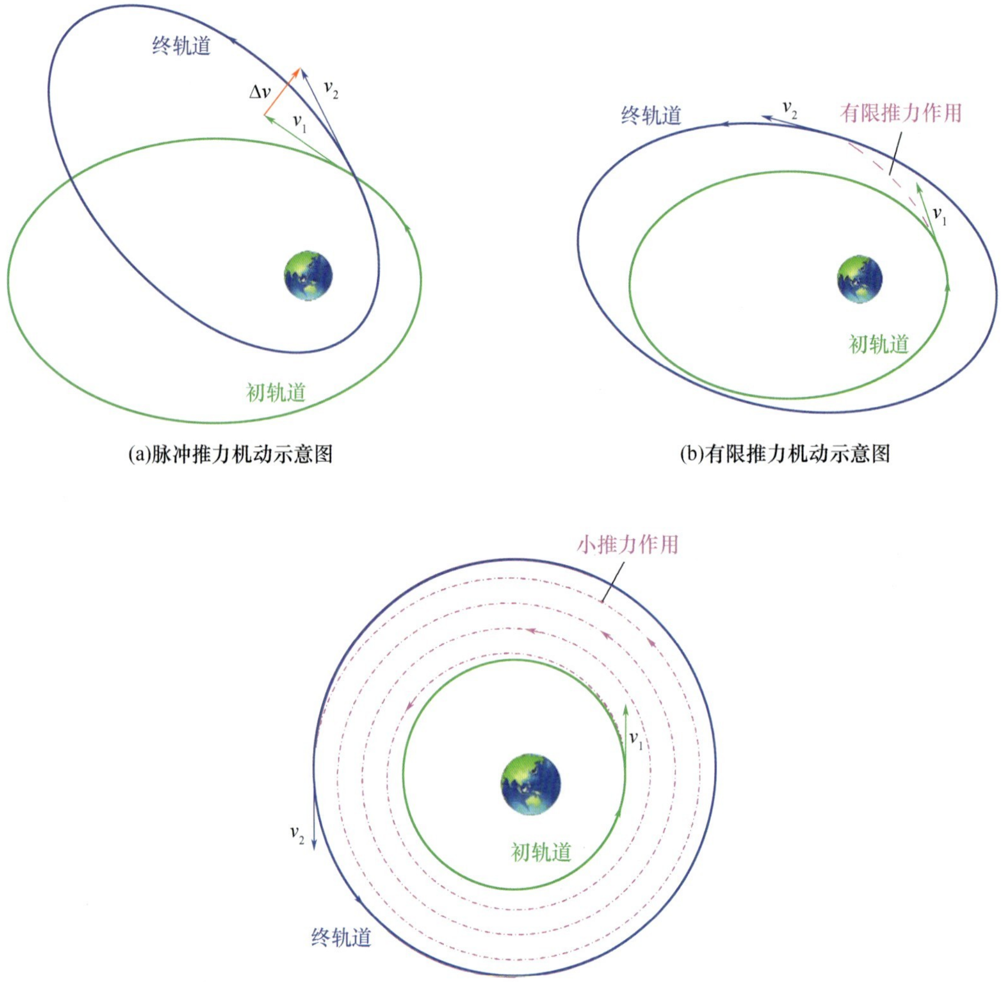

(a)脉冲推力机动示意图　(b)有限推力机动示意图

(c)小推力机动示意图

图 4.4　三种推力模型的轨道机动过程示意图

4.1.3　推进剂消耗问题

轨道机动需要消耗航天器所携带的推进剂，由于目前技术条件下，航天器的推进剂一般难以补充，因此推进剂的多少往往成了制约航天器的轨道机动性能，甚至是在轨寿命的重要条件。下面将研究轨道机动时的推进剂消耗问题。

4.1.3.1　齐奥尔科夫斯基公式

轨道机动需要航天发动机提供推力，航天发动机的工作原理是：高速喷射出推进剂，从而对航天器本体产生反作用力。此时航天器的质量不再是常数，需要采用变质量质点动力学基本方程，即密歇尔斯基方程：

$$m\frac{\mathrm{d}\boldsymbol{v}}{\mathrm{d}t}=\boldsymbol{F}+\frac{\mathrm{d}m}{\mathrm{d}t}\boldsymbol{u}_{\mathrm{e}} \tag{4.1}$$

式中，m 为航天器质量；$\boldsymbol{v}$ 为航天器速度；$\boldsymbol{F}$ 为航天器所受外力；$\boldsymbol{u}_{\mathrm{e}}$ 为有效排气速度。

令 $\boldsymbol{F}_{\mathrm{e}}=u_{\mathrm{e}}\mathrm{d}m/\mathrm{d}t$ 为喷射反作用力，因为推进剂喷射时航天器质量减小，即 $\mathrm{d}m/\mathrm{d}t<0$，所以喷射反作用力 $\boldsymbol{F}_{\mathrm{e}}$ 的方向与有效排气速度 $\boldsymbol{u}_{\mathrm{e}}$ 方向相反。若航天器所受外力 $\boldsymbol{F}=0$，则将式(4.1)沿 $\mathrm{d}v$ 方向投影，可整理得到标量形式的方程：

$$m\mathrm{d}v=mu_{\mathrm{e}}\mathrm{d}m \tag{4.2}$$

对式(4.2)进行积分得到

$$\Delta v=u_{\mathrm{e}}\ln\frac{m_0}{m_{\mathrm{f}}} \tag{4.3}$$

式(4.3)即为著名的齐奥尔科夫斯基公式，也称为火箭方程，式中 Δv 为航天器的速度增量，m_0、m_{f} 为推进剂喷射前、后的航天器质量。

4.1.3.2　推进剂消耗量的计算

基于齐奥尔科夫斯基公式，首先讨论已知速度增量求推进剂消耗量的问题。根据式(4.3)，可求得推进剂消耗量计算公式

$$m_{\mathrm{exp}}=m_0-m_{\mathrm{f}}=m_0(1-\mathrm{e}^{-\Delta v/u_{\mathrm{e}}}) \tag{4.4}$$

根据式(4.4)可知，给定航天器初始质量 m_0 后，推进剂消耗量 m_{exp} 随速度增量的增加成负指数增长。图 4.5 画出了推进剂消耗量百分比随速度增量的变化曲线，计算时 $u_{\mathrm{e}}=3\ \mathrm{km/s}$。

若 $\Delta v\ll u_{\mathrm{e}}$ 则 $\Delta v/u_{\mathrm{e}}$ 可视为小量。对于小量 x 有 $\mathrm{e}^x\approx 1+x$，于是

$$m_{\mathrm{exp}}\approx m_0\left[1-\left(1-\frac{\Delta v}{u_{\mathrm{e}}}\right)\right]=m_0\frac{\Delta v}{u_{\mathrm{e}}} \tag{4.5}$$

由式(4.5)可知，当 $\Delta v\ll u_{\mathrm{e}}$ 时，推进剂消耗量 m_{exp} 与速度增量 Δv 成正比。

例题 4.1　设航天器初始质量为 $m_0=2\ 000\ \mathrm{kg}$，发动机有效排气速度为 $u_{\mathrm{e}}=3\ \mathrm{km/s}$，求产生 $\Delta v=200\ \mathrm{m/s}$ 的速度增量所需的推进剂消耗量。

解：根据齐奥尔科夫斯基公式

$$\Delta v=u_{\mathrm{e}}\ln\frac{m_0}{m_{\mathrm{f}}} \tag{4.6}$$

求得推进剂消耗量为

$$m_{\mathrm{exp}}=m_0-m_{\mathrm{f}}=m_0(1-\mathrm{e}^{-\Delta v/u_{\mathrm{e}}})=129\ \mathrm{kg} \tag{4.7}$$

4.1.3.3　耗尽推进剂所能提供的最大速度增量

下面讨论将航天器携带的推进剂全部用完时，能为航天器提供的最大速度增量。设航天

器携带的推进剂质量为 m_p，则根据齐奥尔科夫斯基公式，耗尽推进剂所能提供的最大速度增量为

$$\Delta v_m = u_e \ln \frac{m_0}{m_0 - m_p} \tag{4.8}$$

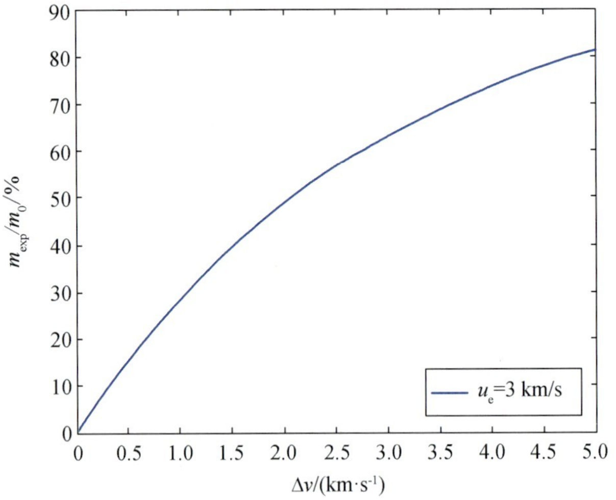

图 4.5　速度增量与推进剂消耗量百分比的关系

例题 4.2　设航天器初始质量为 $m_0 = 2\ 000$ kg，其中推进剂质量为 $m_p = 500$ kg，发动机的有效排气速度为 $u_e = 3$ kg/s 求耗尽推进剂所能提供的最大速度增量 v_m。

解：根据齐奥尔科夫斯基公式

$$\Delta v = u_e \ln \frac{m_0}{m_f} \tag{4.9}$$

耗尽推进剂所能提供的最大速度增量为

$$\Delta v_m = u_e \ln \frac{m_0}{m_0 - m_p} = 863 \text{ m/s} \tag{4.10}$$

4.1.3.4　航天器质量比与最大速度增量的关系

航天器质量 m_0 可以分为航天器自重 m_s 和推进剂质量 m_p，且有

$$m_0 = m_p + m_s \tag{4.11}$$

m_p/m_s 为推进剂质量与航天器自重（干重）的比值，称为航天器质量比，它是航天器的一个重要设计参数。下面分析航天器质量比 m_p/m_s 与耗尽推进剂所能提供的最大速度增量 Δv_m 的关系。

将式(4.9)代入式(4.3)求得

$$\Delta v_m = u_e \ln \frac{m_p + m_s}{m_s} \tag{4.12}$$

整理式(4.12)得到

$$m_p/m_s = e^{-\Delta v_m/u_e} - 1 \tag{4.13}$$

由式(4.16)可见 m_p/m_s 随 Δv_m 的增加成指数级增长,图 4.6 为 m_p/m_s 随 Δv_m 的变化曲线,计算时 $u_e=3$ kg/s。图中,$\Delta v_m=1$ km/s 时 $m_p/m_s=0.4$,这意味着自重 1 t 的航天器必须携带有 0.4 t 的推进剂才能获得 1 km/s 的机动。同样,若要执行 2 km/s 的机动,自重 1 t 的航天器必须携带 0.95 t 的推进剂;而要实现 5 km/s 的机动,自重 1 t 的航天器将不得不携带 4.3 t 的推进剂。由于航天器一般都难以携带如此高比例的推进剂,因此航天器一般并不具备 km/s 量级以上的轨道机动能力。

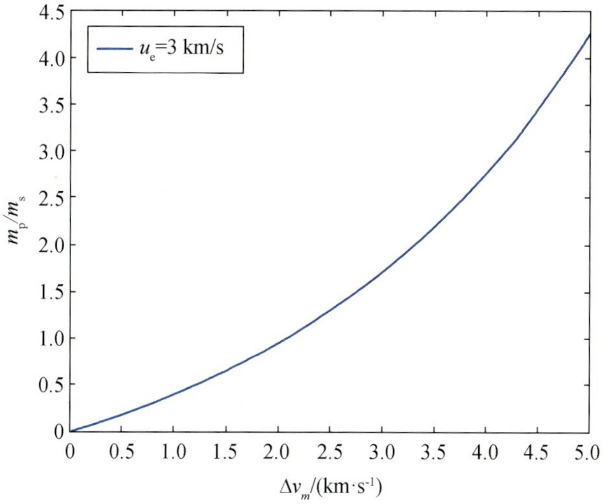

图 4.6　最大速度增量与航天器质量比的关系

4.1.4　速度增量的两种表示方法

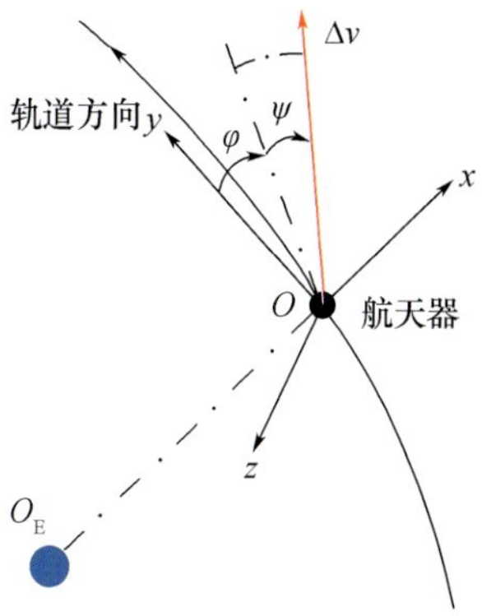

图 4.7　轨道坐标系中的速度增量

轨道机动的速度增量 $\Delta\boldsymbol{v}$ 可以用其在初轨道的径向、周向、法向的分量 Δv_r、Δv_c 和 Δv_n 来表示,也可以用其大小 Δv 和其在初轨道的轨道坐标系中的方位角(俯仰角 φ 和偏航角 ψ)来表示,如图 4.7 所示。

其中俯仰角 φ 为 $\Delta\boldsymbol{v}$ 在轨道面内的投影相对于轨道周向的夹角,且与 $\Delta\boldsymbol{v}$ 径向分量同正负;偏航角 ψ 为 $\Delta\boldsymbol{v}$ 相对于轨道面的夹角,且与 $\Delta\boldsymbol{v}$ 法向分量同正负。

由几何关系,有

$$0^\circ \leqslant \varphi < 360^\circ,\ -90^\circ \leqslant \psi \leqslant 90^\circ \tag{4.14}$$

根据定义,若已知 Δv、φ、ψ 则可求得 $\Delta\boldsymbol{v}$ 在初轨道的轨道坐标系的三轴分量:

$$\begin{cases} \Delta v_r = \Delta v\cos\psi\cos\varphi \\ \Delta v_c = \Delta v\cos\psi\sin\varphi \\ \Delta v_n = \Delta v\sin\psi \end{cases} \tag{4.15}$$

相应地,若已知 $\Delta\boldsymbol{v}$ 在初轨道的轨道坐标系的三轴分量,则也可求得 Δv、φ、ψ:

$$\begin{cases}\Delta v = \sqrt{\Delta v_r^2 + \Delta v_c^2 + \Delta v_n^2} \\ \varphi = \mathrm{atan}\ 2(\Delta v_r, \Delta v_c) \\ \psi = \mathrm{atan}\ 2(\Delta v_n \cos\varphi, \Delta v_c)\end{cases} \tag{4.16}$$

4.2 轨道调整

4.2.1 轨道调整基本方法

当航天器实际轨道与目标轨道之间存在微小的偏差，为了修正这一微小偏差而进行的轨道机动，称为轨道调整。典型的轨道调整包括轨道捕获和轨道保持等。航天器发射入轨后，由于误差因素的影响使得入轨轨道根数相对于标称值有较小的偏离，为了消除入轨误差而进行的轨道机动称为轨道捕获。航天器在轨运行中，由于摄动因素的影响会逐渐偏离标准轨道，当偏差积累到一定程度后为了消除偏差进行的轨道机动称为轨道保持。

4.2.2 轨道调整方程

设推力加速度 $\boldsymbol{a}$ 在轨道坐标系 $O\text{-}xyz$ 三轴上的投影分别为 $\boldsymbol{a}_r$、$\boldsymbol{a}_c$、$\boldsymbol{a}_n$，则轨道根数变化率可由高斯型轨道摄动方(3.39)来描述。下面在推力作用时间 $0\sim\Delta t$ 内对式(3.39)进行积分，由于轨道调整前后轨道根数的改变是小量，所以在积分时间内轨道根数可近似视为常值，这样右端表达式的积分项就只有 $\int_0^{\Delta t} a_r \mathrm{d}t$、$\int_0^{\Delta t} a_c \mathrm{d}t$、$\int_0^{\Delta t} a_n \mathrm{d}t$ 了，这三者分别记为 Δv_r、Δv_c、Δv_n，它们表示推力作用前后在轨道坐标系三轴方向的速度增量；相应地左端表达式中的积分项可分别记为 Δa、Δe、Δi、$\Delta\Omega$、$\Delta\omega$、ΔM，它们为轨道根数的变化量。于是可整理得到利用速度增量调整轨道根数的方程：

$$\begin{cases}\Delta a = \dfrac{2a^2}{\sqrt{\mu p}}[e\sin f \cdot \Delta v_r + (1 + e\cos f) \cdot \Delta v_c] \\ \Delta e = \dfrac{r[\sin f(1 + e\cos f) \cdot \Delta v_r + (2\cos f + e + e\cos^2 f) \cdot \Delta v_c]}{\sqrt{\mu p}} \\ \Delta i = \dfrac{r\cos u}{\sqrt{\mu p}}\Delta v_n \\ \Delta\Omega = \dfrac{r\sin u}{\sqrt{\mu p}\sin i}\Delta v_n \\ \Delta\omega = \dfrac{r[-\cos f(1 + e\cos f) \cdot \Delta v_r + \sin f(2 + e\cos f) \cdot \Delta v_c]}{e\sqrt{\mu p}} - \cos i \cdot \Delta\Omega \\ \Delta M = \dfrac{(p\cos f - 2re) \cdot \Delta v_r - (p + r)\sin f \cdot \Delta v_c}{e\sqrt{\mu a}} + \sqrt{\dfrac{\mu}{a^3}} \cdot \Delta t\end{cases} \tag{4.17}$$

由式(4.17)可知，半长轴 a、偏心率 e 与航天器位置 M 的调整可由径向和周向的速度增量 Δv_r、Δv_c 来提供；升交点赤经 Ω、轨道倾角 i 的调整可由法向速度增量 Δv_n 来提供；近地点幅角 ω 的调整可由三个方向的速度增量来提供。这与利用高斯型摄动方程分析摄动加速度对轨道根数的影响的结论是类似的。

4.2.3　轨道调整的思路

设航天器标称轨道根数为 $\boldsymbol{\sigma}^0$,实际测得的轨道根数为 $\boldsymbol{\sigma}$,则 $\delta\boldsymbol{\sigma}=\boldsymbol{\sigma}-\boldsymbol{\sigma}^0$ 为实测轨道相对于标称轨道的偏差量。若要修正偏差,则轨道根数调整量应为 $\Delta\boldsymbol{\sigma}=-\delta\boldsymbol{\sigma}$。

轨道调整的设计变量主要有两个方面,一是轨道调整的位置(也称发动机工作点),式(4.17)中体现在真近地点角 f 或纬度幅角 u;二是轨道调整的速度增量 $\Delta\boldsymbol{v}$,在式(4.17)中体现在 $\Delta\boldsymbol{v}$ 的三轴分量 Δv_r、Δv_c 和 Δv_n。

轨道调整的基本思路为:根据实测轨道相对于标称轨道的偏差量 $\delta\boldsymbol{\sigma}$,设计期望的轨道根数调整量 $\Delta\boldsymbol{\sigma}$,再由轨道调整式(4.17)来计算发动机工作点($f$ 或 u)与速度增量[(Δv_r,Δv_c,Δv_n)或(Δv,φ,ψ)]。

由于单次轨道调整只有 4 个设计变量,所以它无法同时调整 6 个轨道根数至期望值,工程实际中往往根据任务需要指定 1~2 个轨道根数进行调整。对指定轨道根数的单次调整,在发动机工作点或速度增量的选择上有时可能有多个解,这时还可以寻找能量最优(Δv 最小)的解。

下面基于式(4.17)讨论工程实际中几种典型的轨道调整任务。

4.2.4　轨道周期调整

在设计回归轨道与准回归轨道时,为了满足地面覆盖要求,通常希望轨道周期保持不变,因此当轨道周期 T 存在偏差 δT 时,需要进行轨道调整以修正这一偏差。

轨道周期只与轨道半长轴 a 有关,其关系满足式(3.11),于是轨道周期的调整也就等效转换为轨道半长轴的调整。当轨道周期存在小偏差 δT 时,相应的半长轴偏差为

$$\frac{\delta a}{a}=\frac{2}{3}\frac{\delta T}{T} \tag{4.18}$$

故轨道半长轴的调整量 Δa 为

$$\Delta a=-\delta a=-\frac{\delta T}{T}a \tag{4.19}$$

将式(4.19)代入式(4.17)的第一式可得

$$-\frac{1}{3}\frac{\delta T}{T}=\frac{a}{\sqrt{\mu p}}[e\sin f\Delta v_r+(1+e\cos f)\Delta v_c] \tag{4.20}$$

由式(4.20)可见,轨道周期调整中,速度增量的面外分量 $\Delta v_n=0$,由式(4.15)可知 $\psi=0$,故有

$$\begin{aligned}\Delta v_r&=\Delta v\sin\varphi\\ \Delta v_c&=\Delta v\cos\varphi\end{aligned} \tag{4.21}$$

将式(4.21)代入式(4.20),可得

$$-\frac{1}{3}\frac{\delta T}{T}=\frac{a}{\sqrt{\mu p}}[e\sin f\sin\varphi+(1+e\cos f)\cos\varphi]\Delta v=\frac{a}{\sqrt{\mu p}}F(f,\varphi)\Delta v \tag{4.22}$$

式中

$$F(f,\varphi)=e\sin f\sin\varphi+(1+e\cos f)\cos\varphi \tag{4.23}$$

式(4.22)说明,轨道周期调整的设计变量包括真近地点角f、速度增量的大小Δv及方向φ。当f和φ均可自由选择时,在消除轨道周期偏差的同时还可提出能量最优的要求,即寻找Δv的极小值$\Delta v_{\min}$。

在式(4.22)中,由于Δv恒大于零,因此当$\delta T<0$时,若$F=F_{\max}>0$,则$\Delta v=\Delta v_{\min}$;当$\delta T>0$时,若$F=F_{\min}<0$,则$\Delta v=\Delta v_{\min}$。因此求$\Delta v=\Delta v_{\min}$的极小值问题变为求F的极值问题。

4.2.4.1 求Δv的局部极小值

先假设发动机工作点f已经确定,求Δv的局部极小值。为此对F的表达式(4.23)求一阶偏导可得

$$\frac{\partial F}{\partial \varphi}=e\sin f\cos\varphi-(1+e\cos f)\sin\varphi \tag{4.24}$$

F取极值的必要条件为式(4.24)等于0,即

$$\tan\varphi=\frac{e\sin f}{1+e\cos f} \tag{4.25}$$

而速度倾角Θ的计算公式为式(3.18),结合式(4.25)与式(3.18),极值的必要条件为

$$\tan\varphi=\tan\Theta \tag{4.26}$$

即

$$\varphi=\Theta\ 或\ \varphi=\Theta+\pi \tag{4.27}$$

对式(4.24)继续求偏导可得

$$\frac{\partial^2 F}{\partial \varphi^2}=-\cos\varphi[e\sin f\tan\varphi+(1+e\cos f)] \tag{4.28}$$

将式(4.25)代入式(4.23)、式(4.28),可得

$$F=\cos\varphi\left[\frac{e^2\sin^2 f+(1+e\cos f)^2}{1+e\cos f}\right] \tag{4.29}$$

$$\frac{\partial^2 F}{\partial \varphi^2}=-\cos\varphi\left[\frac{e^2\sin^2 f+(1+e\cos f)^2}{1+e\cos f}\right] \tag{4.30}$$

式(4.29)、式(4.30)中,中括号里的式子恒大于0。因此F、$\partial^2 F/\partial\varphi^2$的符号取决于$\cos\varphi$,有

$$\begin{cases}\varphi=\Theta & \Rightarrow\cos\varphi>0\Rightarrow\begin{cases}\dfrac{\partial^2 F}{\partial\varphi^2}<0\\ F>0\end{cases} & \Rightarrow F=F_{\max}>0\\ \varphi=\Theta+\pi & \Rightarrow\cos\varphi<0\Rightarrow\begin{cases}\dfrac{\partial^2 F}{\partial\varphi^2}>0\\ F<0\end{cases} & \Rightarrow F=F_{\min}>0\end{cases} \tag{4.31}$$

结合式(4.22)的分析可知:当发动机工作点给定时,为了调整轨道周期,同时满足能量最优要求,发动机应沿此点的轨道切向施加速度增量。当$\delta T<0$时,则取$\varphi=\Theta$,即速度增量$\Delta\boldsymbol{v}$沿轨道切线正方向;当$\delta T>0$时,则取$\varphi=\Theta+\pi$,即速度增量$\Delta\boldsymbol{v}$沿轨道切线负方向。

通过前面的分析,确定了Δv取局部极小值$\Delta v_{\min}^*$时的推力方向φ,下面进一步推导$\Delta v_{\min}^*$的表达式。考虑到Δv始终为正值,将式(4.22)整理成如下形式:

$$\Delta v = \frac{\sqrt{\mu p}}{3a}\frac{|\delta T|}{T}\frac{1}{|\cos\varphi|}\frac{1}{[e\sin f\tan f\varphi + (1 + e\cos f)]} \tag{4.32}$$

考虑到 Δv 取极小值时,有

$$|\cos\varphi| = \cos\Theta = \frac{v_c}{v} = \frac{1 + e\cos f}{\sqrt{1 + e^2 + 2e\cos f}} \tag{4.33}$$

将式(4.25)、式(4.33)代入式(4.32),可得局部极小值 $\Delta v_{\min}^*$ 的表达式:

$$\begin{aligned}\Delta v_{\min}^* &= \frac{\sqrt{\mu p}}{3a}\frac{|\delta T|}{T}\frac{\sqrt{1 + e^2 + 2e\cos f}}{1 + e\cos f}\frac{1}{\left(e\sin f\dfrac{e\sin f}{1 + e\cos f}\right) + (1 + e\cos f)} \\ &= \frac{\sqrt{\mu p}}{3a}\frac{|\delta T|}{T}\frac{1}{\sqrt{1 + e^2 + 2e\cos f}}\end{aligned} \tag{4.34}$$

4.2.4.2　求 Δv 的全局极小值

由式(4.34)可见局部极小值 $\Delta v_{\min}^*$ 是 f 的函数。因此,若发动机工作点还可选择,可以选择 f 使 $\Delta v_{\min}^*$ 取极小值,这一极小值称为全局极小值,记为 $\Delta v_{\min}$。

由式(4.34)可以直接看出,当 $f=0$ 时 $\Delta v_{\min}$ 最小,且

$$\Delta v_{\min} = \frac{\sqrt{\mu p}}{3a(1 + e)}\frac{|\delta T|}{T} \tag{4.35}$$

而 $f=0$ 即为轨道近地点,此时轨道的切向与周向重合。于是可以得出轨道周期调整的能量最优方案是:在轨道近地点沿轨道周向施加速度增量 Δv_c,而且当 $\delta T<0$ 时,Δv_c 沿周向正方向,取值为正;当 $\delta T<0$ 时,Δv_c 周向负方向,取值为负。Δv_c 的表达式为

$$\Delta v_c = -\frac{\sqrt{\mu p}}{3a(1 + e)}\frac{\delta T}{T} \tag{4.36}$$

例题 4.3　某航天器的标称轨道根数为 $a=6\ 670$ km,$e=0.015$,大气阻力摄动使得航天器每飞行一圈的轨道周期偏差为 $\delta T/T=7.5\times10^{-5}$。求能够修正轨道周期偏差,同时满足能量最优的发动机工作点与速度增量。

解:在调整轨道周期时,能量最优的方案是在轨道近地点沿轨道周向施加速度增量。因此发动机工作点为轨道近地点,即真近地点角为

$$f = 0 \tag{4.37}$$

速度增量的方向为沿轨道周向,径向、法向分量为 0,周向分量为

$$\Delta v_c = -\frac{\sqrt{\mu p}}{3a(1 + e)}\frac{\delta T}{T} = -\frac{\sqrt{\mu a(1 - e^2)}}{3a(1 + e)}\frac{\delta T}{T} = -0.190\ 4\ \text{m/s} \tag{4.38}$$

Δv_c 为负值说明速度增量沿周向的负方向施加。

4.2.5　半长轴和偏心率的调整

由式(4.17)前两式可知,调整轨道周期时,可能给轨道偏心率带来交联影响。为了使轨道的半长轴和偏心率都能保持标称值,需要考虑同时调整。

假设半长轴和偏心率存在小偏差 δa、δe,则轨道根数调整量为

$$\Delta a = -\delta a, \quad \Delta e = \delta e \tag{4.39}$$

将式(4.39)代入式(4.17)前两式可知

$$\begin{aligned} -\delta a &= \frac{2a^2}{\mu p}[e\sin f \cdot \delta v_{\mathrm{r}} + (1 + e\cos f) \cdot \Delta v_{\mathrm{c}}] \\ -\delta e &= \frac{r[\sin f(1 + e\cos f) \cdot \Delta v_{\mathrm{r}} + (2\cos f + e + e\cos^2 f) \cdot \Delta v_{\mathrm{c}}]}{\sqrt{\mu p}} \end{aligned} \tag{4.40}$$

式(4.40)说明,半长轴和偏心率的调整的设计变量包括真近地点角 f 和面内的速度增量 Δv_{r}、Δv_{c}。

4.2.5.1 求速度增量表达式

先假设发动机工作点 f 已经确定,求速度增量 Δv_{r}、Δv_{c} 的表达式。式(4.40)中有两个方程和两个未知数 Δv_{r}、Δv_{c},当 $\sin f \neq 0$ 时该方程组有唯一解:

$$\begin{cases} \Delta v_{\mathrm{r}} = \dfrac{\delta A + \dfrac{(1 + e\cos f)^2}{1 - e^2}(e \cdot \delta E - \delta A)}{e\sin f} \\ \Delta v_{\mathrm{c}} = -\dfrac{1 + e\cos f}{1 - e^2}(e \cdot \delta E - \delta A) \end{cases} \tag{4.41}$$

式中,δA、δE 分别为 δa、δe 乘以轨道根数,有

$$\begin{aligned} \delta A &= -\frac{\sqrt{\mu p}}{2a} \cdot \frac{\delta a}{a} \\ \delta E &= -\frac{\sqrt{\mu p}}{a} \cdot \frac{\delta e}{1 - e^2} \end{aligned} \tag{4.42}$$

4.2.5.2 求 Δv 的极小值

当 f 可自由选择时,在消除半长轴和偏心率的偏差的同时还可提出使能量最优的要求,即寻找 Δv 的极小值 $\Delta v_{\min}$。式(4.41)中 Δv_{r}、Δv_{c} 都为 f 的函数,于是

$$\Delta v^2 = \Delta v_{\mathrm{r}}^2 + \Delta v_{\mathrm{c}}^2 = S(f) \tag{4.43}$$

式(4.43)也是 Δv^2 的函数,Δv 取极小值的必要条件为

$$\frac{\mathrm{d}(\Delta v^2)}{\mathrm{d}f} = 0 \tag{4.44}$$

式(4.44)较复杂,一般要用数值方法求解。求得使 Δv 取极小值的 f 后,代入式(4.41)即可求得面内速度增量 Δv_{r}、Δv_{c}。

4.2.6 轨道面调整

轨道面的方位由轨道倾角和升交点赤经所决定。假设轨道倾角和升交点赤经存在小偏差 δi、$\delta \Omega$,则轨道根数调整量为

$$\Delta i = -\delta i, \Delta \Omega = -\delta \Omega \tag{4.45}$$

将式(4.45)代入式(4.17)的第三、第四式得到

$$\begin{cases} -\delta i = \dfrac{r\cos u}{\sqrt{\mu p}}\Delta v_{\mathrm{n}} \\ -\delta \Omega = \dfrac{r\sin u}{\sqrt{\mu p}\sin i}\Delta v_{\mathrm{n}} \end{cases} \tag{4.46}$$

轨道面调整的设计变量包括纬度幅角 u 和法向速度增量 Δv_n。式(4.46)中有两个方程和两个未知数 u、Δv_{n}，说明 u 和 Δv_{n} 可唯一确定。将式(4.46)的上下两式相除，可得发动机工作点的 u 值为

$$u^{(1)} = \arctan\left(\sin i\,\frac{\delta\Omega}{\delta i}\right) \text{ 或 } u^{(2)} = \pi + \arctan\left(\sin i\,\frac{\delta\Omega}{\delta i}\right) \tag{4.47}$$

将以上 u 的两个取值代入式(4.46)，可得 Δv_{n} 的两个取值

$$\Delta v_{\mathrm{n}}^{(1)} = -\frac{\sqrt{\mu p}\,\delta i}{r\cos u^{(1)}} \text{ 或 } \Delta v_{\mathrm{n}}^{(2)} = -\frac{\sqrt{\mu p}\,\delta i}{r\cos u^{(2)}} \tag{4.48}$$

式中，$\Delta v_{\mathrm{n}}^{(1)}$、$\Delta v_{\mathrm{n}}^{(2)}$ 数值为正时，速度增量沿法线正方向，反之则反向。

由式(4.46)可知，轨道面调整有两种特殊情况：一是当 $u=0$ 或 $u=\pi$(即航天器位于升交点或降交点)时施加法向冲量可单独修正 i 的偏差而不会引起 Ω 的变化；二是当 $u=\pi/2$ 或 $u=3\pi/2$ 时施加法向冲量可单独修正 Ω 的偏差而不会引起 i 的变化。

例题 4.4　某航天器的标称轨道根数为 $a=6\ 670$ km、$e=0.015$、$\omega=0$，由于入轨误差使得轨道倾角偏差为 $\delta i=-0.12°$，求能够修正轨道倾角偏差而不引起升交点赤经变化的发动机工作点与速度增量。

解：为了修正轨道倾角 i 的偏差而不引起 Ω 的变化，应该在轨道升交点或降交点施加法向冲量，此时发动机工作点(纬度幅角 u)为

$$u = 0 \text{ 或 } u = \pi \tag{4.49}$$

轨道面调整的法向速度增量为

$$\Delta v_{\mathrm{n}} = -\frac{\sqrt{\mu p}}{r\cos u}\delta i \tag{4.50}$$

(1) $u=0$ 时，$\cos u=0$；真近地点角 $f=u-\omega=0$，即此时位于近地点，则地心距为 $r=r_p=a(1-e)$；另外轨道半通径为 $p=a(1-e^2)$。于是

$$\Delta v_{\mathrm{n}}^{(1)} = -\frac{\sqrt{\mu a(1-e^2)}}{a(1-e)}\delta i = -\sqrt{\frac{\mu(1+e)}{a(1-e)}}\delta i = 16.44 \text{ m/s} \tag{4.51}$$

以上 $\Delta v_{\mathrm{n}}^{(1)}$ 为正值说明速度增量沿法向的正方向施加。

(2) $u=\pi$ 时，$\cos u=-1$；真近地点角 $f=u-\omega=\pi$，即此时位于远地点，则地心距为 $r=r_a=a(1+e)$；另外轨道半通径为 $p=a(1-e^2)$。于是

$$\Delta v_{\mathrm{n}}^{(2)} = \frac{\sqrt{\mu a(1-e^2)}}{a(1+e)}\delta i = \sqrt{\frac{\mu(1+e)}{a(1-e)}}\delta i = -15.95 \text{ m/s} \tag{4.52}$$

以上 $\Delta v_{\mathrm{n}}^{(2)}$ 为负值说明速度增量沿法向的负方向施加。

4.3 轨道改变

4.3.1 轨道改变基本方法

轨道改变是在轨道上某点施加一次较大冲量改变轨道的速度,使得航天器由初轨道进入终轨道,如图 4.2 所示。冲量施加点也称为变轨点,它是初、终轨道的交(切)点,记为 C 点。一次冲量有 3 个自由度(其中 1 个是大小,2 个是方向),因此当变轨点确定后,一次轨道改变最多能使 3 个轨道根数等于期望值。当然,其他轨道根数也会随之改变,只是它们的值由约束方程确定,不能自由选择而已。

由于轨道改变前后轨道根数变化显著,因而在轨道改变问题的求解中,无法再像轨道调整时那样利用小偏差线性化假设得到简化的方程,而是必须采用一般的轨道动力学模型加以研究。

轨道改变问题一般描述为:设初轨道的轨道根数 $\boldsymbol{\sigma}_1=(a_1,e_1,i_1,\Omega_1,\omega_1,\tau_1)$ 为已知量,变轨点位置也事先给定,于是初轨道在变轨点的真近地点角 f_1、纬度幅角 u_1、地心距 r_1、速度大小 v_1 和速度倾角 Θ_1 也是已知的;然后根据轨道机动任务要求指定终轨道的轨道根数 $\boldsymbol{\sigma}_2=(a_2,e_2,i_2,\Omega_2,\omega_2,\tau_2)$ 中的 1~3 个为期望值,也就是待设计的参数;所要求解的就是轨道改变的速度增量 $\Delta\boldsymbol{v}$[可用$(\Delta v_r,\Delta v_c,\Delta v_n)$或$(\Delta v,\varphi,\psi)$来表示]。

直接由 $\boldsymbol{\sigma}_1$、$\boldsymbol{\sigma}_2$ 求 $\Delta\boldsymbol{v}$ 并不容易,但可以将此问题分解成两步:①由 $\boldsymbol{\sigma}_1$、$\boldsymbol{\sigma}_2$ 求得 v_2、Θ_2、ξ;②由 v_2、σ_2、ξ 求 $\Delta\boldsymbol{v}$。其中,v_2、Θ_2 分别为终轨道在变轨点的速度大小和速度倾角,ξ 为初、终轨道面的夹角,称为非共面角,规定从初轨道面起,绕变轨点的 C 轴逆时针旋转为正,如图 4.8 所示。图中 $C\text{-}xy_1$、$C\text{-}xy_2$ 分别表示初、终轨道在交点 C 处的轨道面。

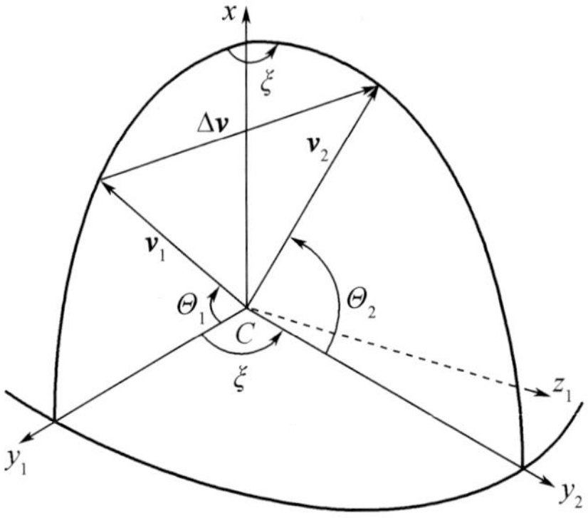

图 4.8 由几何关系求速度增量

轨道改变问题的第 2 步可由几何关系计算,如图 4.8 所示,将 $\Delta\boldsymbol{v}=\boldsymbol{v}_2-\boldsymbol{v}_1$ 向初轨道的轨道坐标系 $C\text{-}xy_1z_1$ 投影,可求得 $C\text{-}xy_1z_1$ 坐标系下由 v_1、Θ_1、v_2、Θ_2、ξ 这五个参数表示的:

$$\begin{cases}\Delta v_r=v_2\sin\Theta_2-v_1\sin\Theta_1\\\Delta v_c=v_2\cos\Theta_2\cos\xi-v_1\cos\Theta_1\\\Delta v_n=v_2\cos\Theta_2\sin\xi\end{cases}\tag{4.53}$$

据此求得了 Δv_r、Δv_c、Δv_n，那么 $\Delta \boldsymbol{v}$ 的大小 Δv 和方位角 φ、ψ 可由式(4.16)得出。

现在轨道改变问题的关键在于第①步，即怎样由 $\boldsymbol{\sigma}_1$、$\boldsymbol{\sigma}_2$ 求得 v_2、Θ_2、ξ，对此分为共面轨道改变、轨道面改变和一般异面轨道改变这三种情形进行讨论。

4.3.2　共面轨道改变

4.3.2.1　共面轨道改变问题

若轨道改变前后轨道面的空间方位不发生变化，则称之为共面轨道改变。根据定义，初、终轨道有相同的轨道倾角和升交点赤经，且非共面角等于 0，即

$$i_2 = i_1,\quad \Omega_2 = \Omega_1,\quad \xi = 0 \tag{4.54}$$

再根据脉冲推力假设，轨道改变前后航天器的位置矢量 $\boldsymbol{r}$ 不发生变化，这在轨道面内就对应着地心距和纬度幅角不发生改变，即有

$$r_2 = r_1 = r,\quad u_1 = u_2 = u \tag{4.55}$$

共面轨道改变前后可能发生变化的是面内轨道根数，因而可以把终轨道的面内轨道根数 $(a_2,e_2,\omega_2,\tau_2)$ 作为待设计的参数。实际上当轨道面内的变轨点（即地心距 $\boldsymbol{r}$ 和纬度幅角 u）确定后，$(a_2,e_2,\omega_2,\tau_2)$ 这 4 个参数只有 2 个可自由设计。而且 $(a_2,e_2,\omega_2,\tau_2)$ 可以由终轨道在该点的 2 个面内速度参数（速度大小 v_2 和速度倾角 Θ_2）来确定，因此 v_2、Θ_2 可看作共面轨道改变的设计参数。

4.3.2.2　面内速度参数与面内轨道参数的关系

下面推导面内速度参数 v、Θ 与面内轨道参数 a、e、ω、τ 的关系。轨道面内的运动参数如图 4.9 所示，图中地心距 r 和纬度幅角 u 为已知量。

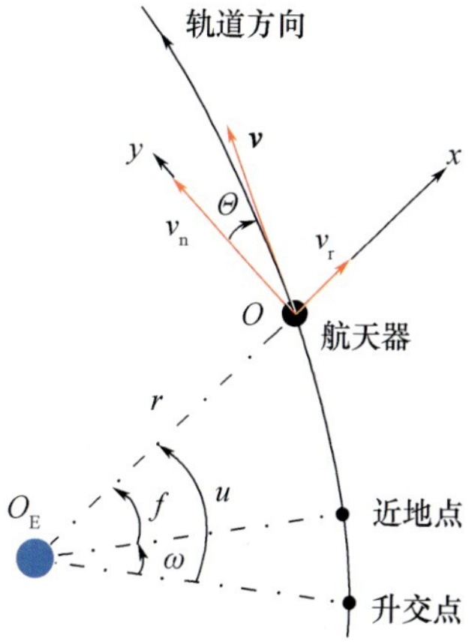

图 4.9　轨道面内的运动参数

根据二体轨道理论，a、e、ω、τ 可由 r、u、v、Θ 表示为

$$\begin{cases} \gamma = \dfrac{rv^2}{\mu} \\ a = \dfrac{r}{2-\gamma} \\ e = \sqrt{1+\gamma(\gamma-2)\cos^2\theta} \\ f = \operatorname{atan}2(\gamma\sin\theta\cos\theta, \gamma\cos^2\theta - 1) \\ \omega = u - f \\ \tan\dfrac{E}{2} = \sqrt{\dfrac{1-e}{1+e}}\tan\dfrac{f}{2} \\ \tau = t - \sqrt{\dfrac{a^3}{\mu}}(E - e\sin E) \end{cases} \tag{4.56}$$

对于式(4.56)，若 r 和 u 为已知量，则 $(a,e,\omega,\tau,v,\Theta)$ 这 6 个参数中任意给定 2 个，都可以求出其余 4 个。

在共面轨道改变问题中，往往根据任务需要给定 $(a_2,e_2,\omega_2,\tau_2)$ 中的任意 2 个参数，然后依据式(4.56)求解得到设计参数 v_2、Θ_2。

若任务指定的参数为(a_2,e_2)，则此类共面轨道改变问题可类比上一节的半长轴和偏心率的调整。

4.3.2.3 速度增量求解

共面轨道改变问题中，非共面角 $\xi=0$，于是根据式(4.53)可知速度增量 $\Delta\boldsymbol{v}$ 在初轨道的法向分量等于0，径向和周向的分量为

$$\begin{cases}\Delta v_r = v_2\sin\Theta_2 - v_1\sin\Theta_1\\ \Delta v_c = v_2\cos\Theta_2 - v_1\cos\Theta_1\end{cases} \tag{4.57}$$

还可以如图4.10所示在轨道面内描述共面轨道改变的速度增量，这样由几何关系也同样能推导出速度增量在径向和周向的表达式(4.57)。

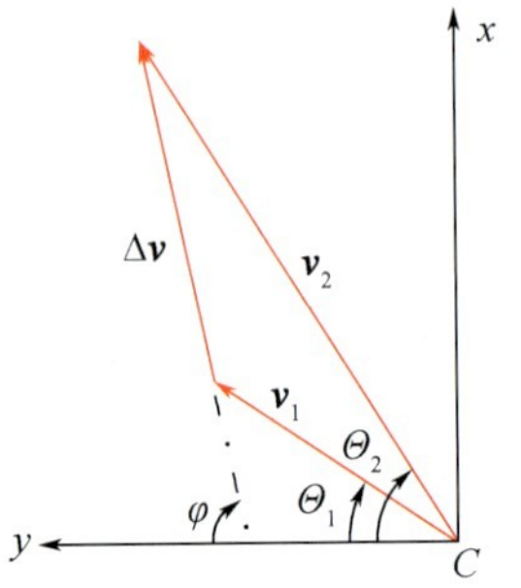

图 4.10 轨道面内的运动参数

4.3.2.4 改变半长轴的能量最优解

前面讨论的共面轨道改变问题中，从终轨道的面内轨道根数$(a_2,e_2,\omega_2,\tau_2)$中指定了2个为期望值，从而能得到唯一解。但是如果$(a_2,e_2,\omega_2,\tau_2)$中只给定了1个期望值，那么轨道改变的速度增量 $\Delta\boldsymbol{v}$ 将有无穷多个解，这时可以寻找能量最优的解。下面讨论一种情况：只指定终轨道的半长轴 a_2 的共面轨道改变问题。

半长轴 a 与轨道机械能 ε 一一对应且成正相关：

$$\varepsilon = -\frac{\mu}{2a} \tag{4.58}$$

于是初、终轨道的机械能 ε_1、ε_2 都能唯一确定。而根据轨道机械能的定义又有：

$$\varepsilon_1 = \frac{v_1^2}{2} - \frac{\mu}{r_1},\quad \varepsilon_2 = \frac{v_2^2}{2} - \frac{\mu}{r_2} = \frac{v_2^2}{2} - \frac{\mu}{r_1} \tag{4.59}$$

于是轨道改变前后的轨道机械能变化为

$$\Delta\varepsilon = \varepsilon_2 - \varepsilon_1 = \frac{v_2^2 - v_1^2}{2} = \frac{\|\boldsymbol{v}_1 + \Delta\boldsymbol{v}\|^2 - \|\boldsymbol{v}_1\|^2}{2} = \boldsymbol{v}_1\cdot\Delta\boldsymbol{v} + \frac{1}{2}\Delta v^2 \tag{4.60}$$

由式(4.60)可见，为使轨道机械能改变的效率最高，应使 $\Delta\boldsymbol{v}$ 与 $\boldsymbol{v}_1$ 共线。而式(4.60)中 $\Delta\varepsilon$、$\boldsymbol{v}_1$ 都是确定值，因此只有当 $\Delta\boldsymbol{v}$ 与 $\boldsymbol{v}_1$ 共线，即速度增量沿切向施加时，所需的速度增量大小 Δv 才取最小值，且有

$$\Delta v = \sqrt{v_1^2 + 2\Delta\varepsilon} - v_1 = \sqrt{v_1^2 + \frac{\mu}{a_1} - \frac{\mu}{a_2}} - v_1 \tag{4.61}$$

更进一步，假如变轨点位置还可以选择，则可以寻找能量最优的变轨点。由式(4.60)可见，变轨点的速度大小 v_1 越大，则轨道机械能改变的效率越高，因此在近地点沿切向(此时等同于周向)施加速度增量是改变轨道机械能 ε(或半长轴 a，或轨道周期 T)能量最优的方法。

以上这些结论与上节轨道周期调整所得到的结论是一致的。

例题 4.5 已知初轨道1为 $r_1=6\,750$ km 的圆轨道。轨道改变分两种情况：(1)终轨道2为抛物线，近地点地心距 $r_{2p}=r_1$；(2)终轨道2为近地点地心距 $r_{2p}=r_1$，远地点地心距 $r_{2a}=384\,400$ km(地月平均距离)的椭圆轨道。分别求航天器在两种情况下轨道改变所需的速度增

量的大小 Δv 和俯仰角 φ。

解：已知初轨道 1 有 $a_1=r_1$、$e_1=0$，在变轨点处有 $\Theta_1=0°$、$v_1=\sqrt{\frac{\mu}{r_1}}$。

情况(1)：

终轨道 2 在变轨点处有

$$r_2=r_{2p}=r_1, \Theta_2=0° \tag{4.62}$$

对于抛物线轨道，有

$$a_2=+\infty \tag{4.63}$$

由活力公式

$$v^2=\mu\left(\frac{2}{r}-\frac{1}{a}\right) \tag{4.64}$$

可知

$$v_2=\sqrt{\frac{2\mu}{r_2}}=\sqrt{\frac{2\mu}{r_1}}=\sqrt{2}v_1 \tag{4.65}$$

于是

$$\begin{cases}\Delta v_{\mathrm{r}}=v_2\sin\Theta_2-v_1\sin\Theta_1=0\\ \Delta v_{\mathrm{c}}=v_2\cos\Theta_2-v_1\cos\Theta_1=v_2-v_1\end{cases} \tag{4.66}$$

因此速度增量的大小为

$$\begin{aligned}\Delta v&=\sqrt{\Delta v_{\mathrm{r}}^2+\Delta v_{\mathrm{c}}^2}=v_2-v_1=(\sqrt{2}-1)v_1\\ &=(\sqrt{2}-1)\sqrt{\frac{\mu}{r_1}}=3.23\ \mathrm{km/s}\end{aligned} \tag{4.67}$$

速度增量的俯仰角为

$$\varphi=\operatorname{atan}2(\Delta v_{\mathrm{r}},\Delta v_{\mathrm{c}})=0 \tag{4.68}$$

情况(2)：

终轨道 2 在变轨点处有

$$r_2=r_{2p}=r_1, \Theta_2=0° \tag{4.69}$$

另外

$$a_2=\frac{r_{2a}+r_{2p}}{2}=\frac{r_{2a}+r_1}{2} \tag{4.70}$$

由活力公式

$$v^2=\mu\left(\frac{2}{r}-\frac{1}{a}\right) \tag{4.71}$$

可知

$$v_2=\sqrt{\mu\left(\frac{2}{r_2}-\frac{1}{a_2}\right)}=\sqrt{\mu\left(\frac{2}{r_1}-\frac{2}{r_{2a}+r_1}\right)}=\sqrt{\frac{2\mu r_{2a}}{r_1(r_{2a}+r_1)}} \tag{4.72}$$

于是

$$\begin{cases}\Delta v_{\mathrm{r}}=v_2\sin\Theta_2-v_1\sin\Theta_1=0\\ \Delta v_{\mathrm{c}}=v_2\cos\Theta_2-v_1\cos\Theta_1=v_2-v_1\end{cases} \tag{4.73}$$

因此速度增量的大小为

$$\Delta v=\sqrt{\Delta v_{\mathrm{r}}^{2}+\Delta v_{\mathrm{c}}^{2}}=v_{2}-v_{1}=(\sqrt{2}-1)v_{1}=(\sqrt{2}-1)\sqrt{\frac{\mu}{r_{1}}}=3.23\ \mathrm{km/s} \tag{4.74}$$

速度增量的俯仰角为

$$\varphi=\operatorname{atan}2(\Delta v_{\mathrm{r}},\Delta v_{\mathrm{c}}) \tag{4.75}$$

从情况(1)可以看出,对于任意圆轨道上的航天器,若要从该轨道加速至逃逸速度(达到抛物线轨道),则需达到初始圆轨道速度的 $\sqrt{2}$ 倍,也就是要施加原有速度 $\sqrt{2}-1$ 倍的速度增量。对比情况(1)和(2)可以看出,从地球轨道飞向月球所需的速度增量,基本等于逃逸地球引力场所需的速度增量。

例题 4.6 已知初轨道 1 的半长轴和偏心率为 $a_1=3a_{\mathrm{E}}, e_1=0.5$;终轨道 2 的半长轴和偏心率为 $a_2=4a_{\mathrm{E}}, e_2=0.5$,且两轨道共面。要求航天器在轨道 1 的远地点实施变轨进入轨道 2,求所需的速度增量的大小 Δv 和俯仰角 φ。

解:初轨道在变轨点(远地点)处有

$$\Theta_1=0° \tag{4.76}$$

$$r_1=r_{1a}=a_1(1+e_1)=4.5a_{\mathrm{E}} \tag{4.77}$$

$$\gamma_1=2-\frac{r_1}{a_1}=2-1.5=0.5 \tag{4.78}$$

$$v_1=\sqrt{\frac{\gamma_1\mu}{r_1}}=\sqrt{\frac{0.5\mu}{4.5a_{\mathrm{E}}}}=2.64\ \mathrm{km/s} \tag{4.79}$$

终轨道在变轨点处有

$$r_2=r_1=4.5a_{\mathrm{E}} \tag{4.80}$$

$$\gamma_2=2-\frac{r_2}{a_2}=2-\frac{4.5a_{\mathrm{E}}}{4a_{\mathrm{E}}}=\frac{7}{8} \tag{4.81}$$

$$v_2=\sqrt{\frac{\gamma_2\mu}{r_2}}=\sqrt{\frac{7\mu}{36a_{\mathrm{E}}}}=3.49\ \mathrm{km/s} \tag{4.82}$$

由 $e=\sqrt{1+\gamma(\gamma-2)\cos^2\Theta}$ 可得

$$\cos\Theta_2=\pm\sqrt{\frac{1-e_2^2}{\gamma_2(2-\gamma_2)}}=\pm\sqrt{\frac{16}{21}} \tag{4.83}$$

由式(4.83)可求得 Θ_2 的四个解,分别记为

$$\Theta_2^{(1)}=29.21° \tag{4.84}$$

$$\Theta_2^{(2)}=-29.21° \tag{4.85}$$

$$\Theta_2^{(3)}=150.79° \tag{4.86}$$

$$\Theta_2^{(4)}=-150.79° \tag{4.87}$$

式中,$\Theta_2^{(3)}$ 和 $\Theta_2^{(4)}$ 这两个解对应于卫星沿轨道 2 的运动方向与沿轨道 1 的运动方向相反,此时变轨所需速度增量极大,故不可取。对应于 $\Theta_2^{(1)}$ 与 $\Theta_2^{(2)}$ 这两个解各有一条终轨道,因此,这是一个多解问题。

对于 $\Theta_2^{(1)}=29.21°$,有

$$\begin{cases}\Delta v_r = v_2\sin\Theta_2 - v_1\sin\Theta_1 = v_2\sin\Theta_2 \\ \Delta v_c = v_2\cos\Theta_2 - v_1\cos\Theta_1 = v_2\cos\Theta_2 - v_1\end{cases} \tag{4.88}$$

因此速度增量的大小为

$$\Delta v^{(1)} = \sqrt{\Delta v_r^2 + \Delta v_c^2} = \sqrt{\Delta v_1^2 + \Delta v_2^2 - 2v_1v_2\cos\Theta_2} = 1.75\ \text{km/s} \tag{4.89}$$

速度增量的俯仰角为

$$\varphi^{(1)} = \text{atan }2(\Delta v_r, \Delta v_c) = \text{atan }2(v_2\sin\Theta_2, v_2\cos\Theta_2 - v_1) = 76.52° \tag{4.90}$$

对于 $\Theta_2^{(2)} = -29.21°$，同样方法求得 $\Delta v^{(2)} = 1.75\ \text{km/s}$、$\varphi^2 = -76.52°$。

对于 $\Theta_2^{(1)}$ 与 $\Theta_2^{(2)}$ 这两个解，可以根据 $f = \text{atan }2(\gamma\sin\Theta\cos\Theta, \gamma\cos^2\Theta - 1)$ 分别求得轨道 2 在变轨点的真近地点角 $f_2^1 = 131.81°$、$f_2^2 = 228.19°$，而轨道 1 在变轨点的真近地点角为 $f_1 = 180°$。它们表明，终轨道 2 的拱线相对于初轨道 1 的拱线有 ±48.19° 的漂移，图 4.11 中画出了这两条终轨道。

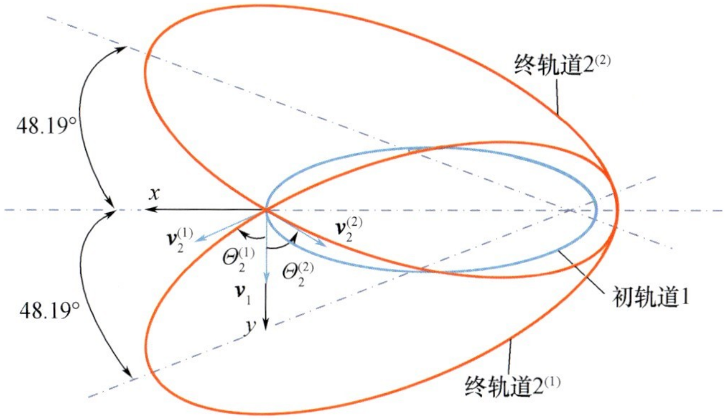

图 4.11　拱线漂移的共面轨道改变

4.3.3　轨道面改变

4.3.3.1　轨道面改变问题

若轨道改变前后只有轨道面的空间方位发生变化，而轨道面内的参数并不改变，则称之为轨道面改变。根据定义，轨道面改变前后，轨道倾角 i 和升交点赤经 Ω 可能会发生变化；由于轨道面内的参数是由面内速度参数决定，所以初、终轨道应有相同的面内速度参数，即

$$v_2 = v_1 = v,\ \Theta_2 = \Theta_1 = \Theta \tag{4.91}$$

由方程(4.56)可知初、终轨道的如下参数相等：

$$a_1 = a_2, e_1 = e_2, \tau_1 = \tau_2, f_1 = f_2 \tag{4.92}$$

再根据脉冲推力假设，初、终轨道应有相同的地心距，即

$$r_2 = r_1 = r \tag{4.93}$$

值得注意的是，由于轨道面改变时也改变了升交点的位置，使得初、终轨道的纬度幅角 u 并不相等，受此影响，近地点幅角 $\omega = u - f$ 在轨道面改变前后也要发生变化。

综上，轨道面改变前后可能发生变化的轨道根数是轨道倾角、升交点赤经和近地点幅角，

因而可以把终轨道的 i_2、Ω_2 和 ω_2 作为待设计的参数。实际上当变轨点确定后，i_2、Ω_2 和 ω_2 这三个参数并不完全独立，它们可以由非共面角 ξ 来确定，因此 ξ 可看作轨道面改变的设计参数。

4.3.3.2　非共面角与轨道参数的关系

下面推导非共面角 ξ 与终轨道的轨道根数 i_2、Ω_2 和 ω_2 的关系。在图 4.12 所示的地心天球中，C 为初、终轨道的交点，N_1、N_2 分别为初、终轨道的升交点，初轨道的升交点赤经 Ω_1、轨道倾角 i_1 和纬度幅角 u_1 为已知量。令

$$\Delta\Omega = \Omega_2 - \Omega_1, \Delta i = i_2 - i_1 \tag{4.94}$$

由于 $f_1 = f_2$，所以

$$\Delta\omega = \omega_2 - \omega_1 = u_2 - u_1 - (f_2 - f_1) = u_2 - u_1 \tag{4.95}$$

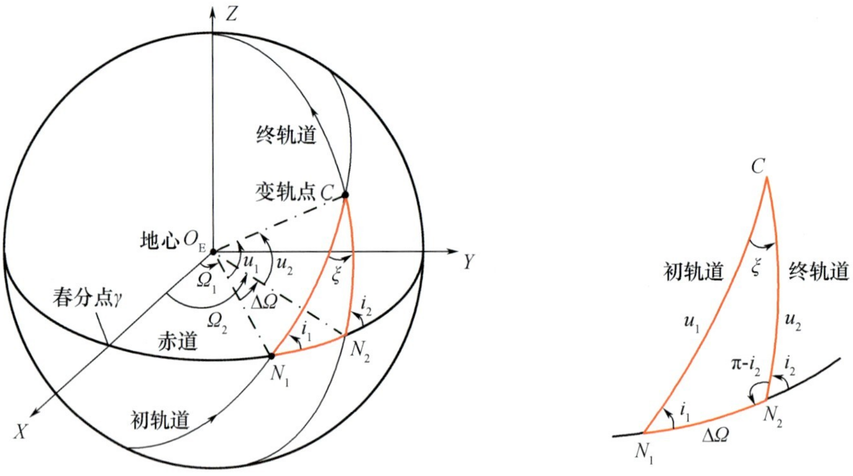

(a)地心天球中的球面三角关系　　(b)球面三角形

图 4.12　非共面角与轨道参数的关系

在图 4.12 中，赤道、初轨道、终轨道这三者围成一个球面三角形，根据球面三角形余弦定理，有

$$\cos(\pi - i_2) = -\cos i_1 \cos\xi + \sin i_1 \sin\xi \cos u_1 \tag{4.96}$$

根据球面三角形正弦定理，有

$$\frac{\sin\Delta\Omega}{\sin\xi} = \frac{\sin u_2}{\sin i_1} = \frac{\sin u_1}{\sin(\pi - i_2)} \tag{4.97}$$

综上，可以推导出以 ξ 作为变量的 i_2、Ω_2 和 ω_2 的表达式：

$$\begin{cases} \cos i_2 = \cos i_1 \cos\xi - \sin i_1 \sin\xi \cos u_1 \\ \sin\Delta\Omega = \sin u_1 \dfrac{\sin\xi}{\sin i_2} \\ \Delta\omega = \arcsin\dfrac{\sin i_1 \sin u_1}{\sin u_2} - u_1 \end{cases} \tag{4.98}$$

在轨道面改变问题中,往往根据任务需要给定 i_2、Ω_2 和 ω_2 中的任意 1 个参数,然后依据式(4.98)找到与之对应的代数方程,求解方程即可得到设计参数 ξ。

由式(4.98)可知,若轨道面改变时 $u_1=0$ 或 $u_1=\pi$(即航天器位于升交点或降交点),则变轨时将只改变轨道倾角 i 而不会引起升交点赤经 Ω 和近地点幅角 ω 的变化,即 $\Delta\Omega=0$、$\Delta\omega=0$,而且当 $u_1=0$ 时 $\Delta i=\xi$,当 $u_1=\pi$ 时 $\Delta i=-\xi$。

若 ξ 为小量,近似认为 $\cos\xi=1$,$\sin\xi=1$,则当变轨点选在 $u_1=\pi/2$ 或 $u_1=3\pi/2$ 时,有 $\Delta i=0$,$\Delta\omega=0$,也就是此时变轨将只改变升交点赤经 Ω 而不会引起轨道倾角 i 和 ω 近地点幅角的变化。当 ξ 使 Ω 的变化亦为小量时,近似认为 $\sin\Delta\Omega=\Delta\Omega$,则有当 $u_1=\pi/2$ 时 $\Delta\Omega=\xi/\sin i_1$,当 $u_1=3\pi/2$ 时 $\Delta\Omega=-\xi/\sin i_1$。以上这些结论与上节轨道面调整中得到的结论是一致的。

4.3.3.3　速度增量求解

轨道面改变问题中,$v_2=v_1=v$、$\Theta_1=\Theta_2=\Theta$,于是根据式(4.53)可知速度增量 $\Delta\boldsymbol{v}$ 在初轨道的径向、周向和法向的分量为

$$\begin{cases}\Delta v_{\mathrm{r}}=0\\ \Delta v_{\mathrm{c}}=v\cos\Theta(\cos\zeta-1)=-2v\cos\Theta\sin^2\dfrac{\zeta}{2}\end{cases}\tag{4.99}$$

实际上,式(4.99)同样可以依据几何关系求解。如图 4.13 所示,速度矢量 v_1、v_2 分别位于轨道面 $C-xy_1$、$C-xy_2$,且满足 $v_2=v_1=v$,$\Theta_1=\Theta_2=\Theta$,$C-y_1z_1$ 为当地水平面坐标系,Cy_2 轴也位于该水平面内。将 $\boldsymbol{v}_1$、$\boldsymbol{v}_2$ 的矢端投影到水平面 $C-y_1z_1$,垂足分别为 D_1 和 D_2,在三角形 CD_1D_2 中,有

$$\angle DC_1D_2=\xi,\overline{CD_1}=\overline{CD_2}=v\cos\Theta,\overline{D_1D_2}=\Delta v\tag{4.100}$$

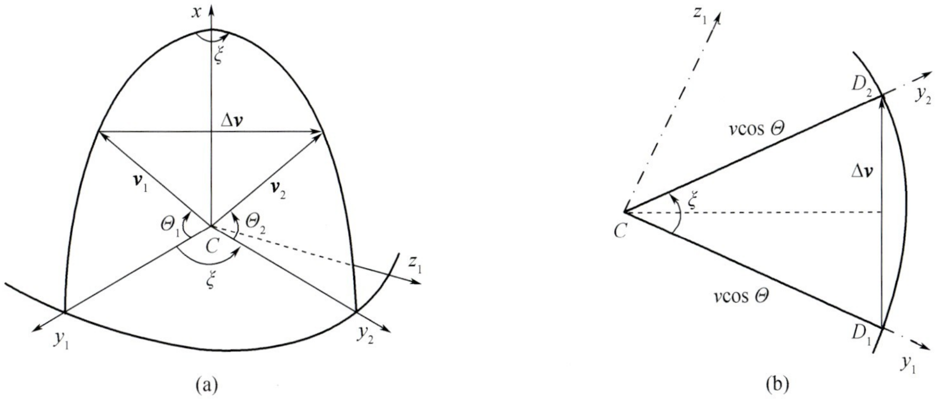

图 4.13　轨道面改变的速度增量

于是由几何关系可以求得 $\Delta\boldsymbol{v}$ 在径向、周向和法向的表达式,且与式(4.99)一致。

结合式(4.16),还可进一步求得速度增量 $\Delta\boldsymbol{v}$ 的大小 Δv、俯仰角 φ 和偏航角 ψ:

$$\begin{cases} \Delta v = 2v\cos\Theta\left|\sin\dfrac{\xi}{2}\right| \\ \varphi = 0 \\ \psi = \begin{cases} \dfrac{\pi}{2}+\dfrac{\xi}{2}, & \xi > 0 \\ -\dfrac{\pi}{2}-\dfrac{\xi}{2}, & \xi < 0 \end{cases} \end{cases} \tag{4.101}$$

由式(4.101)第一式可知,轨道面改变需要的速度增量大小 Δv 与变轨点的速度大小 v 成正比,而航天器在轨运行的速度高达数千米每秒,因此轨道面改变所需的速度增量和推进剂消耗量也都很大。图 4.14 给出了三种高度的圆轨道在进行轨道面改变时,所需的速度增量和推进剂消耗量百分比随非共面角的变化曲线,计算时有效排气速度 $u_e = 3$ km/s。可见,200 km 高度圆轨道的轨道面改变 5°约需要 679 m/s 的速度增量,同步轨道高度约需要 268 m/s 的速度增量。若在同步轨道高度改变轨道面 30°,消耗的推进剂质量约占总质量的 41%,200 km 高度的比例要达到约 74%,因此工程任务中尽量不进行轨道面改变,若必须改变轨道面,也尽量在较高轨道进行改变。

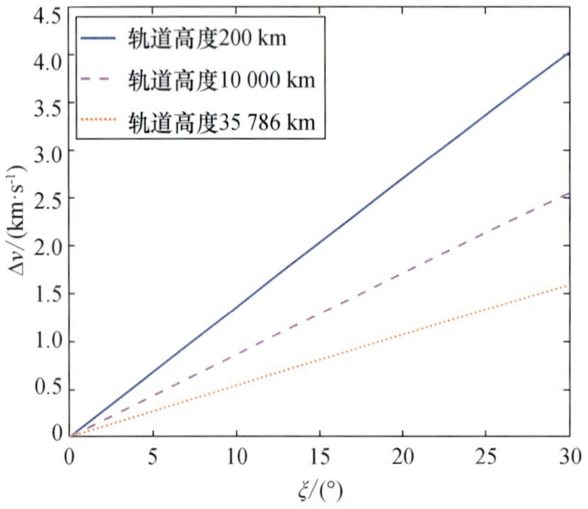

(a)速度增量

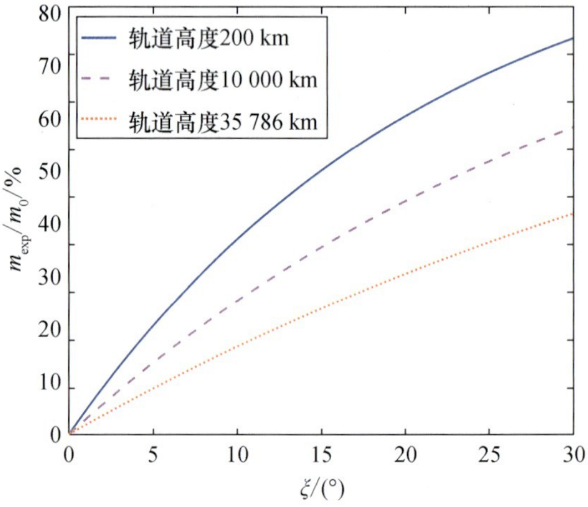

(b)推进剂消耗量百分比

图 4.14 轨道面改变所需的速度增量和推进剂消耗量

例题 4.7 航天器初始位于圆轨道,地心距 $r = 6\ 800$ km,轨道倾角 $i = 30°$,要求航天器通过轨道面改变将轨道倾角提升到 $i = 60°$ 且不改变升交点赤经,求变轨点的位置、速度增量的大小及方向。

解:通过轨道面改变将航天器的轨道倾角提升且不改变升交点赤经,则变轨点位置在轨道升交点或降交点,此时纬度幅角 u 为

$$u = 0, u = \pi \tag{4.102}$$

对于圆轨道,速度倾角 Θ 始终为 0°,即

$$\Theta = 0° \tag{4.103}$$

圆轨道的速度大小 v 为

$$v = \sqrt{\frac{u}{r}} \tag{4.104}$$

（1）$u=0$ 时，航天器位于升交点，轨道改变的非共面角 ξ 为

$$\xi = \Delta i = 30° \tag{4.105}$$

于是速度增量的大小为

$$\Delta v = 2v\cos\Theta\left|\sin\frac{\xi}{2}\right| = 2\sqrt{\frac{\mu}{r}}\sin 15° = 3.963\ 2\ \mathrm{km/s} \tag{4.106}$$

速度增量的方向中，俯仰角 φ、偏航角 ψ 分别为

$$\begin{cases}\varphi = 0° \\ \psi = \dfrac{\pi}{2} + \dfrac{\xi}{2} = 105°\end{cases} \tag{4.107}$$

（2）$u=\pi$ 时，航天器位于降交点，轨道改变的非共面角 ξ 为

$$\xi = -\Delta i = -30° \tag{4.108}$$

于是速度增量的大小为

$$\Delta v = 2v\cos\Theta\left|\sin\frac{\xi}{2}\right| = 2\sqrt{\frac{\mu}{r}}\sin 15° = 3.963\ 2\ \mathrm{km/s} \tag{4.109}$$

速度增量的方向中，俯仰角 φ、偏航角 ψ 分别为

$$\begin{cases}\varphi = 0° \\ \psi = \dfrac{\pi}{2} + \dfrac{\xi}{2} = 105°\end{cases} \tag{4.110}$$

4.3.3.4　三冲量轨道面改变

由图 4.14 可知，轨道高度越高，改变轨道面越容易，因此在某些情况下，可以通过三次冲量变轨的方式改变轨道面，以节省推进剂。三冲量轨道面改变的过程如图 4.15 所示，先经过一次共面轨道改变，使初始圆轨道 C_1 变成椭圆轨道 E_1；在椭圆轨道 E_1 的远地点实施一次轨道面改变，改变量等于要求的非共面角 ξ，轨道变成椭圆轨道 E_2；在 E_2 的近地点再实施一次共面轨道改变，使轨道变成半径与 C_1 相同的圆轨道 C_2。

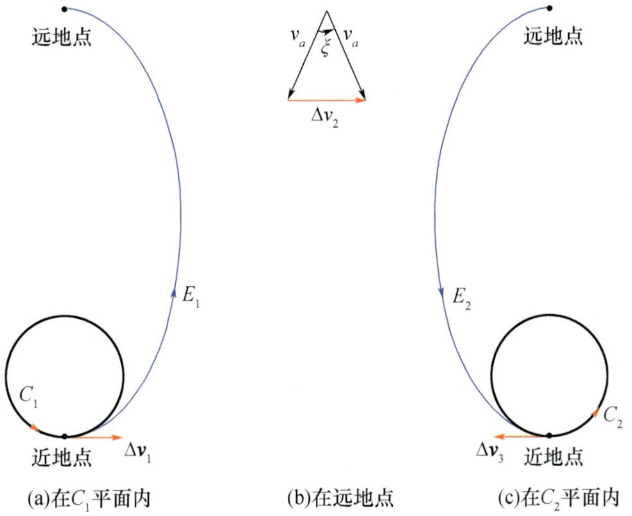

图 4.15　三冲量轨道面改变

设圆轨道 C_1 的半径为 R_c，椭圆轨道的近地点和远地点的地心距分别为 r_p 和 r_a，易知 $r_p = r_c$，三次轨道改变及总的特征速度为

$$\begin{cases}\Delta v_1 = \Delta v_3 = v_p - v_c, \Delta v_2 = 2v_a \sin\left(\dfrac{\xi}{2}\right) \\ v_{ch} = \Delta v_1 + \Delta v_2 + \Delta v_3\end{cases} \tag{4.111}$$

式中

$$v_c = \sqrt{\frac{\mu}{r_c}}, v_p = \sqrt{\frac{2\mu r_a}{r_c(r_c + r_a)}}, v_a = \sqrt{\frac{2\mu r_c}{r_a(r_c + r_a)}} \tag{4.112}$$

将式(4.112)代入式(4.111)，并令 $\alpha = r_a/r_c(\alpha > 1)$，可得到三冲量轨道面改变的无量纲特征速度为

$$\frac{v_{ch}}{v_c} = \frac{1}{v_c}(|\Delta v_1| + |\Delta v_2| + |\Delta v_3|) = 2\left[\sqrt{\frac{2\alpha}{\alpha + 1}} - 1 + \sqrt{\frac{2\alpha}{\alpha(\alpha + 1)}}\sin\frac{\xi}{2}\right] \tag{4.113}$$

值得注意的是，若令 $\alpha = 1$，则式(4.113)即可表示单冲量轨道面改变的特征速度。下面基于式(4.113)对比单冲量与三冲量轨道面改变的特征速度。

将式(4.113)对 α 求偏导数得到：

$$\frac{\partial(v_{ch}/v_c)}{\partial\alpha} = \frac{2}{\alpha(\alpha + 1)^2}\sqrt{\frac{\alpha + 1}{2\alpha}}\left[\alpha - (2\alpha + 1)\sin\frac{\xi}{2}\right] \tag{4.114}$$

下面基于式(4.114)分析特征速度在 $\alpha \geqslant 1$ 范围内的最小值。ξ 的不同取值会影响特征速度的变化规律，而且 $\sin(\xi/2) = 1/3$ 与 $\sin(\xi/2) = 1/2$，即 $\xi = 38.94°$ 与 $\xi = 60°$ 为两个临界点，如图 4.16 所示。

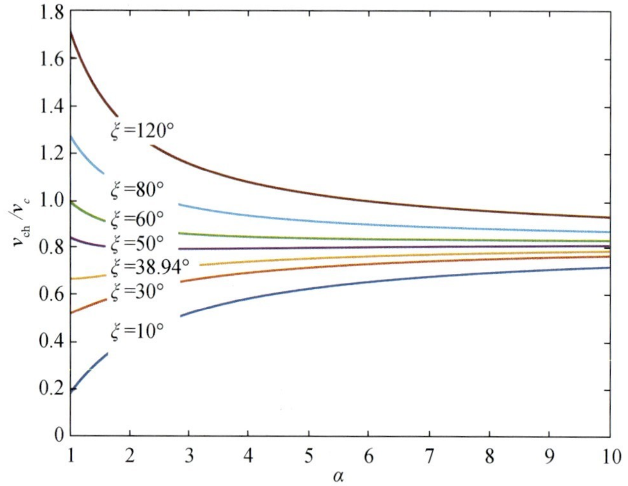

图 4.16　ξ 取不同值时特征速度随 α 的变化规律

(1) 当 $0° \leqslant \xi \leqslant 38.94°$ 时，特征速度随 α 单调递增，因此 $\alpha = 1$ 时特征速度最小，即此时单冲量轨道面改变更省能量。

(2) 当 $38.94° < \xi \leqslant 60°$ 时，特征速度随 α 先减小后增大，说明三冲量轨道面改变比单冲量更省能量，而且由 $\dfrac{\partial}{\partial\alpha}v_{ch}/v_c = 0$，可以求出特征速度取最小值时的 α 值：

$$\alpha^{*} = \frac{\sin(\zeta/2)}{1 - 2\sin(\zeta/2)} \tag{4.115}$$

将式(4.115)代入式(4.113),可得最小特征速度为

$$\left(\frac{v_{\mathrm{ch}}}{v_{\mathrm{c}}}\right)^{*} = 4\sqrt{2\sin\frac{\xi}{2}\left(1 - \sin\frac{\xi}{2}\right)} - 2 \tag{4.116}$$

(3) 当 $\xi \geqslant 60°$时,特征速度随 α 单调递减,说明三冲量轨道面改变比单冲量更省能量,而且 $\alpha = +\infty$ 时特征速度取最小值:

$$\left(\frac{v_{\mathrm{ch}}}{v_{\mathrm{c}}}\right)^{*} = 2(\sqrt{2} - 1) \tag{4.117}$$

综合以上三种情况,单冲量轨道面改变的特征速度与三冲量轨道面改变的最小特征速度的对比如图 4.17 所示。

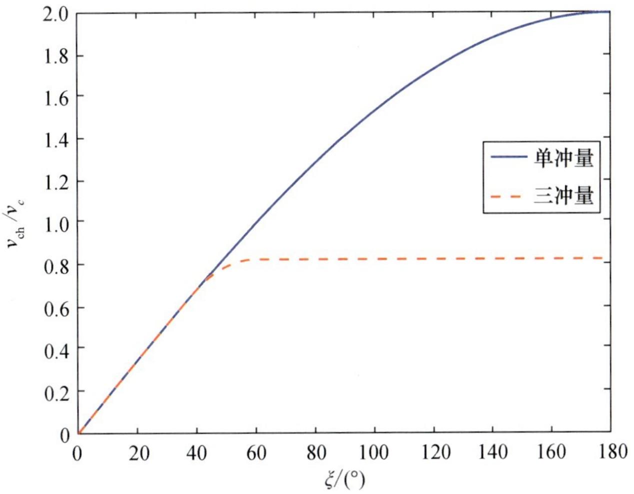

图 4.17　单冲量与三冲量轨道面改变的特征速度对比

4.3.4　一般异面轨道改变

4.3.4.1　一般异面轨道改变问题

若轨道改变前后轨道面的空间方位和轨道面内的参数都发生变化,则称之为一般异面轨道改变。根据定义,一般异面轨道改变前后,初、终轨道的所有轨道六要素(a,e,Ω,τ,v,i)都可能发生改变,而且在交点 C 处的 u、f、v、Θ 也都可能发生改变,确定不发生改变的只有交点 C 处的地心距,即 $r_2 = r_1 = r$。一般异面轨道改变问题中,($a_2,e_2,\omega_2,\tau_2,\Omega_2,i_2$)中的三个可作为待设计的参数,而 v_2、Θ_2、ξ 则为设计参数。

如图 4.18 所示,$\boldsymbol{v}_1$ 和 $\boldsymbol{v}_2$ 分别表示变轨前后的速度矢量,在终轨道面内作辅助矢量 $\boldsymbol{v}_2'$,使得

$$v_2' = v_1, \Theta_2' = \Theta_1 \tag{4.118}$$

则变轨需要的速度增量 $\Delta\boldsymbol{v}$ 可表示为

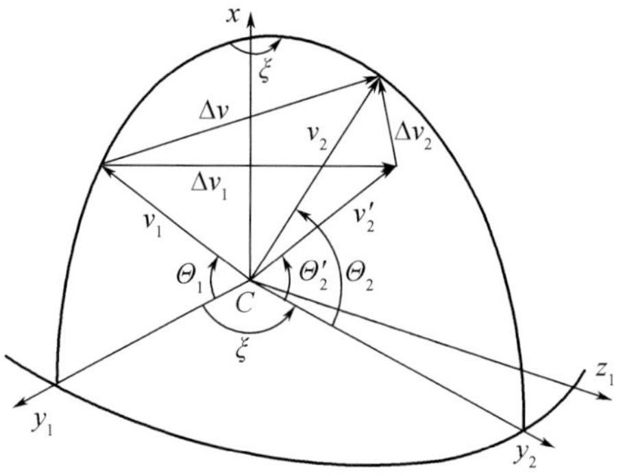

图 4.18　一般异面轨道改变的速度增量

$$\Delta \boldsymbol{v} = \boldsymbol{v}_2 - \boldsymbol{v}_1 = (\boldsymbol{v}_2' - \boldsymbol{v}_1) + (\boldsymbol{v}_2 - \boldsymbol{v}_2') = \Delta \boldsymbol{v}_1 + \Delta \boldsymbol{v}_2 \tag{4.119}$$

式中,$\Delta \boldsymbol{v}_1 = \boldsymbol{v}_2' - \boldsymbol{v}_1$ 为轨道面改变需要的速度增量, $\Delta \boldsymbol{v}_2 = \boldsymbol{v}_2 - \boldsymbol{v}_2'$ 为共面轨道改变需要的速度增量。于是,一般异面轨道改变可以看成是轨道面改变和共面轨道改变的综合。

4.3.4.2　设计参数与轨道参数的关系

若初轨道的轨道根数与变轨点都已确定,那么由设计参数 v_2、Θ_2、ξ 可以确定终轨道的轨道根数 $\boldsymbol{\sigma}_2 = (a_2, e_2, \omega_2, \tau_2, \Omega_2, i_2)$。首先对于由 $\Delta \boldsymbol{v}_1$ 引起的轨道面改变,已知了 ξ 则可由式(4.98)求解得到 i_2、Ω_2 以及 ω_2^*,然后对于由 $\Delta \boldsymbol{v}_2$ 引起的共面轨道改变,已知了 v_2、Θ_2 可由式(4.56)求解得到 a_2、e_2、ω_2、τ_2。值得注意的是近地点幅角 ω 同时受 $\Delta \boldsymbol{v}_1$ 的影响,ω_2^* 仅是轨道面改变后的值。

在一般异面轨道改变问题中,往往需要给定 $\boldsymbol{\sigma}_2 = (a_2, e_2, \omega_2, \tau_2, \Omega_2, i_2)$ 中的 3 个参数,然后依据式(4.56)、式(4.98)找到与之对应的代数方程,求解方程即可得到设计参数 v_2、Θ_2 和 ξ。值得注意的是,任务所指定的终轨道的 3 个参数中,$(a_2, e_2, i_2, \omega_2)$ 中至少需包含 2 个,$(i_2, \Omega_2, \omega_2)$ 中至少需包含 1 个。

4.3.4.3　速度增量求解

求得设计参数 v_2、Θ_2 和 ξ 后,可直接由式(4.53)得一般异面轨道改变问题的速度增量 $\Delta \boldsymbol{v}$ 在轨道坐标系的三轴分量,还可以进一步由式(4.16)求得速度增量的大小与方向。

如图 4.19 所示,在发射地球静止轨道卫星时,使卫星由轨道倾角不为零的大椭圆转移轨道(初轨道 1)进入赤道上空的地球静止轨道(终轨道 2)的变轨,就是一般异面轨道改变的例子,变轨施加的冲量既要改变轨道倾角,又要使轨道圆化。

例题 4.8　如图 4.19 所示,已知初轨道 1 为地球同步转移轨道,近地点地心距为 $r_{1p} =$ 6 570 km,远地点地心距为 $r_{1a} = 42\ 164$ km,拱线位于赤道面且近地点幅角为 $\omega_1 = 0°$,轨道倾角为 $i_1 = 45°$;终轨道 2 为地球静止轨道,半长轴和偏心率分别为 $a_2 = 42\ 164$ km、$i_2 = 0°$。要求在轨道 1 的远地点实施一次变轨进入轨道 2,求变轨所需的速度增量的大小与方向。

解:在变轨点处,初轨道的真近地点角为 $f_1 = 180°$,纬度幅角为

$$u_1 = \omega_1 + f_1 = 180° \tag{4.120}$$

由此可见变轨时航天器位于降交点,故轨道改变的非共面角 ξ 为

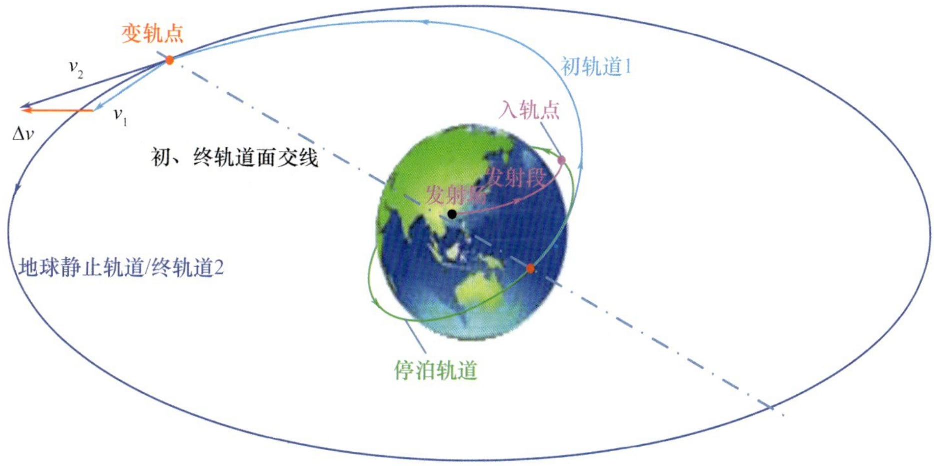

图 4.19　远地点变轨进入静止轨道

$$\xi = -\Delta i = -(i_2 - i_1) = 45° \tag{4.121}$$

初轨道在变轨点处有

$$\Theta_1 = 0° \tag{4.122}$$

$$a_1 = \frac{1}{2}(r_{1p} + r_{1a}) \tag{4.123}$$

$$r_1 = r_{1a} \tag{4.124}$$

由活力公式可知

$$v_1 = \sqrt{\mu\left(\frac{1}{r_1} - \frac{1}{a_1}\right)} = \sqrt{\frac{2\mu r_{1p}}{r_{1a}(r_{1p} + r_{1a})}} = 1.5965\ \text{km/s} \tag{4.125}$$

终轨道在变轨点处有

$$\Theta_2 = 0° \tag{4.126}$$

$$v_2 = \sqrt{\frac{\mu}{a_2}} = 3.0747\ \text{km/s} \tag{4.127}$$

于是,三个方向的速度增量为

$$\begin{cases} \Delta v_r = v_2 \sin\Theta_2 - v_1 \sin\Theta_1 = 0 \\ \Delta v_c = v_2 \cos\Theta_2 \cos\xi - v_1 \cos\Theta_1 = 0.5776\ \text{km/s} \\ \Delta v_n = v_2 \cos\Theta_2 \sin\xi = 2.1741\ \text{km/s} \end{cases} \tag{4.128}$$

速度增量的大小和方向为

$$\begin{cases} \Delta v = \sqrt{\Delta v_r^2 + \Delta v_c^2 + \Delta v_n^2} = 2.2495\ \text{km/s} \\ \varphi = \text{atan}\,2(\Delta v_r, \Delta v_c) = 0° \\ \psi = \text{atan}\,2(\Delta v_n, \cos\varphi, \Delta v_c) = 75.1224° \end{cases} \tag{4.129}$$

4.4 轨道转移

4.4.1 轨道转移基本方法

轨道转移是至少需要两次轨道改变才能由初轨道进入终轨道的机动过程,如图4.3所示。由于一次轨道改变能满足三个终轨道根数的要求,因此理论上两冲量的轨道转移能实现由初轨道到任意终轨道的过渡。从运动状态的角度理解,第一次冲量可以消除与终轨道的位置偏差,实现轨道拦截;第二次冲量可以消除与终轨道的速度偏差,实现轨道交会。

轨道转移问题求解的关键在于寻找转移轨道,转移轨道可以是一条轨道,也可以是由多条连续轨道组合而成。一旦确定了转移轨道,"初轨道—转移轨道—终轨道"之间每两条轨道的切换可以看作一次轨道改变,可以利用上节轨道改变理论来求解所需的速度增量,这样先后多次轨道改变就实现了轨道转移。

初轨道与终轨道之间的转移轨道往往可以有无穷多个解,可以以能量最省、时间最短等作为目标函数来寻找最优解。在实际飞行任务中,轨道转移还要考虑地面测控、导航测量、精度控制、光照条件等诸多因素,是一个非常复杂的过程。

4.4.2 共面圆轨道间的最优转移

共面圆轨道间的最优转移是一类最基本的轨道转移问题,在特定条件下能够推导出能量最优的解析解。下面分别介绍霍曼转移、双椭圆转移和调相机动三种轨道转移方式。

4.4.2.1 霍曼转移

1. 霍曼转移原理

对于半径不同的共面圆轨道之间,时间自由的两冲量轨道转移问题,德国学者霍曼(Hohmann)于1925年提出了能量最优的方式:转移轨道应是在远地点和近地点分别与外圆和内圆相切的双共切椭圆,这种转移方式称为霍曼转移。霍曼转移在理论和工程上都具有重要的价值,也是其他多种轨道转移方式的基础。

霍曼转移过程如图4.20所示,设以地心为中心的圆轨道 C_1 和 C_2 分别为航天器的初、终轨道,半径分别为 r_1、r_2,不妨设 $r_2>r_1$。航天器在初轨道任一位置沿切线正方向施加第一次速度增量 $\Delta \boldsymbol{v}_1$,使其进入椭圆转移轨道并恰好在远地点处与终轨道相切,在远地点处沿切线正方向施加第二次速度增量 $\Delta \boldsymbol{v}_2$,使航天器进入终轨道。

设 v_{C_1} 和 v_{C_2} 分别为初、终轨道的速度,v_{Ep} 和 v_{Ea} 分别为椭圆转移轨道近地点和远地点的速度,根据活力公式(3.24)可以得到:

$$v_{C_1} = \sqrt{\frac{\mu}{r_1}} \tag{4.130}$$

$$v_{C_2} = \sqrt{\frac{\mu}{r_2}} \tag{4.131}$$

$$v_{Ep} = \sqrt{\mu\left(\frac{2}{r_1} - \frac{1}{a_{\mathrm{tr}}}\right)} = \sqrt{\frac{2\mu r_2}{r_1(r_1 + r_2)}} \tag{4.132}$$

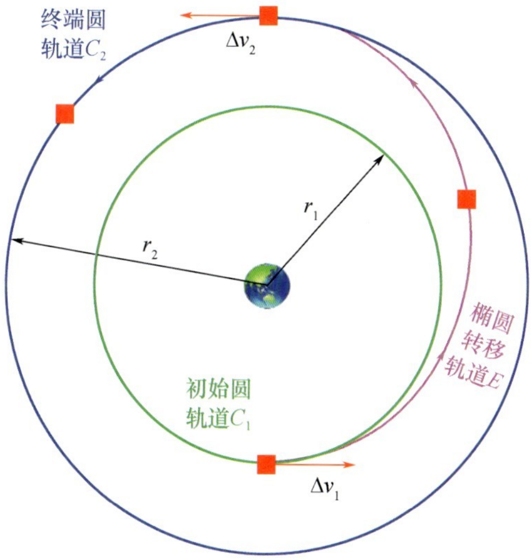

图 4.20　霍曼转移过程

$$v_{Ea} = \sqrt{\mu\left(\frac{2}{r_2} - \frac{1}{a_{tr}}\right)} = \sqrt{\frac{2\mu r_1}{r_1(r_2 + r_1)}} \tag{4.133}$$

式中，a_{tr} 为椭圆转移轨道的半长轴，且

$$a_{tr} = (r_1 + r_2)/2 \tag{4.134}$$

由此可以得到霍曼转移的两次速度增量的大小分别为

$$\Delta v_1 = v_{Ep} - v_{C_1} = \sqrt{\frac{\mu}{r_1}}\left(\sqrt{\frac{2r_2}{r_1 + r_2}} - 1\right) \tag{4.135}$$

$$\Delta v_2 = v_{C_2} - v_{Ea} = \sqrt{\frac{\mu}{r_2}}\left(1 - \sqrt{\frac{2r_1}{r_1 + r_2}}\right) \tag{4.136}$$

霍曼转移的时间 T_{tr}^{H} 等于椭圆转移轨道周期 T_E 的一半，即

$$T_{tr}^{H} = \frac{1}{2}T_E = \pi\sqrt{\frac{a_{tr}^3}{\mu}} = \frac{\pi}{\sqrt{\mu}}\left(\frac{r_1 + r_2}{2}\right)^{3/2} \tag{4.137}$$

2. 基于霍曼转移的轨道交会

基于霍曼转移可以实现两个半径不同、共面圆轨道之间航天器的轨道交会。

如图 4.21 所示，设追踪航天器施加第一次速度增量时，目标航天器超前追踪航天器的相位为 θ_H，经过一段转移时间 T_{tr}^{H} 后，目标航天器前进了相位 $n_2T_{tr}^{H}$，追踪航天器前进了相位 π。其中 n_2 为目标航天器的角速度，且有 $n_2 = \sqrt{\mu/r_2^3}$。于是两航天器霍曼交会的条件为

$$\theta_H + T_{tr}^{H} = \pi \tag{4.138}$$

将式(4.137)代入式(4.138)，可以得到两航天器霍曼交会所期望的目标航天器相位超前角 θ_H：

$$\theta_H = \pi\left[1 - \left(\frac{r_1 + r_2}{2r_2}\right)^{3/2}\right] \tag{4.139}$$

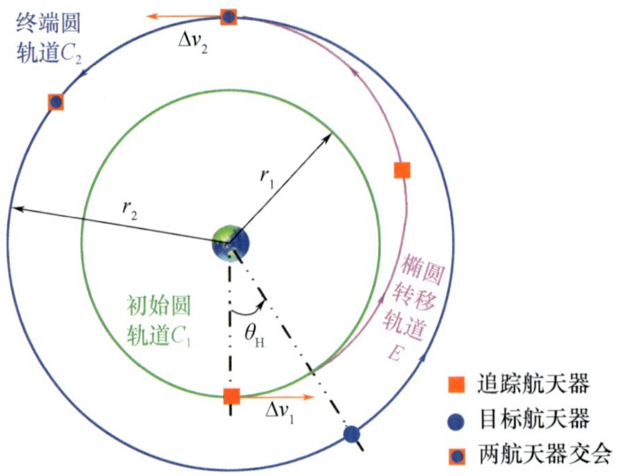

图 4.21　霍曼交会条件

值得注意的是，对于 $r_2<r_1$，即由高轨道向低轨道交会的情形，式(4.139)依然有效，只是 θ_H 的结果为负数，这表示为了实现霍曼交会，追踪航天器施加第一次速度增量时目标航天器的相位应滞后一定的角度。

如图 4.22 所示，如果初始时刻目标航天器实际的相位超前角 θ_0 不等于期望值 θ_H，则追踪航天器需要在初始圆轨道上等待一段时间 T_w^H，使得两航天器相位差等于 θ_H 或相差 2π 的整数倍，即有

$$\theta_0 + (n_2 - n_1) T_w^H + 2k\pi = \theta_H \tag{4.140}$$

式中，k 为任意整数，n_1 为追踪航天器在初始圆轨道上的角速度，且有 $n_1 = \sqrt{\mu/r_1^3}$。将式(4.139)代入式(4.140)可以求得追踪航天器在初始圆轨道上的等待时间 T_w^H：

$$T_w^H = \frac{\theta_0 - \theta_H + 2k\pi}{n_1 - n_2} \tag{4.141}$$

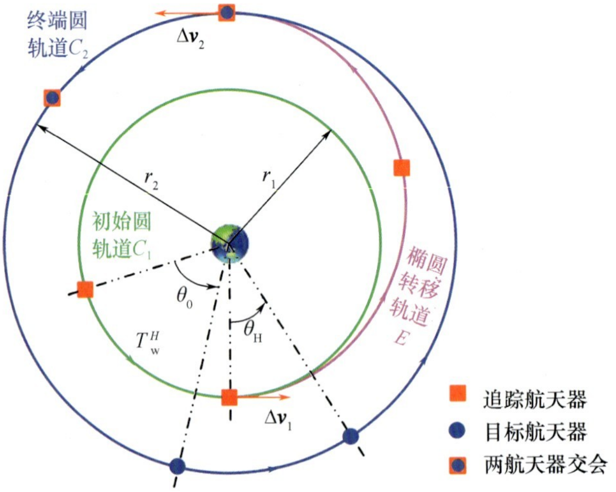

图 4.22　霍曼交会过程

由式(4.141)可见,由于 k 可以是任意整数,所以霍曼交会的等待时间 T_w^H 不唯一,而是以时间 $2\pi/|n_1-n_2|$ 为间隔的一系列离散点,可以参考天文学中的概念将这个时间间隔称为会合周期。初、终轨道的半径越接近,会合周期就越长。此外,考虑到等待时间必须为正,因此整数 i 的取值必须满足 $T_w^H>0$ 这一条件。实际任务中若没有特别要求, T_w^H 一般在 $0\leqslant T_w^H<2\pi/|n_1-n_2|$ 范围内取值,即取最小的正值。

会合周期这一概念来源于天文学,本指地球与另一天体(如行星或月球)相对于太阳的位置循环一次的时间。不同行星与地球相对于太阳的会合周期见表 4.1。该表所示的会合周期对于计算行星探测的时间窗口具有指导意义。

表 4.1　不同行星与地球相对于太阳的会合周期

行星	会合周期/d
水星	115.93
金星	583.92
火星	779.93
木星	398.88
土星	378.09
天王星	369.66
海王星	367.49

霍曼交会的时间 T_{re}^H 为等待时间与转移时间之和,即有

$$T_{re}^H = T_w^H + T_{tr}^H \tag{4.142}$$

值得注意的是,当 r_1、r_2 给定时,霍曼转移时间 T_{tr}^H 是确定的,但霍曼交会时间还受 θ_0 的影响。当 θ_0 略小于 θ_H 时,等待时间 T_w^H 将会很大, $2\pi/|n_1-n_2|$ 接近于会合周期,从而霍曼交会时间 T_{re}^H 也将很长。

例题 4.9　初始时刻,追踪航天器和目标航天器位于共面圆轨道,地心距分别为 $r_1=6\,800$ km、$r_1=7\,000$ km,目标航天器相对追踪航天器的相位超前角为 $\theta_0=30°$。不考虑摄动力和时间约束,要求追踪航天器与目标航天器实现交会。请利用霍曼交会方法计算追踪航天器的两次速度增量的大小 Δv_1 和 Δv_2、霍曼转移时间 T_{re}^H 以及等待时间 T_w^H(取最小的正值)。

解:(1)求速度增量大小 Δv_1 和 Δv_2。

设 v_{C_2} 和 v_{C_1} 分别为初始、终端圆轨道的速度, v_{Ep} 和 v_{Ea} 分别为椭圆转移轨道近地点和远地点的速度,则根据活力公式可以得到:

$$v_{C_1} = \sqrt{\frac{\mu}{r_1}},\ v_{C_2} = \sqrt{\frac{\mu}{r_2}} \tag{4.143}$$

$$v_{Ep} = \sqrt{\frac{2\mu r_2}{r_1(r_1+r_2)}},\ v_{Ea} = \sqrt{\frac{2\mu r_1}{r_1(r_1+r_2)}} \tag{4.144}$$

由此可以得到霍曼转移的速度增量为

$$\begin{cases}\Delta v_1 = v_{Ep} - v_{C_1} = \sqrt{\dfrac{\mu}{r_1}}\left(\sqrt{\dfrac{2r_2}{r_1 + r_2}} - 1\right) = 55.28\ \text{m/s} \\ \Delta v_2 = v_{C_2} - v_{Ea} = \sqrt{\dfrac{\mu}{r_1}}\left(1 - \sqrt{\dfrac{2r_2}{r_1 + r_2}}\right) = 54.88\ \text{m/s}\end{cases} \tag{4.145}$$

(2)求霍曼转移时间。

霍曼转移的时间 T_{tr}^{H} 等于椭圆转移轨道的半个周期,即

$$T_{\text{tr}}^{\text{H}} = \frac{1}{2}T_E = \pi\sqrt{\frac{a_{\text{tr}}^3}{\mu}} = \frac{\pi}{\sqrt{\mu}}\left(\frac{r_1 + r_2}{2}\right)^{3/2} = 2\ 852.0\ \text{s} \tag{4.146}$$

(3)求等待时间 T_{w}^{H}。

设 n_1 和 n_2 分别为初始、终端圆轨道的角速度,且

$$n_1 = \sqrt{\frac{\mu}{r_1^3}} = 0.001\ 126\ \text{rad/s},\quad n_2 = \sqrt{\frac{\mu}{r_2^3}} = 0.001\ 078\ \text{rad/s} \tag{4.147}$$

设追踪航天器施加第一次速度增量时,目标航天器超前追踪航天器的相位为 θ_{H},经过一段转移时间 T_{tr}^{H} 后,目标航天器前进了相位 $n_2T_{\text{tr}}^{\text{H}}$,追踪航天器前进了相位 π。于是两航天器霍曼交会的条件为

$$\theta_{\text{H}} + n_2T_{\text{tr}}^{\text{H}} = \pi \tag{4.148}$$

由此可以得到两航天器霍曼交会所期望的目标航天器相位超前角

$$\theta_{\text{H}} = \pi\left[1 - \left(\frac{r_1 + r_2}{2r_2}\right)^{3/2}\right] = 0.067\ 08\ \text{rad} = 3.843° \tag{4.149}$$

如果初始时刻目标航天器实际的相位超前角 θ_0 不等于期望值 θ_{H},则追踪航天器需要在初始圆轨道上等待一段时间 T_{w}^{H},使得两航天器相位差等于 θ_{H} 或相差 2π 的整数倍,即

$$\theta_0 + (n_1 - n_2)T_{\text{w}}^{\text{H}} + 2k\pi = \theta_{\text{H}} \tag{4.150}$$

式中,k 为任意整数。于是可以求得等待时间 T_{w}^{H} 为

$$T_{\text{w}}^{\text{H}} = \frac{\theta_0 - \theta_{\text{H}} + 2k\pi}{n_1 - n_2} \tag{4.151}$$

代入数值,可求得 $k=0$ 时 T_{w}^{H} 取最小正值,即

$$T_{\text{w}}^{\text{H}} = \frac{\theta_0 - \theta_{\text{H}}}{n_1 - n_2} = 9\ 529.3\ \text{s} \tag{4.152}$$

3. 霍曼转移的特征速度分析

霍曼转移的特征速度为

$$v_{\text{ch}}^{\text{H}} = \Delta v_1 + \Delta v_2 = v_{C_1}\left[\sqrt{\frac{2r_2}{r_1 + r_2}} - 1 + \sqrt{\frac{r_1}{r_2}} - \sqrt{\frac{2r_1^2}{r_2(r_1 + r_2)}}\right] \tag{4.153}$$

为了便于分析,令 $n_T = r_2/r_1$,则无量纲化的速度增量 $\Delta v_1/v_{C_1}$、$\Delta v_2/v_{C_1}$ 和 $v_{\text{ch}}^{\text{H}}/v_{C_1}$ 可表示为

$$
\begin{cases}
\dfrac{\Delta v_1}{v_{C_1}} = \sqrt{\dfrac{2n_T}{1+n_T}} - 1 \\
\dfrac{\Delta v_2}{v_{C_1}} = \sqrt{\dfrac{1}{n_T}} - \sqrt{\dfrac{2}{n_T(1+n_T)}} \\
\dfrac{v_{\mathrm{ch}}^{\mathrm{H}}}{v_{C_1}} = \sqrt{\dfrac{2n_T}{n_T+1}}\left(1-\dfrac{1}{n_T}\right) + \dfrac{1}{\sqrt{n_T}} - 1
\end{cases}
\tag{4.154}
$$

由式(4.154)可知，$\Delta v_1/v_{C_1}$,$\Delta v_2/v_{C_1}$ 和 $v_{\mathrm{ch}}^{H}/v_{C_1}$ 都是 n_T 的单变量函数,图 4.23 绘出了 $\Delta v_1/v_{C_1}$,$\Delta v_2/v_{C_1}$ 和 $v_{\mathrm{ch}}^{\mathrm{H}}/v_{C_1}$ 随 n_T 的变化规律,图中 n_T 采用了对数坐标。

(1) $\Delta v_1/v_{C_1}$ 随 n_T 的增大单调递增。当 $n_T\to\infty$ 时 $\Delta v_1/v_{C_1}\to\sqrt{2}-1$,此时转移轨道成为抛物线轨道。

(2) $\Delta v_2/v_{C_1}$ 随 n_T 的增大呈现先增加后减小的规律。当 $n_T=5.88$ 时取最大值$(\Delta v_2/v_{C_1})_{\max}=0.19$,而当 $n_T\to\infty$ 时,$\Delta v_2/v_{C_1}\to 0$。

(3) $v_{\mathrm{ch}}^{\mathrm{H}}/v_{C_1}$ 随 n_T 的增大也呈现先增加后减小的规律。当 $n_T=15.58$ 时取最大值$(v_{\mathrm{ch}}^{\mathrm{H}}/v_{C_1})_{\max}=0.536$,而当 $n_T\to\infty$ 时，$v_{\mathrm{ch}}^{\mathrm{H}}/v_{C_1}\to\sqrt{2}-1$。

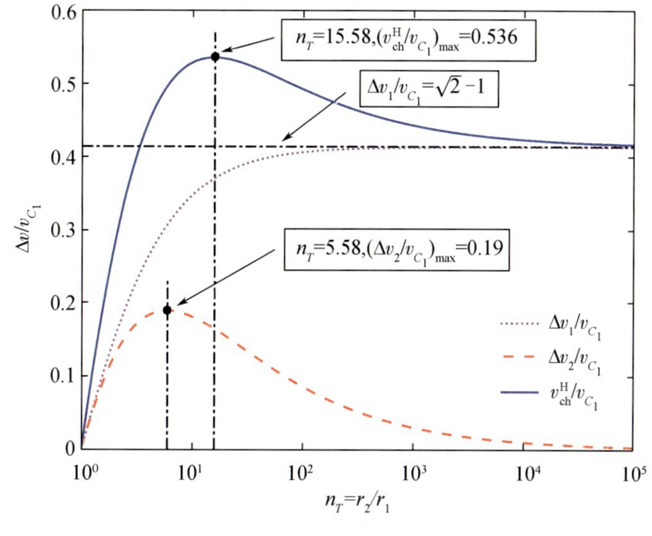

图 4.23　速度增量随 n_T 的变化规律

由于 $n_T>15.58$ 时,n_T 越大 $v_{\mathrm{ch}}^{\mathrm{H}}$ 反而越小,因此为了节省能量,可以设想一种三冲量的轨道转移方式——双椭圆转移。

4.4.2.2　双椭圆转移

1. 双椭圆转移原理

双椭圆转移过程如图 4.24 所示,圆轨道 C_1 和 C_2 分别为航天器的初、终轨道,半径分别为 r_1、r_2,不妨设 $r_2>r_1$,在终轨道 C_2 之外添加一半径 $r_3>r_2$ 的辅助圆轨道 C_3。航天器在初轨道 C_1

任一位置沿切线正方向施加第一次速度增量 $\Delta \boldsymbol{v}_1$，使其进入椭圆转移轨道 E_1 并恰好在远地点处与 C_3 相切，在该点沿切线正方向施加第二次速度增量 $\Delta \boldsymbol{v}_2$，使其进入椭圆转移轨道 E_2 并恰好在近地点处与 C_2 相切，在该点沿切线负方向施加第三次速度增量 $\Delta \boldsymbol{v}_3$，使航天器进入终轨道 C_2。由于转移过程中使用了两个椭圆转移轨道，故称为双椭圆转移。

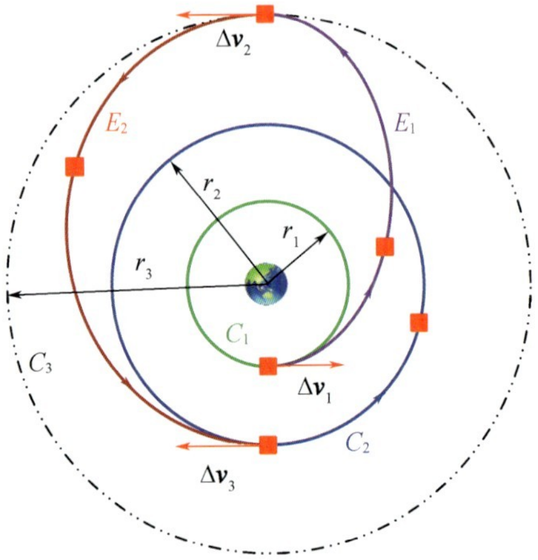

图 4.24　双椭圆转移过程

设 v_{E1p} 和 v_{E1a} 分别为椭圆转移轨道 E_1 的近地点和远地点的速度，v_{E2a} 和 v_{E2p} 分别为椭圆转移轨道 E_2 的远地点和近地点的速度，由活力公式(3.24)可以得到：

$$v_{E1p} = \sqrt{\mu\left(\frac{2}{r_1} - \frac{1}{a_{E1}}\right)} = \sqrt{\frac{2\mu r_3}{r_1(r_1 + r_3)}} \tag{4.155}$$

$$v_{E1a} = \sqrt{\mu\left(\frac{2}{r_3} - \frac{1}{a_{E1}}\right)} = \sqrt{\frac{2\mu r_1}{r_3(r_1 + r_3)}} \tag{4.156}$$

$$v_{E2a} = \sqrt{\mu\left(\frac{2}{r_3} - \frac{1}{a_{E2}}\right)} = \sqrt{\frac{2\mu r_2}{r_3(r_2 + r_3)}} \tag{4.157}$$

$$v_{E2p} = \sqrt{\mu\left(\frac{2}{r_2} - \frac{1}{a_{E2}}\right)} = \sqrt{\frac{2\mu r_3}{r_2(r_2 + r_3)}} \tag{4.158}$$

式中，a_{E1}、a_{E2} 分别为椭圆转移轨道 E_1、E_2 的半长轴，且有

$$a_{E1} = (r_1 + r_3)/2, \quad a_{E2} = (r_2 + r_3)/2 \tag{4.159}$$

由此可得双椭圆转移的三次速度增量的大小分别为

$$\Delta v_1 = v_{E1p} - v_{C1} \tag{4.160}$$

$$\Delta v_2 = v_{E2a} - v_{E1a} \tag{4.161}$$

$$\Delta v_3 = v_{E2p} - v_{C2} \tag{4.162}$$

双椭圆转移过程中，在椭圆转移轨道 E_1、E_2 分别经历了半个轨道周期，这两段转移时间分别记为 T^B_{tr1}、T^B_{tr2}，总转移时间记为 T^B_{tr}，于是

$$T^B_{tr1} = \frac{1}{2}T_{E1} = \frac{\pi}{\sqrt{\mu}}\left(\frac{r_1 + r_3}{2}\right)^{3/2} \tag{4.163}$$

$$T_{\mathrm{tr2}}^{B}=\frac{1}{2}T_{E2}=\frac{\pi}{\sqrt{\mu}}\left(\frac{r_2+r_3}{2}\right)^{3/2} \tag{4.164}$$

$$T_{\mathrm{tr}}^{B}=T_{\mathrm{tr1}}^{B}+T_{\mathrm{tr2}}^{B}=\frac{\pi}{\sqrt{\mu}}\left(\frac{r_1+r_3}{2}\right)^{3/2}+\frac{\pi}{\sqrt{\mu}}\left(\frac{r_2+r_3}{2}\right)^{3/2} \tag{4.165}$$

值得注意的是,当初、终轨道半径确定时,r_3 越大双椭圆转移的时间越长,而为了节省能量,r_3 取值往往很大,因而双椭圆转移的时间也往往很长。

2. 双椭圆转移的特征速度分析

双椭圆转移的特征速度为

$$\begin{aligned}v_{\mathrm{ch}}^{B}&=\Delta v_1+\Delta v_2+\Delta v_3\\&=v_{C_1}\left[\sqrt{\frac{2r_3}{r_1+r_3}}-1+\sqrt{\frac{2r_1r_2}{r_3(r_2+r_3)}}-\sqrt{\frac{2r_1^2}{r_3(r_1+r_3)}}+\sqrt{\frac{2r_1r_3}{r_2(r_2+r_3)}}-\sqrt{\frac{r_1}{r_2}}\right]\end{aligned} \tag{4.166}$$

为了便于分析,令 $n_T=r_2/r_1$,$n_B=r_3/r_1$,则无量纲化的速度增量 $v_{\mathrm{ch}}^{B}/v_{C_1}$ 可表示为

$$\begin{aligned}\frac{v_{\mathrm{ch}}^{B}}{v_{C_1}}=&\sqrt{\frac{2n_B}{1+n_B}}-1+\sqrt{\frac{2n_T}{n_B(n_T+n_B)}}+\sqrt{\frac{2}{n_B(n_T+n_B)}}+\\&\frac{2n_B}{n_T(n_T+n_B)}-\sqrt{\frac{1}{n_T}}\end{aligned} \tag{4.167}$$

由式(4.167)可知,$v_{\mathrm{ch}}^{B}/v_{C_1}$ 是 n_T、n_B 两个变量的函数,图 4.25 绘出了 n_B 取不同值时 $v_{\mathrm{ch}}^{B}/v_{C_1}$ 随 n_T 的变化规律,并与霍曼转移的特征速度 $v_{\mathrm{ch}}^{B}/v_{C_1}$ 进行比较。

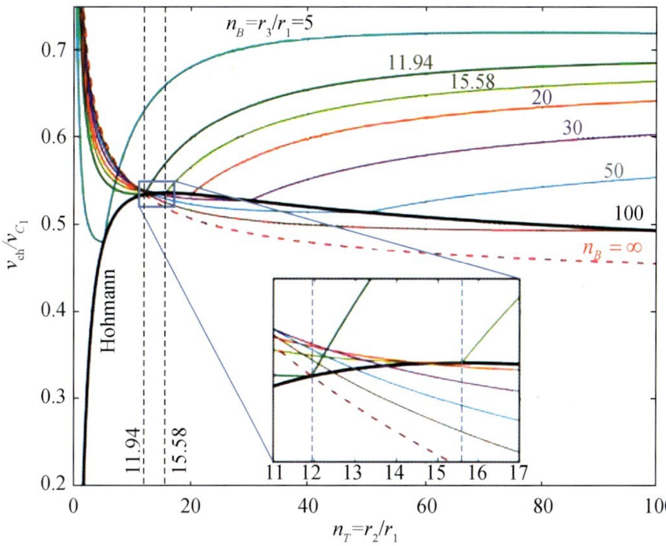

图 4.25　双椭圆转移的特征速度

图中 n_B 的取值为有代表性的一系列值,每一个取值对应图中一条曲线。

由图 4.25 可见:(1)当 $n_T<11.94$ 时,霍曼转移无条件优于双椭圆转移。临界点 $n_T=11.94$

恰好也是霍曼转移与 $n_B=\infty$ 的双椭圆转移(也称无限双椭圆转移)的特征速度曲线的交点。

(2)当 $11.94<n_T<15.58$ 时,如果 n_B 的取值足够大则双椭圆转移更节省能量,反之则霍曼转移更优。

(3)当 $n_T>15.58$ 时,如果 $n_B>n_T$(即 $r_3>r_2$)则双椭圆转移更节省能量,反之则霍曼转移更优。

以上关系也可以通过图 4.26 所示的霍曼与双椭圆转移的能耗阈值线进行表示,图中 n_T、n_B 的取值落在能耗阈值线以上时,双椭圆转移更节省能量,否则霍曼转移更优。

$$n_T = r_2/r_1$$

总体而言,相比于霍曼转移,双椭圆转移在一定情况下可节省能量,但节省能量的幅度有限,而且为此必须耗费大量转移时间。此外,双椭圆转移的第二次冲量在很远处施加,此时航天器的速度很小,微小的冲量误差都将严重地改变航天器的轨道,这也是在实际应用中必须考虑的问题。

3. 基于双椭圆转移的轨道交会

基于双椭圆转移也可以实现两个半径不同、共面圆轨道之间航天器的轨道交会。如图 4.27 所示,设追踪航天器施加第一次速度增量时,目标航天器超前追踪航天器的相位为 θ_B,经过一段转移时间 T_{tr}^B 后,目标航天器前进了相位 $n_2T_{tr}^B$,追踪航天器前进了相位 2π。于是两航天器双椭圆交会的条件为

$$\theta_B + n_2 T_{tr}^B = 2\pi \tag{4.168}$$

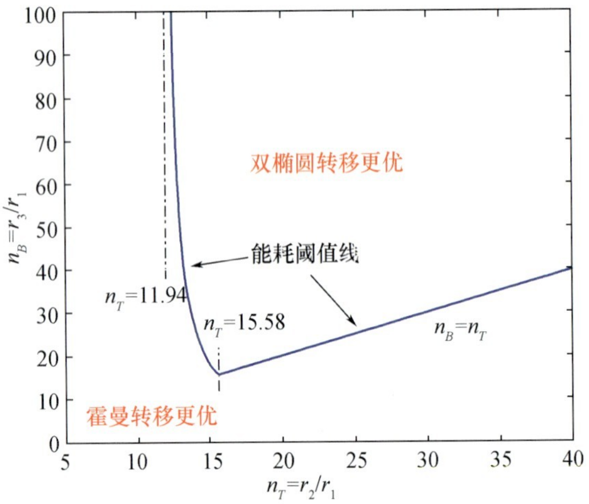

图 4.26　霍曼与双椭圆转移的能耗阈值线

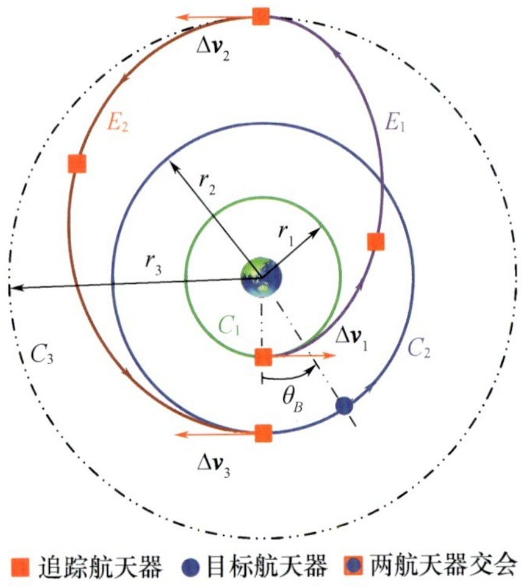

图 4.27　双椭圆交会条件

将式(4.165)代入式(4.168),可以得到两航天器双椭圆交会所期望的目标航天器相位超前角

$$\theta_B = \pi\left[2 - \left(\frac{r_1 + r_3}{2r_2}\right)^{3/2} - \left(\frac{r_2 + r_3}{2r_2}\right)^{3/2}\right] \tag{4.169}$$

如图 4.28 所示,如果初始时刻目标航天器实际的相位超前角 θ_0 不等于期望值 θ_B,则追踪航天器需要在初始圆轨道上等待一段时间 T_w^B,使得两航天器相位差等于 θ_B 或相差 2π 的整数

倍，即有

$$\theta_0 + (n_2 - n_1)T_w^B + 2k\pi = \theta_B \tag{4.170}$$

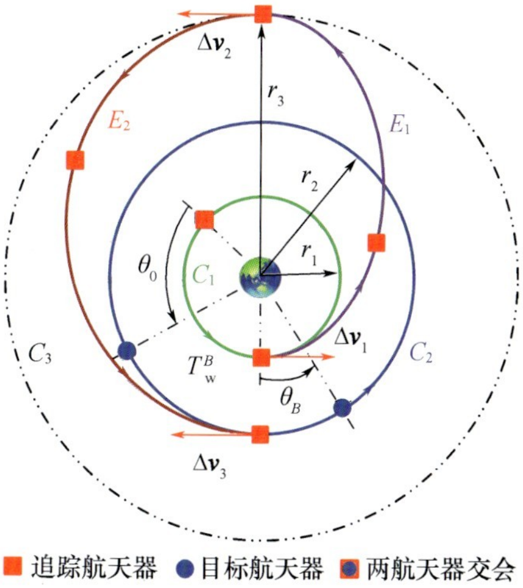

图 4.28　双椭圆交会过程

将式（4.169）代入式（4.170）可以求得追踪航天器在初始圆轨道上的等待时间 T_w^B

$$T_w^B = \frac{\theta_0 - \theta_B + 2k\pi}{n_1 - n_2} \tag{4.171}$$

双椭圆交会的时间 T_{re}^B 为等待时间与转移时间之和，即有

$$T_{re}^B = T_w^B + T_{tr}^B \tag{4.172}$$

由式（4.169）、式（4.171）可见，当 r_3 给定时，则 θ_B 也确定了，但双椭圆交会的等待时间 T_w^B 也不唯一，同样是以时间 $2\pi/|n_1-n_2|$ 为间隔的一系列离散点。此外，考虑到等待时间必须为正，因此整数 k 的取值必须满足 $T_w^B>0$ 这一条件。另一方面，当 r_3 可以设计时，则 θ_B 也可以改变，从而有可能设计出较小的等待时间 T_w^B，因而整个双椭圆交会时间也可能较短。这一优势就可以克服霍曼交会那种“由于目标航天器的初始相位超前角 θ_0 小于 θ_H 而导致霍曼交会的等待时间过长”的问题。相比于霍曼交会的交会时间是一系列离散点，双椭圆交会还有一个优势就是交会时间可以指定，这是因为它多了一个设计参数 r_3。

下面通过例题来讨论指定交会时间的双椭圆交会的解题思路。

例题 4.10　初始时刻，追踪航天器和目标航天器位于共面圆轨道，地心距分别为 r_1、r_2，目标航天器相对追踪航天器的相位超前角为 θ_0。不考虑摄动力，要求设计双椭圆交会使得经过指定的交会时间 T_{re}^B 后两航天器交会。

解题思路：双椭圆交会问题中，辅助圆轨道半径 r_3 的求解是关键，只要确定了 r_3，则双椭圆交会的重要参数都可以确定。下面简要描述 r_3 的求解思路。

由于交会时间 T_{re}^B 已指定，于是根据两航天器双椭圆交会的相位关系，可以写出关于等待时间 T_w^B 的等式：

$$n_1 T_w^B + 2\pi = \theta_0 + n_2 T_{re}^B + 2k\pi \tag{4.173}$$

式中，$n_1 = \sqrt{\mu/r_1^3}$，$n_2 = \sqrt{\mu/r_2^3}$，k 为整数。T_w^B 还需为正数且小于交会时间，即

$$0 < T_{\mathrm{w}}^{B} < T_{\mathrm{re}}^{B} \tag{4.174}$$

根据以上两式可以求得 T_{w}^{B} 的有限个解。对于每一个 T_{w}^{B} 的解，都对应一个双椭圆转移时间 T_{re}^{B} 的解，进而也对应一个 r_3 的解，它们满足如下等式：

$$T_{\mathrm{re}}^{B} - T_{\mathrm{w}}^{B} = T_{\mathrm{tr}}^{B} = \frac{\pi}{\sqrt{\mu}}\left(\frac{r_1 + r_3}{2}\right)^{3/2} + \frac{\pi}{\sqrt{\mu}}\left(\frac{r_2 + r_3}{2}\right)^{3/2} \tag{4.175}$$

求解以上一元非线性方程可以求出 r_3，在 MATLAB 中可以利用函数 fsolve 进行求解。值得注意的是用数值方法求出的 r_3 可能很小甚至为负数，实际情况中 r_3 应有最小限制，比如高于地面 100 km，即

$$r_3 > r_{\mathrm{E}} + 100 \tag{4.176}$$

通过此约束可以排除不合理的 r_3 取值，从而确定了符合条件的若干个 r_3 的解。

4.4.2.3 调相机动

如果希望轨道转移前后不改变轨道，而只是改变航天器在轨道上的相位，则可以进行调相机动。调相机动也称为共轨机动，该转移轨道也称为调相轨道。如图 4.29 所示，当目标相位超前于当前相位时，应采取向前相位机动，此时沿切线负方向施加第一次速度增量 $\Delta\boldsymbol{v}_1$，使得调相轨道的半长轴小于初轨道的半长轴，这样运行一整圈后航天器的相位将提前至期望值，此时再沿切线正方向施加第二次速度增量 $\Delta\boldsymbol{v}_2$，使得航天器又回到初轨道；反之，当目标相位落后于当前相位时，应采取向后相位机动，此时沿切线正方向施加第一次速度增量 $\Delta\boldsymbol{v}_1$，使得调相轨道的半长轴大于初轨道的半长轴，这样运行一整圈后航天器的相位将退后至期望值，此时再沿切线负方向施加第二次速度增量 $\Delta\boldsymbol{v}_2$，使得航天器又回到初轨道。调相机动在工程实践中有较广泛的应用，可以用于地球静止轨道卫星定点位置的调节、同轨道多颗卫星之间相对相位的调整以及同轨道不同位置的两个航天器的轨道交会等。

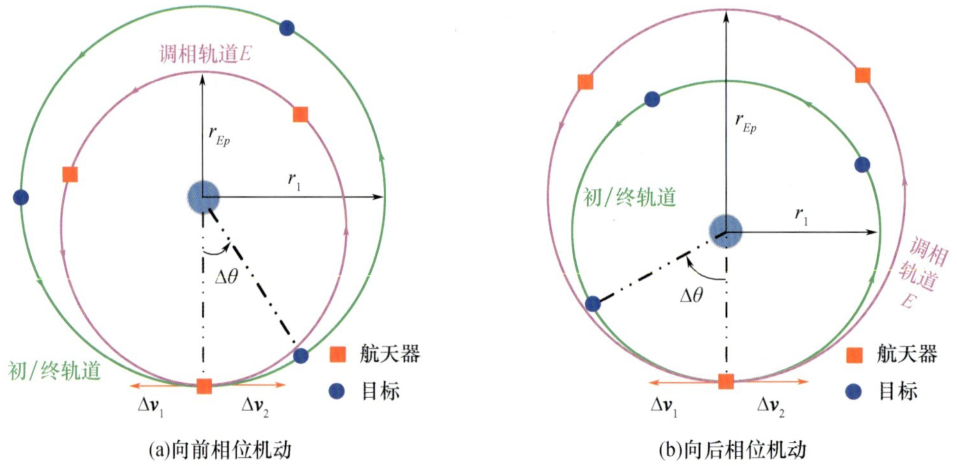

图 4.29　调相机动过程

下面以图 4.29(a)所示的圆轨道向前相位机动为例分析调相机动。设航天器位于半径为 r_1 的圆轨道，调相机动任务为向前调相 $\Delta\theta$。航天器首先沿切线负方向施加第一次速度增量 $\Delta\boldsymbol{v}_1$，使其进入近地点地心距为 r_{Ep} 的调相轨道 E，在调相轨道 E 运行一个完整周期后，沿切线

正方向施加第二次速度增量 $\Delta \boldsymbol{v}_2$，使航天器回到圆轨道。

调相轨道 E 的半长轴为 $a_{tr}=(r_1+r_{Ep})/2$，调相机动的时间 T_{tr}^P 等于调相轨道周期 T_E，即

$$T_{tr}^P = T_E = 2\pi\sqrt{\frac{a_{tr}^3}{\mu}} = \frac{2\pi}{\sqrt{\mu}}\left(\frac{r_1 + r_{Ep}}{2}\right)^{3/2} \tag{4.177}$$

航天器在轨道 E 运行一圈后，相比于初轨道向前调整的相位 $\Delta\theta_P$ 为

$$\Delta\theta_P = 2\pi - n_1 T_{tr}^P = 2\pi\left[1 - \left(\frac{r_1 + r_{Ep}}{2r_1}\right)^{3/2}\right] \tag{4.178}$$

则航天器在轨道 E 运行一圈后调相机动任务成功的条件为

$$\Delta\theta_P = \Delta\theta \tag{4.179}$$

结合式(4.178)与式(4.179)可求得 r_{Ep}。调相机动的两次速度增量大小相等，即有 $\Delta v_1 = \Delta v_2$，调相机动的特征速度可由式(4.136)求得

$$v_{ch}^P = \Delta v_1 + \Delta v_2 = 2\Delta v_1 = 2\sqrt{\frac{\mu}{r_1}}\left(1 - \sqrt{\frac{2r_{Ep}}{r_1 + r_{Ep}}}\right) \tag{4.180}$$

圆轨道向后相位机动也可以用以上方法进行分析。另外，调相机动也不局限于圆轨道，椭圆轨道的调相可以在近地点处先后施加两次方向相反的切向冲量得以实现。

由于 r_{Ep} 必须高于地球稠密大气层的上界，因此一个轨道周期内能够调整的相位有最大值 $\Delta\theta_{P_{max}}$。当需要调整 $\Delta\theta$ 的相位时，可以将 $\Delta\theta$ 划分为 N 等份，通过设计合适的 r_{Ep} 使得航天器在调相轨道上每圈调整相位 $\Delta\theta/N$，即有

$$\Delta\theta_P = \Delta\theta/N \tag{4.181}$$

于是 r_{Ep} 可由式(4.178)与式(4.181)求得。这样运行 N 圈后航天器达到目标相位，此时再实施第二次机动。这种方法还有一大优势是能够大幅度节省能量，所以它也适用于时间充足但希望尽量节省能量的情形。

例题 4.11　欲使某地球静止轨道卫星在绕其调相轨道运行 3 圈后经度东进 12°，求所需的特征速度。已知地球静止轨道地心距为 $r_1=42\ 164$ km。

解：调相机动每圈需调整的相位为

$$\Delta\theta_P = \Delta\theta/N = 12°/3 = 4° = 0.139\ 6\ \text{rad} \tag{4.182}$$

此题属于向前相位机动问题，设调相轨道的近地点为 r_{Ep}，则调相轨道每圈实际调整的相位为

$$\Delta\theta_P = 2\pi\left[1 - \left(\frac{r_1 + r_{Ep}}{2r_1}\right)^{3/2}\right] \tag{4.183}$$

于是求得

$$r_{Ep} = 41\ 538\ \text{km} \tag{4.184}$$

调相机动的特征速度为

$$v_{ch}^P = 2\sqrt{\frac{\mu}{r_1}}\left(1 - \sqrt{\frac{2r_{Ep}}{r_1 + 2r_{Ep}}}\right) = 23.031\ 4\ \text{m/s} \tag{4.185}$$

4.4.3　轨道转移问题建模

共面椭圆轨道间的最优转移问题，往往没有一般意义下的解析解。但有些特殊情况除外，

比如共面共拱线椭圆间的两冲量转移问题，这一问题的两冲量能量最优解与霍曼转移类似，都是双共切转移。如图 4.30 所示，初轨道 1、终轨道 2 为共面共拱线椭圆轨道，根据轨道 1、2 的近地点方向是否一致、轨道是否相交，将共面共拱线椭圆间的两冲量转移分为四种构型，每一种构型都对应着两条双共切转移轨道 3、4，能量最优的转移轨道必定在这两者之间。

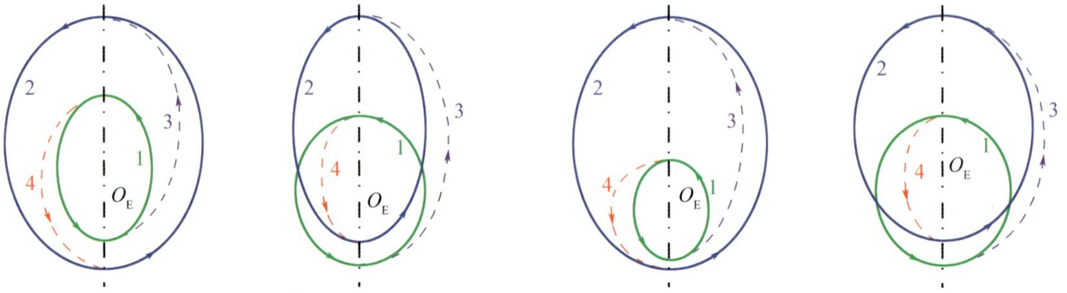

图 4.30　共面共拱线椭圆间的两冲量转移

图 4.30 中四种构型的转移轨道 3 有个共同特点：其在远地点处与轨道 1、2 中地心距最大的远地点相切。研究发现，对于图 4.30(a)、4.30(b)、4.30(d)三种构型，最优转移轨道都为转移轨道 3。对于图 4.30(c)的构型，转移轨道 3 和 4 都有可能是最优转移轨道，要根据轨道 1 和 2 的偏心率 e_1、e_2 做具体分析。

下面以图 4.30(a)的构型为例推导转移轨道 3 的重要参数。设轨道 1 的近地点地心距为 r_{1p}，偏心率为 e_1，轨道 2 的远地点地心距为 r_{2a}，偏心率为 e_2，则转移轨道 3 的近地点和远地点地心距分别为

$$r_{3p} = r_{1p}, \quad r_{3a} = r_{2a} \tag{4.186}$$

轨道 3 的半长轴和偏心率为

$$a_3 = \frac{r_{3p} + r_{3a}}{2} = \frac{r_{1p} + r_{2a}}{2}, e_3 = \frac{r_{3a} - r_{3p}}{r_{3a} + r_{3p}} = \frac{r_{2a} - r_{1p}}{r_{2a} + r_{1p}} \tag{4.187}$$

对第一次冲量，变轨前后的速度分别为

$$v_{1p}^2 = \frac{\mu(1 + e_1)}{r_{1p}}, v_{3p}^2 = \frac{\mu(1 + e_3)}{r_{3p}} = \frac{\mu(1 + e_3)}{r_{1p}} \tag{4.188}$$

对第二次冲量，变轨前后的速度分别为

$$v_{3a}^2 = \frac{\mu(1 - e_3)}{r_{3a}} = \frac{\mu(1 - e_3)}{r_{2a}}, v_{2a}^2 = \frac{\mu(1 - e_2)}{r_{2a}} \tag{4.189}$$

故变轨的特征速度为

$$v_{ch} = (v_{3p} - v_{1p}) + (v_{2a} - v_{3a}) = \sqrt{\frac{\mu}{r_{1p}}}(\sqrt{1 + e_3} - \sqrt{1 + e_1}) + \sqrt{\frac{\mu}{r_{2a}}}(\sqrt{1 + e_2} - \sqrt{1 + e_3}) \tag{4.190}$$

转移时间 T_{tr} 等于轨道 3 轨道周期 T_3 的一半，即

$$T_{tr}=\frac{1}{2}T_3=\pi\sqrt{\frac{a_3^3}{\mu}}=\frac{\pi}{\sqrt{\mu}}\left(\frac{r_{1p}+r_{2a}}{2}\right)^{3/2} \tag{4.191}$$

共面共拱线椭圆间的轨道转移问题，除了图 4.30 所示的转移方式外，与共面圆轨道间的轨道转移问题一样，也可以考虑类似双椭圆转移的三冲量方式。如图 4.31 所示，航天器在轨道 1 的近地点施加第一次冲量进入转移轨道 E_1，在轨道 E_1 的远地点施加第二次冲量使其进入转移轨道 E_2 并恰好在近地点处与轨道 2 相切，在该点施加第三次冲量进入轨道 2。可以证明，在某些情况下这种类双椭圆转移是共面共拱线椭圆轨道间的能量最优转移。

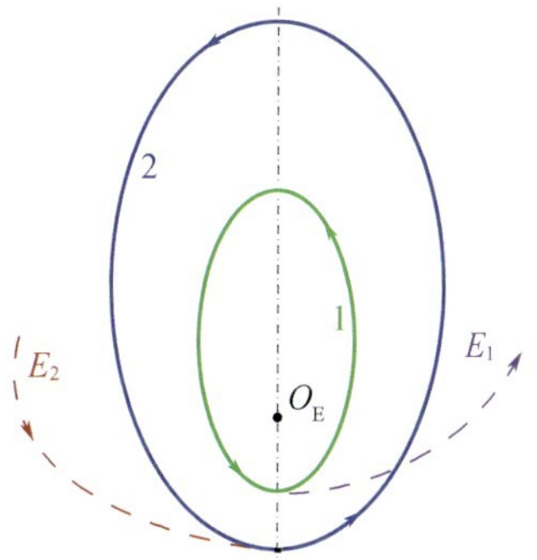

图 4.31　共面共拱线椭圆间的类双椭圆转移

4.4.4　共面轨道的最优转移问题

非共面轨道转移是指初、终轨道的轨道面不重合的轨道转移，它是轨道转移的一般情况。非共面轨道最优转移问题一般比较复杂，没有普遍适用的解析解，而需要具体问题具体分析。本节以地球静止轨道卫星发射入轨问题为背景，讨论非共面圆轨道间的最优转移问题。

地球静止轨道卫星发射入轨大致包括这些流程：地面发射→停泊轨道→转移轨道→地球静止轨道。如图 4.32 所示，在地球静止轨道卫星发射入轨过程中，发射段结束后卫星一般会进入轨道倾角为 i_1、半径为 r_1 的停泊轨道（初始圆轨道 1），需要设计转移轨道使卫星进入轨道倾角为 0，半径为 r_2 的地球静止轨道（终端圆轨道 2）。由此可见，这一轨道转移问题实质就是非共面圆轨道转移问题。

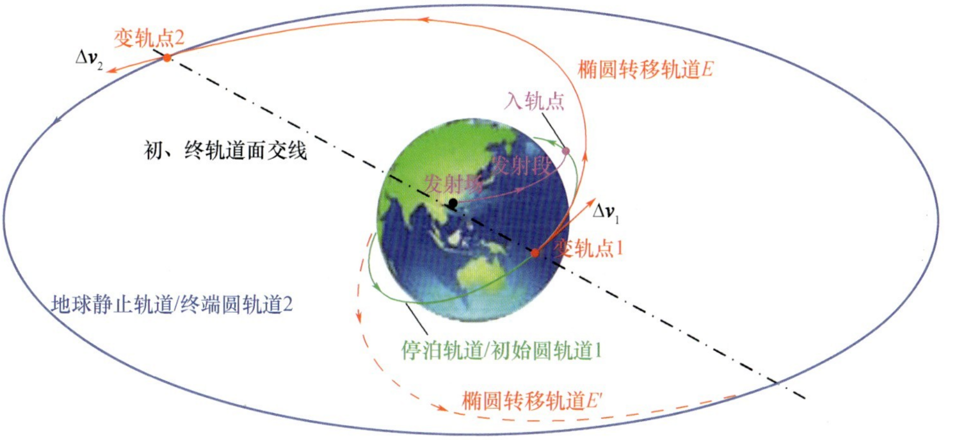

图 4.32　地球静止轨道卫星发射入轨问题

共面圆轨道转移问题的两冲量最优解是霍曼转移，与此相类似，非共面圆轨道转移的两冲量最优解也是一条双共切椭圆轨道。值得注意的是，霍曼转移可以在初轨道的任一位置启动，但非共面圆轨道转移的起点必须是在初、终轨道面的交线上。在初轨道上符合此条件的起点有两个且两者相对于地心对称，这两个起点对应着两种转移轨道，如图 4.32 中的椭圆转移轨

道 E 和椭圆转移轨道 E'。这两种转移轨道也是相对于地心对称,所不同的是进入地球静止轨道时所处的相位相差 180°。下面以椭圆转移轨道 E 为例进行分析。

如图 4.32 所示,卫星在变轨点 1 处施加速度增量 $\Delta\boldsymbol{v}_1$,使其进入轨道 E 并恰好在远地点处与终轨道相切,在变轨点 2 处施加第二次速度增量 $\Delta\boldsymbol{v}_2$,使其进入终轨道。值得注意的是这样的转移轨道方式并不唯一,而是有无穷多条。这是因为卫星在变轨点 1 处减小的轨道倾角 Δi 可以在$[0,i_1]$范围内取值,每一个取值对应着一条转移轨道。下面分析 Δi 的取值对特征速度的影响。

如图 4.33、4.34 所示,分别在变轨点 1、2 处的北天东坐标系中构建速度增量 $\Delta\boldsymbol{v}_1$、$\Delta\boldsymbol{v}_2$ 的几何关系,可知两次轨道改变的速度增量大小分别为

$$\Delta v_1 = \sqrt{v_{C_1}^2 + v_{Ep}^2 - 2v_{C_1}v_{Ep}\cos\Delta i} \tag{4.192}$$

$$\Delta v_1 = \sqrt{v_{C_2}^2 + v_{Ea}^2 - 2v_{C_2}v_{Ea}\cos(i_1 - \Delta i)} \tag{4.193}$$

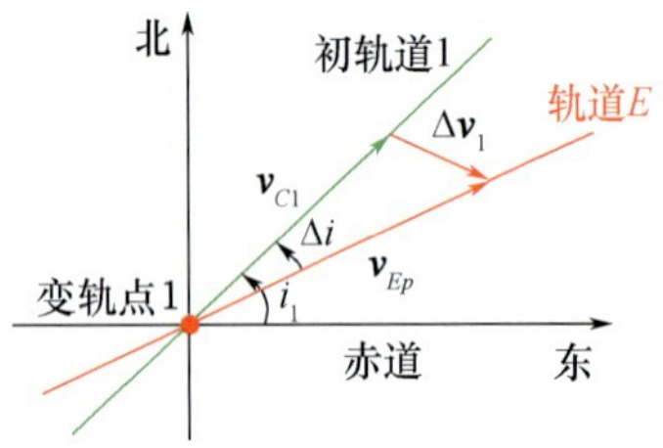

图 4.33 变轨点 1 处的速度增量

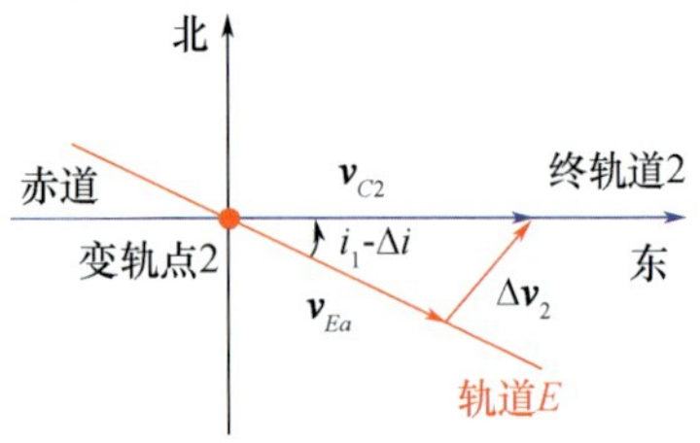

图 4.34 变轨点 2 处的速度增量

式中,v_{C_1}、v_{C_2} 分别为初、终圆轨道的速度大小;v_{Ep}、v_{Ea} 分别为椭圆轨道 E 的近地点、远地点的速度大小,且有

$$\begin{cases} v_{C_1} = \sqrt{\dfrac{\mu}{r_1}}, \quad v_{C_2} = \sqrt{\dfrac{\mu}{r_2}} \\ v_{Ep} = v_{C_1}\sqrt{\dfrac{2n_T}{1+n_T}}, \quad v_{Ea} = v_{C_1}\sqrt{\dfrac{2}{(1+n_T)n_T}} \end{cases} \tag{4.194}$$

式中,$n_T = r_2/r_1$ 为轨道半径比。于是特征速度 v_{ch} 可以表示为

$$v_{\mathrm{ch}} = \Delta v_1 + \Delta v_2 \tag{4.195}$$

经过分析可知,v_{ch} 是 r_1、i_1 和 Δi 的函数。其中 r_1 由火箭运载能力决定,一般可以比地球表面高几百千米。下面分析中设 $r_1 = 6\ 871$ km。

图 4.35 是 $i_1 = 30°$时,Δi 的不同取值对 v_{ch} 的影响,可见 v_{ch} 随 Δi 的增加是先减小后增大,而且前面减小的幅度较小,后面增大的幅度却很显著。$\Delta i = 30°$,即完全由第一次变轨改变轨道倾角时,特征速度 v_{ch} 要增加 2 000 m/s 以上。v_{ch} 取最小值时对应的 Δi 记为 Δi_{m},图中的 Δi_{m} 为 2.33°。

图 4.36 表示不同的 i_1 对应的 Δi_{m},可见不论初轨道的轨道倾角多大,最优轨道转移的第一次变轨应该减小的轨道倾角都不超过 3°。

图 4.37 表示 $\Delta i = 0$ 与 $\Delta i = \Delta i_{\mathrm{m}}$ 时的特征速度之差随 i_1 的变化情况,可见第一次变轨时改变轨道倾角最多只能节省 41.68 m/s 的速度增量,而从停泊轨道转移到地球静止轨道所需的特征速度为几千 m/s 的量级,这说明节省的幅度很小。因此在实际工程任务中,为简化操作,

地球静止轨道卫星发射入轨时很少在第一次变轨时改变轨道倾角，改变倾角的任务一般完全由第二次变轨来完成。

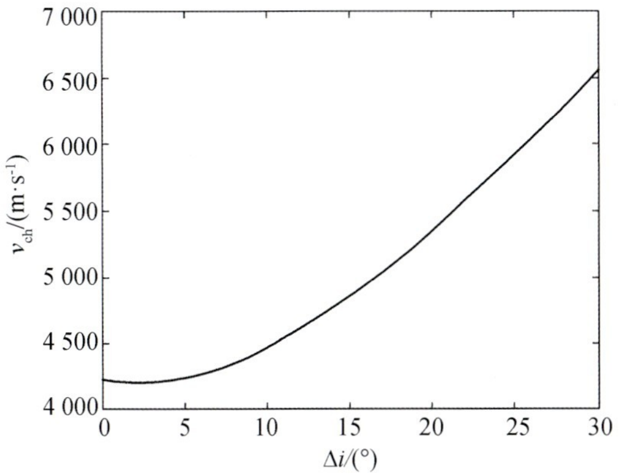

图 4.35　**Δi** 的不同取值对特征速度的影响

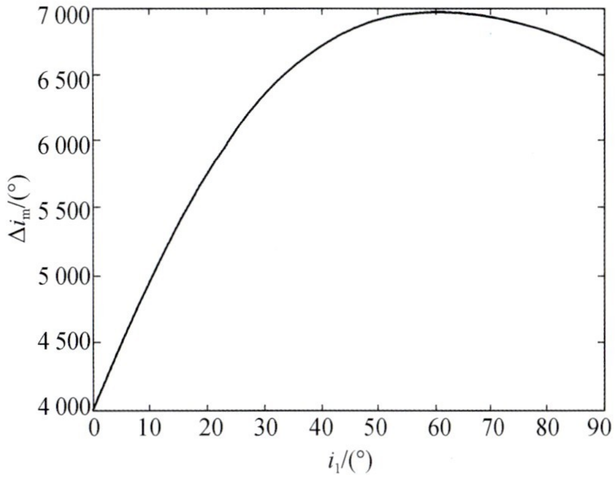

图 4.36　不同轨道倾角 i_1 对应的 Δi_m

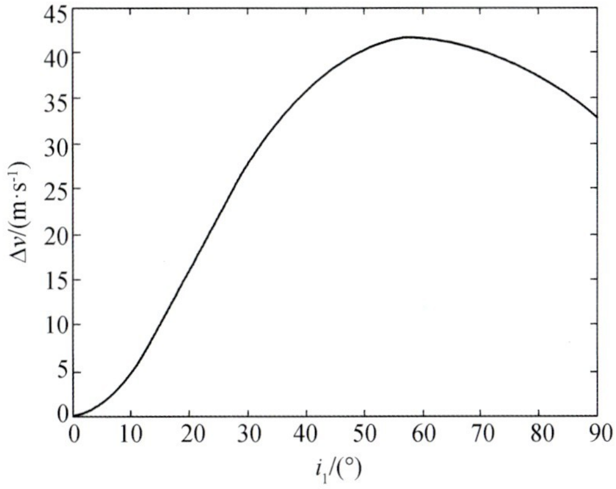

图 4.37　$\Delta i=0$ 与 $\Delta i=\Delta i_m$ 时的特征速度之差随 i_1 的变化

4.4.5　Lambert 机动及其在轨道转移中的应用

4.4.5.1　Lambert 问题及其求解

Lambert 问题是航天动力学中的两点边界值问题，在轨道机动模型的建立过程中具有广泛的应用，这也是课题研究中进行多脉冲交会问题规划的基础。

如图 4.38 所示，轨道 1 为追踪器运行轨道，轨道 2 为目标运行轨道，轨道 3 为转移轨道。追踪器位于转移轨道起始点 A 时，目标位于点 B。点 C 为交会点，已知转移轨道起始点 A 的地心距为 $\boldsymbol{r}_A$，交会点 C 的地心距为 $\boldsymbol{r}_C$。

由 Lambert 定理知，追踪器在转移轨道的飞行时间 t 仅是 r_A+r_C、$c=|\boldsymbol{r}_C-\boldsymbol{r}_A|$ 以及转移轨道半长轴 a 的函数。用公式表示为

$$t=f(r_A+r_C,c,a) \tag{4.196}$$

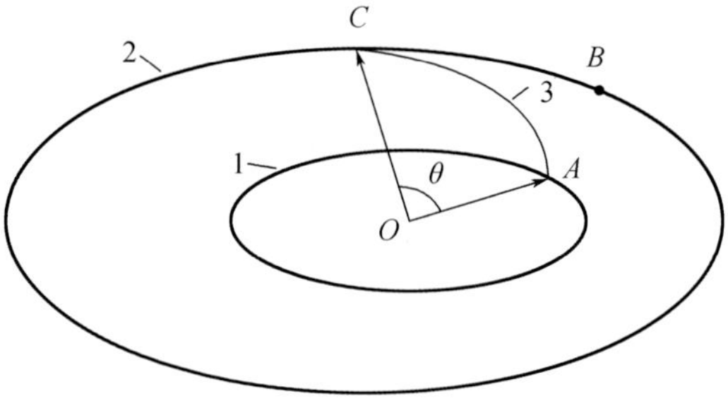

图 4.38 Lambert 问题示意图

如果限定追踪器的交会转移轨道为椭圆轨道，则 Lambert 定理的具体表达形式是

$$\begin{cases} t = \sqrt{\dfrac{a^3}{\mu}}[(\alpha - \sin\alpha) - (\beta - \sin\beta)], & t \leqslant t_m \quad (4.197a) \\ t = \sqrt{\dfrac{a^3}{\mu}}[(\alpha - \sin\alpha) - (\beta - \sin\beta) + 2\pi], & t \geqslant t_m \quad (4.197b) \end{cases}$$

式中，t_m 为沿最小能量椭圆轨道弧的飞行时间。

方程(4.197a)应用条件是转移轨道的地心角小于 180°，方程(4.197b)的应用条件是转移轨道的地心角大于 180°。

$$s = \frac{r_1 + r_2 + c}{2} \tag{4.198}$$

$$\sin\frac{\alpha}{2} = \sqrt{\frac{s}{2a}} \tag{4.199}$$

$$\sin\frac{\beta}{2} = \sqrt{\frac{s - c}{2a}} \tag{4.200}$$

对应最小能量椭圆轨道，$a=s/2$，所以，$\alpha_m=\pi$，$\sin\alpha_m=0$，$\sin(\beta_m/2)=\sqrt{(s-c)/s}$。

于是，由(4.197)式可得：

$$t_m = \sqrt{\frac{1}{\mu}\left(\frac{s}{2}\right)^3}[\pi - (\beta_m - \sin\beta_m)] \tag{4.201}$$

从上述方程中可以看出，如果已知转移轨道半长轴 a，可以很容易求出从 A 点到 B 点的飞行时间 t，而远程交会问题是已知转移轨道飞行时间 t，如何确定轨道半长轴 a 和其他轨道参数。

当追踪器进入转移轨道时，目标位置也是已知的，如果在目标轨道上选定交会点(理想情况下，共面交会的交会点可以在目标轨道上任意选取)，则追踪器在转移轨道上的飞行时间与目标在目标轨道上的飞行时间相等。

当转移轨道飞行时间 t 确定以后，利用 Lambert 定理采用迭代计算方法可以确定轨道半长轴，其中半长轴迭代初值可以由下式确定：

$$a_0 = \frac{s}{2} \tag{4.202}$$

然后利用 Lambert 定理求出转移轨道的飞行时间 t_0，如果 $t_0>t$ 或 $t_0<t$，则需要适当增加轨道半长轴的值，然后重新迭代计算直至精度满足要求为止。

确定轨道半长轴以后，利用下述公式确定转移轨道的半通径。对于椭圆转移轨道有

$$P = \frac{4a(s - r_A)(s - r_C)}{c^2}\sin^2\left(\frac{\alpha \pm \beta}{2}\right) \tag{4.203}$$

式中，$s=(r_1+r_2+c)/2$，$\sin(\alpha/2)=\sqrt{s/(2a)}$，$\sin(\beta/2)=\sqrt{(s-c)/(2a)}$；"+"对应于较小偏心率轨道，"-"对应于偏心率较大的轨道。当转移轨道半通径确定以后，利用公式计算轨道偏心率。

由于追踪器在进入交会转移轨道前的地心距为 r_A，轨道半长轴为 a_0，则利用活力公式可以求出变轨时的初始速度 $\boldsymbol{v}_0$ 和进入转移轨道所需速度 $\boldsymbol{v}_A$，因此机动变轨速度增量的大小可用如下公式表示：

$$\Delta v = \sqrt{v_0^2 + v_A^2 - 2v_0v_A\cos\varphi} \tag{4.204}$$

式中，φ 定义为 v_0、v_A 的夹角，由下述公式计算：

$$\cos\varphi = \frac{v_{0f}v_{Af} - v_{0r}v_{Ar}}{v_A v_0} \tag{4.205}$$

在式(4.205)中 $v_0=(v_{0r}, v_{0f})$、$v_A=(v_{Ar}, v_{Af})$ 为径向和垂直径向的速度分量，其中 v_{0r}、v_{0f}、v_{Ar}、v_{Af} 分别由下式求出：

$$v_{0r} = a_0e_0\frac{n_{0A}}{1 - e_0\cos E_{0A}}\sin E_{0A},\quad v_{0f} = a_0\frac{n_{0A}\sqrt{1 - e_0^2}}{1 - e_0\cos E_{0A}} \tag{4.206}$$

$$v_{Ar} = ae\frac{n}{1 - e\cos E_A},\quad v_{Af} = a\frac{n\sqrt{1 - e^2}}{1 - e\cos E_A} \tag{4.207}$$

式中，n 为平均角速度，式中不加下标和下标为"A"对应的是转移轨道参数，加下标"0"是变轨进入转移轨道时刻前对应的初始轨道参数。

4.4.5.2　改进的 Lambert 算法

经典的 Lambert 问题应用非常广泛，但是它存在两个缺点：(1)仅适用于二体情形，无法考虑摄动的影响；(2)对于交会任务时间较长，则 Lambert 算法得到的转移轨道偏心率很大，导致任务所需要的能量过大的情况。针对这两个问题，有两种改进的算法。

(1)考虑摄动的 Lambert 算法设计。

考虑摄动的 Lambert 算法基本原理如图 4.39 所示，其中 $\boldsymbol{r}_0$ 和 $\boldsymbol{r}_t$ 分别为初始点和目标点，交会时间为 dt，可根据 Lambert 算法得到二体转移轨道 O_1，假设由于轨道摄动影响实际飞行轨道为 O_2，dt 时飞行器的实际位置为 $\boldsymbol{r}_t'$，偏差为 $\boldsymbol{\delta}=\boldsymbol{r}_t'-\boldsymbol{r}_t$。如果以 $\boldsymbol{r}_t^*=\boldsymbol{r}_t-\boldsymbol{\delta}$ 为虚拟交会点，可求得二体转移轨道为 O_3，由于轨道 O_1 和 O_3 轨道参数接近，飞行时间相同，摄动带来的位置偏差应接近于$-\boldsymbol{\delta}$，则实际的终

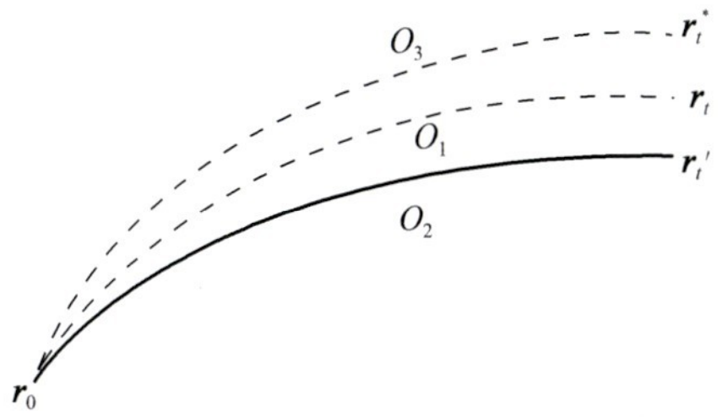

图 4.39　改进 Lambert 算法基本思路

点位置接近期望的终点 $\boldsymbol{r}_t$。

算法的基本思路为：以 $\boldsymbol{r}_t$ 为终点求解 Lambert 问题得到二体情况下的转移轨道，采用摄动条件下的数值积分计算得到误差 $\boldsymbol{\delta}$，进而求得虚拟瞄准点，以虚拟瞄准点为终点重复以上过程进行迭代，直至终端误差 $\boldsymbol{\delta}$ 小于给定误差门限。

在空间交会规划问题中需要求解初始位置为 $\boldsymbol{r}_{c,N-1}$ 终端位置为 $\boldsymbol{r}_{t,N}$、飞行时间为 $\mathrm{d}t=t_N-t_{N-1}$ 的固定时间拦截问题，具体求解步骤如下：

①取瞄准点为 $\boldsymbol{r}^*=\boldsymbol{r}_{t,N}$。

②以初始位置 $\boldsymbol{r}_{c,N-1}$、终端位置为 $\boldsymbol{r}^*$，求解 Lambert 问题得到转移轨道的初始速度 $\boldsymbol{v}_0$。

③以 $\boldsymbol{r}_{c,N-1}$、$\boldsymbol{v}_0$ 为初始条件，利用考虑摄动轨道动力学方程进行积分，求得 $\mathrm{d}t$ 时刻的位置 $\boldsymbol{r}'_t$。由于摄动的影响 $\boldsymbol{r}'_t$ 与 $\boldsymbol{r}_{t,N}$ 必然会有所差别，记二者的差别为 $\boldsymbol{\delta}=\boldsymbol{r}'_t-\boldsymbol{r}_{t,N}$。如果 $\boldsymbol{\delta}$ 的大小小于给定误差，则计算完成，否则进入步骤④。

④取虚拟瞄准点为 $\boldsymbol{r}^*=\boldsymbol{r}_{t,N}-\boldsymbol{\delta}$，转入步骤②。

上述方法不仅适用于 J2 摄动的情况，也适用于考虑任意摄动因素的轨道求解，同时也适用于多圈 Lambert 转移的情况。求解过程中需要进行迭代，从实际计算效果来看，一般只需要三四次迭代即可满足精度要求，且不存在奇异的情况。

(2)多圈 Lambert 算法。

针对第二个问题的解决办法是设计一条转移轨道，使追踪航天器可以在转移轨道上飞行多圈，并在给定的时间与目标航天器交会，这样时间被消耗在转移轨道上，减小轨道转移所需的能量。这一方法称为多圈 Lambert 转移方法。

给定飞行时间和两点位置，利用单圈 Lambert 转移可以得到唯一的转移轨道。但是如果给定的飞行时间很长，则转移轨道可能具有很大的偏心率，一般情况下这可能导致转移所需能量过大。多圈 Lambert 问题的思路是寻找转移轨道，使航天器在转移轨道上运动 N 圈，然后在给定的时间到达目标位置，从而使多余的飞行时间在转移轨道上消耗，避免出现大偏心率轨道。

N 圈 Lambert 转移时间与轨道半长轴之间的关系式为

$$t=\sqrt{a^3/\mu}\left[2N\pi+\alpha-\beta-(\sin\alpha-\sin\beta)\right] \tag{4.208}$$

根据 α 和 β 的取值，可得 N 圈 Lambert 转移对应时间方程。

$$t=\begin{cases}\sqrt{a^3/\mu}\left[2N\pi+(\alpha_0-\sin\alpha_0)-(\beta_0-\sin\beta_0)\right] & t_\mathrm{f}\leqslant t_\mathrm{m},\Delta f\leqslant\pi\\ \sqrt{a^3/\mu}\left[2(N+1)\pi-(\alpha_0-\sin\alpha_0)-(\beta_0-\sin\beta_0)\right] & t_\mathrm{f}>t_\mathrm{m},\Delta f\leqslant\pi\\ \sqrt{a^3/\mu}\left[2N\pi+(\alpha_0-\sin\alpha_0)+(\beta_0-\sin\beta_0)\right] & t_\mathrm{f}\leqslant t_\mathrm{m},\Delta f>\pi\\ \sqrt{a^3/\mu}\left[2(N+1)\pi-(\alpha_0-\sin\alpha_0)+(\beta_0-\sin\beta_0)\right] & t_\mathrm{f}>t_\mathrm{m},\Delta f>\pi\end{cases} \tag{4.209}$$

为分析转移时间 t 与轨道半长轴的变化规律，这里取 r_1 和 r_2 分别为 1.1 DU 和 1.2 DU，夹角为 60°，做出了 t 随 a 的变化曲线，如图 4.40 所示。

图 4.40(a)中，各条曲线分别为 N 圈 Lambert 转移的 t-a 关系曲线。由图可知，对于每个 N，曲线均分为两支，分别对应于两条转移轨道，两支曲线的交点对应于最小能量椭圆，半长轴为 a_m，对应的转移时间为 $t_{\mathrm{m}N}$。$N=0$ 的情况对应于经典的 Lambert 转移，两支曲线均为单调的。而 $N>1$ 对应于飞行器在转移轨道上停留 N 圈的情况，其曲线的上半支为单调上升的，而

下半支为非单调的,如图 4.40(b)所示。利用这一特点,可以直接确定多圈 Lambert 转移的最大圈数,而不需要逐步对每一个圈数 M 进行试探迭代,提高了求解效率。

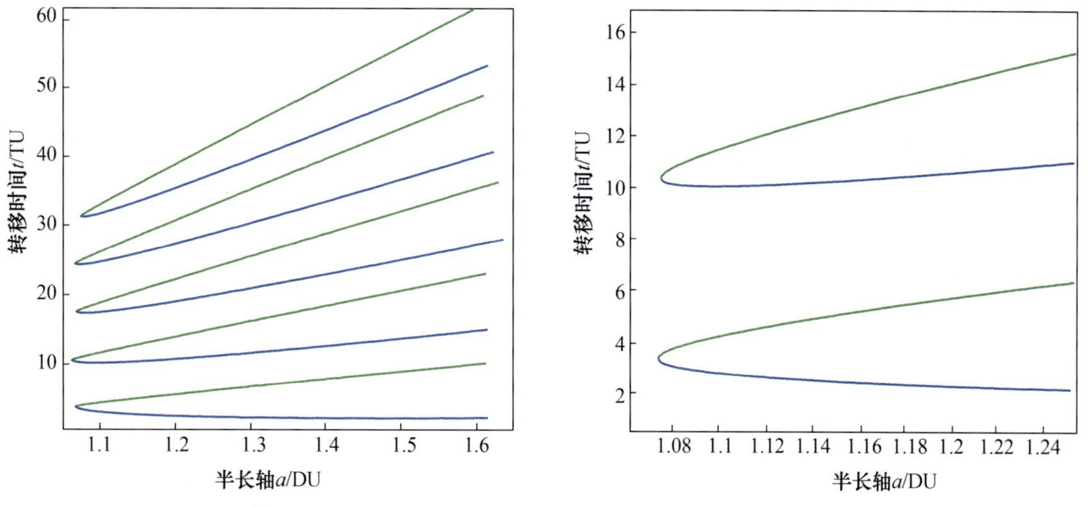

(a)　　　　(b)

图 4.40　*N* 圈 Lambert 转移的 *t*–*a* 关系曲线

Lambert 转移问题首先要由转移时间 t_f 确定转移轨道半长轴 a,即直线 $t=t_f$ 与 $t-a$ 曲线的交点。如果给定的 t_f 比较小,直线 $t=t_f$ 可能仅与 $N=0$ 对应的曲线有交点,即不存在多圈 Lambert 转移轨道。如果 t_f 比较大,则直线 $t=t_f$ 除了与 $N=0$ 对应的曲线有交点之外,还可能与 $N>1$ 对应的曲线有交点,这表明存在多圈 Lambert 转移轨道,各交点对应的 a 就是转移轨道的半长轴。

对于 $N>0$ 的情况,直线 $t=t_f$ 与 $t-a$ 曲线有 2 个交点,即存在两条转移轨道。而 $N=0$ 时,给定 t_f 对应于唯一的 a,即存在唯一的转移轨道,这就是经典的 Lambert 转移的解。由 t_f 可以确定转移轨道的最大圈数 N_{max},根据前面分析可知,共有 $2N_{max}+1$ 条转移轨道,进而可分别得到各转移轨道的半长轴。

根据以上分析,可以得到多圈 Lambert 问题的求解方法,这里以 $\Delta f\leqslant\pi$ 的情况为例说明求解步骤,$\Delta f>\pi$ 情况下的求解方法类似。

$\Delta f\leqslant\pi$ 时,多圈 Lambert 转移轨道的计算步骤如下:

①计算 n 圈最小能量转移轨道对应的转移时间 t_{min},得到 N 使得 $t_{mN}<t_f<t_{m(N+1)}$;

②通过求最小值,得 $N+1$ 圈转移轨道对应的最短时间 t_{N+1},如果 $t_f<t_{N+1}$,则转移轨道的最大圈数 $N_{max}=N$,否则,$N_{max}=N+1$;

③对于 $n=0$ 的转移轨道,如果 $t_f<t_m$,则迭代求解式(4.209),否则迭代求得 a,求得一般的 Lambert 转移轨道;

④对于 $n=1\sim N$ 的转移轨道,如果 $\Delta f\leqslant\pi$,分别迭代求解得到 2 个 a,从而求得 2 条 n 圈 Lambert 转移轨道;

⑤如果 $N<N_{max}$,则分别在区间$[t_{mN},t_{N+1}]$和$[t_{N+1},\infty)$上求解得到 2 个 a,求得 2 条 N_{max} 圈转移轨道;

⑥根据各转移轨道的半长轴 a 计算转移轨道的其他参数,这与一般 Lambert 转移相同,在此不再详述。

在多脉冲轨道转移或交会问题中,利用 Lambert 方程可以使交会的终端约束自动得到满足,消除优化问题中的等式约束,以此建立优化模型,将多脉冲轨道规划问题转化为优化问题,利用优化算法来获得问题的解,通过优化的方法求解最优轨道机动问题。这一方法具有适用范围广、应用灵活的特点,得到了较多的研究和应用。结合改进 Lambert 算法,还可以将上述方法拓展至考虑摄动、转移时间较长的问题中。

4.4.5.3 问题描述

多目标交会任务要求在给定的任务时间内,以燃料最省的方式依次完成对各个目标的交会过程。该问题可以分解为两层优化模型:①确定与各目标的交会顺序;②在交会顺序确定条件下的交会问题。

模型表述如下:

$$\begin{cases}\min J = \sum\limits_{i=1}^{N} J_i \\ \text{s.t.}\begin{cases}\min J_i = \sum\limits_{i=1}^{N} |\Delta v_i| \\ \text{s.t.}\begin{cases}\boldsymbol{X}(t_0) = \boldsymbol{X}_i \\ \boldsymbol{X}(t_\text{f}) = \boldsymbol{X}_{i+1}\end{cases}\end{cases}\end{cases} \tag{4.210}$$

外层优化:以目标交会顺序和各阶段任务时间为优化变量,以任务的燃料消耗为目标进行优化分析,其中各次交会的燃料消耗由内层计算提供。N 为目标个数,J_i 为第 i 次交会的燃料消耗。内层优化:主要分析单目标交会的优化问题,根据给定的起始位置 $\boldsymbol{X}_i$ 和 $\boldsymbol{X}_{i+1}$,优化得到最优机动序列。

实际上上述模型是优化的总体框架,实际工程任务中还需要考虑光照、测控、任务时间等实际条件,这些约束条件可以作为优化的约束条件,用优化算法来求解。

4.4.5.4 外层优化策略分析

上一节建立的规划模型是一个双层优化问题,首先,需要通过优化算法选择与目标交会的顺序和每一个阶段交会的时间,其次,进行多圈 Lambert 问题的求解,得到相应的燃料消耗量,重复上述计算过程直至求得最优解。由于该问题存在嵌套优化,增加了模型的求解难度。

在任务过程对时间没有严格要求或任务时间不受限的情况下(在试验任务中,正是这种情况),内层优化交会问题最主要的燃料消耗是改变轨道面,面内交会所需要的速度增量与面外机动速度增量相比可忽略,也近似可以认为交会任务燃料消耗主要由轨道面的夹角决定。在这一假设下,两层优化问题得到了解耦,目标的交会顺序可以基于内层优化问题的近似解析解进行优化,即转化为经典的旅行商问题。

任意两个轨道面的夹角用轨道的异面度来表示,它是两个轨道的轨道倾角和升交点赤经差 $\Delta\Omega$,如图 4.41 所示。根据球面三角形余弦公式,可得异面度 Δi 为

$$\cos\Delta i = \cos i_1 \cos i_2 + \sin i_1 \sin i_2 \cos\Delta\Omega \tag{4.211}$$

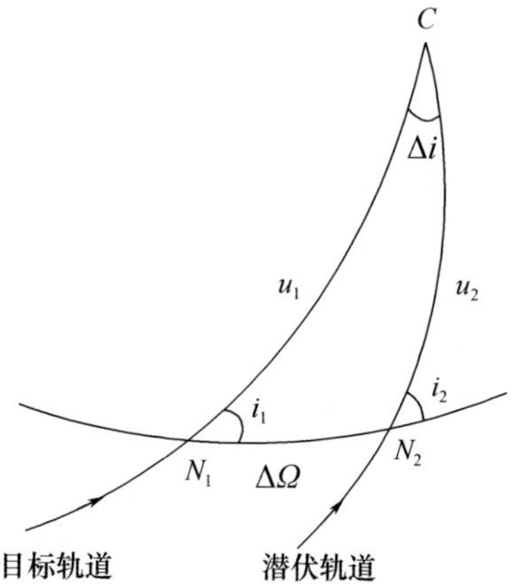

图 4.41　轨道的异面度

对于地球同步轨道目标，在异面度较小的情况下，调整轨道面所需要的速度增量可近似为

$$\Delta v = 2\sin\left(\Delta i/2\right) \approx v\Delta i \tag{4.212}$$

外层优化可近似为

$$\begin{cases} \min J = \sum_{i=1}^{N} J_i \\ \text{s. t.} \quad J_i = v\Delta i = v\mathrm{acos}\left(\cos i_1 \cos i_2 + \sin i_1 \sin i_2 \cos \Delta\Omega\right) \end{cases} \tag{4.213}$$

4.4.5.5　多脉冲轨道交会问题分析

多脉冲交会规划方法是远程交会任务规划的一种重要方法，将 N 脉冲机动规划问题描述为：设 t_0 时刻追踪航天器的位置和速度分别为 $\boldsymbol{r}_\mathrm{c}$ 和 $\boldsymbol{v}_\mathrm{c}$，目标航天器的位置和速度分别为 $\boldsymbol{r}_\mathrm{t}$ 和 $\boldsymbol{v}_\mathrm{t}$，要求在时间 t_1 内追踪航天器与目标航天器相遇。要求分析追踪航天器的机动策略以及所需的速度增量。

如果给定了追踪航天器开始变轨的时间 t_b 以及它与目标航天器相遇的时间 t_f，则根据轨道动力学方程，可求得开始机动时追踪航天的位置 $\boldsymbol{r}_1$ 和速度 $\boldsymbol{v}_1$、相遇时刻目标航天器的位置 $\boldsymbol{r}_2$ 和速度 $\boldsymbol{v}_2$ 以及轨道转移的飞行时间 $\mathrm{d}t$，即可利用 Lambert 时间定理机动的速度增量，进而确定整个机动轨道。因此上述策略优化问题可以转化为如下的非线性优化问题，优化变量为 t_b 和 t_f（$t_0<t_\mathrm{b}<t_\mathrm{f}<t_1$），优化的目标函数为速度增量大小 Δv。

任务过程如图 4.42 所示。

N 脉冲轨道机动燃料最优规划问题可以描述为：已知追踪航天器的初始位置 $\boldsymbol{r}_\mathrm{c}$ 和速度 $\boldsymbol{v}_\mathrm{c}$ 和目标航天器的初始位置 $\boldsymbol{r}_\mathrm{t}$ 和速度 $\boldsymbol{v}_\mathrm{t}$，要求经过一定的时间 Δt 后，追踪航天器和目标航天器达到交会状态，求需要对追踪航天器施加 N 次脉冲的时间 t_i 以及对应的脉冲矢量 $\Delta\boldsymbol{v}$，使得整个交会过程的燃料消耗最小。为描述方便，这里取交会状态为两航天器的相对位置和相对速度为零。

燃料最优规划问题可以表示为优化问题：

$$J = \sum_{i=1}^{N} \left| \Delta \boldsymbol{v}_i \right| \tag{4.214}$$

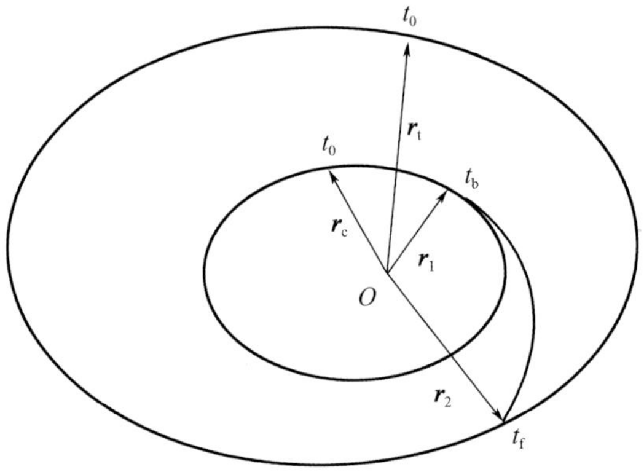

图 4.42　轨道机动过程示意图

问题中变量为 t_i 和 $\Delta \boldsymbol{v}_i(i=1,2,\cdots,N)$，共 $4N$ 个变量，根据轨道动力学方程，有

$$\begin{cases}\boldsymbol{v}_i^+ = \boldsymbol{v}_i^- + \Delta\boldsymbol{v}_i \\ \boldsymbol{r}_{i+1} = f(\boldsymbol{r}_i, \boldsymbol{v}_i^+, t_{i+1} - t_i) \\ \boldsymbol{v}_{i+1} = g(\boldsymbol{r}_i, \boldsymbol{v}_i^+, t_{i+1} - t_i)\end{cases} \tag{4.215}$$

式中，$\boldsymbol{v}_i^+$ 和 $\boldsymbol{v}_i^-$ 分别为 t_i 时刻追踪航天器施加脉冲前后的速度；函数 f 和 g 由轨道动力学规律决定，可以采用数值积分方法求解。根据交会的要求，在 Δt 时刻追踪航天器和目标航天器的位置和速度相同。

根据规划的要求，在交会时刻追踪航天器和目标航天器的位置相同，即上述优化问题必须满足约束条件：

$$\begin{cases}\boldsymbol{r}_c(\Delta t) = \boldsymbol{r}_t(\Delta t) \\ \boldsymbol{v}_c(\Delta t) = \boldsymbol{v}_t(\Delta t)\end{cases} \tag{4.216}$$

对于大部分优化算法而言，约束问题求解难度较大，实际优化中可以由 lambert 算法求解上述终端条件，从而在优化时消除约束，同时降低优化问题的维数。

对交会任务的某个阶段 i，设分配给该阶段的时间为 T，则 T 由三部分组成：$T=t_1+t_2+t_3$。式中 t_1 为初始漂移时间，即服务航天器在初始轨道上的飞行时间；t_2 为终端停泊时间，即服务航天器与目标航天器分离后，服务航天器在目标航天器轨道上的停留时间；t_3 为轨道转移时间，即服务航天器在转移轨道上的飞行时间。由于前一次交会的终端停泊和后一次交会的初始漂移是在同一条轨道上，因此，可以合并这两个时间变量来减少变量的个数。

上述优化问题是一个具有强非线性的多峰约束优化问题，其求解非常困难。上节优化模型中优化变量是比较直观的选择，但是对于优化求解并非最好的选择，通过合理选择优化变量，可以有效提高优化算法的收敛性。

(1)优化问题中隐含有 $N-1$ 个约束条件 $t_i<t_{i+1}(i=1,2,\cdots,N-1)$，在优化求解中，这些约束条件将会对算法的收敛性产生较大的影响。本文在优化过程中采用以下变量表示时间：

$$b_i = \begin{cases} t_1/\Delta v, & i=1 \\ t_i/(\Delta t - t_{i-1}), & i=2,3,\cdots,N\end{cases} \tag{4.217}$$

取 $b_i \in [0,1]$ 自然保证了上述约束条件的满足，不需要在求解过程中做特殊处理，同时也实现了时间的归一化，从而提高了优化效率。

(2)选择速度脉冲矢量在惯性坐标系中的三个分量作为优化变量，比较直观，且容易计算和处理，但速度分量变化与轨道变化的规律性不明确，对于优化求解不利。本文采用速度脉冲大小 $\Delta v_i(0 \leqslant \Delta v_i \leqslant \Delta v_{\max})$、速度脉冲与赤道平面的夹角 $\beta_i(-\pi/2 \leqslant \beta_i \leqslant \pi/2)$ 以及速度脉冲在赤道平面内的投影与惯性系 x 轴的夹角 $\alpha_i(-\pi \leqslant \alpha_i < \pi)$ 来表示各速度脉冲的大小，其中 $\Delta v_{\max}$ 为机动可能施加的最大脉冲。为了便于优化求解，将其归一化后作为优化变量。

$$\begin{cases} c_i = \Delta v_i / \Delta v_{\max} \\ d_i = \beta_i / (\pi/2) \\ e_i = \alpha_i / \pi \end{cases} \tag{4.218}$$

这样，优化变量就取作 $b_i(i=1,2,\cdots,N)$ 和 c_i、d_i、$e_i(k=1,2,\cdots,N-2)$。

4.4.5.6　转移轨道有效性判断

在使用兰波特法解算出追踪航天器相关机动参数以后，需要对这些参数进行检验以判断这些参数构成的转移轨道是否合理，即判断设计出的转移轨道是否会进入地球大气层或与地球相撞。如果该转移轨道进入地球大气层，那么该轨道就认为设计不合理，规划失败，需重新设计交会转移轨道。图 4.43 为航天器交会过程。

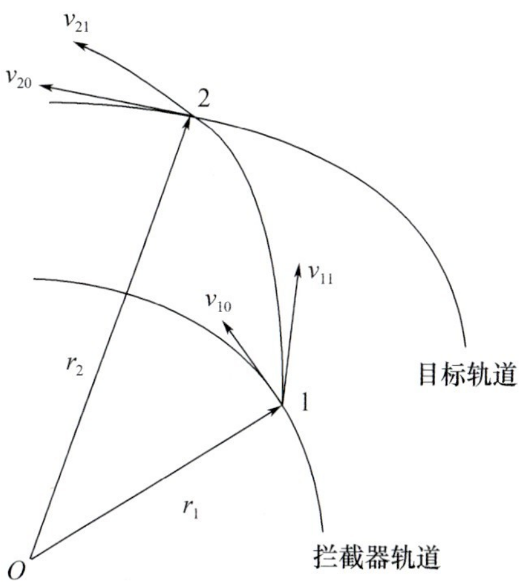

图 4.43　航天器交会过程

下面给出转移轨道设计是否合理的判断方法，简述如下：

图 4.43 中点 1 代表初始转移点，点 2 代表交会点，v_{10} 为追踪器轨道上的初始速度，v_{11} 为转移轨道上的初始速度，v_{20} 为目标轨道上交会点处的速度，v_{21} 为转移轨道上交会点处的速度；r_1 为追踪器的地心距，r_2 为交会点的地心距，$r_1 > R_E + h_{ato}$，$r_2 > R_E + h_{ato}$，R_E 为地球半径，h_{ato} 为大气层高度。

如果：

(1)$\boldsymbol{r}_1 \cdot \boldsymbol{v}_{11} > 0$ 且 $\boldsymbol{r}_2 \cdot \boldsymbol{v}_{21} > 0$，则转移轨道不会进入地球大气层，转移轨道设计合理；

(2)$\boldsymbol{r}_1 \cdot \boldsymbol{v}_{11} > 0$ 且 $\boldsymbol{r}_2 \cdot \boldsymbol{v}_{21} < 0$，则转移轨道不会进入地球大气层，转移轨道设计合理；

(3)$\boldsymbol{r}_1 \cdot \boldsymbol{v}_{11} < 0$ 且 $\boldsymbol{r}_2 \cdot \boldsymbol{v}_{21} > 0$，则转移轨道有可能进入地球大气层，此时需要求解转移轨道的近地点半径 r_p，根据 r_p 与地球半径 $R_E + h_{ato}$ 之间的关系进行判断，若 $r_p > R_E + h_{ato}$ 则转移轨道不会进入地球大气层，转移轨道设计合理，若 $r_p \leqslant R_E + h_{ato}$ 则转移轨道进入地球大气层，转移轨道设计不合理，需重新设计转移轨道；

(4)$\boldsymbol{r}_1 \cdot \boldsymbol{v}_{11} < 0$ 且 $\boldsymbol{r}_2 \cdot \boldsymbol{v}_{21} < 0$，则转移轨道不会进入地球大气层，转移轨道设计合理。

4.4.5.7　优化算法设计

1. 混合优化算法

优化算法是远程交会过程规划的关键，其有效性直接决定了规划结果的优劣。从优化原理上来说，常用的优化算法可以分为两大类：经典优化算法和智能优化算法。前者优点在于最优解附近收敛速度较快，缺点是全局搜索能力差、优化效果对初始值依赖性强、容易陷入局部最优值；后者以遗传算法、模拟退火算法等为代表，其优点为全局搜索能力强，但局部寻优能力差。

遗传算法是一类随机优化算法，其主要步骤可以表示为编码、形成初始种群、适应度计算、遗传算子选择等内容。

(1)编码方案。

由于优化问题变量定义域为实数，采用实数编码方案可以获得更高的求解精度和计算效率，因此采用实数编码方案。

(2)选择算子。

采用最优值保存策略的轮盘赌选择算子。

(3)交叉算子。

采用适用于实数编码的算术交叉算子，其基本思想是对两个个体进行线性组合获得新个体，具体表示如下：

$$x_r^{t+1} = \alpha x_r^t + (1-\alpha)x_s^t,\quad x_s^{t+1} = \alpha x_s^t + (1-\alpha)x_r^t \tag{4.219}$$

式中，α 为[0,1]之间的随机数；x_s^t 和 x_r^t 为 t 代任意两个个体；x_s^{t+1} 和 x_r^{t+1} 为新产生的 $t+1$ 代的个体。

(4)变异算子。

采用一种非均匀变异算子，假定选中基因 k 进行变异，算子描述如下：

$$x_k^{t+1} = \begin{cases} x_k^t + \Delta(t, U_{\max}^k - x_k^t), & \text{random}(0,1)=0 \\ x_k^t - \Delta(t, x_k^t - U_{\min}^k), & \text{random}(0,1)=1 \end{cases}$$

式中，random(0,1)表示以等概率从 0、1 中任选其一，$U_{\min}$ 和 $U_{\max}$ 分别表示基因 k 的上、下限，$\Delta(t,y)=y(1-r^{(1-t/T_m)b})$，$T_m$ 为最大进化代数，b 为一个可调的系统参数。

序列二次规划(SQP)算法发展和成熟于 20 世纪 80 年代，被公认为当今求解光滑非线性规划问题的最优秀算法之一。本书将它与遗传算法相结合，从遗传算法每一代种群的可行解中以一定的概率挑选部分解，作为 SQP 算法的初值，进行优化求解，并将求解的结果替换掉种群中对应的结果。为保证计算效率，该概率不宜选择过大，且可随着进化代数的增加而逐渐增大。算法的基本步骤如图 4.44 所示。

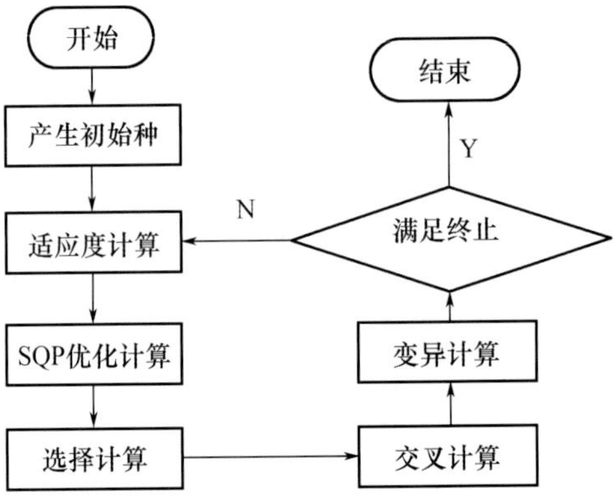

图 4.44　混合算法优化流程

2. 遗传算法

遗传算法(genetic algorithm,GA)是美国 J. Holland 教授基于生物在自然环境中的遗传和进化过程而提出的一种自适应全局优化算法。它是一种高效的近似算法,具有简单性、易操作性、全局收敛性、强鲁棒性等特点,已被广泛应用到众多领域中。

遗传算法以编码空间代替问题的参数空间,以适应度函数为评价依据,以编码群体为进化基础,对群体中个体位串实现选择和遗传,建立起了一个迭代过程。在这一过程中,通过随机重组个体位串中的重要基因,使新一代个体的位串集合优于老一代个体的位串集合,从而使得群体中的个体不断优化,逐渐接近最优解,最终达到求解问题的目的。因此,遗传算法的主要步骤可描述如下:

(1)随机产生一组初始个体构成的初始群体;

(2)计算各个体的适应度;

(3)根据适应度大小按一定方式执行复制操作;

(4)按交叉概率执行交叉操作;

(5)按变异概率执行变异操作;

(6)反复执行步骤(2)~(5),直到达到终止条件,选择最佳个体作为输出结果。遗传算法的流程图描述如图 4.45 所示。

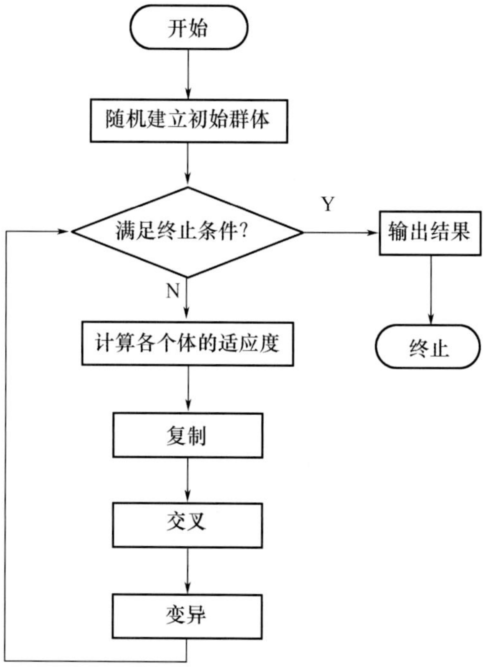

图 4.45　遗传算法流程图

3. NSGA-Ⅱ算法

多目标优化问题(multi-objective optimization problem, MOOP)是目标函数超过 1 个并且需要同时处理的最优化问题。这类问题一般没有唯一的完全解,在多数情况下各个子目标是相互冲突的,要使多个子目标都达到最优值是不可能的,只能对它们进行协调和折中处理,使各个子目标尽可能达到最优。一个具有 n 个决策变量、m 个目标函数的多目标优化问题可描述如下：

$$\begin{cases} \min & F(\boldsymbol{x})=[f_1(\boldsymbol{x}),f_2(\boldsymbol{x}),\cdots,f_m(\boldsymbol{x})]^{\mathrm{T}} \\ \text{s.t.} & g_i(\boldsymbol{x})\geqslant 0,\quad i=1,2,\cdots,q \\ & h_j(\boldsymbol{x})\geqslant 0,\quad j=1,2,\cdots,p \end{cases} \tag{4.220}$$

式中,$\boldsymbol{x}$ 为 n 维决策变量;$F(\boldsymbol{x})$ 为 m 维目标矢量;$g_i(\boldsymbol{x})$ 和 $h_j(\boldsymbol{x})$ 为约束函数。

MOOP 一般不存在单个最优解,而是一个 Pareto 最优解集。为了给决策者提供充分的信息,通常要求多目标优化算法能够求得问题的 Pareto 最优解集或近似的 Pareto 最优解集。目前,国内外对于多目标优化算法的研究较多,但是其中很多算法可能会使结果收敛到单个解,无法满足 Pareto 解的良好分布。因此必须在求解算法中引入专门的多目标处理机制。Kalyanmoy Deb 将进化算法中的竞争选择用于多目标处理,并在比较两个解的性能时提出了三个准则:①可行解优于不可行解;②对于两个可行解,具有更好的目标函数值的可行解被选择;③对于两个不可行解,具有更小的约束违背量的不可行解被选择。

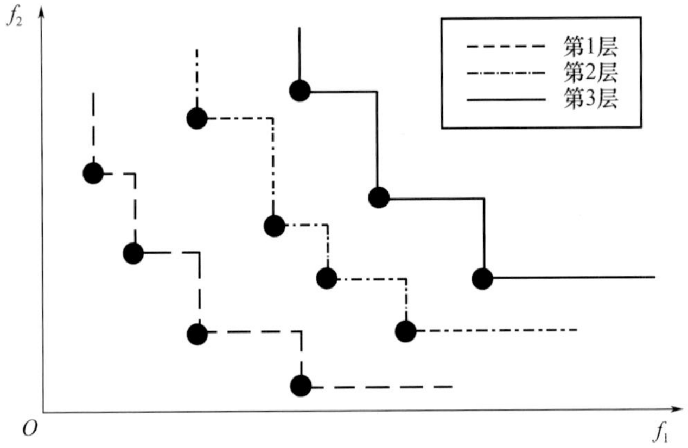

图 4.46 NSGA-Ⅱ非支配排序结果示意图

根据这三个准则,Srinivas 和 Deb 于 1994 年提出了非支配分类遗传算 NSGA。NSGA-Ⅱ是 2000 年 Deb 等人对 NSGA 算法的改进,它是迄今为止最优秀的多目标进化优化算法之一,具有广泛的适用性、强鲁棒性、良好的全局收敛性以及易并行性等优点,在多目标规划领域中得到了广泛的应用。NSGA-Ⅱ算法最突出的特点是采用了快速非支配排序和排挤机制。快速非支配排序将解集分层,得到的任一层的任一个解都优于上一层和所有上层的任一个解,从而驱使搜索过程收敛到 Pareto 最优前沿,如图 4.46 所示;排挤机制代替 NSGA 中的适值度共享方法,通过判断解与解集中其他解的最小距离(即排挤度)来均衡考虑各目标,从而保证了 Pareto 最优解的多样性。

NSGA-Ⅱ算法的基本思想为:随机产生大小为 N 的初始种群,非支配排序后通过选择、交叉、变异等操作后得到下一代;从第二代开始,将父代种群和子代种群合并,进行非支配排序得到多个非支配层,然后对非支配层的个体进行排挤度计算,根据非支配关系和个体的排挤度得到新的父代种群,再通过选择、交叉、变异等操作产生新的子代种群;以此类推,直到满足程序结束的条件。

练　习　题

(1) 设某卫星的初始轨道为圆轨道($e=0$),轨道高度为 250 km,若施加一沿速度方向的脉冲 $\Delta v=200$ m/s,计算机动后远地点的轨道高度。

(2) 设某卫星的初始轨道为圆轨道($e=0$),轨道高度为 500 km,忽略大气影响,如图 4.47 所示,试计算在位置 A 和位置 B 所需要的脉冲机动速度大小。

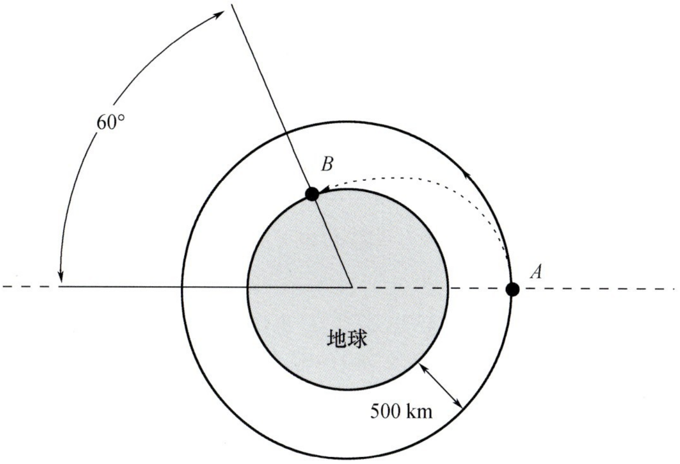

图 4.47

(3) 设某卫星的初始轨道为圆轨道($e=0$),轨道高度为 300 km,试计算:(a) 霍曼转移至共面轨道高度为 3 000 km 的圆轨道的总速度增量大小;(b) 霍曼转移的总时间。

(4) 设某卫星的初始轨道为圆轨道($e=0$),轨道半径为 r,速度为 v,若采用霍曼转移至轨道半径为 $3r$ 的共面圆轨道,试计算总脉冲速度。

(5) 设某卫星的初始轨道为圆轨道($e=0$),轨道高度为 300 km,试计算:(a) 采用图 4.48 所示双椭圆转移至共面轨道高度为 3 000 km 的圆轨道的总速度增量大小;(b) 双椭圆转移的总时间。

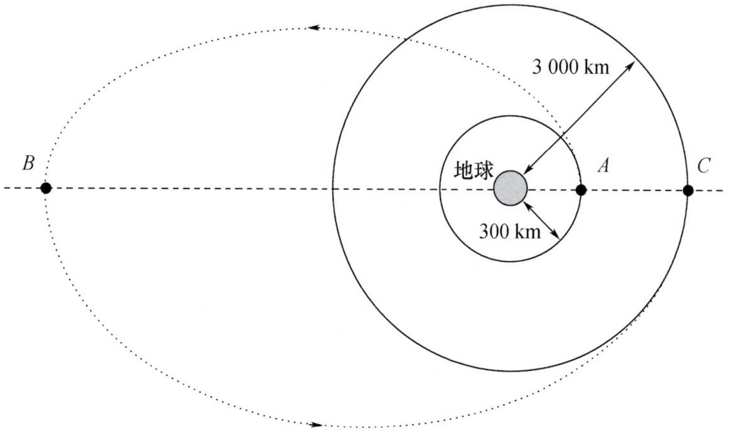

图 4.48

(6)设卫星 S_1 和 S_2 初始位于轨道半径为 r 的共面圆轨道,卫星 S_1 相位落后卫星 S_2 180°,如图 4.49 位置 A 和 B 所示,试计算调相轨道半长轴 a,使得卫星 S_1 在一个周期后与卫星 S_2 交会。

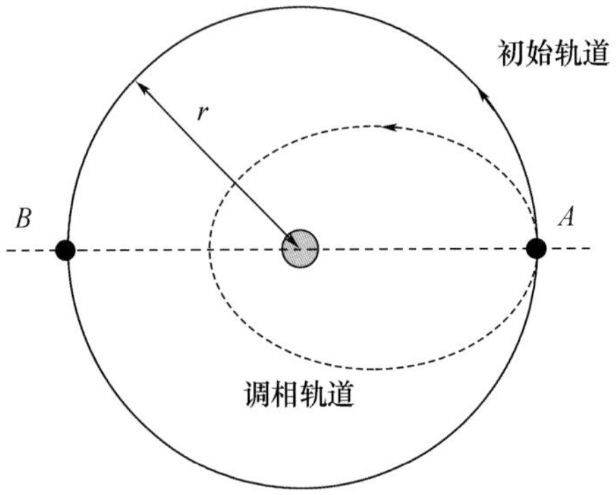

图 4.49

(7)设卫星 S_1 初始位于圆轨道 1,轨道半径为 8 000 km,卫星 S_2 初始位于圆轨道 2,轨道半径为 14 000 km,t_0 时刻卫星 S_1 与卫星 S_2 相位相同,如图 4.50 位置 A 和 B 所示,假设此时卫星 S_1 通过转移轨道 3 霍曼转移至位置 C,再通过调相轨道 4 经过一个轨道周期与卫星 S_2 交会,试计算总脉冲速度。

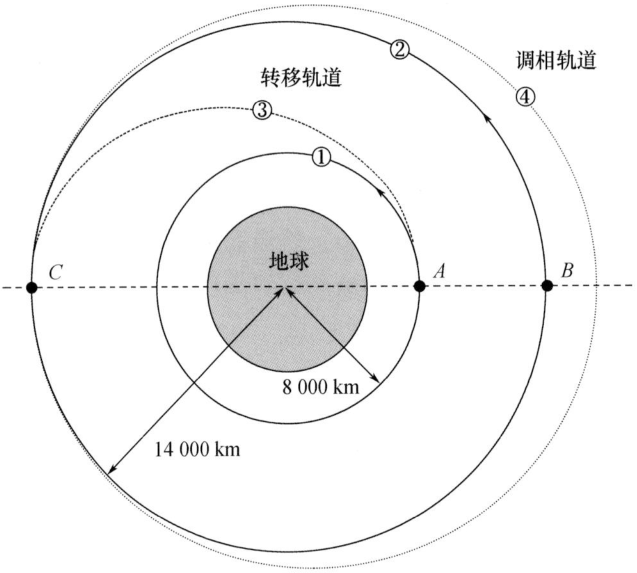

图 4.50

(8)设某卫星的初始轨道根数为 $a=15\ 000$ km、$e=0.5$、$\Omega=45°$、$\omega=30°$、$i=10°$,试计算调整轨道倾角至 $i=0°$的最小单次脉冲速度大小。

(9)设某卫星初始轨道为圆轨道,轨道高度为 400 km,轨道倾角为 $i=60°$,试计算调整至目标轨道偏心率 $e=0.5$,轨道倾角 $i=40°$的最小单次脉冲速度大小。

(10)设某卫星初始轨道为圆轨道,轨道半径为 r_0,速度为 v_0,轨道倾角 $i_0=0°$,此时施加单脉冲机动调整至目标轨道,目标轨道的偏心率 $e=0.1$,轨道倾角 $i=30°$,近地点幅角 $\omega=60°$,试计算单次脉冲速度大小。

第5章　近程轨道机动

空间操控任务中，经常需要任务航天器与目标航天器形成特定的相对运动状态，例如相对目标航天器实现绕飞、掠飞等。在以目标航天器为中心的坐标系中建立二者的相对运动方程，可以较为方便地分析任务航天器对目标的相对运动，便于轨道机动任务的分析与设计。特别是，在两飞行器距离较近的条件下，可以忽略高阶小量，将相对运动方程简化为线性方程形式。本章重点介绍了轨道相对运动方程及其求解，以及空间操控中典型的近程机动任务的设计方法。

5.1　相对运动方程

1878年，美国的天文学家和数学家G. W. Hill研究了这样一个天体相对运动问题：地球和月亮都围绕太阳运动，从地球这个动系看过去，月亮的运动是怎样的？Hill经过推导，得到了描述月球在地球轨道坐标系中的微分方程。1960年，德国科学家Clohessy和Wiltshire推导得到了描述航天器相对运动的方程。两个方程类似，所以后人用三位科学家名字的首字母将其命名为HCW方程，也称为Hill方程或CW方程。

5.1.1　对运动动力学方程的推导与计算

假设追踪星和目标星在地心惯性系中的位置矢量分别以 $\boldsymbol{r}_c$、$\boldsymbol{r}_t$ 表示，如图5.1所示，则两卫星的相对位置矢量为 $\boldsymbol{r}=\boldsymbol{r}_c-\boldsymbol{r}_t$。

依据牛顿的万有引力定律

$$\boldsymbol{F}_g(\boldsymbol{r})=-G\frac{Mm}{r^2}\frac{\boldsymbol{r}}{r}=-\mu\frac{m}{r^2}\boldsymbol{r} \quad (5.1)$$

$$\boldsymbol{F}(\boldsymbol{r})=m_t\ddot{\boldsymbol{r}}_t \quad (5.2)$$

在惯性系中，目标星和追踪星的轨道动力学方程可表示为

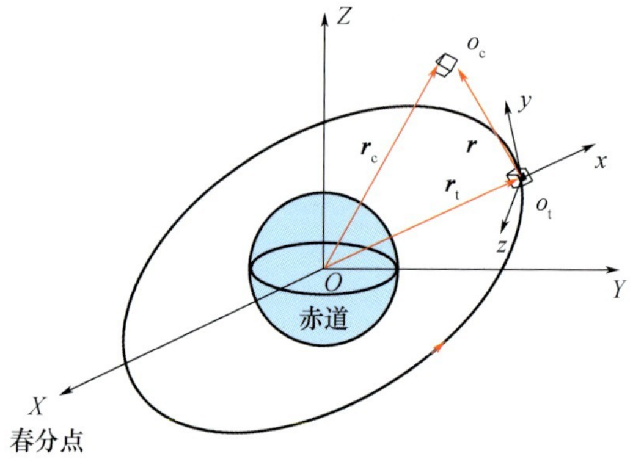

图5.1　追踪星和目标星在地心惯性系中的位置示意图

$$\ddot{\boldsymbol{r}}_t=\frac{\mu\boldsymbol{r}_t}{r_t^3}+\boldsymbol{a}_t \quad (5.3)$$

$$\ddot{\boldsymbol{r}}_c=\frac{\mu\boldsymbol{r}_c}{r_c^3}+\boldsymbol{a}_c \quad (5.4)$$

$\boldsymbol{a}=[\boldsymbol{a}_c,\boldsymbol{a}_t]$ 表示由除地球中心引力之外的所有摄动力和控制力带来的加速度。在惯性空间通过对相对距离直接求微分，可得到相对加速度，即

$$\ddot{\boldsymbol{r}} = \ddot{\boldsymbol{r}}_{\mathrm{c}} - \ddot{\boldsymbol{r}}_{\mathrm{t}} = -\left(\frac{\mu}{r_{\mathrm{c}}^3}\boldsymbol{r}_{\mathrm{c}} - \frac{\mu}{r_{\mathrm{t}}^3}\boldsymbol{r}_{\mathrm{t}}\right) + \Delta\boldsymbol{a} = \frac{\mu}{r_{\mathrm{t}}^3}\left[\boldsymbol{r}_{\mathrm{t}} - \left(\frac{r_{\mathrm{t}}}{r_{\mathrm{c}}}\right)^3\boldsymbol{r}_{\mathrm{c}}\right] + \Delta\boldsymbol{a} \tag{5.5}$$

式(5.5)为相对运动动力学方程在地心惯性系中的表达形式，将其转化为在目标轨道坐标系 o-xyz 中的表达形式：

$$\frac{\delta^2 r}{\delta t^2} + 2\boldsymbol{\omega} \times \frac{\delta \boldsymbol{r}}{\delta t} + \frac{\delta \boldsymbol{\omega}}{\delta t} \times \boldsymbol{r} + \boldsymbol{\omega} \times (\boldsymbol{\omega} \times \boldsymbol{r}) = \frac{\mu}{r_{\mathrm{t}}^3}\left[\boldsymbol{r}_{\mathrm{t}} - \left(\frac{r_{\mathrm{t}}}{r_{\mathrm{c}}}\right)^3\boldsymbol{r}_{\mathrm{c}}\right] + \Delta\boldsymbol{a} \tag{5.6}$$

式中，$\boldsymbol{\omega}$ 为目标轨道坐标系相对于地心惯性系的转动角速度。式(5.6)的计算利用了矢量的绝对导数和相对导数的转换计算，这里给出了具体的计算方法：

$$\begin{aligned}
&\boldsymbol{A} = a_x\boldsymbol{x}^0 + a_y\boldsymbol{y}^0 + a_z\boldsymbol{z}^0 \\
&\frac{\mathrm{d}\boldsymbol{A}}{\mathrm{d}t} = \frac{\mathrm{d}a_x}{\mathrm{d}t}\boldsymbol{x}^0 + \frac{\mathrm{d}a_y}{\mathrm{d}t}\boldsymbol{y}^0 + \frac{\mathrm{d}a_z}{\mathrm{d}t}\boldsymbol{z}^0 + a_x\frac{\mathrm{d}\boldsymbol{x}^0}{\mathrm{d}t} + a_y\frac{\mathrm{d}\boldsymbol{y}^0}{\mathrm{d}t} + a_z\frac{\mathrm{d}\boldsymbol{z}^0}{\mathrm{d}t} \\
&\frac{\mathrm{d}\boldsymbol{x}^0}{\mathrm{d}t} = \boldsymbol{\omega} \times \boldsymbol{x}^0, \frac{\delta\boldsymbol{A}}{\delta t} = \frac{\mathrm{d}a_x}{\mathrm{d}t}\boldsymbol{x}^0 + \frac{\mathrm{d}a_y}{\mathrm{d}t}\boldsymbol{y}^0 + \frac{\mathrm{d}a_z}{\mathrm{d}t}\boldsymbol{z}^0 \\
&\frac{\mathrm{d}\boldsymbol{A}}{\mathrm{d}t} = \frac{\delta\boldsymbol{A}}{\delta t} + \boldsymbol{\omega} \times \boldsymbol{A} \\
&\boldsymbol{v} = \dot{\boldsymbol{r}} = \frac{\delta\boldsymbol{r}}{\delta t} + \boldsymbol{\omega} \times \boldsymbol{r} \\
&\boldsymbol{a} = \ddot{\boldsymbol{r}} = \frac{\delta^2 r}{\delta t^2} + 2\boldsymbol{\omega} \times \frac{\delta\boldsymbol{r}}{\delta t} + \frac{\delta\boldsymbol{\omega}}{\delta t} \times \boldsymbol{r} + \boldsymbol{\omega} \times (\boldsymbol{\omega} \times \boldsymbol{r})
\end{aligned} \tag{5.7}$$

这跟理论力学中的概念是一致的。速度合成定理是指在任一瞬时，动点的绝对速度等于其牵连速度与相对速度的矢量和。加速度合成定理是指动点的绝对加速度等于其相对加速度、科氏加速度和牵连加速度的矢量和。

两卫星的轨道矢径可分别表示为

$$\boldsymbol{r}_{\mathrm{t}} = -\ |\boldsymbol{r}_{\mathrm{t}}| \cdot z^0 = [0 \quad 0 \quad -r_{\mathrm{t}}]^{\mathrm{T}} \tag{5.8}$$

$$\boldsymbol{r}_{\mathrm{c}} = \boldsymbol{r}_{\mathrm{t}} + \boldsymbol{r} = [x \quad y \quad z - r_{\mathrm{t}}]^{\mathrm{T}} \tag{5.9}$$

首先将追踪星地心距表示为

$$\dot{\boldsymbol{r}}_{\mathrm{c}} = [x^2 + y^2 + (z - r_{\mathrm{t}})^2]^{\frac{1}{2}} = (r^2 + r_t^2 - 2zr_t)^{\frac{1}{2}} \tag{5.10}$$

所以

$$\left(\frac{r_{\mathrm{t}}}{r_{\mathrm{c}}}\right)^3 = \left(\frac{r^2 + r_{\mathrm{t}}^2 - 2zr_{\mathrm{t}}}{r_{\mathrm{t}}^2}\right)^{-\frac{3}{2}} = \left[1 + \left(\frac{r}{r_{\mathrm{t}}}\right)^2 - \frac{2z}{r_{\mathrm{t}}}\right]^{-\frac{3}{2}} \tag{5.11}$$

由于相对运动范围远小于轨道半径，因此相对距离与轨道半径的比值可视为小量，即 $r \ll r_{\mathrm{t}}, r \ll r_{\mathrm{c}}$。利用如下式的幂级数展开式

$$(1 + x)^{\partial} = 1 + \partial x + \frac{\partial(\partial - 1)x^2}{2!} + \cdots \tag{5.12}$$

并忽略 r/r_{t} 的二阶及其以上高阶小量，可得到：

$$\left(\frac{r_{\mathrm{t}}}{r_{\mathrm{c}}}\right)^3 \approx 1 + 3\frac{z}{r_{\mathrm{t}}} \tag{5.13}$$

进一步地，可化简得到

$$\boldsymbol{r}_{\mathrm{t}}-\left(\frac{r_{\mathrm{t}}}{r_{\mathrm{c}}}\right)^{3}\boldsymbol{r}_{\mathrm{c}}=\boldsymbol{r}_{\mathrm{t}}-\left(1+3\frac{z}{r_{\mathrm{t}}}\right)(\boldsymbol{r}+\boldsymbol{r}_{\mathrm{t}})\approx 3\frac{z}{r_{\mathrm{t}}}-\boldsymbol{r}=\begin{bmatrix}-x\\-y\\2z\end{bmatrix}\tag{5.14}$$

由于

$$\frac{\delta \boldsymbol{r}}{\delta t}=\begin{bmatrix}\dot{x}\\\dot{y}\\\dot{z}\end{bmatrix},\frac{\delta^2 r}{\delta t^2}=\begin{bmatrix}\ddot{x}\\\ddot{y}\\\ddot{z}\end{bmatrix},\boldsymbol{\omega}\times\frac{\delta \boldsymbol{r}}{\delta t}=\begin{bmatrix}-\omega\dot{z}\\0\\\omega\dot{x}\end{bmatrix},\frac{\delta\boldsymbol{\omega}}{\delta t}\times\boldsymbol{r}=\begin{bmatrix}-\dot{\omega}z\\0\\\dot{\omega}x\end{bmatrix},\boldsymbol{\omega}\times(\boldsymbol{\omega}\times\boldsymbol{r})=\begin{bmatrix}-\omega^2x\\0\\\omega^2z\end{bmatrix}\tag{5.15}$$

如果参考轨道是圆轨道，其轨道角速度 $\omega=\sqrt{\mu/a_{\mathrm{t}}^3}$ 保持不变，那么 $\dot{\omega}=\delta\boldsymbol{\omega}/\delta t=0$。此时，将式(5.15)代入式(5.6)，可对式(5.6)实现线性化，则相对运动方程变为

$$\begin{cases}\ddot{x}-2\omega\dot{z}=a_x\\\ddot{y}+\omega^2y=a_y\\\ddot{z}+2\omega\dot{x}-3\omega^2z=a_z\end{cases}\tag{5.16}$$

式(5.16)即为著名的 CW 方程，其中 a_x、a_y、a_z 表示摄动力和控制力在目标轨道坐标系三轴的分量。从推导过程可以看出，CW 方程是在参考轨道为圆轨道的前提下得到的。

从式(5.16)中可以看出，CW 方程是一组常系数线性微分方程。令状态变量 $\boldsymbol{X}=[x,y,z,\dot{x},\dot{y},\dot{z}]^{\mathrm{T}}$，则 CW 方程可以写成标准形式 $\dot{\boldsymbol{X}}=\boldsymbol{AX}+\boldsymbol{BU}$。其中

$$\boldsymbol{A}=\begin{bmatrix}0&0&0&1&0&0\\0&0&0&0&1&0\\0&0&0&0&0&1\\0&0&0&0&0&2\omega\\0&-\omega^2&0&0&0&0\\0&0&3\omega^2&-2\omega&0&0\end{bmatrix},\boldsymbol{B}=\begin{bmatrix}0&0&0\\0&0&0\\0&0&0\\1&0&0\\0&1&0\\0&0&1\end{bmatrix},\boldsymbol{U}=\begin{bmatrix}a_x\\a_y\\a_z\end{bmatrix}$$

若已知追踪星初始时刻相对状态 $\boldsymbol{X}_0$ 且推力加速度 $\boldsymbol{U}$ 为常矢量，可通过拉普拉斯变换及逆变换得到系统任意 t 时刻的相对状态 $\boldsymbol{X}_{\mathrm{t}}$。从 CW 方程还可以看出，相对运动可以分为轨道面内自由运动和轨道面外运动，且两个运动是解耦的。

轨道面内运动是指由 X 轴和 Z 轴组成的平面内的运动，轨道面外运动是指垂直于轨道面的法向运动，即 Y 轴方向的运动。下面分别讨论轨道面外运动和轨道面内运动两种情况下系统任意 t 时刻相对状态 $\boldsymbol{X}_{\mathrm{t}}$ 的解析解。

(1)轨道面外的相对运动方程为

$$\ddot{y}+\omega^2y=a_y\tag{5.17}$$

对上式进行拉普拉斯变换，有

$$\begin{cases}s^2y(s)-sy_0-\dot{y}_0=-\omega^2y(s)+\dfrac{a_y}{s}\\y(s)=\dfrac{sy_0+\dot{y}_0}{s^2+\omega^2}+\dfrac{a_y}{s(s^2+\omega^2)}\end{cases}\tag{5.18}$$

利用拉普拉斯逆变换,可以得到轨道面外即法向的运动方程,即

$$\begin{cases} y(t) = \dfrac{\dot{y}_0}{\omega}\sin \omega t + y_0\cos \omega t + \dfrac{a_y}{\omega^2}(1 - \cos \omega t) \\ \dot{y}(t) = -\omega y_0\sin \omega t + \dot{y}_0\cos \omega t + \dfrac{a_y}{\omega}\sin \omega t \end{cases} \tag{5.19}$$

(2)轨道面内的相对运动方程为

$$\begin{cases} \ddot{x} - 2\omega\dot{z} = a_x \\ \ddot{z} + 2\omega\dot{x} - 3\omega^2 z = a_z \end{cases} \tag{5.20}$$

对上式进行拉普拉斯变换,有

$$\begin{cases} \begin{bmatrix} s^2x(s) - sx_0 - \dot{x}_0 \\ s^2z(s) - sz_0 - \dot{z}_0 \end{bmatrix} = \begin{bmatrix} 2\omega[sz(s) - z_0] + \dfrac{a_x}{s} \\ -2\omega[sx(s) - x_0] + 3\omega^2 z(s) + \dfrac{a_z}{s} \end{bmatrix} \\ \begin{bmatrix} s^3 & -2\omega s^2 \\ 2\omega s^2 & s^3 - 3\omega^2 s \end{bmatrix}\begin{bmatrix} x(s) \\ z(s) \end{bmatrix} = \begin{bmatrix} s^2x_0 + s\dot{x}_0 - 2\omega s z_0 + a_x \\ s^2z_0 + s\dot{z}_0 - 2\omega s x_0 + a_z \end{bmatrix} \\ \begin{bmatrix} x(s) \\ z(s) \end{bmatrix} = \dfrac{1}{s^3(s^2 + \omega^2)}\begin{bmatrix} s^2 - 3\omega^2 & 2\omega s \\ -2\omega s & s^2 \end{bmatrix}\begin{bmatrix} s^2x_0 + s\dot{x}_0 - 2\omega s z_0 + a_x \\ s^2z_0 + s\dot{z}_0 - 2\omega s x_0 + a_z \end{bmatrix} \end{cases} \tag{5.21}$$

采用拉普拉斯逆变换,可以得到轨道面内的运动方程:

$$\begin{cases} x(t) = x_0 + 2\dfrac{\dot{z}_0}{\omega} + (6\omega z_0 - 3\dot{x}_0)t - \left(6z_0 - 4\dfrac{\dot{x}_0}{\omega}\right)\sin \omega t - 2\dfrac{\dot{z}_0}{\omega}\cos \omega t + \\ \qquad 4\dfrac{a_x}{\omega^2} - \dfrac{3}{2}a_x t^2 + 2\dfrac{a_z}{\omega}t - 2\dfrac{a_z}{\omega^2}\sin \omega t - 4\dfrac{a_x}{\omega^2}\cos \omega t \\ z(t) = 4z_0 - 2\dfrac{\dot{x}_0}{\omega} + \dfrac{\dot{z}_0}{\omega}\sin \omega t + \left(2\dfrac{\dot{x}_0}{\omega} - 3z_0\right)\cos \omega t + \dfrac{a_z}{\omega^2} - 2\dfrac{a_x}{\omega}t + \\ \qquad 2\dfrac{a_x}{\omega^2}\sin \omega t - \dfrac{a_z}{\omega^2}\cos \omega t \\ \dot{x}(t) = (6\omega z_0 - 3\dot{x}_0) + 2\dot{z}_0\sin \omega t - (6z_0\omega - 4\dot{x}_0)\cos \omega t - 3a_z t + 2\dfrac{a_z}{\omega} + \\ \qquad 4\dfrac{a_x}{\omega}\sin \omega t - 2\dfrac{a_z}{\omega}\cos \omega t \\ \dot{z}(t) = (3\omega z_0 - 2\dot{x}_0)\sin \omega t + \dot{z}_0\cos \omega t - 2\dfrac{a_x}{\omega} + \dfrac{a_z}{\omega}\sin \omega t + 2\dfrac{a_x}{\omega}\cos \omega t \end{cases} \tag{5.22}$$

因此,系统任意 t 时刻的相对状态 $\boldsymbol{X}_t$ 可写成如下形式:

$$\boldsymbol{X}_t = \boldsymbol{\Phi}(t)\boldsymbol{X}_0 + \boldsymbol{GU} \tag{5.23}$$

式中,$\boldsymbol{\Phi}(t)$ 是状态转移矩阵,可表示为

$$\boldsymbol{\Phi}(t)=\begin{bmatrix}1 & 0 & 6(\omega t-\sin\omega t) & \dfrac{4\sin\omega t-3\omega t}{\omega} & 0 & \dfrac{2(1-\cos\omega t)}{\omega}\\ 0 & \cos\omega t & 0 & 0 & \dfrac{\sin\omega t}{\omega} & 0\\ 0 & 0 & 4-3\cos\omega t & \dfrac{2(\cos\omega t-1)}{\omega} & 0 & \dfrac{\sin\omega t}{\omega}\\ 0 & 0 & 6\omega(1-\cos\omega t) & 4\cos\omega t-3 & 0 & 2\sin\omega t\\ 0 & -\omega\sin\omega t & 0 & 0 & \cos\omega t & 0\\ 0 & 0 & 3\omega\sin\omega t & -2\sin\omega t & 0 & \cos\omega t\end{bmatrix}$$

$\boldsymbol{G}$ 为单位质量上的作用力的输入矩阵,即

$$\boldsymbol{G}=\begin{bmatrix}\dfrac{4(1-\cos\omega t)}{\omega^2}-\dfrac{3}{2}t^2 & 0 & \dfrac{2(\omega t-\sin\omega t)}{\omega^2}\\ 0 & \dfrac{1-\cos\omega t}{\omega^2} & 0\\ \dfrac{2(\sin\omega t-\omega t)}{\omega^2} & 0 & \dfrac{1-\cos\omega t}{\omega^2}\\ \dfrac{4}{\omega}\sin\omega t-3t & 0 & \dfrac{2(1-\cos\omega t)}{\omega}\\ 0 & \dfrac{\sin\omega t}{\omega} & 0\\ \dfrac{2(\cos\omega t-1)}{\omega} & 0 & \dfrac{\sin\omega t}{\omega}\end{bmatrix}$$

如果忽略外力影响,即 $F_x=0,F_y=0,F_z=0$,亦即 $a_x=0,a_y=0,a_z=0$,经拉普拉斯逆变换可得到时域下状态方程的解析解,则两卫星的相对位置为

$$\begin{cases}x(t)=x_0+2\dfrac{\dot{z}_0}{\omega}+(6\omega z_0-3\dot{x}_0)t-\left(6z_0-4\dfrac{\dot{x}_0}{\omega}\right)\sin\omega t-2\dfrac{\dot{z}_0}{\omega}\cos\omega t\\ y(t)=\dfrac{\dot{y}_0}{\omega}\sin\omega t+y_0\cos\omega t\\ z(t)=4z_0-2\dfrac{\dot{x}_0}{\omega}+\dfrac{\dot{z}_0}{\omega}\sin\omega t+\left(2\dfrac{\dot{x}_0}{\omega}-3z_0\right)\cos\omega t\end{cases}\tag{5.24}$$

两卫星的相对速度为

$$\begin{cases}\dot{x}(t)=(6\omega z_0-3\dot{x}_0)+2\dot{z}_0\sin\omega t-(6\omega z_0-4\dot{x}_0)\cos\omega t\\ \dot{y}(t)=-\omega y_0\sin\omega t+\dot{y}_0\cos\omega t\\ \dot{z}(t)=(3\omega z_0-2\dot{x}_0)\sin\omega t+\dot{z}_0\cos\omega t\end{cases}\tag{5.25}$$

此时,式(5.23)可简化为

$$\boldsymbol{X}_t=\boldsymbol{\Phi}(t)\boldsymbol{X}_0\tag{5.26}$$

由于状态转移矩阵 $\boldsymbol{\Phi}(t)$ 可以划分为四部分,分别用 $\boldsymbol{\Phi}_{\mathrm{rr}}(t)$、$\boldsymbol{\Phi}_{\mathrm{rv}}(t)$、$\boldsymbol{\Phi}_{\mathrm{vr}}(t)$ 和 $\boldsymbol{\Phi}_{\mathrm{vv}}(t)$ 表示,即

$$\boldsymbol{\Phi}(t)=[\boldsymbol{\Phi}_{\mathrm{r}}(t)\quad \boldsymbol{\Phi}_{\mathrm{v}}(t)]=\begin{bmatrix}\boldsymbol{\Phi}_{\mathrm{rr}}(t) & \boldsymbol{\Phi}_{\mathrm{rv}}(t)\\ \boldsymbol{\Phi}_{\mathrm{vr}}(t) & \boldsymbol{\Phi}_{\mathrm{vv}}(t)\end{bmatrix} \tag{5.27}$$

所以,系统任意 t 时刻的相对状态参数可以直接由初始相对状态计算,即

$$\begin{aligned}\boldsymbol{r}(t)&=\boldsymbol{\Phi}_{\mathrm{rr}}(t)\boldsymbol{r}(t_0)+\boldsymbol{\Phi}_{\mathrm{rv}}(t)\boldsymbol{v}(t_0)\\ \boldsymbol{v}(t)&=\boldsymbol{\Phi}_{\mathrm{vr}}(t)\boldsymbol{r}(t_0)+\boldsymbol{\Phi}_{\mathrm{vv}}(t)\boldsymbol{v}(t_0)\end{aligned} \tag{5.28}$$

式中,$\boldsymbol{r}(t)=[x,y,z]^{\mathrm{T}}$,$\boldsymbol{v}(t)=[\dot{x},\dot{y},\dot{z}]^{\mathrm{T}}$。

CW 方程是基于圆参考轨道、线性化相对运动和二体引力等三个假设条件推导的。对于长期飞行或两个航天器相距较远的情况,CW 方程的三个假设条件将带来很大的误差,但是对于短时间的交会对接任务,当两个航天器相距较近时,CW 方程是可以满足任务精度要求的,而且由于其揭示了相对运动的基本规律,并且具有形式简单的解析解,可以采用直观的几何观察设计相对轨道,因此被国内外学者广泛地应用在交会对接等近程操控任务中。

5.1.2　相对运动方程在轨道面内的应用分析

从 CW 方程的解析解中可以看出,CW 方程为线性微分方程,它满足叠加原理。相对运动由轨道面内自由运动和轨道面外运动组成。轨道面内自由运动可以进一步拆解为两种运动的叠加,即直线运动,或称水平漂移运动(常值项、长期项)和顺时针椭圆运动(周期项),其中,不随时间变化的项属于常值项,包含正余弦函数的项属于周期项,其他随时间变化的项属于长期项。

轨道面内的相对运动方程通过适当的数学变换,可以得到更加直观的表达式:

$$\frac{(z-z_{\mathrm{c}})^2}{C^2}+\frac{(x-x_{\mathrm{c0}}-\dot{x}_{\mathrm{c}}t)^2}{(2C)^2}=1 \tag{5.29}$$

通过观察相对运动方程,可以发现相对运动具有如下一些基本特点:

(1)从公式(5.24)中可以看出,在第一个和第三个等式中没有变量 y,而在第二个等式中没有变量 x 和 z。所以,相对运动可以分解为轨道面内(xz 平面)运动和垂直于轨道面(轨道面外,y 方向)运动两个相互独立的部分。

(2)相对运动的 x 方向分量包含了常值项、长期项和周期项三部分,分别是 $x_0+2\dot{z}_0/\omega$、$(6\omega z_0-3\dot{x}_0)t$ 和 $-(6z_0-4\dot{x}_0/\omega)\sin\omega t-2\dot{z}_0\cos\omega t/\omega$。当 $\dot{x}_0=2\omega z_0$ 时,其长期项运动为 0,此时 x 方向运动没有长期漂移,追踪星和目标星可以保持稳定的相对运动轨迹。此时,只剩下常值项和周期项,相对运动就是以某一点为中心的椭圆绕飞。

(3)当 x 方向运动的长期项为 0 时,相对运动轨迹在轨道面内的投影为一个长轴沿 x 坐标轴方向、短轴沿 z 坐标轴方向、长短轴之比为 2∶1 的椭圆。椭圆的中心位置、大小和相位由初始相对状态决定,但形状是确定的,因为椭圆的偏心率是确定的,这个结论可以从周期函数 sin、cos 的系数得到。

从公式(5.29)可以看出,若 $C\neq0$,轨道平面内的运动是椭圆运动,因为 $2C$ 大于 C,所以椭圆的长半轴在 x 轴方向。若 $\dot{x}_c=6\omega z_0-3\dot{x}_0$ 为零,椭圆中心的 x 坐标是恒定不变的,因此追踪星相对轨迹为固定椭圆,相对运动就是椭圆形的绕飞。若长期项 $\dot{x}_c$ 不等于零,椭圆中心的 x 坐标是动的,因此追踪星轨迹是滚动椭圆,且椭圆轨迹中心漂移的方向由 $\dot{x}_c$ 确定:若 $\dot{x}_c$ 大于零,椭

圆中心向正轴方向漂移;若 $\dot{x}_c$ 小于零,椭圆中心向负轴方向漂移。若 C 等于零,则只有常值项和长期项,此时轨道平面内的运动不再是椭圆。

下面分析相对运动方程在轨道面内的应用:

(1)当 x_0 不等于零,其余初始条件均为零时,动力学特性变为一个固定点,称为保持点,即跟飞,如图 5.2 所示。

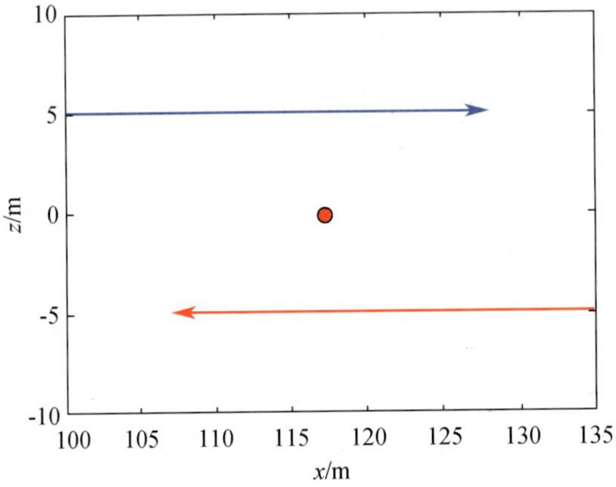

图 5.2　跟飞示意图

(2)当 z_0 不等于零时,假设机械臂在目标质心 z 方向一定距离 z_0 处释放一颗小卫星,则相对运动方程就可以化简为

$$\begin{cases} x(t) = 6z_0(\omega t - \sin \omega t) \\ y(t) = 0 \\ z(t) = z_0(4 - 3\cos \omega t) \end{cases} \tag{5.30}$$

从相对运动轨迹中可以看出,在上方释放小卫星(z_0 为负值),$z(t)$ 永远为负值,$x(t)$ 永远为负值,所以卫星向后上方运动,如图 5.3(a)所示。如果在下方释放小卫星(z_0 为正值),$z(t)$ 永远为正值,$x(t)$ 永远为正值,卫星往前下方运动,如图 5.3(b)所示。

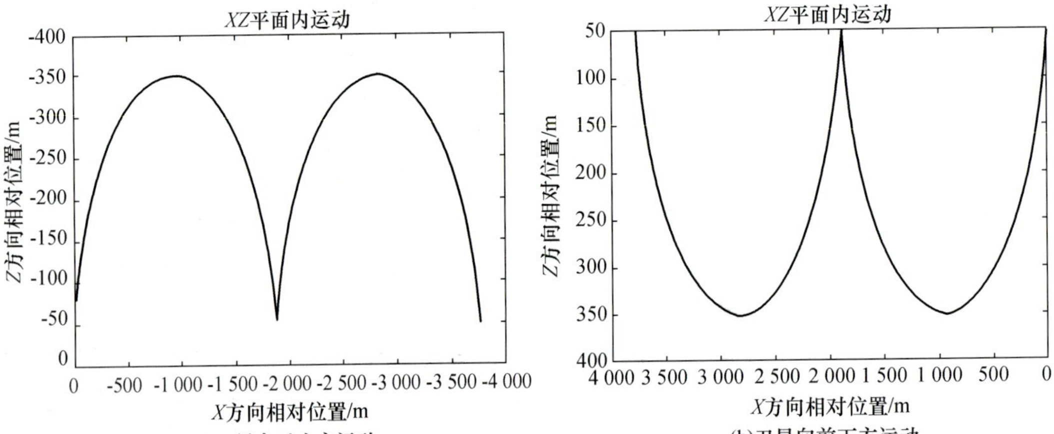

(a)卫星向后上方运动　(b)卫星向前下方运动

图 5.3　相对运动轨迹

还有一种情况，两个航天器运行在高度相差 z_0 的两个轨道上，当相对距离较近时，在不同高度轨道上的相对运动是近似直线运动，两者的相对速度为 $\dot{x}_c = 3\omega z_0/2$。

因此，若已知初始相对状态，则可以得到每个目标轨道周期的相对距离变化，即

$$X_t = 3\pi z_0 \tag{5.31}$$

这部分内容将在 5.3.2 节和 5.4.1 节再进行详细的推导和分析。下面分析在脉冲作用下，轨道面内的相对运动是怎样的。

作为初步类似，推进机动可看作脉冲机动，即航天器速度发生瞬时变化，CW 方程中加速度项为零。在脉冲机动的理想情况下，更容易计算机动、分析机动策略以及估计所需速度增量 $\boldsymbol{\Delta V}$。

(3)施加速度方向脉冲下的巡游轨道。

目标星位于坐标原点，假设追踪星在初始时刻也位于坐标原点，CW 方程输入的初始状态为 0，即相对位置和相对速度都等于零，即 $x_0=0, y_0=0, z_0=0$。

如果仅施加 x 方向脉冲 $\dot{x}_0$，则 $\dot{y}_0$ 和 $\dot{z}_0$ 仍为零，CW 方程解析解可化简为

$$\begin{cases} x(t) = 4\dfrac{\dot{x}_0}{\omega}\sin\omega t - 3\dot{x}_0 t \\ y(t) = 0 \\ z(t) = 2\left(\dfrac{\dot{x}_0}{\omega}\cos\omega t - \dfrac{\dot{x}_0}{\omega}\right) \\ \dot{x}(t) = 4\dot{x}_0\cos\omega t - 3\dot{x}_0 \\ \dot{y}(t) = 0 \\ \dot{z}(t) = -2\dot{x}_0\sin\omega t \end{cases} \tag{5.32}$$

从式(5.32)中可以得到结论：在刚施加完脉冲的一段时间内，ωt 是小量，$\sin\omega t \approx \omega t$，因此 $x(t)\approx \dot{x}_0 t$。当施加速度正方向的脉冲时，$\dot{x}_0$ 是正值，因此，x 方向的相对位置刚开始也是正的，而随着时间变长，以后将是负值。由于 $\cos\omega t<1$，所以 $z(t)$ 永远是负值。因此，追踪星的相对运动轨道是先向前、再向后上方运动，呈螺旋巡游轨迹。这种轨迹可以用于对轨道目标的拱形掠飞，如图 5.4 所示。

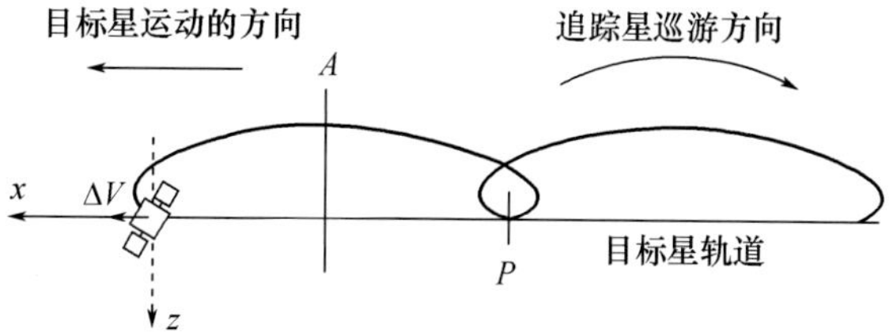

图 5.4　施加速度正方向脉冲下的巡游轨道

在 5.3.1 节中会进一步介绍拱形掠飞轨道的特性和设计方法。

(4)沿径向脉冲情况下的绕飞轨道。

假设 CW 方程输入的初始状态为 0，此时 $x_0=0, y_0=0, z_0=0$。如果仅施加 x 方向脉冲 $\dot{x}_0$，

则 $\dot{y}_0=0$,如果仅施加 z 方向脉冲 z_0,且 $\dot{x}_0$ 和 $\dot{y}_0$ 仍为零,则 CW 方程解析解可化简为

$$\begin{cases} x(t)=-\dfrac{2\dot{z}_0}{\omega}\cos\omega t+2\dfrac{\dot{z}_0}{\omega} \\ y(t)=0 \\ z(t)=\dfrac{\dot{z}_0}{\omega}\sin\omega t \\ \dot{x}(t)=2\dot{z}_0\sin\omega t \\ \dot{y}(t)=0 \\ \dot{z}(t)=\dot{z}_0\cos\omega t \end{cases} \tag{5.33}$$

通过对轨道面内运动方程的化简,可以得到如下等式:

$$\frac{z^2}{\left(\dfrac{\dot{z}_0}{\omega}\right)^2}+\frac{\left[x-\left(x_0+2\dfrac{\dot{z}_0}{\omega}\right)\right]^2}{\left(2\dfrac{\dot{z}_0}{\omega}\right)^2}=1 \tag{5.34}$$

从式(5.34)可以看出,仅施加径向脉冲后的相对运动轨迹是椭圆绕飞轨道。

与在 $\pm x$ 方向施加速度脉冲的机动(切向机动)类似,在 $\pm z$ 方向施加速度脉冲的机动(径向机动)也可以实现沿目标轨道的转移。径向机动的特性之一是它仅仅影响偏心率而不影响轨道周期,因此不会产生相对于目标轨道的漂移。在半个轨道周期后,即 $t=T/2$,$\omega t=\pi$,轨迹将达到其 x 方向上的最大位移,与施加相同大小的切向脉冲一个周期后的转移距离相比,两者的比值为 $k=(4\Delta\boldsymbol{V}/\omega):(6\pi\Delta\boldsymbol{V}/\omega)=4:6\pi$。在四分之一个周期后,将达到 z 方向上的最大距离 $\Delta z=\Delta\boldsymbol{V}_{z1}/\omega$,如图 5.5 所示。

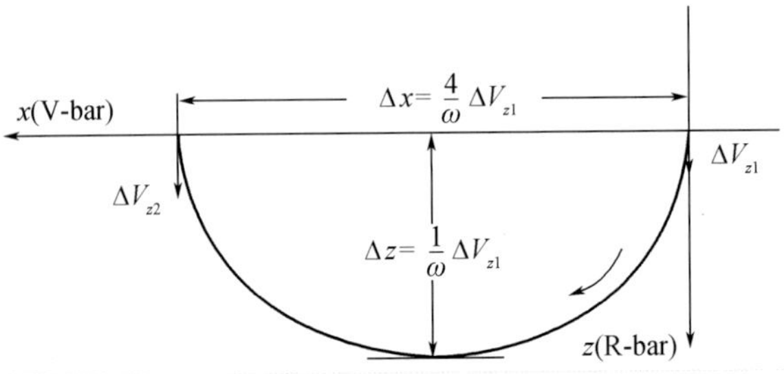

图 5.5 沿径向脉冲下的绕飞轨道

自然椭圆绕飞轨道将在 5.2.1 节中进行详细的特性分析和设计方法介绍。

5.1.3 相对运动方程在轨道面外的应用分析

从 CW 方程的第二个等式可知,相对状态的 y 分量表示为

$$y(t)=\frac{\dot{y}_0}{\omega}\sin\omega t+y_0\cos\omega t \tag{5.35}$$

定义参数 D 和 φ_0 如下:

$$D=\sqrt{\left(\frac{\dot{y}_0}{\omega}\right)^2+y_0^2},\sin\varphi_0=-\frac{\dot{y}_0/\omega}{D},\cos\varphi_0=-\frac{y_0}{D}$$

相对状态的 y 分量可写为

$$y(t)=-D\cos(\omega t-\varphi_0)=-D_x\cos\omega t-D_y\sin\omega t \tag{5.36}$$

式中，$D_x=-y_0$，$D_y=-\dot{y}_0/\omega$。从式(5.36)中可以看出，轨道面外的运动为周期振荡运动，振荡幅度为 D。振荡的周期和轨道面内运动的周期相同，振动的振幅和相位均由初始相对状态决定，即取决于两个初始参数 D、φ_0 或 $D_x=-y_0$、$D_y=-\dot{y}_0/\omega$，这两个初始参数和 y_0、$\dot{y}_0$ 之间也存在一一对应关系。

如果在目标 Y 方向一定距离 Y_0 处释放一颗小卫星，则小卫星的相对运动为一个从 Y_0 位置开始的理想正弦运动，如图 5.6 所示。因为这种运动与轨道面内运动解耦，所以这个结果能够被叠加到所有的轨道面内的情况中。

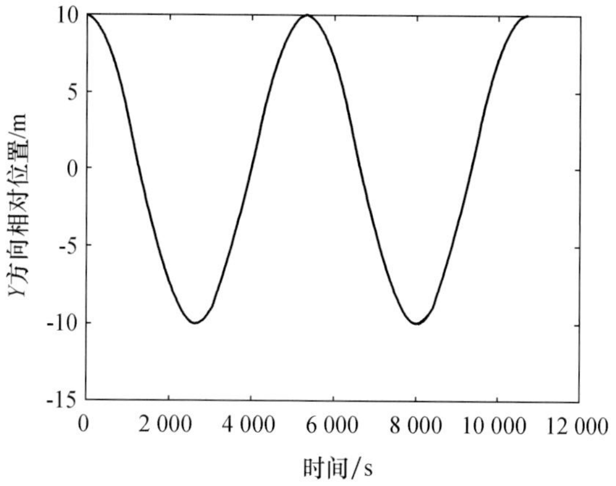

图 5.6　理想正弦运动

假设 CW 方程输入的初始相对位置为 0，即 $x_0=0$，$y_0=0$，$z_0=0$，如果仅施加 y 方向脉冲 $\dot{y}_0$，则 $\dot{x}_0$ 和 $\dot{z}_0$ 仍为零，CW 方程解析解可化简为

$$\begin{cases} x(t)=0 \\ y(t)=\dfrac{\dot{y}_0}{\omega}\sin\omega t \\ z(t)=0 \\ \dot{x}(t)=0 \\ \dot{y}(t)=\dot{y}_0\cos\omega t \\ \dot{z}(t)=0 \end{cases} \tag{5.37}$$

从式(5.37)可知，此时轨道面外的运动为周期振荡运动，如图 5.7 所示。

综合以上相对运动方程在轨道面内和轨道面外的分析可知，两个卫星相对自由运动的轨迹可以看成三种运动的线性叠加：水平直线运动、面内椭圆运动、横向振荡运动。这三种运动的不同组合可以得到一系列特定的曲线，比如：停泊点、水平直线、周期绕飞椭圆、空间螺旋线、

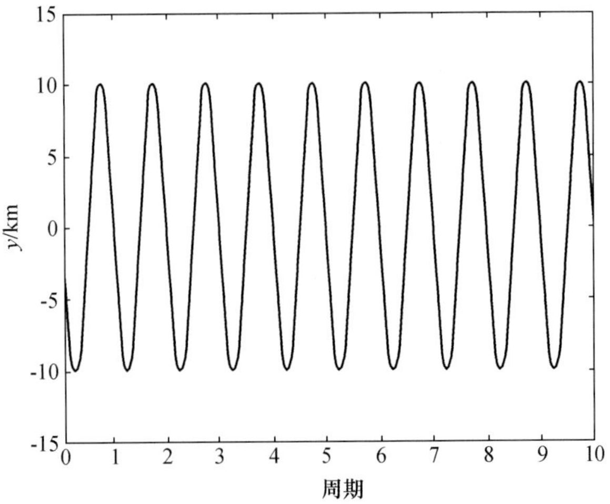

图 5.7　垂直轨道面脉冲影响下的振荡轨道

面内波浪线、面内螺旋线等。

CW 方程的稳定解有一些较好的几何特性。由 CW 方程解析解可知，相对运动在轨道面内的常值项和长期项（直线运动或水平漂移运动）可表示为

$$\begin{bmatrix} x_c \\ z_c \end{bmatrix} = \begin{bmatrix} x_{c0} + \dot{x}_c t \\ \dfrac{2\dot{x}_c}{3\omega} \end{bmatrix} = \begin{bmatrix} x_0 + 2\dfrac{\dot{z}_0}{\omega} - (3\dot{x}_0 - 6\omega z_0)t \\ 4z_0 - 2\dfrac{\dot{x}_0}{\omega} \end{bmatrix} \tag{5.38}$$

相对运动在轨道面内的周期项（椭圆运动）可表示为

$$\begin{bmatrix} x_e \\ z_e \end{bmatrix} = \begin{bmatrix} 2C\cos(\omega t + \psi_0) \\ -C\sin(\omega t + \psi_0) \end{bmatrix} = \begin{bmatrix} -2C_y \sin\omega t + 2C_x \cos\omega t \\ -C_y \cos\omega t - C_x \sin\omega t \end{bmatrix}$$

$$= \begin{bmatrix} 2\left(2\dfrac{\dot{x}}{\omega} - 3z_0\right)\sin\omega t - 2\left(\dfrac{\dot{z}_0}{\omega}\right)\cos\omega t \\ \left(2\dfrac{\dot{x}}{\omega} - 3z_0\right)\cos\omega t + \left(\dfrac{\dot{z}_0}{\omega}\right)\sin\omega t \end{bmatrix} \tag{5.39}$$

相对运动在轨道面外的运动（周期振荡运动）可表示为式（5.36）。

如果满足 $\dot{x}_0 = 2nz_0$，即相对运动 x 方向分量的长期项为零，则 CW 方程解析解可以写成模和相位角的形式：

$$\begin{cases} x(t) = x_{c0} + 2C\cos(\omega t + \psi_0) \\ z(t) = -C\sin(\omega t + \psi_0) \\ y(t) = -D\cos(\omega t - \varphi_0) \end{cases} \tag{5.40}$$

式中，C、D、ψ_0、φ_0 的表达式分别为

$$C = \sqrt{\left(3z_0 - \frac{\dot{z}_0}{\omega}\right)^2 + \left(\frac{\dot{z}_0}{\omega}\right)^2}$$

$$D = \sqrt{\left(\frac{\dot{y}_0}{\omega}\right)^2 + y_0{}^2}$$

$$\psi_0 = \arctan\left(\frac{\omega z_0}{\dot{z}_0}\right)$$

$$\varphi_0 = \arctan\left(\frac{\dot{y}_0}{\omega y_0}\right)$$

一般情况下,自由运动周期解在空间形成一个椭圆,椭圆所在平面与轨道平面会存在一定夹角,该夹角取决于两种周期运动的相对幅值。利用式(5.36)和式(5.39)消除正弦函数 $\sin \omega t$ 和余弦函数 $\cos \omega t$,可以得到这个空间平面的基本方程:

$$(D_y C_y - D_x C_x)x - 2(C_x^2 + C_y^2)y + 2(D_y C_x + D_x C_y)z = 0 \tag{5.41}$$

平面法线与横向即 y 轴的夹角余弦 $\cos \theta$ 为

$$\begin{aligned} & \frac{2(C_x^2 + C_y^2)}{\sqrt{(D_y C_y - D_x C_x)^2 + 4(C_x^2 + C_y^2)^2 + 4(D_y C_x + D_x C_y)^2}} \\ = & \frac{2C^2}{\sqrt{C^2 D^2 + 4C^2 + 3C^2 D^2 \sin^2(\varphi_0 + \psi_0)}} \end{aligned} \tag{5.42}$$

由式(5.42)可得出如下结论:

(1)当 $-\varphi_0 = \psi_0 + \pi/2, D = \sqrt{3C}$ 时,$\cos \theta = 1/2$,此时的空间轨迹为圆形;

(2)当 $-\psi_0 = \varphi_0$ 时,yz 平面的投影为椭圆;

(3)当 $-\psi_0 = \varphi_0, C = D$ 时,yz 平面的投影为圆形,xy 平面的投影为直线;

(4)当 $-\psi_0 = \varphi_0 + \pi/2, D = 2C$ 时,xy 平面的投影为圆形,yz 平面的投影为直线。

5.2　绕飞轨道及设计

绕飞是指一个航天器围绕另一个航天器的伴飞运动,即目标航天器位于视在相对轨道内部。绕飞可用于不同位置的转移、对目标的成像观测等任务。

下面介绍几种典型绕飞轨道的特点以及设计方法,包括自然椭圆绕飞、巡游绕飞、水滴形绕飞、受迫圆形绕飞、多脉冲强迫绕飞、太阳随动绕飞以及自然圆形绕飞。

5.2.1　自然椭圆绕飞轨道

自然绕飞是指由于轨道要素的微小差别,一个航天器绕另外一个航天器进行周期运动,这种相对运动只受地球自然引力作用。

由小脉冲下的高斯摄动方程可知,当施加径向脉冲,它仅仅影响偏心率而不影响轨道周期,因此不会产生相对于目标轨道的漂移,形成稳定的周期性绕飞。在图 5.8 和图 5.9 中,T1~T4 代表目标星不同时刻的位置,C1~C4 代表追踪星在对应时刻下的位置。目标星和追踪星的轨道周期相同,只有偏心率不同。追踪星分别位于目标星的后方、下方、前方和上方。因此,在一个轨道周期内,追踪星绕目标星飞行一圈。

单脉冲椭圆绕飞是最简单最常用的一种绕飞模式,可用于指定方位对目标的重复观测。一旦需要,只需在 V-bar 处施加 z 向脉冲,即可改变观测方位,实现多方位重复观测,使用灵活方便。单脉冲椭圆绕飞本质是通过施加 z 向单次脉冲，改变轨道的偏心率，绕飞一周耗时一个轨道周期，适用于观测任务时间充裕的场合。

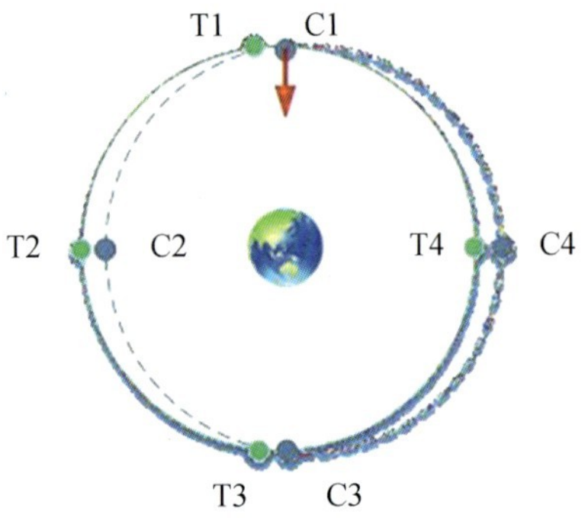

图 5.8 地心惯性系下追踪星和目标星的绝对运动轨迹

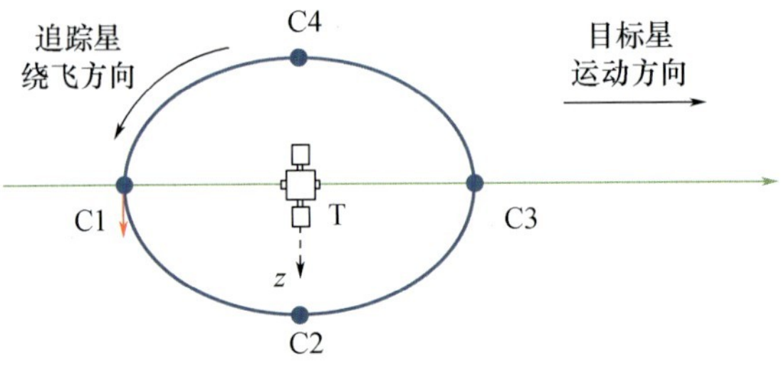

图 5.9　目标轨道坐标系下追踪星和目标星的相对运动轨迹

将初始条件 $x_0 \neq 0, x_0 = 0, \dot{z}_0 \neq 0$ 代入相对运动方程中，化简得到：

$$\begin{cases} x(t) = x_0 + 2\dfrac{\dot{z}_0}{\omega} - \dfrac{2\dot{z}_0}{\omega}\cos \omega t \\ z(t) = \dfrac{\dot{z}_0}{\omega}\sin \omega t \\ \dot{x}(t) = 2\dot{z}_0 \sin \omega t \\ \dot{z}(t) = \dot{z}_0 \cos \omega t \end{cases} \tag{5.43}$$

通过移项，进一步化简得到：

$$\frac{z^2}{\left(\dfrac{\dot{z}_0}{\omega}\right)^2} + \frac{\left[x - \left(x_0 + 2\dfrac{\dot{z}_0}{\omega}\right)\right]^2}{\left(2\dfrac{\dot{z}_0}{\omega}\right)^2} = 1 \tag{5.44}$$

因此，绕飞轨迹是椭圆，且椭圆长轴位于 x 轴，长短轴之比为 2:1。绕飞椭圆的中心位置、大小和相位由初始相对运动参数决定。

椭圆形相对运动是指追踪星与目标星的相对轨迹为椭圆。椭圆形相对运动是通过 CW 方程推导得到的，椭圆的长半轴是短半轴的 2 倍。目标星既可以处在相对椭圆轨迹的中心，也可以处在过椭圆中心沿飞行方向的直线上任一点；椭圆既可以在目标航天器的轨道平面内，也可以与轨道面有一定夹角。

图 5.10 给出了施加+z 向和-z 向脉冲后的绕飞轨迹，图中目标星运动方向向左。从图中可以看出，如果施加-z 向的脉冲，轨道高度增加，相对运动轨迹会后移，因此是顺时针的运动，即图中的实线轨迹。相反，如果施加+z 向脉冲，则相对运动轨迹为虚线，同样是顺时针的运动轨迹。

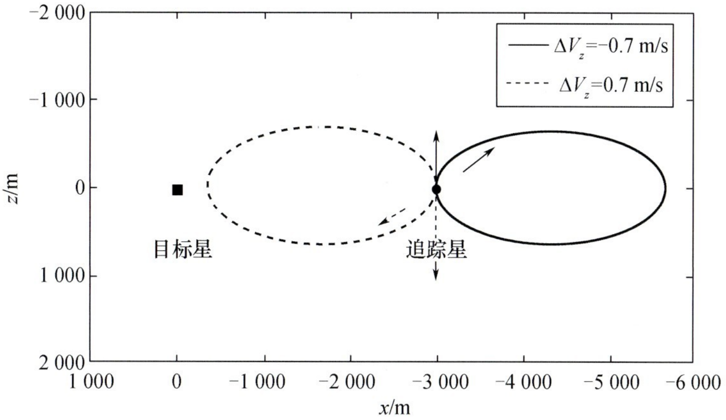

图 5.10　单脉冲椭圆绕飞仿真示意图

当然，如果目标星运动方向向右，即当图 5.10 中的 x 轴正方向在右侧时，则绕飞轨迹为逆时针，如图 5.11 所示。

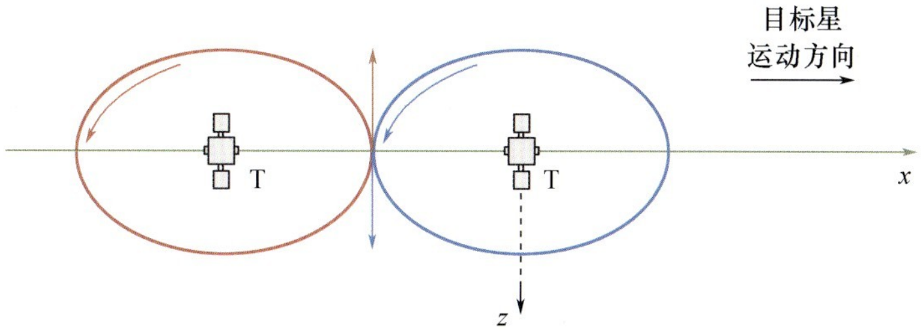

图 5.11　单脉冲椭圆绕飞仿真示意图

5.2.2　巡游绕飞轨道

通过设置合理的初始状态参数或者通过在 V-bar 处施加速度方向脉冲，让追踪星实现对特定位置目标的巡游绕飞，如果目标不被巡游轨迹环绕，则称为掠飞。

巡游绕飞的本质是 CW 方程中的长期项不为零，形成的滚动椭圆轨迹。当对追踪星施加 x 正方向脉冲，则追踪星先往前运动，再向后运动，如图 5.12 所示。反之，当对追踪星施加 x 反方向脉冲，则追踪星先往后运动，再向前运动。

上述研究的是卫星轨道平面内的相对运动情况，若在此基础上施加垂直于轨道平面即 y 方向的脉冲时，追踪星相对于目标星在垂直轨道平面方向形成周期振荡的螺旋线运动，螺旋线

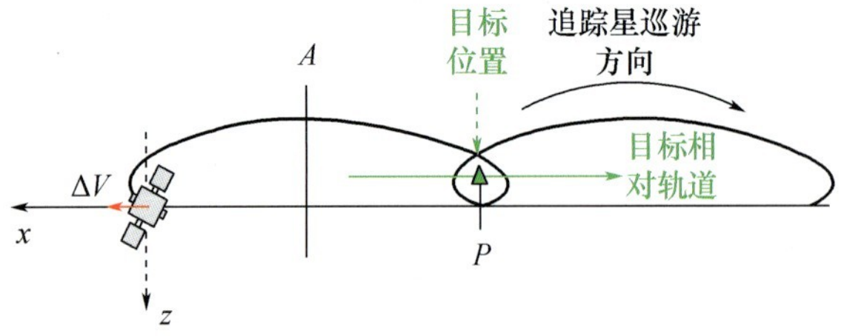

图 5.12　施加 x 正方向脉冲的巡游绕飞示意图

周期为目标星的轨道周期,可将其称之为螺旋绕飞,如图 5.13 所示。螺旋绕飞是一种包含面外运动的自然非周期轨迹,可沿 V-bar 方向对目标进行螺旋扫描观测,扫描时间为轨道周期的数倍。虽然其由掠飞轨道施加 y 方向脉冲所得,严格意义上将不能对目标航天器形成封闭包围曲线。当时间足够长时,两个卫星将相距足够远也不能再用 CW 方程分析其相对运动。但当追踪星接近目标星时,可以短暂实现有限圈的绕飞,具有方便撤离的优势。因此,当观测任务时间充裕,且需要对目标星做一次全面观测时,可采用螺旋绕飞进行观测。

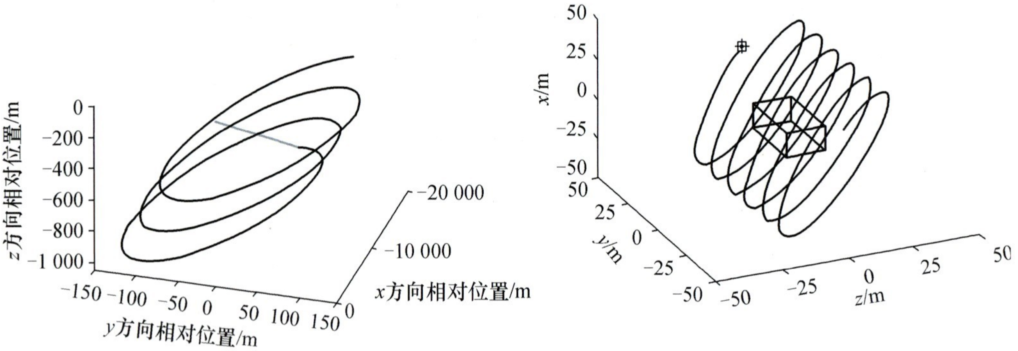

图 5.13　螺旋绕飞示意图

5.2.3　水滴形绕飞轨道

水滴形轨迹是指由某点出发,经过一段小于轨道周期的飞行时间(飞行周期)又回到出发点的轨迹,出发点的 z 坐标最大;通过周期性地在出发点施加一次 $-z$ 向脉冲,可维持为周期运动。飞行周期(t)越长,“水滴”越大。若“水滴”包围目标航天器,就形成绕飞轨迹。

若已知初始时刻追踪星位于目标星的正下方,其他相对状态参数为零,需要施加 x 和 z 方向的脉冲,通过公式推导得到:

$$\dot{x}_0 = \frac{3}{2}\omega z_0 + \frac{\dot{z}_0 \sin \omega t}{2(1 - \cos \omega t)} \tag{5.45}$$

可以求出需要施加的脉冲大小为

$$\begin{cases} \dot{z}_0 = \dfrac{3\omega^2 z_0 t(\cos \omega t - 1)}{8(1 - \cos \omega t) - 3\omega t \sin \omega t} \\ \dot{x}_0 = \dfrac{3}{2}\omega z_0 - \dfrac{3\sin \omega t}{2} \cdot \dfrac{\omega^2 z_0 t}{8(1 - \cos \omega t) - 3\omega t \sin \omega t} \end{cases} \tag{5.46}$$

根据上述冲量大小,可以求出“水滴”的高度值:

$$\Delta z=\frac{\dot{z}_0}{\omega}\cdot\frac{1-\cos\frac{\omega t}{2}}{\sin\frac{\omega t}{2}}$$

$$=\frac{3\omega z_0t(\cos\omega t-1)}{8(1-\cos\omega t)-3\omega t\sin\omega t}\cdot\frac{1-\cos\frac{\omega t}{2}}{\sin\frac{\omega t}{2}}$$

$$=\frac{6\omega z_0t\left(\cos\frac{\omega t}{2}-1\right)}{16\sin\frac{\omega t}{2}-3\omega t\cos\frac{\omega t}{2}}\tag{5.47}$$

如图 5.14 所示,追踪星初始时刻位于 $x_0=100, y_0=0, z_0=0$,初始相对速度为 0,即 $\dot{x}=0$, $\dot{y}=0$, $\dot{z}=0$。当施加脉冲 $\Delta v_1=[0.159, 0, -0.1250]^{\mathrm{T}}$ 时,可实现对目标的水滴绕飞,回到原位置后,如果要求终端相对速度为零,则要施加第二次脉冲,否则,可以通过连续施加 $-z$ 向的脉冲 $\Delta v_2=[-0.159, 0, -0.1250]^{\mathrm{T}}$ 实现连续水滴绕飞。此时 x 正方向在右侧,绕飞轨迹为逆时针。

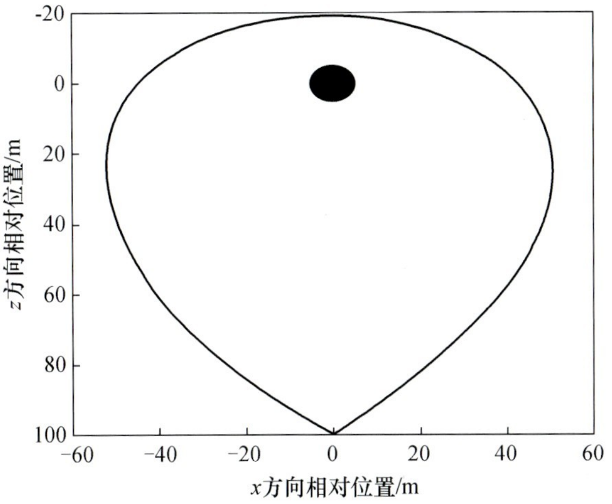

图 5.14　水滴形绕飞仿真示意图

5.2.4　受迫圆形绕飞轨道

当必须达到某个绕飞角或基于安全或其他原因,追踪器与目标体之间的距离必须保持恒定时,可采用受迫圆形绕飞运动。假定初始状态如下:

$$\begin{cases}x_0=-R_{fa}, y_0=z_0=0\\ \dot{x}_0=\dot{y}_0=0, \dot{z}_0=\Delta V_{zi}\\ a_y=0\end{cases}\tag{5.48}$$

式中，R_{fa} 是绕飞半径，a_y 代表单位质量上所需要施加的 y 方向上的作用力。设 $\Delta V_{zi}=R_{fa}\dot{\alpha}$ 为绕飞的角速度，则有

$$\begin{cases} x(t)=-R_{fa}\cos\dot{\alpha}t \\ y(t)=0 \\ z(t)=R_{fa}\sin\dot{\alpha}t \\ a_x(t)=-R_{fa}\dot{\alpha}(2\omega-\dot{\alpha})\cos\dot{\alpha}t \\ a_z(t)=-R_{fa}(\dot{\alpha}^2-2\omega\dot{\alpha}+3\omega^2)\sin\dot{\alpha}t \end{cases} \tag{5.49}$$

在绕飞角为 $\Delta\varphi=\dot{\alpha}t$ 时，为了使运动停止，需要在 x 方向和 z 方向上施加的终止脉冲分别为

$$\begin{cases} \Delta V_{xf}=R_{fa}\dot{\alpha}\sin\Delta\varphi \\ \Delta V_{zf}=R_{fa}\dot{\alpha}\cos\Delta\varphi \end{cases} \tag{5.50}$$

在绕飞角为 $\Delta\varphi$ 时，绕飞所需的时间为

$$\Delta t=t_1-t_0=\Delta\varphi/\dot{\alpha} \tag{5.51}$$

如果在 $z=R_{fa}\sin\Delta\varphi$ 处进行位置保持，则单位质量上所需要施加的 z 方向上的作用力为

$$a_z=-3\omega^2 z \tag{5.52}$$

5.2.5 多脉冲强迫绕飞轨道

通常自然绕飞在绕飞过程中不需要施加外力，不必消耗过多的燃料，且绕飞轨迹一般为椭圆，绕飞周期一般固定，为目标星的轨道周期，绕飞周期较长，从而限制了该绕飞方法在时效性要求较高任务中的应用。想要实现短时间内对目标的多次绕飞，就需要人为地施加脉冲控制轨迹。

一般设定的绕飞轨迹为圆形，即前文提到的受迫圆形绕飞。圆形绕飞的标称轨迹为圆形，用于对目标航天器的特定方位进行快速侦察观测。理论上，圆形绕飞需采用连续变推力机动，而工程中通常应用继电型推力或脉冲推力实现，允许实际轨迹与标称轨迹有一定偏差。为简化问题，采用多脉冲机动实现，并限定脉冲位置在标称轨迹上，实际轨迹限定在圆环内。

通常可采用等角等时间法施加脉冲控制，即以目标星为中心，规划一条半径已知的圆轨道，借助脉冲作用使追踪星沿规划的相对轨道运动。脉冲作用点位于规划轨迹上，在标称轨迹上等间隔分布，且相邻脉冲间的飞行时间相等。在两次脉冲作用之间的实际相对运动轨迹可以不与规划轨迹重合，其运动规律满足 CW 方程。当脉冲次数 $N\to\infty$ 时，实际轨迹与标称轨迹重合。

图 5.15 分别给出了轨道面内 2 脉冲、7 脉冲和 15 脉冲的绕飞轨迹，从图中可以看出，施加脉冲次数越多，轨迹越趋近圆形。

同样可以实现水平面的多脉冲圆形绕飞，如图 5.16 所示。

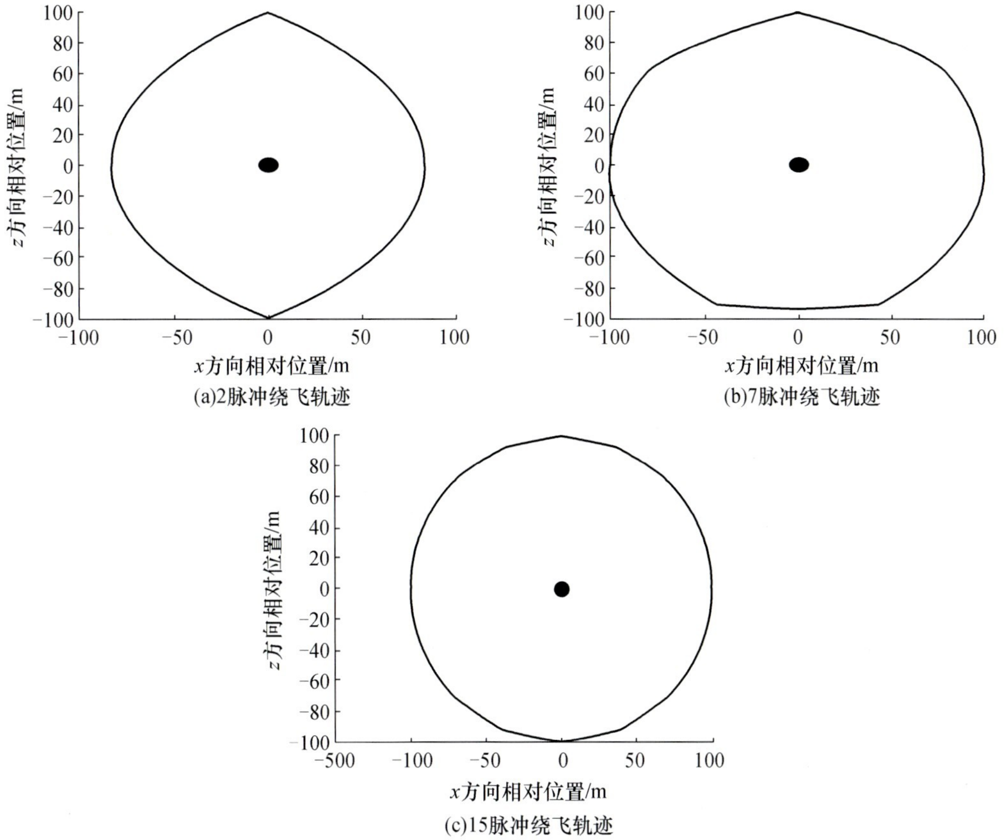

图 5.15　脉冲绕飞轨迹

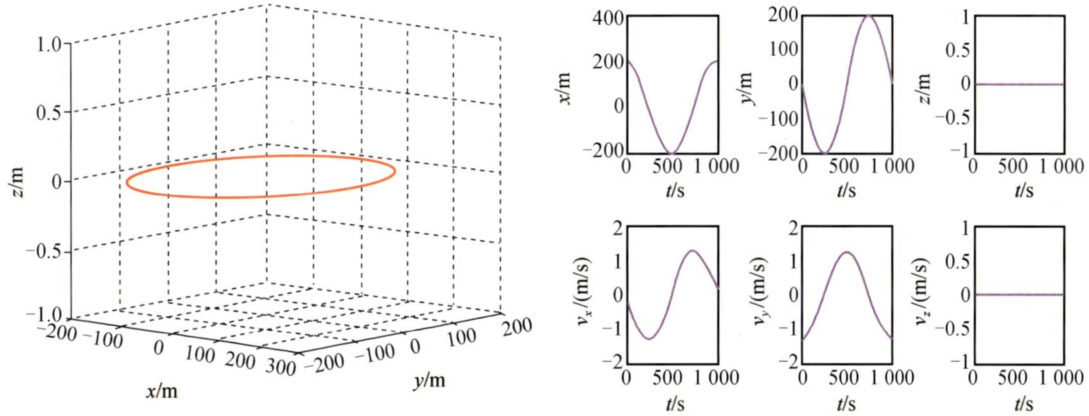

图 5.16　水平面多脉冲圆形绕飞

5.2.6　太阳随动绕飞轨道

追踪星如果以合适的相位进入椭圆绕飞轨道，则追踪星可以始终位于目标星和太阳之间，绕飞过程中一直具有较好的观测条件。太阳随动绕飞轨道是指在对目标绕飞的过程中，目标星指向侦照星的矢量与侦照星指向太阳的矢量夹角保持在较小的范围内，即太阳光照角的值较小。它是绕飞轨道的一种，轨道周期与目标星轨道周期相同。

从绝对运动来看，侦照星 C 轨道位于目标星 T 轨道的右侧，侦照星始终位于太阳和目标星之间，如图 5.17 所示。从相对运动来看，侦照星 C 绕着目标星 T 做椭圆绕飞运动，如图 5.18 所示。这种轨道的好处是便于利用光照条件对目标进行侦照监测。如果目标卫星位于地球同步轨道，则绕飞周期是 24 h，且在 24 h 内都可对目标成像；如果目标位于低轨，则绕飞周期等于目标星轨道周期，通常只有半个周期可以对目标成像，另外半个周期因为位于地球的阴影区，无法对目标进行成像。

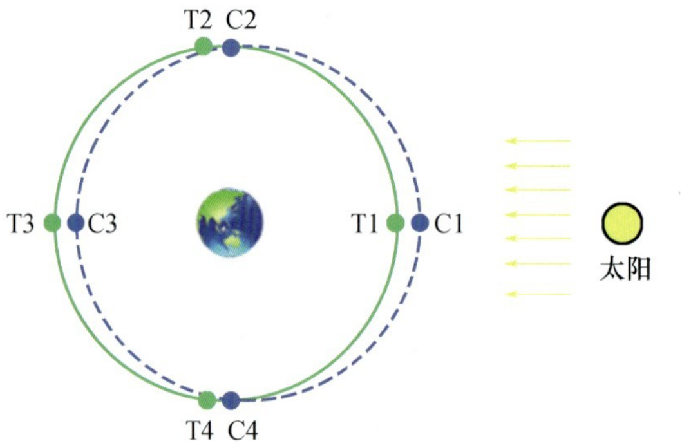

图 5.17　地心惯性系下侦照星 C 与目标星 T 的相对位置关系

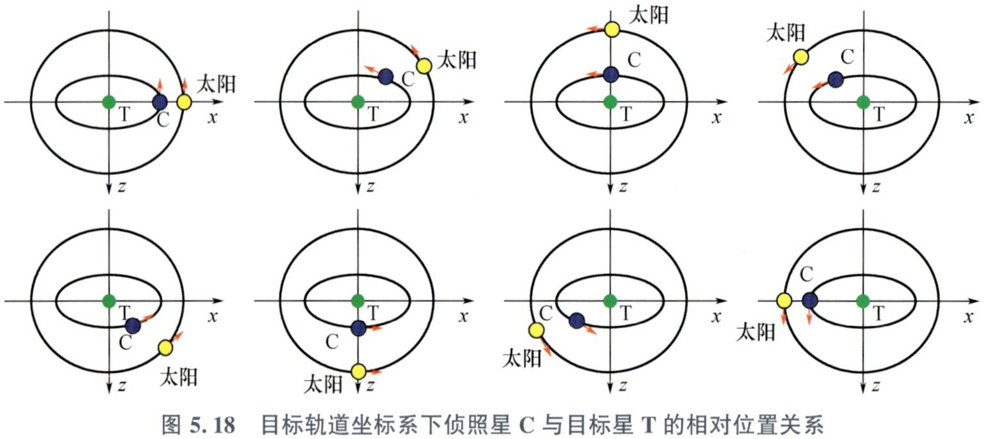

图 5.18　目标轨道坐标系下侦照星 C 与目标星 T 的相对位置关系

5.2.7　自然圆形绕飞轨道

在 5.1.3 节中已经介绍过，一般情况下自由运动周期解在空间形成一个闭合轨迹，空间轨迹所在平面与轨道平面会存在一定的夹角，该夹角取决于两种周期运动的相对幅值，空间平面的基本方程为式(5.41)，即$(D_yC_y-D_xC_x)x-2(C_x^2+C_y^2)y+2(D_yC_x+D_xC_y)z=0$。当$-\varphi_0=\psi_0+\pi/2$，$D=\sqrt{3}C$时，对应空间轨迹为圆周的特殊情况，这时 $\cos\theta=1/2$，即平面法线与 y 轴的夹角为 60°，或者说，平面与 y 轴的夹角为 30°。

下面给出从任意初始位置进入对目标自然圆形绕飞轨道的设计方法。

假设追踪星从任意相对点(x,y,z)进入自然圆轨迹绕飞，初始相对速度为 0。

由于轨道平面与 y 轴的夹角为 30°，则要求 $y=\pm\sqrt{3}z$。圆轨迹在 VVLH 坐标系的 xoz 面上是椭圆轨迹，则追踪星从初始相对位置(x_0,y_0,z_0)进入椭圆绕飞轨道所需的速度脉冲为

$$\begin{cases}\Delta V_x = 2z_0\omega - \dot{x}_0' \\ \Delta V_z = -\dfrac{\omega x_0}{2} - \dot{z}_0'\end{cases} \tag{5.53}$$

将初始状态代入式(5.53)得

$$\Delta V_x = 2z\omega, \Delta V_z = -\frac{\omega x}{2} \tag{5.54}$$

此时，椭圆轨迹的半长轴为 a，半短轴为 b，由椭圆定义得

$$a = \sqrt{x^2 + 4z^2}, b = \frac{1}{2}\sqrt{x^2 + 4z^2} \tag{5.55}$$

接下来分析在 y 分量上的运动

$$\begin{cases}y(t) = \dfrac{\dot{y}}{\omega}\sin \omega t + y_0\cos \omega t \\ \dot{y} = -\omega y_0 \sin \omega t + \dot{y}_0 \cos \omega t\end{cases} \tag{5.56}$$

由于在 y 方向上做的是振荡运动，假设在 $t=0$ 时，$y_0=0$，$\dot{y}_0=\dot{y}_{\max}$，当四分之一个周期后 $y=y_{\max}$，$\dot{y}=0$，代入式(5.56)得 $\dot{y}_0=\omega y$。由圆轨迹可得 $y_{\max}=\sqrt{3}b$，所以在 y 方向的振荡运动中，最大振荡距离为 $y_{\max}=\sqrt{3}b=\sqrt{3(x^2+4z^2)}/2$，最大振荡速度为 $\dot{y}_{\max}=\omega\sqrt{3}b=\omega\sqrt{3(x^2+4z^2)}/2$。

现求在(x,y,z)处进入自然圆形绕 y 轴需要施加的速度。假设进入圆形绕飞时 $t=0$，$y_0=0$，$\dot{y}_0=\dot{y}_{\max}$，代入式(5.56)得 $y=\dot{y}_{\max}\sin \omega t/\omega$，$t=\arcsin(\omega y/\dot{y}_{\max})$。

此时 t 为进入绕飞轨道的时刻，通过式(5.56)得进入轨道在 y 轴施加的速度脉冲：

$$\dot{y} = \dot{y}_{\max}\cos\left(\omega\arcsin\frac{\omega y}{\dot{y}_{\max}}\right) = \frac{1}{2}\omega\sqrt{3(x^2 + 4z^2)}\cos\left[\omega\arcsin\left(\frac{2y}{\sqrt{3(x^2 + 4z^2)}}\right)\right] \tag{5.57}$$

综上，追踪星相对目标星的初始相对速度为 0 时，进入自然圆形绕飞轨道所需施加的速度脉冲为

$$\begin{cases}\Delta V_x = 2\omega z \\ \Delta V_y = \dfrac{1}{2}\omega\sqrt{3(x^2 + 4z^2)}\cos\left[\omega\arcsin\left(\dfrac{2y}{\sqrt{3(x^2 + 4z^2)}}\right)\right] \\ \Delta V_z = -\dfrac{1}{2}\omega x\end{cases} \tag{5.58}$$

5.3　掠飞轨道及设计

掠飞是指追踪星相对于目标星接近然后远离的过程，即两星相对距离总体上由大到小又由小及大，可分为直线掠飞、拱形掠飞等。通过设置合理的初始状态参数或者通过施加 x 方向

脉冲,让追踪星实现对特定位置目标的掠飞。如果目标被飞行轨迹所环绕,则称为巡游绕飞,其本质是 CW 方程中的长期项不为零,形成的滚动椭圆轨迹。

5.3.1 拱形掠飞轨道

5.3.1.1 向后掠飞

拱形掠飞是指追踪星通过掠飞的方式抵近目标星,其相对运动轨迹形状为“拱形”,故把这种形式的掠飞称为“拱形掠飞”,如图 5.19 和图 5.20 所示。在 5.1.2 节中已经分析得到结论:卫星施加向前的速度脉冲后先向前上方运动再向后运动,通过仿真分析,向前上方运动的时间约是卫星轨道周期的 12%。

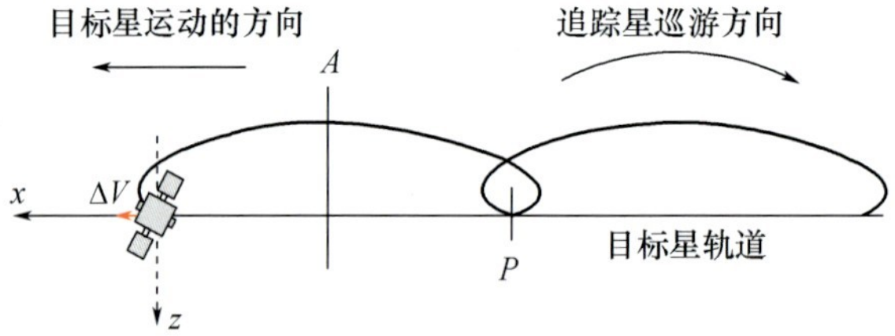

图 5.19　施加 x 轴正方向脉冲的掠飞轨迹(目标轨道坐标系)

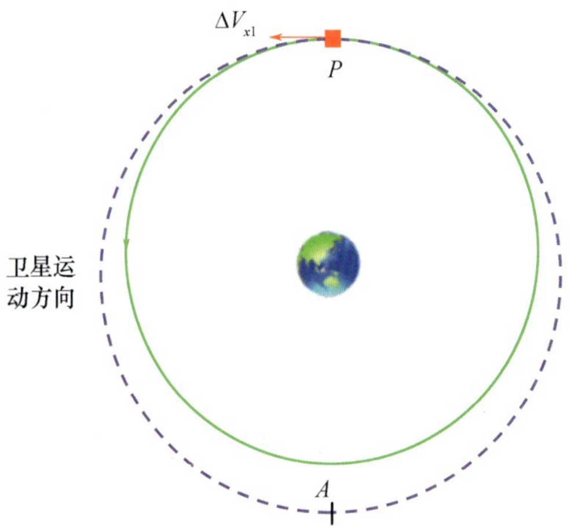

图 5.20　施加 x 轴正方向脉冲的掠飞轨迹(地心惯性系)

5.3.1.2 向前掠飞

以上为沿 x 轴方向施加正向的脉冲,同理可分析沿 x 轴方向施加反向脉冲的情况。同样假设 CW 方程输入的初始状态为 0,对追踪星施加一个沿着 x 轴反向的脉冲,此时 CW 方程的解析解为

$$
\begin{cases}
x(t) = -4\dfrac{\dot{x}_0}{\omega}\sin\omega t + 3\dot{x}_0 t \\
y(t) = 0 \\
z(t) = 2\left(-\dfrac{\dot{x}_0}{\omega}\cos\omega t + \dfrac{\dot{x}_0}{\omega}\right) \\
\dot{x}(t) = -4\dot{x}_0\cos\omega t + 3\dot{x}_0 \\
\dot{y}(t) = 0 \\
\dot{z}(t) = -2\dot{x}_0\sin\omega t
\end{cases}
\tag{5.59}
$$

可以得出:在施加了一次沿着 x 轴反方向的脉冲 $\dot{x}_0$ 后,由于为正值,所以 x 方向相对位置开始也为负,也就是追踪星相对于轨道向后的运动。而随着时间变长,x 方向相对位置将变为正值,也就是追踪星会逐渐向前运动。因为 $\cos\omega t<1$,所以 $z(t)$ 值永远是正值,即追踪星相对运动轨道是向下运动的。因此,综合这两个方向的运动,追踪星呈前下方运动的飞行轨迹,其运动过程如图 5.21 和图 5.22 所示。

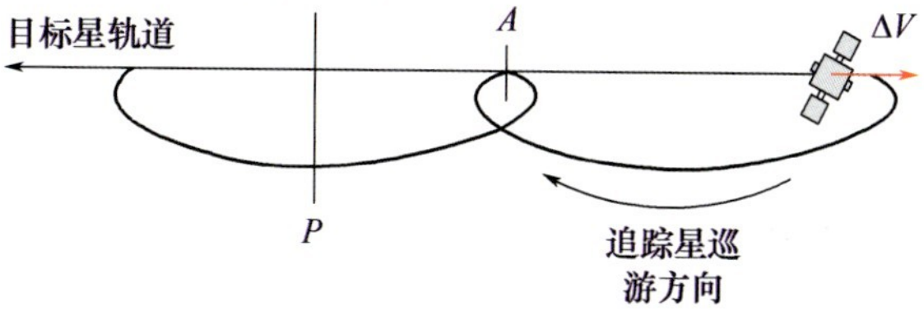

图 5.21　施加 x 轴负方向脉冲的掠飞轨迹(目标轨道坐标系)

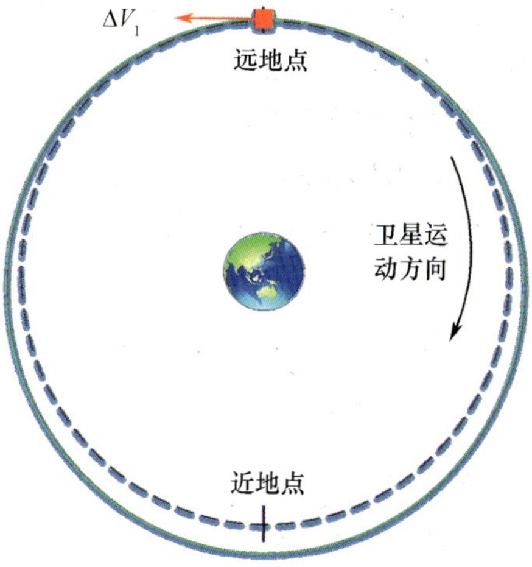

图 5.22　施加 x 轴负方向脉冲的掠飞轨迹(地心惯性系)

当掠飞时间 t 足够大时,两个卫星相对距离较远,因而不能用 CW 方程分析其相对运动。但是当追踪星飞临目标星时,它具有快速接近、快速撤离的优点,且施加脉冲方式较为简单,因此,常用于具有快速抵近侦察观测任务。

5.3.1.3 利用切向推力实现沿 x 方向轨位转移

在初始点施加脉冲 ΔV_{x1},经过一个目标轨道周期 $T=2\pi/\omega$ 后,即 $\omega t=2\pi$ 时,轨迹达到了

$$\begin{cases} x_T = x_1 + \Delta x = x_1 - \dfrac{6\pi}{\omega}\Delta V_{x1} \\ z_T = z_1 + \Delta z = 0 \end{cases} \tag{5.60}$$

为了在目标轨道的新位置处停止运动,需要施加的脉冲与初始时刻施加的脉冲大小是相等的,即 $\Delta V_{x1}=\Delta V_{x2}$,而方向相反,如图 5.23 所示。

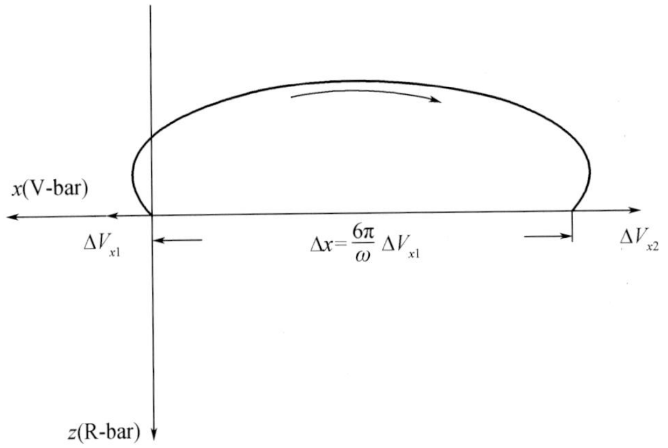

图 5.23 利用切向推力实现沿 x 方向轨位转移

5.3.1.4 利用切向推力实现不同高度轨道间的转移

在初始位置施加速度为正方向的脉冲 ΔV_{x1},经过半个轨道周期($t=T/2,\omega t=\pi$)时,代入 CW 方程,可知 z 方向的相对速度为零,z 方向和 x 方向位置变化大小分别为 $\Delta x=3\pi\Delta V_{x1}/\omega$ 和 $\Delta z=4\Delta V_{x1}/\omega$。因而,$z$ 方向和 x 方向位置变化具有固定的关系,即 $\Delta x=3\pi\Delta z/4$。此时,只要再次施加速度为正方向的脉冲 ΔV_{x2},使椭圆运动停止,即可实现不同轨道间的转移,且施加的两次脉冲大小、方向都相等,均为 $\Delta V_{x1}=\Delta V_{x2}=-\omega\Delta z/4$,如图 5.24 所示。

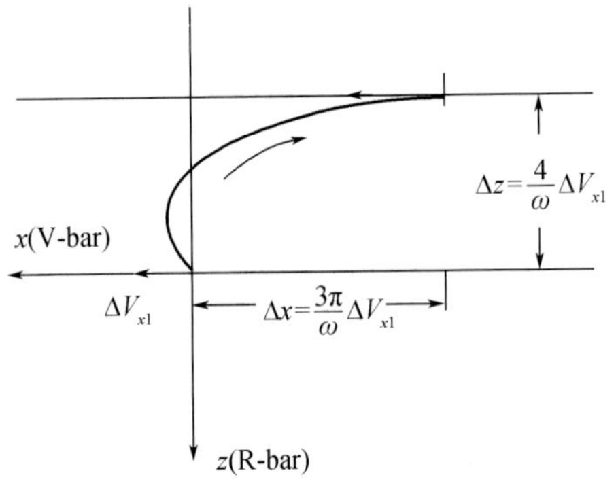

图 5.24 利用切向推力实现不同高度轨道间的转移

5.3.2　直线掠飞轨道

轨道面内的相对运动方程可表示为

$$\begin{cases}x(t)=x_0+2\dfrac{\dot{z}_0}{\omega}-(3\dot{x}_0-6\omega z_0)t+2\left(2\dfrac{\dot{x}_0}{\omega}-3\dot{z}_0\right)\sin\omega t-2\left(\dfrac{\dot{z}_0}{\omega}\right)\cos\omega t\\ z(t)=4z_0-2\dfrac{\dot{x}_0}{\omega}+\left(2\dfrac{\dot{x}_0}{\omega}-3z_0\right)\cos\omega t+\left(\dfrac{\dot{z}_0}{\omega}\right)\sin\omega t\end{cases}\tag{5.61}$$

从式(5.61)中可以看出,相对运动的 x 方向分量包含了常值项、长期项和周期项三部分,分别是 $x_0+2\dot{z}_0/\omega$,$-(3\dot{x}_0-6\omega z_0)t$ 和 $2(2\dot{x}_0/\omega-3\dot{z}_0)\sin\omega t-2\dot{z}_0\cos\omega t/\omega$。相对运动的 z 方向分量包含了常值项和周期项两部分,分别是 $4z_0-2\dot{x}_0/\omega$ 和 $(2\dot{x}_0/\omega-3z_0)\cos\omega t+\dot{z}_0\sin\omega t/\omega$。

通过适当的数学变换,轨道面内的相对运动方程可转化为如下形式:

$$\begin{cases}x(t)=x_{c0}+\dot{x}_c t+2C\cos(\omega t+\psi_0)\\ z(t)=z_{c0}-C\sin(\omega t+\psi_0)\end{cases}\tag{5.62}$$

其中

$$\dot{x}_c=6\omega z_0-3\dot{x}_0$$

$$x_{c0}=x_0+2\frac{\dot{z}_0}{\omega},z_{c0}=4z_0-2\frac{\dot{x}_0}{\omega}=2\frac{\dot{x}_c}{3\omega}$$

$$C=\sqrt{\left(3z_0-\frac{\dot{z}_0}{\omega}\right)^2+\left(\frac{\dot{z}_0}{\omega}\right)^2}$$

$$\sin\psi_0=\frac{3z_0-2\dfrac{\dot{x}_0}{\omega}}{C},\quad \cos\psi_0=-\frac{\dfrac{\dot{z}_0}{\omega}}{C}$$

在轨道面内的相对运动方程中,如果 $C=0$,即周期项为零,从而可以得到

$$\begin{cases}\dot{x}_0=\dfrac{3}{2}\omega z_0\\ \dot{z}_0=0\end{cases}\tag{5.63}$$

则相对运动方程可化简为

$$\begin{cases}x(t)=x_{c0}+\dot{x}_c t=x_0+\dot{x}_0 t\\ z(t)=z_c=z_0\end{cases}\tag{5.64}$$

从式(5.64)中可以看出,此时两个航天器在不同高度圆轨道上的近距离相对运动是直线掠飞,即 z 方向的相对距离不变,x 方向的相对速度不变,以恒定的速度靠近或远离,如图 5.25 所示。

由于追踪星与目标星在 x 方向的相对速度为 $\dot{x}_c=\dot{x}_0=3\omega z_0/2$,因此每个目标星轨道周期两个航天器的相对距离变化量是恒定值,即

$$X_T=\dot{x}_{cT}=3\pi z_0\tag{5.65}$$

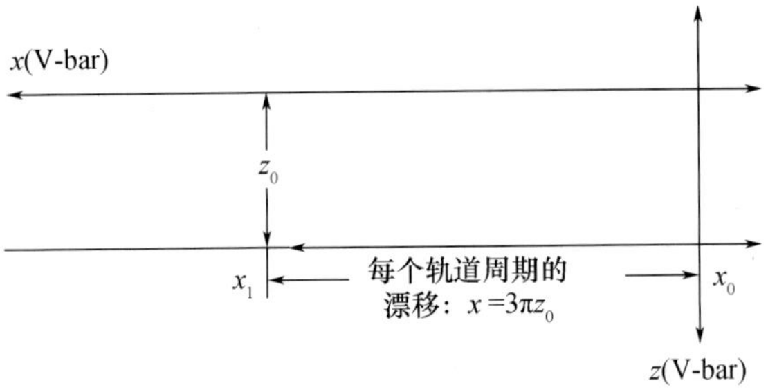

图 5.25 两个航天器在不同高度圆轨道上的直线掠飞轨迹

通过上述的简化公式，可以进行快速的计算。比如，目标星位于地球同步轨道，追踪星的轨道高度与目标星的轨道高度相差 100 km，则一个轨道周期后，两个卫星速度方向的相对距离约为 942 km。

5.4 抵近轨道及设计

5.4.1 邻近圆轨道下的平行接近

邻近圆轨道下的平行接近要求追踪星与目标星仅在轨道高度上有差别，其他完全相同。由于两者的轨道高度不同，所以一个卫星比另一个卫星运行得快，从而导致追踪星可以以恒定的相对高度接近目标。由此可见，邻近圆轨道下的平行接近可以说是直线掠飞的另一种表达形式。其相对速度为一定值，与两卫星轨道高度差有关，具体关系推导如下：

假设追踪星和目标星在地心惯性坐标系中的位置矢量分别用 $\boldsymbol{r}_c$ 和 $\boldsymbol{r}_t$ 来表示，则追踪星相对于目标星的相对位置矢量在地心惯性坐标系中表示为

$$\boldsymbol{r} = \boldsymbol{r}_c - \boldsymbol{r}_t \tag{5.66}$$

可知，追踪星相对目标星在地心惯性坐标系中的相对速度 $\dot{\boldsymbol{r}}$ 为

$$\dot{\boldsymbol{r}} = \dot{\boldsymbol{r}}_c - \dot{\boldsymbol{r}}_t \tag{5.67}$$

式中，$\dot{\boldsymbol{r}}_c$ 为追踪星在地心惯性坐标系下的速度，$\dot{\boldsymbol{r}}_t$ 为目标星在地心惯性坐标系下的速度。将其转化为在目标轨道坐标系 $o\text{-}xyz$ 中的表达形式：

$$\dot{\boldsymbol{r}} + \boldsymbol{\omega} \times \dot{\boldsymbol{r}} = \dot{\boldsymbol{r}}_c - \boldsymbol{r}_t \tag{5.68}$$

式中，$\boldsymbol{\omega}$ 为目标轨道坐标系相对于地心惯性系的转动角速度，即

$$\boldsymbol{\omega} = -\omega \boldsymbol{j} \tag{5.69}$$

由于目标星处在圆轨道中，有

$$\omega = \frac{\dot{r}_t}{r_t} \tag{5.70}$$

$$\dot{r}_t = \sqrt{\frac{u}{r_t}} \tag{5.71}$$

所以，目标轨道坐标系下的相对速度 $\dot{\boldsymbol{r}}$ 为

$$\dot{\boldsymbol{r}} = \dot{\boldsymbol{r}}_{\mathrm{c}} - \dot{\boldsymbol{r}}_{\mathrm{t}} - \boldsymbol{\omega} \times \boldsymbol{r} \tag{5.72}$$

由于追踪星处在圆轨道中，有

$$\dot{\boldsymbol{r}}_{\mathrm{c}} = \sqrt{\frac{u}{r_{\mathrm{c}}}}\boldsymbol{e}_x = \sqrt{\frac{u}{r_{\mathrm{c}}}}(\boldsymbol{j} \times \boldsymbol{e}_z) = -\sqrt{u}\boldsymbol{j} \times \left(\frac{1}{\sqrt{r_{\mathrm{c}}}}\frac{\boldsymbol{r}_{\mathrm{c}}}{r_{\mathrm{c}}}\right) \tag{5.73}$$

式中，$\boldsymbol{e}_x$ 为 x 轴方向的单位向量，$\boldsymbol{e}_z$ 为 z 轴方向的单位向量。

因为 $\boldsymbol{r}_{\mathrm{c}}=\boldsymbol{r}_{\mathrm{t}}+\boldsymbol{r}$，将其代入式(5.73)中，有

$$\dot{\boldsymbol{r}}_{\mathrm{c}} = -\sqrt{u}\boldsymbol{j} \times r_{\mathrm{c}}^{3/2}(\boldsymbol{r}_{\mathrm{t}} + \boldsymbol{r}) \tag{5.74}$$

由 $r_{\mathrm{c}}^2=\boldsymbol{r}_{\mathrm{c}}\cdot\boldsymbol{r}_{\mathrm{c}}=(\boldsymbol{r}_{\mathrm{t}}+\boldsymbol{r})\cdot(\boldsymbol{r}_{\mathrm{t}}+\boldsymbol{r})=\boldsymbol{r}_{\mathrm{t}}\cdot\boldsymbol{r}_{\mathrm{t}}+2\boldsymbol{r}_{\mathrm{t}}\cdot\boldsymbol{r}+\boldsymbol{r}\cdot\boldsymbol{r}$，且 $\boldsymbol{r}_{\mathrm{t}}\cdot\boldsymbol{r}_{\mathrm{t}}=r_{\mathrm{t}}^2$ 和 $\boldsymbol{r}\cdot\boldsymbol{r}=r^2$ 可知

$$r_{\mathrm{c}}^2 = r_{\mathrm{t}}^2\left[1 + 2\frac{\boldsymbol{r}_{\mathrm{t}}\cdot\boldsymbol{r}}{r_{\mathrm{t}}^2} + \left(\frac{r}{r_{\mathrm{t}}}\right)^2\right] \tag{5.75}$$

考虑追踪星距离目标星足够近的情况，即 r 远小于 r_{t}，则有

$$r_{\mathrm{c}}^2 = r_{\mathrm{t}}^2\left(1 + 2\frac{\boldsymbol{r}_{\mathrm{t}}\cdot\boldsymbol{r}}{r_{\mathrm{t}}^2}\right) \tag{5.76}$$

将其代入式(5.74)可得

$$\dot{\boldsymbol{r}}_{\mathrm{c}} = -\sqrt{u}\boldsymbol{j} \times r_{\mathrm{c}}^{\frac{3}{2}}(\boldsymbol{r}_{\mathrm{t}} + \boldsymbol{r}) = -\sqrt{u}\boldsymbol{j} \times (\boldsymbol{r}_{\mathrm{t}} + \boldsymbol{r})\left[r_{\mathrm{t}}^{\frac{3}{2}}\left(1 + 2\frac{\boldsymbol{r}_{\mathrm{t}}\cdot\boldsymbol{r}}{r_{\mathrm{t}}^2}\right)^{-\frac{3}{4}}\right] \tag{5.77}$$

对公式中的非线性项进行泰勒展开，并且忽略 $\boldsymbol{r}$ 的高阶项，则非线性项可化简为

$$\left(1 + 2\frac{\boldsymbol{r}_{\mathrm{t}}\cdot\boldsymbol{r}}{r_{\mathrm{t}}^2}\right)^{-\frac{3}{4}} \approx 1 - \frac{3}{2}\frac{\boldsymbol{r}_{\mathrm{t}}\cdot\boldsymbol{r}}{r_{\mathrm{t}}^2} \tag{5.78}$$

将其代入式(5.77)中，可得

$$\dot{\boldsymbol{r}}_{\mathrm{c}} = -\sqrt{u}\boldsymbol{j} \times (\boldsymbol{r}_{\mathrm{t}} + \boldsymbol{r})\left[r_{\mathrm{t}}^{-\frac{3}{2}}\left(1 + 2\frac{\boldsymbol{r}_{\mathrm{t}}\cdot\boldsymbol{r}}{r_{\mathrm{t}}^2}\right)^{-\frac{3}{4}}\right] = -\sqrt{u}\boldsymbol{j} \times (\boldsymbol{r}_{\mathrm{t}} + \boldsymbol{r})\left(r_{\mathrm{t}}^{-\frac{3}{2}} - \frac{3}{2}\frac{\boldsymbol{r}_{\mathrm{t}}\cdot\boldsymbol{r}}{r_{\mathrm{t}}^{\frac{7}{2}}}\right) \tag{5.79}$$

忽略 $\boldsymbol{r}$ 的高阶项，可得

$$\dot{\boldsymbol{r}}_{\mathrm{c}} = -\boldsymbol{j} \times \left\{\sqrt{\frac{u}{r_{\mathrm{t}}}}\frac{\boldsymbol{r}_{\mathrm{t}}}{r_{\mathrm{t}}} + \frac{\sqrt{\frac{u}{r_{\mathrm{t}}}}}{r_{\mathrm{t}}}\boldsymbol{r} - \frac{3}{2}\frac{\sqrt{\frac{u}{r_{\mathrm{t}}}}}{r_{\mathrm{t}}}\left[\left(\frac{\boldsymbol{r}_{\mathrm{t}}}{r_{\mathrm{t}}}\right)\cdot\boldsymbol{r}\right]\frac{\boldsymbol{r}_{\mathrm{t}}}{r_{\mathrm{t}}}\right\} \tag{5.80}$$

将式(5.70)和式(5.71)代入式(5.80)，且有 $\boldsymbol{r}=r_x\boldsymbol{i}+r_z\boldsymbol{k}$ 和 $\boldsymbol{r}_{\mathrm{t}}/r_{\mathrm{t}}=-\boldsymbol{k}$，可得

$$\begin{aligned}\dot{\boldsymbol{r}}_{\mathrm{c}} &= -\boldsymbol{j} \times \left\{\dot{r}_{\mathrm{t}}(-\boldsymbol{k}) + \omega(r_x\boldsymbol{i} + r_z\boldsymbol{k}) - \frac{3}{2}\omega[-\boldsymbol{k}\cdot(r_x\boldsymbol{i} + r_z\boldsymbol{k})](-\boldsymbol{k})\right\} \\ &= \dot{r}_{\mathrm{t}}\boldsymbol{i} + (\omega r_x\boldsymbol{k} - \omega r_z\boldsymbol{i}) + \frac{3}{2}\omega r_z\boldsymbol{i} \\ &= \omega r_x\boldsymbol{k} + \left(\dot{r}_{\mathrm{t}} + \frac{1}{2}\omega r_z\right)\boldsymbol{i}\end{aligned} \tag{5.81}$$

将式(5.81)代入式(5.72)，且有 $\dot{\boldsymbol{r}}_{\mathrm{t}}=\dot{r}_{\mathrm{t}}\boldsymbol{i}$，可得

$$\dot{\boldsymbol{r}}_{\mathrm{c}} = \omega r_x\boldsymbol{k} + \left(\dot{r}_{\mathrm{t}} + \frac{1}{2}\omega r_z\right)\boldsymbol{i} - \dot{r}_{\mathrm{t}}\boldsymbol{i} - \omega \times (r_x\boldsymbol{i} + r_z\boldsymbol{k}) = \frac{3}{2}\omega r_z\boldsymbol{i} \tag{5.82}$$

根据式(5.82)可知，邻近圆轨道间的接近速度与追踪星相对目标星的高度有关，相应的

CW 方程的解为

$$\begin{cases} x(t)=\dfrac{3}{2}\omega z_0 t \\ y(t)=0 \\ z(t)=z_0 \\ \dot{x}(t)=\dfrac{3}{2}\omega z_0 \\ \dot{y}(t)=0 \\ \dot{z}(t)=0 \end{cases} \tag{5.83}$$

我们还可以研究其每个轨道周期的相对距离变化。令 $t=T=2\pi/\omega$，则 $x_T=3\pi z_0$，与轨道周期无关。

5.4.2 双脉冲交会轨道设计

在前面的章节里，主要研究了单冲量的作用效果，具体总结为：

(1)法向冲量只会改变轨道面夹角，相对运动轨迹为垂直于轨道面的振荡；

(2)轨道半长轴的改变只能利用切向冲量(法向和径向冲量对轨道能量的改变为二阶项，小冲量情况下可忽略)，半长轴的改变引起轨道周期、偏心率等的变化，相对运动轨迹为掠飞巡游轨道；

(3)相位调整主要利用切向冲量，并且和时间长短有关；

(4)偏心率的调整既可以利用切向冲量，也可以利用径向冲量，切向冲量的效率是径向冲量的两倍。径向冲量仅引起偏心率的变化，不改变轨道周期，相对运动轨迹为椭圆绕飞。

以上结论也可以由高斯摄动方程得到。

多冲量变轨可以看作是单冲量变轨的叠加，通过单冲量变轨的不同形式组合可以实现特定的变轨目的。典型的一种多冲量变轨形式为交会，追踪航天器通过多次轨道机动，与目标航天器于同一时间在轨道同一位置以相同速度会合。下式给出了多冲量轨道机动的状态转移方程：

$$\boldsymbol{X}(t_f)=\boldsymbol{\Phi}(t_f,t_0)\boldsymbol{X}_0+\sum_{i=1}^{N}\boldsymbol{\Phi}_v(t_f,t_i)\Delta\boldsymbol{V}_i \tag{5.84}$$

式中，N 表示脉冲施加次数。

典型的交会动力学模型有三种，分别是霍曼交会、Lambert 交会和基于 CW 方程的多冲量交会。霍曼交会和 Lambert 交会主要用于远距离导引段，Lambert 交会还可以用于寻的段，基于 CW 方程的多冲量交会适用于相对距离较近的近距离导引段。

交会对接至少需要两次冲量，第一次脉冲使追踪器飞向目标航天器的位置，第二次脉冲用于匹配两航天器的速度，在中间时刻也可以施加多次脉冲进行轨迹的中途修正。对于基于 CW 方程的两冲量交会，假设开始机动时刻 $t_0=0$，初始相对位置为 $\boldsymbol{r}(t_0)$，初始相对速度为 $\boldsymbol{v}^-(0)=[\dot{x}(t_0),\dot{y}(t_0),\dot{z}(t_0)]^{\mathrm{T}}$，终端相对位置 $\boldsymbol{r}(t_f)=[x(t_f),y(t_f),z(t_f)]^{\mathrm{T}}=\boldsymbol{0}$，则交会对接所需要的冲量计算过程如下：

第一步，计算轨道机动所需要的脉冲速度增量 $\Delta\boldsymbol{v}_1$，使终端时刻的相对距离为零。由初始相对位置 $\boldsymbol{r}(t_0)$ 和终端相对位置 $\boldsymbol{r}(t_f)$，由下式可求出施加脉冲后的相对速度矢量 $\boldsymbol{V}^+(0)$。

$$\boldsymbol{r}(t_f)=\boldsymbol{\Phi}_{\mathrm{rr}}(t_f,t_0)\boldsymbol{r}(t_0)+\boldsymbol{\Phi}_{\mathrm{rv}}(t_f,t_i)\boldsymbol{V}^{+}(0) \tag{5.85}$$

则第一次速度增量为 $\Delta\boldsymbol{v}_1=\boldsymbol{v}^{+}(0)-\boldsymbol{r}^{-}(0)$。

第二步，在相对距离为零后，施加第二次脉冲，使相对速度为零。由 CW 方程可以求出经过时间(t_f-t_0)后的相对运动速度 $\boldsymbol{v}(t_f)$：

$$\boldsymbol{v}(t_f)=\boldsymbol{\Phi}_{\mathrm{vr}}(t_f,t_0)\boldsymbol{r}(t_0)+\boldsymbol{\Phi}_{\mathrm{vv}}(t_f,t_i)\boldsymbol{V}^{+}(0) \tag{5.86}$$

在 t_f 时刻，需要产生与该时刻相对速度大小相等，方向相反的速度增量，使相对速度为零，即

$$\Delta\boldsymbol{v}_2=-\boldsymbol{v}(t_f) \tag{5.87}$$

第三步，求出总的脉冲速度大小：

$$\Delta v=\|\Delta\boldsymbol{v}_1\|+\|\Delta\boldsymbol{v}_2\| \tag{5.88}$$

下面给出一个具体案例：目标卫星运行在地球同步轨道上，捕获航天器的任务是回收这颗卫星，在 $t=0$ 时刻，捕获航天器上的测量装备测得其与目标卫星的相对状态如式(5.89)，计划在 1 小时后与卫星交会，求捕获航天器需要的脉冲速度大小。

$$\begin{cases} x(0)=-50\ \text{km} \quad y(0)=0\ \text{km} \quad z(0)=50\ \text{km} \\ \dot{x}(0)=5.479\ \text{m/s} \quad \dot{y}(0)=0\ \text{m/s} \quad \dot{z}(0)=0\ \text{m/s} \end{cases} \tag{5.89}$$

根据上述公式可以计算出第一次脉冲大小、第二次脉冲大小和两次总的脉冲大小，分别为

$$\begin{cases} \Delta\boldsymbol{v}_1=\boldsymbol{v}^{+}(0)-\boldsymbol{v}(0)=[11.80 \quad 0 \quad -10.93]^{\mathrm{T}}\ \text{m/s} \\ \Delta\boldsymbol{v}_2=-\boldsymbol{v}(t)=[-9.99 \quad 0 \quad 16.68]^{\mathrm{T}}\ \text{m/s} \\ \Delta\boldsymbol{v}=\|\Delta\boldsymbol{v}_1\|+\|\Delta\boldsymbol{v}_2\|=35.537\ \text{m/s} \end{cases} \tag{5.90}$$

如果改变交会时间，可以观察不同交会时间下的抵近轨迹规律，图 5.26 给出了基于 MATLAB 的交会轨迹图。

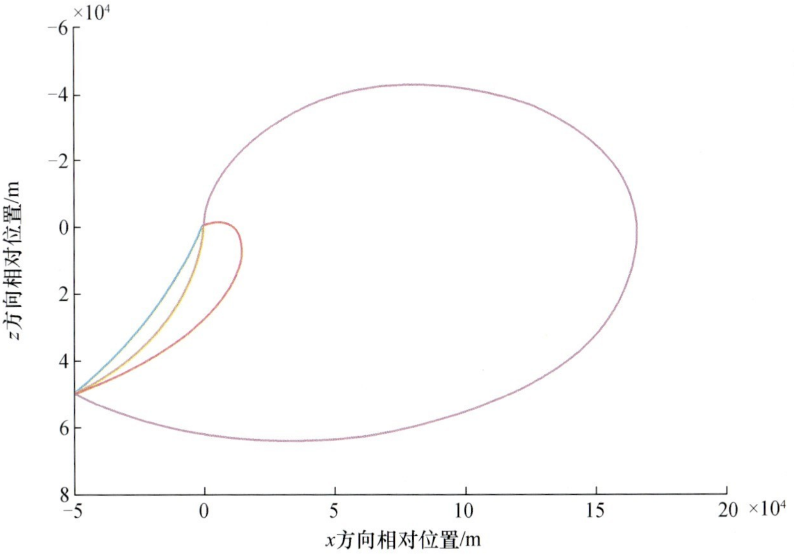

图 5.26　基于 MATLAB 的不同交会时间下的交会轨迹图

图 5.26 中四条曲线初始点和终端点相同，代表初始相对状态参数和终端相对状态参数是一致的，从左到右四种颜色的轨迹分别代表 1 h、3 h、10 h 和 20 h 交会轨迹，通过观察图 5.26

的轨迹可以得到以下结论：

(1)时间越久，轨迹坡度越缓，消耗的燃耗也越少；

(2)接近轨迹都是逆时针。

因此两脉冲交会模型同样可以用于抵近成像任务中，在对敌目标成像任务中，为了具有更好的观测精度，通常要求顺光观测，而观测距离通常要求由相机载荷的观测能力决定，因此可通过上述公式计算所需施加的第一次脉冲，第二次可以不施加。在抵近成像任务中，接近轨迹是逆时针的规律对于抵近任务规划具有重要的意义，如果轨迹设计得不好，那么追踪星在完成侦照成像任务后有可能被对方反侦照。与 Lambert 交会类似，基于 CW 方程的交会模型可以实现任意时间、任意位置的接近目标。

5.4.3 多脉冲斜滑接近轨道设计

多脉冲斜滑接近是两个已知轨道参数的卫星近距离接近的一种重要方法。可以方便地设计接近轨迹。其步骤推导规范、应用范围广，能够对接近时间、接近方向以及自主接近过程的相对速度进行控制。图 5.27 是斜滑接近过程示意图。

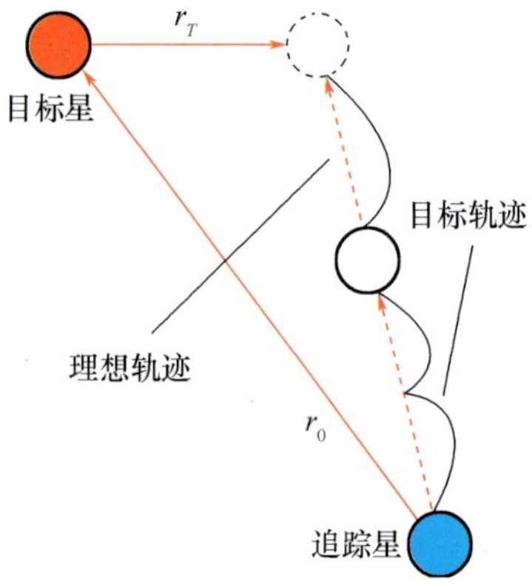

图 5.27 斜滑接近过程示意图

初始时刻追踪星的位置与终端时刻位置所连成的直线构成一条追踪星的理想运动轨迹。在各个脉冲作用点，实际轨迹与理想轨迹重合。在两次脉冲之间实际运动轨迹与理想轨迹不重合。脉冲施加次数越多，实际轨迹与理想轨迹越接近。在施加脉冲次数趋近于无穷大时，实际轨迹与理想轨迹重合。

假设追踪星在初始时刻的相对位置和相对速度分别为 $\boldsymbol{r}_0$ 和 $\dot{\boldsymbol{r}}_0$，终端时刻 T 的相对位置和相对速度分别为 $\boldsymbol{r}_T$ 和 $\dot{\boldsymbol{r}}_T$。设追踪星沿直线完成对目标星的接近，由 $\boldsymbol{r}_T$ 指向 $\boldsymbol{r}_0$ 的直线矢量 $\boldsymbol{\rho}$ 为理想轨迹。所以，在任意时刻 t 有

$$\boldsymbol{\rho}(t)=\boldsymbol{r}_c(t)-\boldsymbol{v}_T \tag{5.91}$$

式中，$\boldsymbol{r}_c(t)$ 为追踪星在该直线上某点处的位置矢量。矢量 $\boldsymbol{\rho}$ 的单位矢量 $\boldsymbol{u}_\rho$ 为

$$\boldsymbol{u}_\rho=[\cos\alpha \quad \cos\beta \quad \cos\gamma]^{\mathrm{T}} \tag{5.92}$$

式中，α、β、γ 分别表示矢量 $\boldsymbol{\rho}(T)$ 在 VVLH 坐标系中投影与三个坐标轴的夹角，从而决定了接近方向。

由式(5.92)可知，矢量 $\boldsymbol{\rho}$ 可以表示为

$$\boldsymbol{\rho}=\rho\boldsymbol{u}_\rho \tag{5.93}$$

在接近过程中，可根据接近轨迹快速性和安全性等多种需求来确定 ρ 和 $\dot{\rho}$ 的变化规律，即设计理想的交会轨迹。常用的变化规律有直线相轨迹和曲线相轨迹，典型的相对运动速度变化模式有指数型和等速型。考虑到工程实际，这里采用直线相轨迹与指数型速度变化模式，即

$$\dot{\rho}=a\rho+\dot{\rho}_T \tag{5.94}$$

$$\rho(t)=\rho_0\mathrm{e}^{at}+\frac{\dot{\rho}_T}{a}(\mathrm{e}^{at}-1) \tag{5.95}$$

式中，a 为斜率，则整个接近段的转移时间 T 为

$$T = \frac{1}{a}\ln\frac{\dot{\rho}_T}{\dot{\rho}_0} \tag{5.96}$$

假设接近段采用多脉冲分段控制，即在整个相对轨迹 N 段的每段开始和结束分别施加一次速度脉冲。作用 N 次速度脉冲使追踪星在时间 T 内从初始位置 $\boldsymbol{r}_0$ 转移到终点位置 $\boldsymbol{r}_T$。假设任意控制段的两次脉冲作用的时间间隔是相同的，即 $\Delta t = T/N$。不失一般性，设在某个时刻 $t_m = m\Delta t(m=0,1,\cdots,N-1)$，经过第 m 速度脉冲后，追踪星在相对轨道上的位置从 $\boldsymbol{r}_m(\rho=\rho_m)$ 转移到 $\boldsymbol{r}_{m+1}(\rho=\rho_{m+1})$，则有

$$\boldsymbol{r}_m = \boldsymbol{r}_T + \rho_m \boldsymbol{u}_\rho \tag{5.97}$$

$$\rho_m = \rho(t_m) = \rho_0 e^{at_m} + \frac{\dot{\rho}_T}{a}(e^{at_m} - 1) \tag{5.98}$$

根据式(5.28)，有

$$\dot{\boldsymbol{r}}_m^- = \boldsymbol{\Phi}_{vr}\boldsymbol{r}_{m-1} + \boldsymbol{\Phi}_{vv}\dot{\boldsymbol{r}}_{m+1}^+ \tag{5.99}$$

由于追踪星下一时刻要到达位置 $\boldsymbol{r}_{m+1}$，所以在 $\boldsymbol{r}_m$ 处施加脉冲作用后的速度 $\dot{\boldsymbol{r}}_m^+$ 可由状态转移方程得到

$$\dot{\boldsymbol{r}}_m^+ = \boldsymbol{\Phi}_{vr}^{-1}(\boldsymbol{r}_{m+1} - \boldsymbol{\Phi}_{rr}\boldsymbol{r}_m) \tag{5.100}$$

则需要的速度增量大小为

$$\Delta \boldsymbol{v}_m = \dot{\boldsymbol{r}}_m^+ - \dot{\boldsymbol{r}}_m^- \tag{5.101}$$

5.5　强制运动轨道设计方法

追踪器相对目标器的自由运动不需要消耗燃料，但其运动轨迹有一定局限性，并不能够满足相对运动控制的需求。实际控制中，往往需要两个飞行器之间满足特定的相对运动关系，这时必须施加强制的外力，来保证这种运动。

强制运动轨道可分为脉冲机动轨道和连续推力机动轨道。脉冲机动包括：切向脉冲机动、径向脉冲机动、法向脉冲机动及多次脉冲机动，在前面已做介绍。本节主要介绍连续推力机动，包括：直线 V-bar 方向接近、直线 R-bar 方向接近、目标轨道外某一点的位置保持、X 向连续推力转移、Z 向连续推力转移、Y 向连续推力转移、受迫圆形绕飞运动等。

5.5.1　相对静止运动

相对静止运动又称为停泊点、跟飞或者悬停。航天器存在自由停泊点，即在速度轴上的点。而在速度轴之外，要想保持两航天器相对静止，必须施加作用力。设追踪器的位置坐标为 (x,y,z)，则强制停泊时所需要施加的加速度可通过下式计算得到：

$$\begin{cases} a_x = 0 \\ a_y = \omega^2 y \\ a_z = -3\omega^2 z \end{cases} \tag{5.102}$$

5.5.2 相对水平直线运动

在±V-bar 方向最终逼近段(靠拢段),往往会采取直线运动控制策略。这时,理想的相对运动轨迹为直线 $y=z=0$,$\dot{x}=v_x$ 为给定常数,需要施加的加速度为

$$\begin{cases} a_x = 0 \\ a_y = 0 \\ a_z = 2\omega v_x \end{cases} \tag{5.103}$$

此种轨迹在 x 方向的相对速度恒定,其他方向的速度为 0。首先需要一个脉冲 ΔV_{x1} 产生 x 方向速度 v_x,最后利用大小相等方向相反的脉冲 ΔV_{x2} 使运动停止。

要想沿速度轴以某一相对速度逼近,需要施加 R 方向的加速度。如图 5.28 所示,如果从+V-bar 方向逼近,需要施加-R-bar 方向的加速度;从-V-bar 方向逼近则需要施加+R-bar 方向的加速度;撤离运动的情况与此相反。

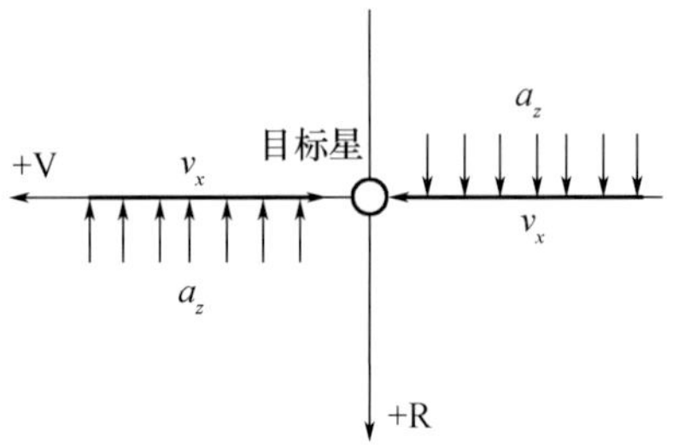

图 5.28 强制迹向直线相对运动

实际运动控制中,由于发动机推力的限制,难以实现均匀的径向加速度,这时可以把连续加速度转化为一系列离散的冲量,并使它们在总冲量数值上等价,可以得到直线运动的有效近似,如图 5.29 所示。这种运动形似蛙跳,又称蛙跳模式。

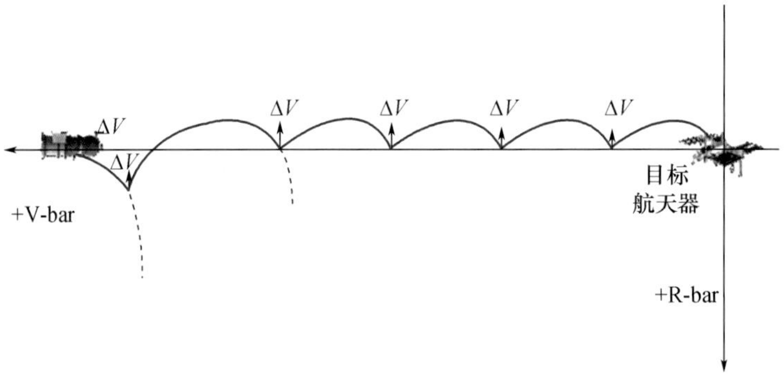

图 5.29 强制迹向直线运动的跳跃近似

跳跃运动中,每个线段实际都可近似为一段抛物线,在-V-bar 方向运动时,抛物线顶端朝下,施加冲量方向也向下;在+V-bar 方向运动时,抛物线顶端朝上,施加冲量方向也向上。

5.5.3 相对垂直直线运动

+R-bar 方向直线逼近和撤离过程同样需要施加外载荷,强制实现。这时理想的相对运动轨迹为 $x=y=0$,$\dot{z}=v_z$ 为常数,即 $z=z_0+v_zt$,需要施加的加速度为

$$\begin{cases} a_x = \dfrac{F_x}{m} = -2\omega v_z \\ a_y = \dfrac{F_y}{m} = 0 \\ a_z = \dfrac{F_z}{m} = -3\omega^2 z \end{cases} \tag{5.104}$$

这说明在+R-bar 方向直线运动过程中需要在迹向、径向两个方向施加外力。如果运动为逼近，即 $v_z<0$，则需要施加+V-bar 和-R-bar 方向的外力；如果运动为撤离，即 $v_z>0$，则需要施加-V-bar 和-R-bar 方向的外力。这种运动也同样可以用施加冲量的跳跃方式来近似，如图 5.30 所示。

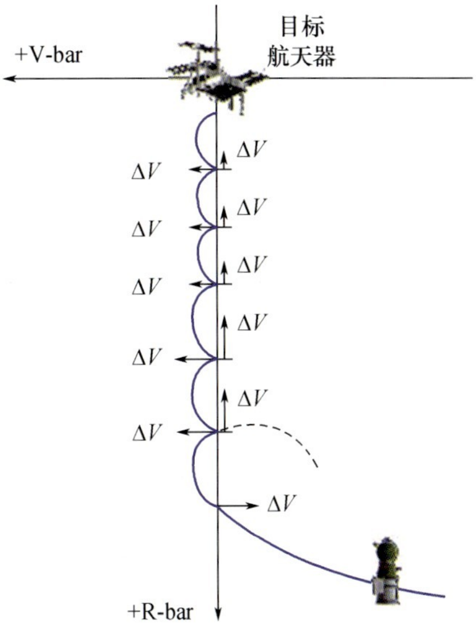

图 5.30　强制迹向直线相对运动

5.5.4　任意直线运动

如果要求两个航天器相对运动轨迹为任意的给定匀速运动直线，即

$$\begin{cases} x = x_0 + v_x t \\ y = y_0 + v_y t \\ z = z_0 + v_z t \end{cases} \tag{5.105}$$

则需要施加的强制加速度为

$$\begin{cases} a_x = \dfrac{F_x}{m} = -2\omega v_z \\ a_y = \dfrac{F_y}{m} = \omega^2 y \\ a_z = \dfrac{F_z}{m} = 2\omega v_x - 3\omega^2 z \end{cases} \tag{5.106}$$

一般情况下，要实现任意相对直线运动需要在三个方向都施加冲量。前面介绍的相对水平直线运动和相对垂直直线运动都是这种直线运动的特殊情况。另一方面，这种任意相对直线运动也可以看作沿三个坐标轴的相对匀速直线运动的线性叠加，可以把三种运动分解处理。

5.5.5　轨道面内的任意椭圆运动

利用自由运动进行绕飞有一定的限制，比如，在近地轨道，从-V-bar 绕飞到+R-bar 需要四分之一个轨道周期，二十几分钟，时间较长，并且绕飞的距离变化也基本固定。为此可以考虑强制绕飞的策略。设期望的椭圆运动为

$$\begin{cases} x = a\cos m\omega t \\ y = 0 \\ z = b\sin m\omega t \end{cases} \tag{5.107}$$

则需要施加的外力加速度为

$$\begin{cases} a_x = (-am^2 - 2bm)\omega^2\cos m\omega t \\ a_y = 0 \\ a_z = (-bm^2 - 2am - 3b)\omega^2\sin m\omega t \end{cases} \tag{5.108}$$

比如,当 $a=-b,m=2$ 时,$a_x=a_y-0,a_z=-b\omega^2\sin2\omega t$,对应顺时针圆周运动;当 $a=-7b/4,m=2$ 时,$a_x=3b\omega^2\cos2\omega t,a_y=a_z=0$,对应顺时针椭圆运动。

5.5.6 轨道面内的极坐标曲线运动

可以把相对运动方程转化到极坐标中,只考虑轨道面内的运动。设 $x=r\cos\theta,z=r\sin\theta$,则有

$$\begin{cases} \dot{x} = \dot{r}\cos\theta - r\dot{\theta}\sin\theta \\ \ddot{x} = (\ddot{r} - r\dot{\theta}^2)\cos\theta - (2\dot{r}\dot{\theta} + r\ddot{\theta})\sin\theta \\ \dot{z} = \dot{r}\sin\theta + r\dot{\theta}\cos\theta \\ \ddot{z} = (\ddot{r} - r\dot{\theta}^2)\sin\theta + (2\dot{r}\dot{\theta} + r\ddot{\theta})\cos\theta \end{cases} \tag{5.109}$$

进一步可推导出极坐标系中加速度的关系,即

$$\begin{cases} a_r = (\ddot{r} - r\dot{\theta}^2 - 2\omega r\dot{\theta}) - 3\omega^2 r\sin^2\theta \\ a_\theta = (2\dot{r}\dot{\theta} + r\ddot{\theta} + 2\omega\dot{r}) - 3\omega^2 r\sin\theta\cos\theta \end{cases} \tag{5.110}$$

把极坐标中的曲线代入式(5.110)中,可以得到对应加速度的表达式。例如,给定螺旋线 $\dot{\theta}$、$\dot{r}$ 为常数,则有

$$\begin{cases} a_r = -(\dot{\theta} + 2\omega)r\dot{\theta} - 3\omega^2 r\sin^2\theta \\ a_\theta = 2\dot{r}(\dot{\theta} + \omega) - 3\omega^2 r\sin\theta\cos\theta \end{cases} \tag{5.111}$$

取 $\dot{\theta}=-2\omega$,有

$$\begin{cases} a_r = -3\omega^2 r\sin^2\theta \\ a_\theta = -2\dot{r}\omega - 3\omega^2 r\sin\theta\cos\theta \end{cases} \tag{5.112}$$

5.5.7 水平面内的强制运动

强制飞行器在水平面内相对运动时,对飞行器对地定向控制有一定的优势,此时恒有 $z=0$,则相对运动方程简化为

$$\begin{cases} a_x = \ddot{x} \\ a_y = \ddot{y} + \omega^2 y \\ a_z = 2\omega\dot{x} \end{cases} \tag{5.113}$$

进一步设计水平面内的相对运动,代入式(5.113)中,则可以得到所需要施加的控制加速度。比如,对于圆周运动 $x=a\cos\omega t,y=a\sin\omega t$,所需要施加的控制加速度为

$$\begin{cases} a_x = -a\omega^2\cos\omega t \\ a_y = 0 \\ a_z = -a\omega^2\sin\omega t \end{cases} \tag{5.114}$$

对于横向正弦运动 $\dot{x}=v_x$，$y=a\sin\omega t$，所需要施加的控制加速度为

$$\begin{cases} a_x = 0 \\ a_y = 0 \\ a_z = 2\omega v_x \end{cases} \tag{5.115}$$

练　习　题

(1)已知 CW 方程，施加 x 正方向脉冲 $\dot{x}_0=\Delta V_{x1}$，求解半个轨道周期后的轨迹偏移量。

(2)已知目标星运行在地球同步轨道，追踪星相对目标星为跟飞状态，相对距离落后 50 km，如果通过单次脉冲让追踪星对目标形成椭圆绕飞且目标星位于椭圆中心，求解脉冲的大小和方向。

(3)简述 CW 方程中引起误差的因素。

(4)假设航天器运行在地球静止轨道，发动机单次脉冲大小为 5 m/s，分别利用切向脉冲和法向脉冲实现轨道向西转移，求两次脉冲施加的间隔时间、脉冲的大小和方向。

(5)阐述自然椭圆绕飞的成因，并画出追踪航天器与目标航天器分别在地心惯性系、目标轨道坐标系下的运动轨迹示意图。

(6)追踪航天器和目标航天器位于共面的圆轨道，目标航天器的轨道半径是 R，轨道角速度是 ω，追踪航天器的轨道是 $R-d(d\ll R)$。追踪航天器利用两次脉冲实现与目标航天器的交会，交会时间是 $t=\pi/(4\pi)$，计算需要的两次脉冲大小。

(7)空间站位于 6 600 km 高的圆轨道上，追踪航天器与空间站在同一轨道面上，某一时刻相对距离是 5 km，求此时的相对速度。

第6章　导航制导与控制系统原理

6.1　GNC 概述

航天器的空间状态由其空间位置和空间姿态确定，航天器完成特定的空间任务常需要特定的空间状态，因而需要对其轨道进行控制使其到达特定的空间位置，与此同时，通过姿态控制使航天器在空间到达特定的空间指向。所以，单个航天器的控制一般包括轨道和姿态等6个自由度的控制。

本章以交会对接任务作为空间操控的典型案例进行阐述。交会对接控制对象是一个复杂多变量的系统，一个航天器具有三维相对位置和三轴相对姿态角共6个变量，两个航天器的相对运动便有12个变量，且这些变量在许多情况下是相互耦合的。对具有位置和姿态的多变量交会对接的控制对象，一般通过轨道控制系统控制航天器的三维位置变化，通过姿态控制系统确保姿态达到所要求的状态，而轨道和姿态两个控制系统是相互关联的，从而满足上述多变量耦合交会对接控制系统的要求。

从追踪航天器入轨后开始，交会对接过程一般分为：远距离导引段、寻的段、接近段、平移靠拢段、对接段、组合体飞行段和撤离段，其中寻的段、接近段和平移靠拢段一起称为自主控制段。如果对接轴不在水平轴上，一般在接近段之后，靠拢段之前还有绕飞段。

远距离导引段——从追踪航天器入轨后，由地面控制进行若干次轨道机动，到追踪航天器上的敏感器捕获到目标航天器，追踪航天器的控制由地面交给航天器自主进行为止。

寻的段——从追踪航天器开始进行自主控制到进入距目标航天器几千米的停泊点 P_2；

接近段——从停泊点 P_2 到追踪航天器进入距目标航天器一二百米的停泊点 P_3；

平移靠拢段——从停泊点 P_3 到追踪航天器与目标航天器的对接机构接触；

对接段——从两个航天器对接机构接触起到对接机构合拢，然后完成气密性检查、两个航天器组合作为一个整体飞行为止；

组合体飞行段——从两个航天器作为一个整体运行至追踪航天器与目标航天器分离。

本章将首先对交会对接的控制系统组成进行阐述，而后对交会对接任务的远距离导引段、自主交会段、撤离段制导和控制的动力学模型及其具体控制方法进行介绍。

6.2　GNC 系统

交会对接控制系统包括地面控制系统以及自主交会控制系统两个部分，图6.1是交会对接控制系统的结构图。交会对接任务中，远距离导引段一般采用地面控制方式，而近距离导引段常采用手动、自动或自主交会等控制方式。

地面控制为远距离导引段的飞船轨道控制方式，由于该阶段两航天器相距较远，不能建立相对导航信息，所以需要地面测控站或测量船对两航天器的飞行状态进行测量，而后地面飞行控制中心根据测量数据进行轨道控制计算,再将计算结果以控制指令方式发送至追踪器使其完成变轨控制。

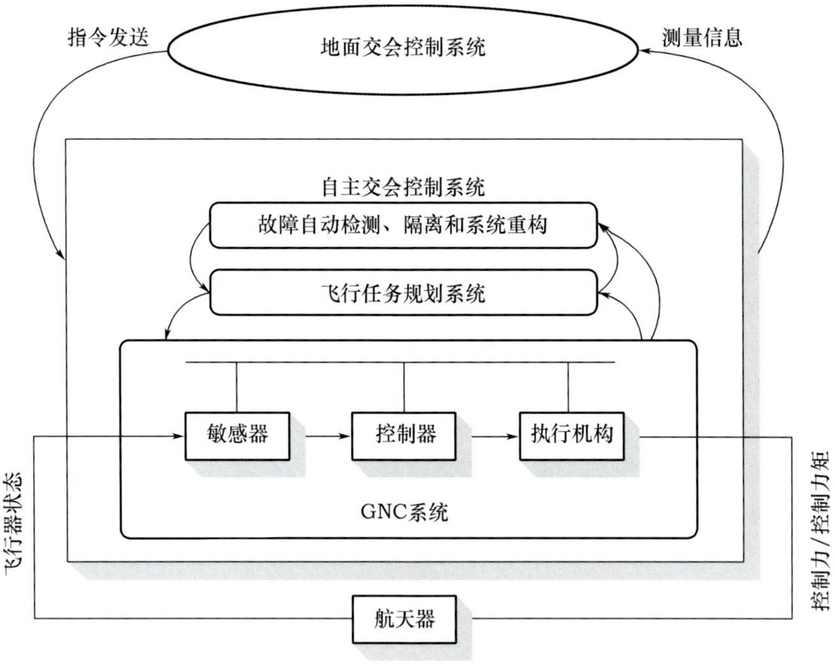

图 6.1　自主交会控制系统

对于自主交会控制系统,其核心部分由敏感器、控制器和执行机构组成,航天器通过自身携带的多种敏感器来获取其轨道和姿态信息,而后控制器基于该信息进行轨道和姿态控制计算,最后将计算结果通过执行机构进行控制施加,从而实现轨道和姿态控制。图 6.2 描述了自主交会控制系统。

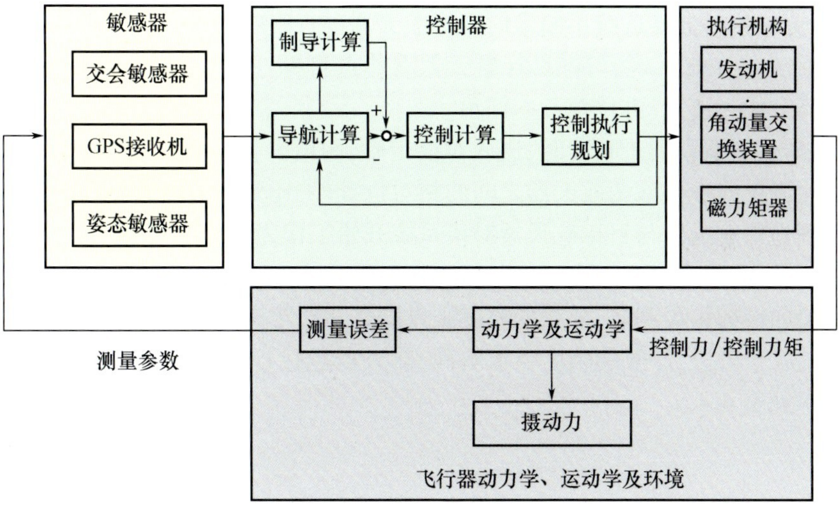

图 6.2　自主交会控制系统

下面将对星上自主交会控制系统的核心组成部分 GNC 系统进行介绍，包括敏感器、控制器和执行机构三部分。

6.2.1 敏感器

6.2.1.1 敏感器测量需求

航天器交会对接的飞行阶段主要由远程导引段和近程导引段组成，相应的运动控制也分为航天器绝对运动的控制和相对运动的控制，与此相对应，交会对接测量设备也由两部分构成：

(1)测量单个航天器位置、速度和姿态的绝对测量设备，主要包括地面测控系统和惯性测量传感器等；

(2)测量两航天器之间的相对位置、速度和姿态的相对测量设备，主要包括相对 GPS、激光交会雷达、微波交会雷达和 CCD(电荷耦合器件)成像敏感器等。

敏感器的测量需求主要包括绝对状态测量和相对状态测量。

绝对状态测量：由于通信、能源和光照等原因，交会任务中的所有阶段都需要测量绝对状态(如本地轨道坐标系中的航天器姿态和地心赤道坐标系中的航天器位置或轨道星历)，以确定航天器相对于地球和太阳的角度和位置。

相对状态测量：相对状态可以通过将追踪航天器与目标航天器的绝对位置和速度测量值相减得到，然而，大数相减会带来较大的误差，因此这种方法仅能用于相对距离较大时的情况。在特定的交会阶段，要求在两个航天器之间进行直接测量。

在地面测控站等引导设备的支持下，当追踪航天器由过渡轨道进入交会轨道时，相对测量传感器即开始工作。首先是大范围搜索目标航天器，当捕获到目标后即转入自动跟踪状态。测量传感器开始捕获的最远相对距离与过渡轨道与交会轨道之间的轨道差有关。如果轨道差小，捕获距离就近。

测量传感器开始搜索捕获目标时，追踪航天器与目标航天器之间的相对距离为 100~200 km。此时测量传感器要连续不断地对目标航天器进行跟踪测量。

一般在 200 km~150 m 时，可把目标航天器看作点目标，此时要测量的参数有：两航天器之间的相对距离、相对速度、方位角及俯仰角。

当两航天器逐渐逼近到 150 m 时，进入对接走廊，两航天器接近共轴，此时应把目标航天器看作体目标，测量的参数除两航天器之间的相对位置外，还要测量两者之间的姿态及其变化率，一直测量到追踪航天器与目标航天器对接系统开始工作为止。

归纳起来，交会的测量是一个由远到近的过程，即从 200 km~0 m。测量的目标由点目标到体目标，测量的参数由少到多，测量的精度则是随着相对距离的接近而逐渐提高。

在 RVD 的各个阶段，导航的精度要求不同，航天器越接近，距离、速率等的测量精度要求越高，精度要求见表 6.1。

表 6.1　精度要求

阶段	相对距离	距离/m	速率/($m \cdot s^{-1}$)
地面导引	追踪航天器入轨 100~200 km	≤相对距离的 1%	1~2
自主导引	100~1 km	250~50	0.5~0.1
	1 000~400 m	5~0.5	0.5~0.1
绕飞	400~100 m	1~0.5	0.1~0.05
靠近	100~5 m	0.5~0.2	≤0.05
平移靠拢	5~0 m	<0.2	≤0.02

相对测量参数：

(1)在追踪航天器或目标航天器的本体坐标系中测量距离、视线角、距离变化率和角速度。

(2)使用相同类型的工具和方法测量追踪航天器和目标航天器相对于多个共同外部参考点的距离和距离变化率。通过将测量值进行差分计算得到最终的差分结果。

(3)最后接近阶段中对接轴的捕获,不仅要对相对平移运动进行控制,还要对追踪航天器和目标航天器的对接坐标系的角度运动进行控制。因此,需要得到有关相对姿态和相对姿态变化率的额外信息。

6.2.1.2　测量敏感器

对于自主交会对接测量敏感器,主要包括 GPS 接收机、激光雷达、微波雷达、CCD 光学成像敏感器等几类。其中,按作用距离可将其分为远距离敏感器、近距离敏感器;按工作原理可将其分为无线电敏感器、光学敏感器、激光敏感器和电视摄像机等。

(1)GPS 接收机。

GPS 接收机测量的主要方法是伪距差分相对定位方法。在远程导引段,追踪航天器和目标航天器的 GPS 接收机分别独立地接收 GPS 信号(伪距和载波);然后根据接收的信号解算出航天器在 WGS-84 坐标系下的绝对位置和速度,并将 WGS-84 坐标系下的参数传递给追踪器导航系统;最后由导航系统转化为 J2000 地心惯性坐标系下航天器的绝对位置和速度,作为远程导引段地面测控系统的备份。

当追踪航天器进入近距离导引段,追踪航天器与目标航天器建立空空通信链路后,GPS 除了继续进行绝对导航外,还启动相对导航。首先目标航天器 GPS 接收机将接收到的 GPS 伪距信号通过空空通信链路传递给追踪航天器;然后追踪航天器采用伪距差分相对定位方法进行导航参数的计算,解算追踪航天器与目标航天器在 WGS-84 坐标系下的相对位置和速度,并进行进一步的导航计算。

(2)激光雷达。

激光雷达测量范围为 20 km~50 m,具有测距、测速、测角、捕获、跟踪能力,而且分辨率高、测量精度高、体积小、质量轻、功耗低,很适合空间应用,特别是航天器空间交会对接。激光雷达具有以下功能:对目标的搜索、捕获功能;跟踪功能;测距功能;测速度功能;测角度功能;测角度变化率。

图6.3中十字丝表示视场中心,方框表示跟踪窗口,跟踪窗口与十字丝重合说明对目标实现跟踪。完成对目标的跟踪后,进入测量模式:追踪航天器激光雷达发射机向目标航天器发射脉冲信号,并接收目标激光角反射器反射的回波信号,通过对回波信号的处理完成对目标与追踪航天器之间的相对距离、相对距离变化率、方位角和仰角、方位角和仰角变化率进行测量。

(3)微波雷达。

微波雷达测量范围大(相对距离从几百千米到几米),广泛用于空间交会对接相对测量,并经受了多次交会对接飞行任务的实践考验,技术成熟,在今后仍然是一种非常可靠的测量手段。

(4)CCD 光学成像敏感器。

CCD 光学成像敏感器作用距离为 150~0 m,一般都用在交会对接的逼近段及靠拢对接段(相对测量的最后阶段)。此时追踪航天器的对接口逐渐靠近目标航天器的对接口,被测量的目标应看作体目标,因此 CCD 光学成像敏感器应具备以下功能:相对位移测量功能;相对位移变化率测量功能;相对姿态测量功能;相对姿态变化率测量功能。

CCD 光学成像敏感器基本测量原理是:在目标航天器上安装若干个坐标(相对于目标航天器坐标系)已知的合作目标,这些合作目标将在追踪航天器上安装的 CCD 光学成像敏感器中成像,根据成像位置及合作目标间原有的位置关系可建立约束方程,如果目标及 CCD 光学成像敏感器的数量、参数及布置合理,就可通过解方程计算出合作目标相对追踪器坐标系的位姿关系,并换算出目标航天器相对于追踪航天器的位姿。同时可以用差分、滤波等方法求出它们的一阶时间导数,即相对位姿变化率。

交会对接中的测量过程是一个渐变的动态测量过程,测量的空域变化比较大。例如测量的相对距离变化范围为 0 m~100 km,而且对测量精度的要求以及对测量参数的要求都随着相对距离的渐近而变化,因此用任何单一的测量传感器均无法完成测量任务。现在多采用多传感器组成的测量体制,分段测量共同完成测量任务。

这里介绍四种体制:

①GPS 接收机+微波雷达+CCD 光学成像敏感器;

②GPS 接收机+激光雷达+CCD 光学成像敏感器;

③GPS 接收机+微波雷达+激光雷达+CCD 光学成像敏感器;

④GPS 接收机+CCD 光学成像敏感器。

以上四种体制均用了 GPS 接收机及其差分系统。这是由于 GPS/GLONASS 有测量精度高、全弧段可测、体积小、质量轻、功耗小等诸多优点。它是交会对接最优选的测量手段。

以上四种体制均用了 CCD 光学成像敏感器。这是由于当两航天器逐渐逼近到 150 m 进入对接走廊时,目标航天器不能再看作点目标,而是看作体目标,因此需要提供相对姿态和姿态变化率的测量信息,此时 GPS 接收机、激光雷达、微波雷达等都不能提供这些测量参数,而 CCD 光学成像敏感器能精确测量两航天器之间的相对位置和相对姿态,并且具有体积小、质量轻、功耗低的优点,因此成为平移靠拢段的首选测量设备。

体制一的优点是 100 km~100 m 距离段 GPS 接收机和微波雷达可以互为备份,可靠性较高;缺点是微波雷达体积、质量、功耗等均对追踪航天器提出较高的要求,且目标航天器需装有源应答机。

体制二的优点是精度高、体积小、质量轻、功耗低,合作目标为无源反射镜;缺点是激光雷达作用距离比较近,在 100~20 km 之间不能起到与 GPS 接收机备份的作用。

体制三的优点是精度高、备份手段多、可靠性高,缺点是航天器上同时装微波雷达和激光雷达,因而体积大、质量重、功耗大。

体制四只用 GPS 接收机和 CCD 光学成像敏感器,优点是体积小、质量轻、功耗小;缺点是在整个交会对接段无备份。

6.2.2 控制器

在自主交会控制系统中,其控制器中预先植入了自主交会各个交会阶段轨道和姿态的导航计算、制导计算、控制计算和控制执行规划算法,根据敏感器提供的测量参数来实现对执行机构的指令发送。下面对控制器中这些模块的基本工作原理进行介绍。

6.2.2.1 导航计算

对于导航计算模块,其任务是根据敏感器获取的测量参数,来实现对航天器位置、速度、姿态角和姿态角速率等参数的估计,并提供该制导计算模块和控制模块。通常情况下,敏感器直接测量获得的参数会存在一定误差,而且难以同时获得描述航天器状态的全部参数。例如,激光雷达在相对状态测量中能够获得视线距离、视线速率、方位角和高低角 4 个参数,而描述航天器的相对状态需要 6 个参数,同时,当测量设备工作不稳定时会导致测量参数存在较大随机误差。所以,敏感器直接输出的测量参数难以应用于制导和控制计算。

6.2.2.2 制导计算

制导计算模块的任务是根据航天器当前的空间状态以及终端时刻需要到达的空间状态,对航天器的质心运动控制力和绕质心运动控制力矩进行计算,即对航天器的轨道和姿态进行控制。交会对接轨道控制的基本任务是通过施加适当的推力,改变追踪器质心运动情况,促使追踪器与目标器在空间的会合;对于姿态控制,追踪器和目标器的控制方式基本相同,但两者还存在一定的关系,主要体现在自主交会阶段的平移靠拢段,追踪器为了与目标器实现对接,它将以目标器的实时姿态角输出作为标准姿态角,利用姿态角误差进行姿态控制,如图 6.3 所示。

6.2.2.3 控制计算及执行规划

根据制导计算模块提供的控制力和控制力矩,以及航天器自身的质量、转动惯量和执行机构特性等参数,对航天器的相应姿轨控执行机构产生控制指令,并根据一定最优准则,对执行机构的控制指令进行规划。

6.2.3 执行机构

交会对接任务中,追踪器轨道和姿态控制的执行机构主要包括:姿轨控发动机、角动量交换装置和磁力矩器等。对于航天器的轨道控制,由于航天器在空间需要改变自身的质心运动情况,所以需要通过轨控发动机喷射推进剂来获取作用力;对于航天器的姿态控制,可通过姿

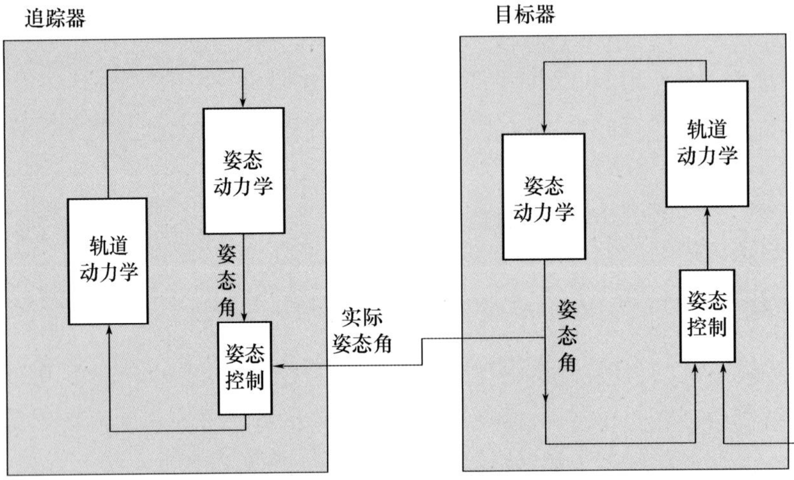

图 6.3 追踪器与目标器姿态控制数据流关系

控发动机喷射推进剂产生控制力矩,也可根据航天器的空间角动量守恒定理,利用角动量装置实现对航天器的姿态控制。采用角动量装置进行姿态控制,用于航天器飞行过程中会受到外界的干扰而导致航天器角动量持续积累,最终使控制力矩陀螺或飞轮的转速到达极限,即出现转速"饱和"现象,这种情况下需要对航天器施加外力矩降低角动量装置的转速,即对其进行"卸载"。磁力矩器是利用空间磁场产生力矩,磁力矩一般比较弱小,但不需要消耗推进剂,因而可利用于小型航天器的姿态控制或用于给角动量装置卸载。下面分别对上述各执行机构的基本工作原理进行介绍。

6.2.3.1 姿轨控发动机

对于航天器上的姿轨控发动机,是通过喷射推进剂或燃气来获得反方向的推力。下面对航天器姿轨控发动机的推力和力矩产生基本原理进行介绍。

1. 发动机推力产生原理

发动机反作用推力和航天器质量的变化可用式(6.1)表示

$$\begin{cases} P = \dot{m}_s v_e \\ \dot{m} = -\dot{m}_s \end{cases} \tag{6.1}$$

式中,P 为推力大小;$\dot{m}_s$ 为推进剂秒流量;v_e 为发动机出口排气速度;m 为航天器质量。

当用脉冲推力模型计算出速度增量和脉冲控制时刻后,发动机的开机时间长度计算如下

$$\Delta t = \frac{m_0 v_e}{P}(1 - e^{-\Delta v / v_e}) \tag{6.2}$$

2. 发动机的力与力矩

对于航天器上的发动机,所产生的力和力矩的通用表达式为

$$\begin{cases} \boldsymbol{F} = P\boldsymbol{d} \\ \boldsymbol{M} = \boldsymbol{r} \times \boldsymbol{F} \end{cases} \tag{6.3}$$

式中，$\boldsymbol{F}$ 为所产生的力；$\boldsymbol{M}$ 为所产生的力矩；P 为发动机推力大小；$\boldsymbol{d}$ 为发动机推力方向；$\boldsymbol{r}$ 为发动机位置在体坐标系中的位置矢量。

考虑到发动机推力大小、安装倾角误差和安装位置误差后，发动机推力大小、方向及发动机位置可表示为

$$\begin{cases} P = P_0 + \varepsilon_P \\ \boldsymbol{d} = \boldsymbol{d}_0 + \boldsymbol{\varepsilon}_d \\ \boldsymbol{r} = \boldsymbol{r}_r + \boldsymbol{\varepsilon}_r \end{cases}$$

式中，ε_P、$\boldsymbol{\varepsilon}_d$、$\boldsymbol{\varepsilon}_r$ 分别为发动机推力大小、安装倾角误差和安装位置误差。

6.2.3.2　角动量交换装置

航天器常用的角动量交换装置主要包括控制力矩陀螺（control moment gyroscope，CMG）和飞轮（flywheel），其中 CMG 又包括单框架控制力矩陀螺（single gimbal CMG，SGCMG）、双框架控制力矩陀螺（double gimal CMG，DGCMG）以及变速控制力矩陀螺（variabel speed CMG，VSCMG），飞轮又包括反作用飞轮和储能飞轮。

采用 CMG 和反作用飞轮作为主要的姿态控制设备，与喷气推力器相比，最大优点在于不需要燃料消耗，但由于空间站在轨飞行时要受到外界干扰的影响，在控制过程中角动量交换装置的角动量随时间的累积而增加，从而导致角动量的饱和，需要对 CMG 进行卸载以使其正常工作。

1. 控制力矩陀螺

从 20 世纪 60 年代开始，CMG 就成为空间站的一类非常重要的姿态控制设备。美国的天空实验室（Skylab）就采用了三轴垂直安装的 DGCMG，如图 6.4 所示；俄罗斯的和平号空间站采用了五棱锥构型的 SGCMG，如图 6.5 所示；国际空间站和航天飞机采用了两对成对正反转平行安装的 DGCMG，转子转速为 6 600 r/min，如图 6.6 和图 6.7 所示。

VSCMG 的概念第一次由 Ford 和 Hall 于 1997 年提出，当时作者称之为“框架动量轮”。VSCMG 正式于 2001 年提出，并强调 VSCMG 是一种传统的 CMG，只是 CMG 的转子速度恒定不变，VSCMG 的转子速度可以连续变化，因此，VSCMG 可以看成是飞轮和 CMG 的混合。由于转子速度可以变化而带来的新的自由度可用于避免奇异。2001 年 Fausz 第一次将 VSCMG 用于一体化动力和姿控系统（IPACS），后来，Tsiotras、Shen 和 Hall、Yoon 和 Tsiotras、Richie 也将 VSCMG 作为 IPACS 的控制设备。

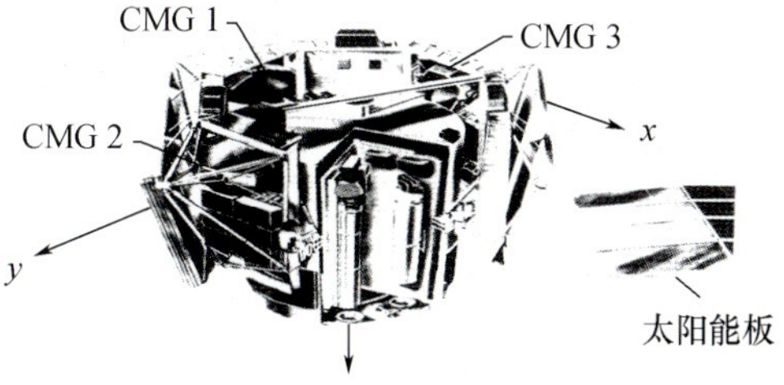

图 6.4　天空实验室的 DGCMG

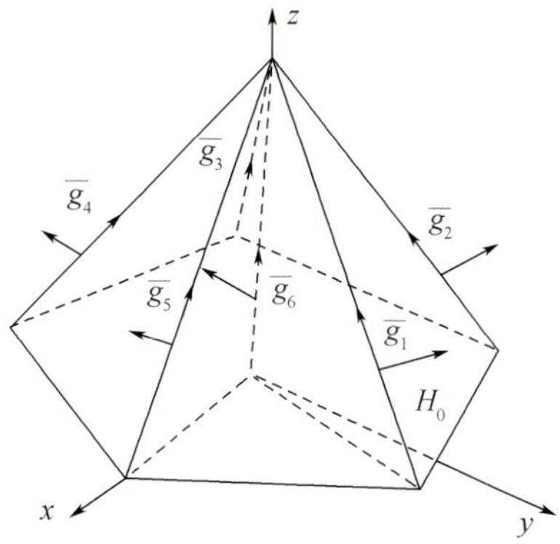

图 6.5　和平号空间站的 SGCMG 原理图

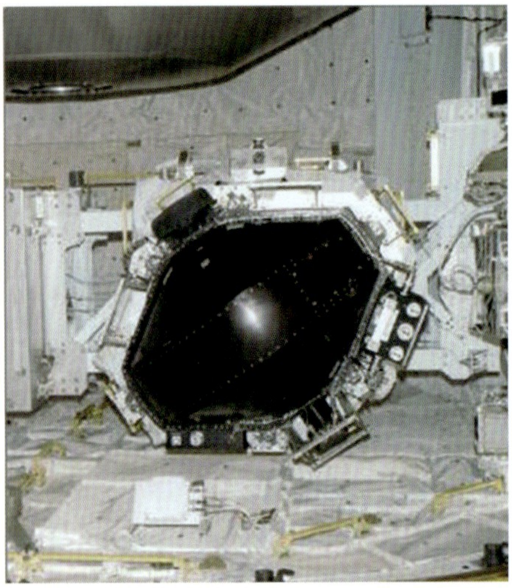

图 6.6　航天飞机的 DGCMG

图 6.7　国际空间站的 DGCMG

2. 飞轮

飞轮储能的思想最早在 1961 年由 Roes 提出,1974 年 NASA Langley 研究中心发布了两份研究 IPACS 的重要报告,给出了 IPACS 概念图。但是直到 20 世纪 70 年代末磁悬浮技术和 20 世纪 90 年代复合材料技术的发展,才使得飞轮的转速大幅度提高,从而使飞轮储能技术的思想变为现实。1999 年 NASA 的 Lewis 研究中心开展了针对国际空间站(ISS)的姿态控制和能量储存实验。2001 年 NASA 的由 48 对飞轮组成的"ISS 飞轮系统模型工程样机"已完成地面测试,地面试验中飞轮的转速已经达到 6×10^4 r/min,飞轮线速度 880 m/s,能量密度 44 W·h/kg。这标志着飞轮已进入工程实用阶段。

2002 年 6 月,4 只 DGCMG 中的Ⅰ号出现了严重的故障,后续的相关研究中在用飞轮进行储能的基础上,已经在考虑用控制力矩陀螺和飞轮同时进行姿态控制,并且设计了相应的控制律。2003 年 Langley 报告研究表明,对大型航天器而言,姿态控制系统通常占总质量的 11%,电池占总质量的 6%,如果采用 48 对正反安装的飞轮系统代替姿控系统和电池,能使航天器减少 15%的质量,同时也可以减少太阳帆板的数量。2004 年 4 月Ⅱ#陀螺又出现故障,这迫使 NASA 的有关部门进一步考虑使用一部分飞轮参与 ISS 姿态控制的方案。

6.2.3.3　磁力矩器

磁力矩器由缠绕线圈的磁棒构成,当线圈通电时磁棒产生的磁矩和当地磁场作用,产生地磁控制力矩,用来给动量轮卸载。磁力矩器按照磁控规律获得的磁矩为

$$\boldsymbol{N}=\frac{K}{B^2}\boldsymbol{B}\times\Delta\boldsymbol{H}_w \tag{6.4}$$

式中,K 是大于零的增益系数;$\Delta\boldsymbol{H}_w$(单位 N·m·s)为动量轮系统的角动量矢量;$\boldsymbol{B}$(单位为 T)为计算得到的地磁场向量,且能产生的最大磁矩为(100±5) A·m^2,磁力矩器的剩磁小于 1%。

6.3　远距离导引段控制

6.3.1　远距离导引段控制目标和基本原理

6.3.1.1　控制目标

远距离导引段从追踪器入轨起至追踪器上的相对测量设备捕获目标器为止，该阶段追踪器的轨道控制采用地面控制方式。在交会对接任务中，根据追踪器与目标器相对测量敏感器的特性，远距离导引段结束时，追踪器处于目标器后下方几十千米处。远距离导引段在地面测控网的引导下，经过若干次变轨机动，将追踪器从初始轨道调整到与目标器轨道面共面且其高度略低于目标器轨道的圆轨道上。由于追踪器的轨道略低于目标器的轨道，所以追踪器为追赶飞行状态。这一过程，在地面测轨、制订变轨策略、计算变轨参数和注入参数，直到追踪器上的测量设备捕获目标器为止。

在远距离导引段，追踪器的变轨完全由地面站完成，地面站根据测轨数据决定轨道调整的时间和方式。追踪器只负责自身的姿态稳定控制，通过姿态敏感器测定姿态，然后利用所测的数据控制姿态的稳定。远距离导引段控制系统的结构如图 6.8 所示。

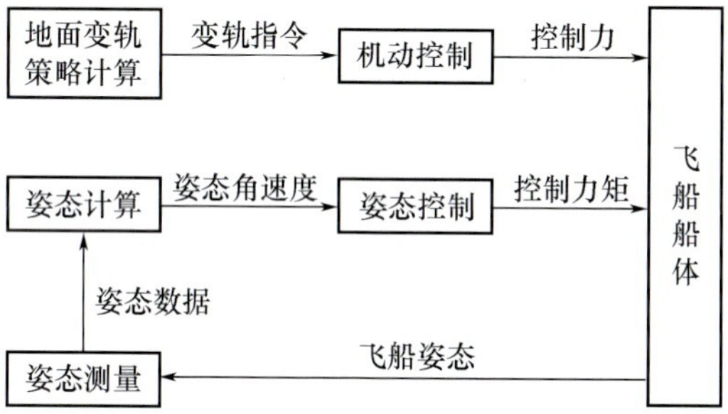

图 6.8　远距离导引段控制系统结构

6.3.1.2　约束条件

(1) 轨道机动条件。

在远距离导引过程中，目标器采用对地定向三轴稳定，且不做轨道机动；追踪器通常是对地定向三轴稳定，但在变轨机动过程中，可根据需要进行调姿，其基准可选择当地轨道坐标系或惯性坐标系。

(2) 测控要求。

地面测控网应能满足在机动变轨过程中对追踪器进行跟踪测轨、遥测遥控和联络通信的弧段要求；要满足关键变轨点同时对目标器和追踪器测量定轨、轨道参数注入和轨道机动监视的要求。

(3) 初始轨道参数要求。

追踪器发射窗口和初始轨道满足调相变轨的初始条件要求，对于近地载人交会对接飞行任务，有以下要求：

①目标器运行轨道和追踪器初始轨道均为近地近圆轨道，且轨道高度低于 500 km，偏心率小于 0.02；

②空间交会过程可以是共面或非共面，但追踪器相对目标器的初始相位角 Φ_0（追踪器相对于目标器初始滞后的纬度幅角）和轨道非共面偏差（$\Delta i,\Delta\Omega$）应在允许范围内。

（4）交会时间要求。

对于近地交会对接而言，通常由于目标器轨道是一个二天或者三天的回归轨道，因此要求调相阶段必须在二天和三天内完成；此外，对于载人交会对接而言，乘员作息时间也是安排远程导引段变轨策略的一个重要约束，即变轨点尽量安排在乘员非休息时间段内。

（5）远距离导引终端条件要求。

远距离导引终端条件即自主交会阶段的起始点轨道要求，通常要求进入稍低于目标器轨道十到几十千米的共面圆轨道，由于船载自主测量设备要求，相对距离在几十到一百千米左右，远距离导引终端条件可由瞄准点以及进入走廊两种条件表示。

（6）轨道模型要求。

由于远距离导引段飞行时间较长，基于线性化方程和二体方程的解与实际有比较大的差别，地球非球形的扁率摄动和大气阻力摄动因素是必须要考虑的；同时出于精度的考虑，实际的变轨策略要考虑到各种偏差因素来制订实时变轨策略，诸如测量误差、控制误差、轨道预报误差及模型误差等因素。

6.3.2 特殊点变轨策略

特殊点变轨的轨道机动位置一般选择在轨道的特殊点，如远地点、近地点和升交点等，美国航天飞机的远程导引段采用了特殊点变轨。

6.3.2.1 控制模型

1. 变轨方案

特殊点变轨的实质是利用轨道动力学特性，将轨道面内外的调整分开，以减小轨道控制的相互耦合性，便于轨控参数的计算。根据 Gauss 型摄动运动方程，轨道机动具有如下特性：

（1）远地点或近地点施加迹向冲量，不改变轨道平面及近拱点角距，将同时改变半长轴（轨道高度）和偏心率。基于 Kepler 第三定律，半长轴较小（大）的轨道，轨道周期较短（长），其角速度较大（小），调整追踪器半长轴可以达到调整其相对目标器相位角的目的。

（2）在升交点或降交点施加法向冲量，可以调整轨道倾角而对升交点赤经影响很小；当纬度幅角 $u=\pi/2$ 或 $3\pi/2$ 时施加法向冲量可以调整升交点赤经而对轨道倾角影响很小；当 $u=\arctan(\Delta\Omega\sin i/\Delta i)$ 时，一个法向冲量可以同时调整轨道倾角和升交点赤经。

远程导引段特殊点变轨的一个典型四脉冲方案如图 6.9 所示。

第 N_1 圈远地点施加迹向冲量 Δv_{t1}，调整近地点高度；

第 N_2 圈纬度幅角 φ_2 处施加法向冲量 Δv_{z2}，同时调整轨道倾角和升交点赤经；

第 N_3 圈近地点施加迹向冲量 Δv_{t3}，调整远地点高度；

第 N_4 圈远地点施加迹向冲量 Δv_{t4}，调整偏心率，进行轨道圆化。

其中，Δv_{t1}、Δv_{t3}、Δv_{t4} 为面内轨控参数，φ_2、Δv_{z2} 为面外轨控参数。

二体条件下，基于 Gauss 型摄动运动方程，根据变轨前轨道参数与轨道参数调整量或期望

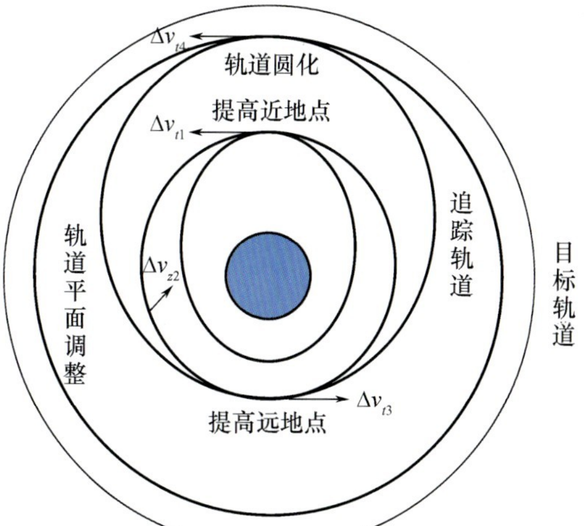

图 6.9　轨道平面修正

变轨后轨道参数，各次冲量有如下解析计算公式：

第 1 次变轨

$$\Delta v_{t1} = g_1(E_1, h'_{p1}) = \frac{n_1}{4}\sqrt{\frac{1+e_1}{1-e_1}}(h'_{p1} - h_{p1}) \tag{6.5}$$

第 2 次变轨

$$\varphi_2 = g_2^1(E_2, \Delta i, \Delta\Omega) = \arctan\frac{\Delta\Omega \sin i_2}{\Delta i} \tag{6.6}$$

$$\Delta v_{z2} = g_2^2(E_2, \Delta i, \Delta\Omega) = \frac{n_2 a_2^2 \sqrt{1-e_2^2}}{r^2 \cos\varphi_2}\Delta i \tag{6.7}$$

第 3 次变轨

$$\Delta v_{t3} = g_3(E_3, h'_a) = \frac{n_3}{4}\sqrt{\frac{1-e_3}{1+e_3}}(h'_a - h_{a3}) \tag{6.8}$$

第 4 次变轨

$$\Delta v_{t4} = g_4(E_4, h'_a) = -\frac{n_4 a_4}{2\sqrt{1-e_4^2}}(e' - e_4) \tag{6.9}$$

式中，下标“j”($j=1,2,3,4$)表示第 j 次变轨，上标“$'$”表示期望变轨后参数，E_j 表示第 j 次变轨前的轨道参数，h_p、h_a 表示近地点高度和远地点高度，Δi、$\Delta\Omega$ 表示轨道倾角修正量和升交点赤经修正量，e 为偏心率，n 为轨道角速度，r 为航天器地心距。

2. 规划模型

将设计变量选择为$[\Delta v_{t1}, \varphi_2, \Delta v_{z2}, \Delta h^*_{\text{aim}}, e^*_{\text{aim}}]^{\text{T}}$。$\Delta h^*_{\text{aim}}$、$e^*_{\text{aim}}$ 分别为终端虚拟瞄准相对轨道高度和偏心率，满足

$$\Delta v_{t3} = g_3(E_3, h_{\text{tar}}(t_f) + \Delta h^*_{\text{aim}}) \tag{6.10}$$

$$\Delta v_{t4} = g_4(E_4, e^*_{\text{aim}}) \tag{6.11}$$

式中，$h_{\text{tar}}(t_f)$ 为终端目标器轨道高度。

特殊点变轨的终端条件按照进入走廊形式给出，要求追踪器在预定的时间进入与目标器共面的近圆轨道，相对目标器的相位差及相对高度一定，表述如下：

圆轨道约束：

$$f_1 = e_{\text{cha}}(t_f) = 0 \tag{6.12}$$

共面约束：

$$f_2 = i_{\text{tar}}(t_f) - i_{\text{cha}}(t_f) = 0 \tag{6.13}$$

$$f_3 = \Omega_{\text{tar}}(t_f) - \Omega_{\text{cha}}(t_f) = 0 \tag{6.14}$$

相位约束：

$$f_4 = \varphi_{\text{tar}}(t_f) - \varphi_{\text{cha}}(t_f) + \Delta u_{\text{aim}} \tag{6.15}$$

相对高度约束：

$$f_5 = h_{\text{tar}}(t_f) - h_{\text{cha}}(t_f) + \Delta h_{\text{aim}} = 0 \tag{6.16}$$

相位约束可转换为面内相对距离约束：

$$f_4 = \Delta d(t_f) - \Delta d_{\text{aim}} = 0 \tag{6.17}$$

偏心率为零时，航天器轨道只需要半长轴（轨道高度）、偏心率、轨道倾角、升交点赤经、纬度幅角 5 个条件即可确定，设计变量为 5 个，等式约束也为 5 个。

3. 求解策略

二体条件下，φ_2、Δv_{z2}、Δv_{t3} 及 Δv_{t4} 可由式(6.5)～式(6.9)根据终端条件及变轨点轨道参数直接计算；而 Δv_{t1} 可以 h'_{p1} 为变量式(6.17)为约束条件迭代求解。考虑轨道摄动时，各轨控参数是耦合的，必须对二体的计算方法进行修正，以获得摄动条件下满足终端条件的轨控参数。由于问题的复杂性及终端条件对变量的敏感性差异较大，直接对 5 个设计变量进行迭代求解，迭代过程难以收敛。

摄动条件下，相位约束仍然主要受 Δv_{t1}（或 h'_{p1}）影响，共面约束主要受 φ_2 及 Δv_{z2} 影响，相对高度约束及圆轨道约束主要受 Δv_{t3} 及 Δv_{t4} 影响，根据这个性质将设计变量分组进行迭代，设计了如图 6.10 所示的计算流程，轨道计算均采用摄动轨道积分。

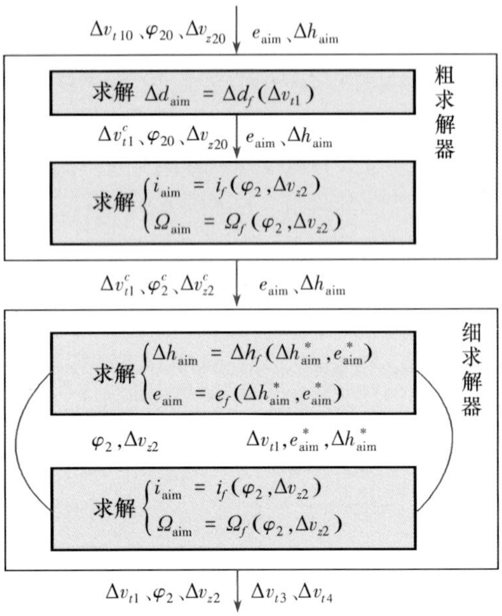

图 6.10　特殊点变轨迭代求解流程

求解算法包括两个部分：粗求解器和细求解器。

(1) 粗求解器。

第 1 步，根据初值 Δv_{t10}、u_{z0}、Δv_{z0} 及瞄准量 $e_{\text{aim}} = 0$、Δh_{aim}，以 Δv_{t1} 为变量进行迭代，满足终端面内相对距离要求，实质是求解非线性方程：

$$\Delta d_{\text{aim}} = \Delta d_f(\Delta v_{t1})$$

Δv_{t3}、Δv_{t4} 由式(6.10)与式(6.11)计算，其中 $\Delta h_{\text{aim}}^* = \Delta h_{\text{aim}}$，$e_{\text{aim}}^* = e_{\text{aim}}$。

第 2 步，根据第 1 步计算的 Δv_{t1}^c，以 φ_2、Δv_{z2} 为变量进行迭代，大致满足终端共面要求，实

质是求解一个二维非线性方程组：

$$\begin{cases} i_{\text{aim}} = i_f(\varphi_2, \Delta v_{z2}) \\ \Omega_{\text{aim}} = \Omega_f(\varphi_2, \Delta v_{z2}) \end{cases}$$

Δv_{t3}、Δv_{t4} 的计算方法同上。

(2)细求解器。

第 1 步，以 Δh^*_{aim}、Δe^*_{aim} 为变量进行迭代，以满足终端圆轨道及相对轨道高度要求，实质是求解一个二维非线性方程组：

$$\begin{cases} \Delta h_{\text{aim}} = \Delta h_f(\Delta h^*_{\text{aim}}, e^*_{\text{aim}}) \\ e_{\text{aim}} = e_f(\Delta h^*_{\text{aim}}, e^*_{\text{aim}}) \end{cases}$$

迭代内部每一步以 Δv_{t1} 为变量，以终端面内相对距离为约束进行内层迭代，Δv_{t3}、Δv_{t4} 由式(6.10)与式(6.11)计算，φ_2、Δv_{z2} 保持不变。

第 2 步，再次求解二维非线性方程组：

$$\begin{cases} i_{\text{aim}} = i_f(\varphi_2, \Delta v_{z2}) \\ \Omega_{\text{aim}} = \Omega_f(\varphi_2, \Delta v_{z2}) \end{cases}$$

Δv_{t1}、Δv_{t3}、Δv_{t4} 由上一步提供。判断是否满足终端条件，若满足，则退出迭代，输出 Δv_{t1}、φ_2、Δv_{z2}、Δv_{t3}、Δv_{t4}；若不满足，则将 φ_2、Δv_z 代入上一步继续迭代。

上述迭代过程将面内外轨控参数分开计算，采用工程实际中常用的牛顿迭代法求解。迭代中直接求解的非线性方程组不超过二维，降低了直接求解非线性方程组的难度。大量计算表明上述迭代过程在初始轨道面偏差较小(如小于 2°)时是收敛的。当初始轨道具有较大轨道面偏差时，轨道面调整冲量较大，将对轨道半长轴产生较大影响，进而影响相位关系，此时上述迭代过程将很难收敛。实际交会任务要求追踪器入轨时尽量与目标器共面，以减小轨道面调整的推进剂消耗，追踪器的初始轨道面偏差一般在 2°以内，因此上面提出的求解算法对实际交会任务是可行的。

6.3.3　综合变轨策略

综合变轨，又称为组合变轨(combined maneuvers)，变轨点不局限于特殊点，每次变轨冲量同时含有轨道面内外分量。综合变轨被用于俄罗斯联盟/进步飞船远程导引段。

6.3.3.1　近圆偏差方程

在远程导引段，两个航天器之间距离相对轨道半径不再是小量，CW 方程的线性化条件不能成立，这里给出适用于远程导引段的相对运动分析模型——近圆偏差线性方程。

航天器在极坐标系 $O_E\text{-}r\theta z$ 中的动力学方程为

$$\begin{cases} \ddot{r} = -\dfrac{\mu}{r^2} + r\dot{\theta}^2 + a_r \\ r\ddot{\theta} = -2\dot{r}\dot{\theta} + a_t \\ \ddot{z} = -\dfrac{\mu}{r^3}z + a_z \end{cases} \tag{6.18}$$

分别建立参考轨道和所研究航天器在极坐标系中的动力学方程，将两个方程作差，保留一

阶小量,略去高阶小量得

$$
\begin{cases}
\Delta\dot{r} = \Delta v_{\mathrm{r}} \\
\Delta\dot{\theta} = -\omega_0\dfrac{\Delta r}{r_0} + \omega_0\dfrac{\Delta v_t}{v_0} \\
\Delta\dot{z} = \Delta v_z \\
\Delta\dot{v}_{\mathrm{r}} = \omega_0^2\Delta r + 2\omega_0\Delta v_t + \Delta a_{\mathrm{r}} \\
\Delta\dot{v}_t = -\omega_0\Delta v_{\mathrm{r}} + \Delta a_t \\
\Delta\dot{v}_z = -\omega_0^2\Delta z + \Delta a_z
\end{cases}
\tag{6.19}
$$

式中,r_0、ω_0 分别为参考轨道半径及角速度,Δr、$\Delta\theta$、Δz、Δv_{r}、Δv_{t} 和 Δv_z 分别为航天器相对于参考轨道的径向位置差、纬度幅角差、法向位置差、径向速度差、迹向速度差和法向速度差,Δa_{r}、Δa_{t} 和 Δa_z 分别为径向、迹向和法向加速度差。

此方程即为近圆偏差线性方程,不同于基于目标轨道坐标系建立的 CW 方程,此方程在极坐标系下建立,对两航天器角距离较大的远程导引段仍然适用。

6.3.3.2 控制模型

由近圆偏差线性方程,不考虑其他摄动力,发动机推力近似为 $t_1, t_2, \cdots, t_{\mathrm{n}}$ 时刻一系列脉冲 $\Delta\boldsymbol{v}_1, \Delta\boldsymbol{v}_2, \cdots, \Delta\boldsymbol{v}_{\mathrm{n}}$ 时:

$$
\boldsymbol{X}(t_f) = \boldsymbol{\Phi}(t_f, t_0)\boldsymbol{X}(t_0) + \sum_{i=1}^{n}\boldsymbol{\Phi}(t_f, t_i)\Delta\boldsymbol{v}_i \tag{6.20}
$$

式中,

$$
\boldsymbol{X} = [\Delta r, r_0\Delta\theta, \Delta z, \Delta v_t, \Delta v_t, \Delta v_z]^{\mathrm{T}}
$$

$$
\boldsymbol{\Phi}(t_f, t_0) = \begin{bmatrix}
2-\cos\Delta\theta_0 & 0 & 0 & \dfrac{\sin\Delta\theta_0}{\omega_0} & -\dfrac{2(\cos\Delta\theta_0-1)}{\omega_0} & 0 \\
2\sin\Delta\theta_0-3\Delta\theta_0 & 1 & 0 & \dfrac{2(\cos\Delta\theta_0-1)}{\omega_0} & \dfrac{4\sin\Delta\theta_0-3\Delta\theta_0}{\omega_0} & 0 \\
0 & 0 & \cos\Delta\theta_0 & 0 & 0 & \dfrac{\sin\Delta\theta_0}{\omega_0} \\
\omega_0\sin\Delta\theta_0 & 0 & 0 & \cos\Delta\theta_0 & 2\sin\Delta\theta_0 & 0 \\
\omega_0(\cos\Delta\theta_0-1) & 0 & 0 & -\sin\Delta\theta_0 & -1+2\cos\Delta\theta_0 & 0 \\
0 & 0 & -\omega_0\sin\Delta\theta_0 & 0 & 0 & \cos\Delta\theta_0
\end{bmatrix}
$$

$$
\boldsymbol{\Phi}(t_f,t_i)=\begin{bmatrix}
\dfrac{\sin\Delta\theta_i}{\omega_0} & -\dfrac{2(\cos\Delta\theta_i-1)}{\omega_0} & 0 \\
\dfrac{2(\cos\Delta\theta_i-1)}{\omega_0} & \dfrac{4\sin\Delta\theta_i-3\Delta\theta_i}{\omega_0} & 0 \\
0 & 0 & \dfrac{\sin\Delta\theta_i}{\omega_0} \\
\cos\Delta\theta_i & 2\sin\Delta\theta_i & 0 \\
-\sin\Delta\theta_i & -1+2\cos\Delta\theta_i & 0 \\
0 & 0 & \cos\Delta\theta_i
\end{bmatrix}
$$

$$\Delta\theta_0=\omega_0(t_f-t_0)=\theta_{t_f}-\theta_{t_0}$$

$$\Delta\theta_i=\omega_0(t_f-t_i)=\theta_{t_f}-\theta_{t_i}$$

令 $\Delta\boldsymbol{X}=\boldsymbol{X}(t_f)-\boldsymbol{\Phi}(t,t_0)\boldsymbol{X}(t_0)$，　$\Delta\boldsymbol{V}=[(\Delta\boldsymbol{v}_1)^{\mathrm{T}},(\Delta\boldsymbol{v}_2)^{\mathrm{T}},\cdots,(\Delta\boldsymbol{v}_n)^{\mathrm{T}}]^{\mathrm{T}}$，　$\boldsymbol{F}=[\boldsymbol{\Phi}_v(t_f,t_1),\boldsymbol{\Phi}_v(t_f,t_2),\cdots,\boldsymbol{\Phi}_v(t_f,t_n)]$，则

$$\Delta\boldsymbol{X}=\boldsymbol{F}\Delta\boldsymbol{V} \tag{6.21}$$

若 $\mathrm{rank}([\boldsymbol{F},\Delta\boldsymbol{X}])=\mathrm{rank}(\boldsymbol{F})$，则方程组(6.21)有解；否则方程组(6.21)无解。

当 $n=2$ 时，即双脉冲变轨，该方程组有唯一解

$$\Delta\boldsymbol{V}=\boldsymbol{F}^{-1}\Delta\boldsymbol{X} \tag{6.22}$$

当 $n>2$ 时，通常方程组的解不唯一，其通解为

$$\Delta\boldsymbol{V}=\boldsymbol{F}^{-1}\Delta\boldsymbol{X}+(\boldsymbol{I}-\boldsymbol{F}^{-1}\boldsymbol{F})\boldsymbol{\xi} \tag{6.23}$$

式中，$\boldsymbol{F}^{-1}$ 为 $\boldsymbol{F}$ 的任意广义逆矩阵；$\boldsymbol{\xi}$ 为任意 $3n\times1$ 列向量。

$\Delta\boldsymbol{V}$ 是在参考轨道中描述的，其真正意义应当是参考轨道上运行的航天器在 $\Delta\boldsymbol{V}$ 的作用下，终端有 $\Delta\boldsymbol{X}$ 的偏差。用 $\Delta\boldsymbol{V}$ 修正追踪器轨道，其实是一种近似，这种近似对终端状态的影响可以通过迭代来消除。选取恰当的参考轨道，可以保证模型对原问题有更好的近似。对于交会问题，传统的参考轨道有两种：一种与 CW 方程类似，为目标器轨道，另一种是平均半径参考轨道。这里选取的是平均角速度参考轨道，其初始轨道要素满足：偏心率为 0，轨道倾角和升交点赤经均为目标器与追踪器初始值的平均，近拱点角为 0，真近点角与追踪器的初始纬度幅角相等，半长轴满足参考点具有追踪器完成整个调相交会过程的平均角速度。二体条件下其计算表达式为 $a=[\mu(t_f-t_0)^2/\Delta\theta_f^2]^{1/3}$，$\Delta\theta_f$ 为追踪器初始位置到瞄准点的角距离。平均角速度参考轨道，相对目标器参考轨道与平均半径参考轨道，可以减小实际脉冲作用点与模型中脉冲作用点的角位置误差，对迭代的收敛和优化性能的提高都是有利的。

6.4　自主交会段制导与控制

6.4.1　自主交会段阶段组成及控制目标

6.4.1.1　阶段划分

自主交会段一般从目标器和追踪器之间能够建立相对导航时开始，当追踪器上的远距离敏感器捕获到目标器后，星载交会控制系统将追踪器导引到距离目标器一定距离附近。追踪

器通过寻的段来获得下一近距离操作阶段所需要的位置、速度和角速度等初始条件。当寻的段结束时,远距离敏感器已不能再继续精确地测量两个航天器的相对运动。为了建立后续近距离操作初始瞄准点状态,必须切换更为精确的短距离测量设备。

在我国飞船与空间实验室交会对接任务中,自主交会段从目标器和追踪器之间能够建立相对导航时开始,到两航天器的对接机构接触结束。自主交会段具体可划分为寻的段 77~5 km、接近段Ⅰ(5 km~400 m)、接近段Ⅱ(400~150 m)、平移靠拢段Ⅰ(150~30 m)和平移靠拢段Ⅱ(30~0 m)。

6.4.1.2 控制目标

寻的段的基本目标是捕获目标器,减小两航天器的相对距离和相对速度,保证接近段初始点所需的状态。寻的段一般持续大半个轨道周期,由三至四次冲量推进剂最优机动完成,寻的段终点处于目标器后方约 5 km 处。

接近段从两个航天器相距 5 km 开始到相距 150 m 结束,该阶段目标是进一步减小两个航天器的相对距离,使追踪器获得合适的位置、速度、姿态和角速度条件,保证最后平移靠拢段需要的初始条件。受相对测量精度、轨道控制精度等因素的限制,为了使交会方案更加稳定,可将接近段分为两个子阶段,即接近段Ⅰ和接近段Ⅱ。

平移靠拢段为从相距目标器 150~0 m 过程,其也分为两个阶段。在平移靠拢段,为确保两航天器间能保持不间断的精确测量信息,必须使追踪器时刻处于目标器测量设备的视场范围内,因而追踪器有一个确定的锥形逼近走廊。

6.4.2 自主交会制导与控制方法

对于自主交会过程的控制,其控制系统结构如图 6.11 所示。寻的段一般基于 CW 制导或 Lambert 制导算法进行轨道控制,追踪器该阶段脉冲控制的次数一般为 3~4 次。CW 制导基于相对测量参数进行制导计算,而 Lambert 制导算法基于绝对参数,所以当选择两种制导算法时需要考虑寻的段的参数测量情况。接近段的轨道控制可采用 CW 制导和视线制导,CW 制导算法一般应用于接近段的前面阶段,而视线制导应用于接近段的后面阶段。平移靠拢段基于视线制导进行六自由度控制,同时可采用一些智能控制方法,如 PID 控制和模糊控制算法等。平移靠拢段是轨道和姿态同时闭环控制的过程。

本部分对自主交会段常用的制导算法,如 CW 制导算法、Lambert 制导算法、视线制导原理和智能控制方法等进行介绍,并对自主交会段的典型方案进行介绍。

6.4.2.1 视线制导原理

视线导引平行交会起源于导弹拦截的平行接近,是用抑制视线转动的比例导引法实现的,有时也称为“视线不转动”制导。由于可采用成熟的雷达方法来进行有关视线运动参数的测量,同时控制手段简便,为此在空间交会末制导中比较多被采用。平行交会的概念是两个航天器在交会过程中,视线的转动角速度在某一确定的坐标系为零,也就是说两个航天器之间视线在交会过程保持平行。保证视线平行的条件下,两个航天器相对速度就可以沿着视线方向靠近目标,数值为负,从而达到交会的目的。

平行交会有两种方式:一种方式是将两个航天器之间的相对视线方向在惯性坐标系中保

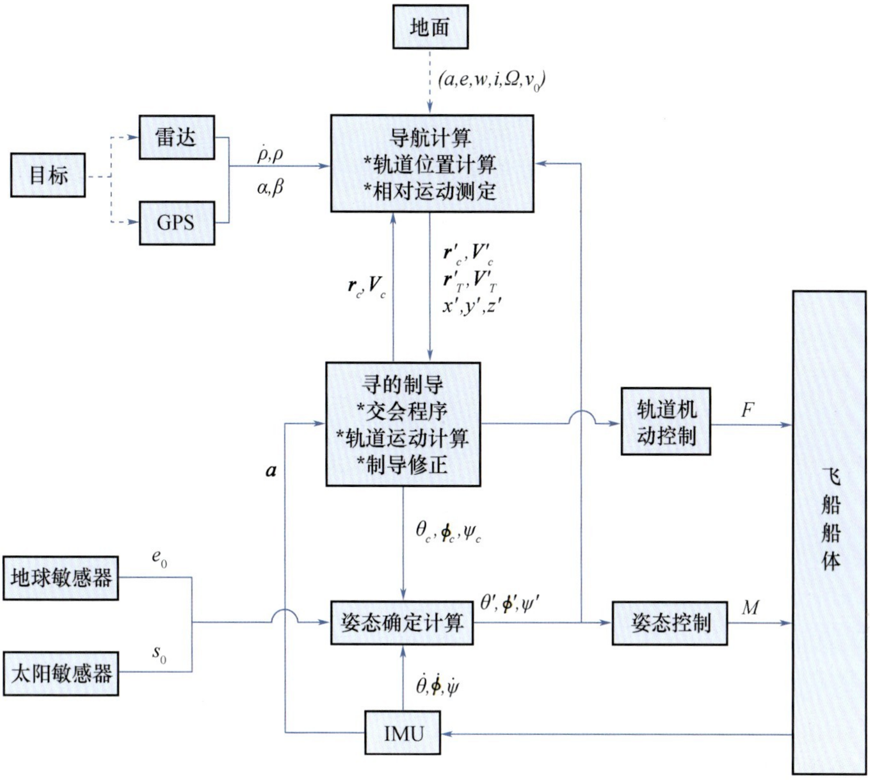

图 6.11　交会对接控制系统

持不变,如图 6.12(a)所示;另一种方式是在目标器的轨道坐标系中视线保持不变,如图 6.12(b)所示。前者称为空间平行交会,适用于目标姿态对惯性空间稳定的情况;后者称为当地平行交会,用于目标对地定向的情况。

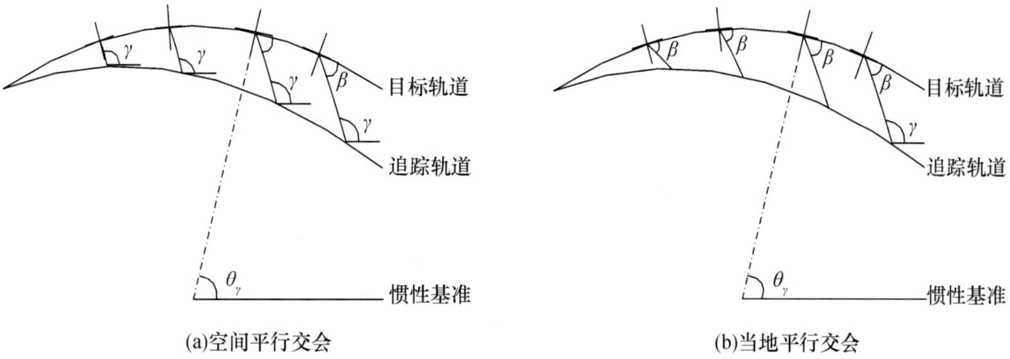

图 6.12　视线平行交会

为了进行平行交会,首先要将追踪器的初始运动状态导引到满足平行交会的初始条件。这由地面导引或星上自主导引完成。一般而言,此时两个航天器已在共面轨道,不难证明,在中心引力场中,在不同的两个轨道上,在没有引力作用下,不存在某一个时间区间,在此区间内,出现平行交会式的相对运动。因此只能在某一时刻,通过导引使相对速度与视线重合。平行交会的首要问题是如何最优地将追踪器引入平行交会,即最优地选择引入前的初始条件和推力条件,使所需的特征速度最小;其次,在进入平行交会后,如何继续消除视线转动速率,并最优控制接近速度,实现交会。

视线导引控制的主要特点是把测量角速度的陀螺安装在追踪器的本体上,兼用于初始姿态机动和姿态稳定。通过雷达的框架角和姿态控制系统使追踪器的纵轴指向目标,测向陀螺的输出为视线角速度在追踪器本体坐标系上的分量。通过滚动控制使视线角速度与追踪器的某一侧向轴一致,从而建立导航平面,使侧向发动机可以直接抑制视线速率。图 6.13 是视线导引控制系统的结构图。

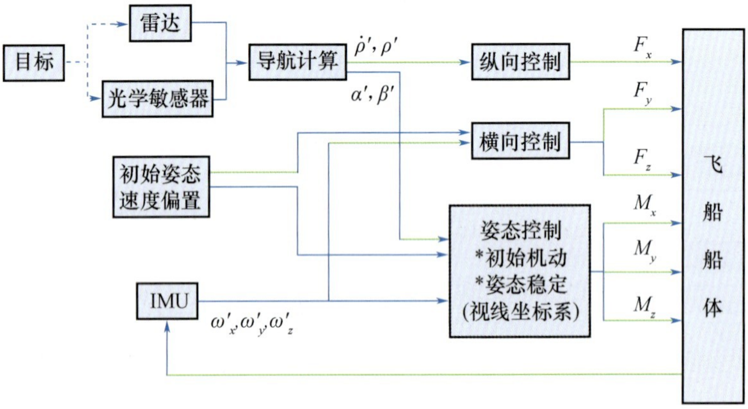

图 6.13　视线导引控制系统结构图

6.4.2.2　智能控制方法

在交会对接平移靠拢段,导航、制导和控制产生的误差对相对运动轨道特性有很大影响,该控制阶段呈现较强的非线性时变特性,同时存在多变量耦合的特点。对于不确定性系统的控制,模糊控制器具有自身的优势,可将人的成熟经验和判断力融入控制系统,能够实现对航天员手控交会对接操作的模拟;PID 控制是反馈控制最基本形式,具有良好的动态跟踪性能和稳态精度,因而一直被广泛使用。下面对上述两种控制器进行介绍。

1. 模糊控制

模糊控制器以状态偏差及偏差的变化率为输入变量,经模糊化形成模糊量,而后基于知识库对模糊量进行模糊推理获得模糊输出,最后将模糊输出做清晰化处理得到精确控制量。自主交会平移靠拢段模糊控制器的结构见图 6.14,图中 $\tilde{\boldsymbol{r}}$、$\tilde{\boldsymbol{v}}$ 为轨道坐标系中期望到达的相对状态,$\boldsymbol{r}$、$\boldsymbol{v}$ 为控制前的实际相对状态,e、ec 为相对状态偏差和偏差变化率,$\boldsymbol{a}_s$ 为模糊控制在最后产生的推力加速度。

这里,将平移靠拢段轨道的模糊控制解耦为三个独立通道的控制,将各种误差及各变量间的耦合视为干扰项。在视线球坐标系下,描述航天器相对状态的 6 个参数为视线距离、视线角、偏离角及该三个参数对应的变化率,设追踪器在该阶段终端状态瞄准的目标值为

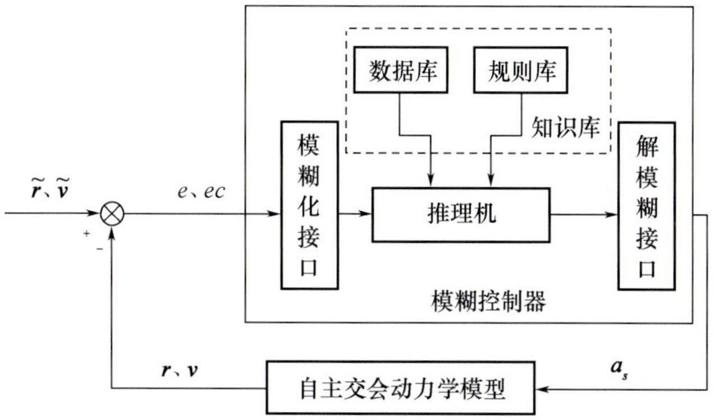

图 6.14　逼近段模糊控制器

$$\rho_f, \beta_f, \alpha_f, \dot{\rho}_f, \dot{\beta}_f, \dot{\alpha}_f$$

视线距离控制通道为

$$e_1 = \rho - \rho_f, ec_1 = \dot{\rho} - \dot{\rho}_f \tag{6.24}$$

视线角控制通道

$$e_2 = \beta - \beta_f, ec_2 = \rho(\dot{\beta} - \dot{\beta}_f) \tag{6.25}$$

偏离角控制通道

$$e_3 = \alpha - \alpha_f, ec_3 = \rho(\dot{\alpha} - \dot{\alpha}_f)\cos\beta \tag{6.26}$$

将状态偏差 e、状态偏差变化率 ec 和控制量 a 均划分为 7 个等级:NB、NM、NS、ZO、PS、PM 和 PB,分别表示负大、负中、负小、零、正小、正中和正大,并采用三角形隶属函数。模糊控制规则库由“if…and…,then…”语句构成,表 6.2 列出了视线距离和视线角通道的模糊控制规则,偏离角控制通道的控制规则与表 6.2 规则相反。

表 6.2　视线距离和视线角通道的模糊控制规则

ec	e						
	NB	NM	NS	ZO	PS	PM	PB
NB	PB	PB	PM	PM	PS	ZO	ZO
NM	PB	PB	PM	PS	PS	ZO	NS
NS	PM	PM	PM	PS	ZO	NS	NS
ZO	PM	PM	PS	ZO	NS	NM	NM
PS	PS	PS	ZO	NS	NS	NM	NM
PM	PS	ZO	NS	NM	NM	NM	NB
PB	ZO	ZO	NM	NM	NM	NB	NB

这里采用了重心法进行解模糊操作,最后获得视线球坐标系下的推力加速度控制 $\boldsymbol{a}_s$ 为

$$\begin{bmatrix} a_\rho \\ a_\beta \\ a_\alpha \end{bmatrix} = \begin{bmatrix} \sum_{k=1}^{n} v_k a_\rho^k / \sum_{k=1}^{n} v_k \\ \sum_{k=1}^{n} v_k a_\beta^k / \sum_{k=1}^{n} v_k \\ \sum_{k=1}^{n} v_k a_\alpha^k / \sum_{k=1}^{n} v_k \end{bmatrix} \tag{6.27}$$

式中，$n=49$ 为模糊控制规则条数，a_ρ、a_β、a_α 为各控制通道的第 k 条模糊推理结果，v_k 为模糊规则库中的第 k 条模糊规则的条件真值。

2. PID 控制

若逼近段轨道采用 PID 控制器进行控制，同样将逼近过程的控制解耦为上述三个独立通道的控制，即视线距离控制通道、视线角控制通道和偏离角控制通道。对于视线距离控制通道，由于交会过程中需要保证交会轨迹的安全性，所以该通道的控制需要满足单调性，所以取积分增益

$$K_{\mathrm{I}\rho} = 0$$

而对于另外两个通道的控制，需要保留积分环节以消除逼近过程中的稳态误差。所以，PID 控制器产生的推力加速度 $\boldsymbol{a}_s$ 可表示为

$$\begin{bmatrix} a_\rho \\ a_\beta \\ a_\alpha \end{bmatrix} = \begin{bmatrix} K_{\mathrm{P}\rho}\rho + K_{\mathrm{D}\rho}\dot{\rho} \\ K_{\mathrm{P}\beta}\beta + K_{\mathrm{I}\beta}\int\beta + K_{\mathrm{D}\beta}\dot{\beta} \\ K_{\mathrm{P}\alpha}\alpha + K_{\mathrm{I}\alpha}\int\alpha + K_{\mathrm{D}\alpha}\dot{\alpha} \end{bmatrix} \tag{6.28}$$

式中，各控制通道对应的 K_P、K_I、K_D 分别是比例增益、积分增益和微分增益。

6.4.2.3 自主交会典型方案

下面介绍一种自主交会段的典型方案，如图 6.15 所示。采用的是-V-bar 交会模式，即追踪器从目标器运行方向的后方实施平移靠拢并对接。

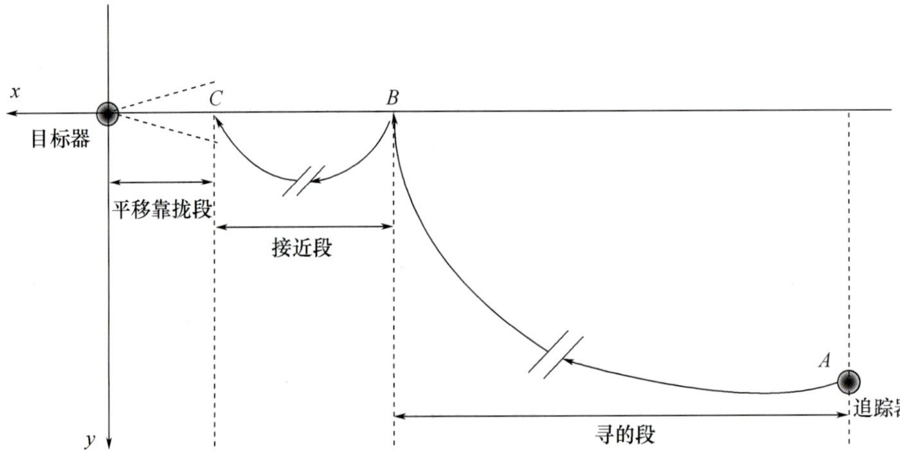

图 6.15 V-bar 交会方案示意图

设寻的段采用三脉冲变轨方案。由于激光雷达的测量距离为 20 km，所以第一次变轨需要的相对状态信息是通过 GNSS 测量获得；从寻的段第二次变轨至平移靠拢段是采用激光雷达进行相对参数测量；平移靠拢段是采用 CCD 相机进行参数测量。

在寻的段，追踪器基于 CW 制导算法完成寻的段的轨道控制，寻的段结束时，追踪器从空间实验室的后下方 A 点到达图 6.15 中-V-bar 上的 B 点。接近段分为两个阶段：接近段Ⅰ和接近段Ⅱ。接近段Ⅰ采用 CW 二脉冲制导方式，接近段Ⅱ采用视线制导。平移靠拢段分为两个阶段：平移靠拢段Ⅰ和平移靠拢段Ⅱ。该两阶段均可采用视线制导算法和智能控制方法进行轨道控制。

6.4.3　自主交会段的轨迹安全

6.4.3.1　安全控制区域

为了保证交会对接的安全，通常在目标器周围定义一些参考区域对追踪器进行约束，这些参考区域称为控制区域（control zone）。在控制区域内，定义了交会对接各参与方的控制权层次，限制了最大的控制冲量大小，确定了操作次序，定义了接近和分离走廊，同时还包括其他一些限制。

（1）控制区域的建立需要考虑如下几点约束：

①追踪器和目标器的直接通信范围；

②在最大允许控制冲量作用下，一圈时间内追踪器能够到达的相对目标器的距离；

③为了避免故障情况下追踪器和目标器的碰撞所要求的接近和撤离走廊的大小；

④摄像机能够监视的范围等。

在交会对接平移靠拢段和撤离段的轨道控制过程中，需要分别定义接近走廊（approach corridor）和分离走廊（departure corridor），使追踪器的相对运动轨迹始终处于接近走廊或分离走廊内，以满足两航天器靠拢或撤离时的测控条件和安全性要求。通常情况下，接近走廊和分离走廊均为处于敏感器视场内的圆锥形区域。

（2）接近走廊和分离走廊的建立需要考虑如下约束：

①可观测性。除了追踪器的在轨数据传送外，地面控制中心和航天员必须能够通过图像快速判断轨迹安全。标称轨迹必须在预定义的视线范围内。

②热载荷和羽流污染。接近或分离时发动机羽流对目标器表面所产生的热载荷和污染必须限制在一定范围。

③碰撞安全边界。目标器周围必须定义碰撞安全边界以防止故障情况下的直接碰撞。这主要是从目标器角度出发的保护措施，它与追踪器的故障容错是独立的。

国际空间站的控制区域如图 6.16 所示。

外部控制区域称为接近椭球（approach ellipsoid，AE），是一个中心在国际空间站质心的 4 km×2 km×2 km 的椭球，其中长度为 4 km 的长轴和 V-bar 方向重合。航天器在导引到接近椭球外时（图 6.16 中的 S_2 点），必须保证在任何误差扰动下都不与接近椭球发生碰撞。内部控制区域称为禁飞球（keep out sphere，KOS），是一个中心在国际空间站质心的半径为 200 m 的球体。在考虑所有误差扰动情况下，航天器应该从禁飞球外的区域到达接近走廊的开口处（图 6.16 中的 S_3 点）。在验证了所有安全功能后，航天器才能按照分配的接近走廊进入禁飞球。

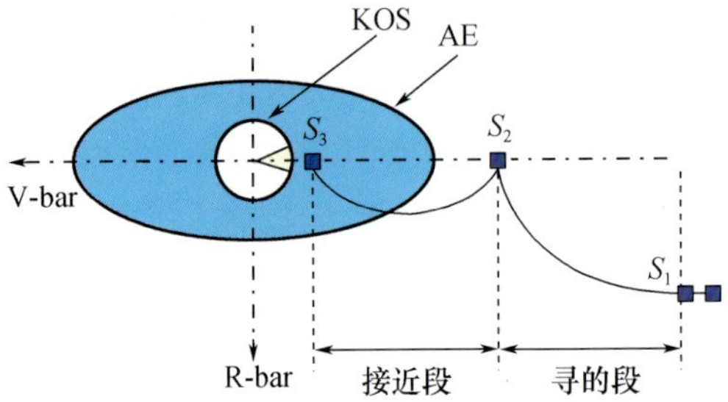

图 6.16　国际空间站的控制区域

6.4.3.2　紧急避撞机动

避撞机动是避免碰撞保持安全的最后手段。本节研究紧急避撞机动的启动条件和设计原则,分析了 V-bar 和 R-bar 紧急避撞机动的特点。

(1) 紧急避撞机动的启动条件。

主动轨迹控制失败或者目前的轨迹不符合被动安全时就需要施加避撞机动。引起主动轨迹控制失败的原因有许多种,例如敏感器故障、推力器故障、GNC 功能问题、软件问题等。

主动轨迹控制失败的解决方法如下:

①如果故障设备能够被确定,就切换到备份设备;

②如果不能通过切换备份设备解决问题,碰撞危险仍然存在,这时就需要执行避撞机动或立刻停止轨迹控制使航天器到达安全轨迹。

在交会对接平移靠拢段中,通常采用直线逼近控制方式,这时追踪器和目标器的相对轨迹被控制在一个走廊内。如果航天器轨迹超出了安全边界,就认为存在碰撞危险,需要执行紧急避撞机动。

图 6.17 所示为交会对接最后逼近时的轨迹控制边界和安全边界。图 6.18 所示为交会对接最后逼近时的速度控制边界和安全边界。安全边界是在控制边界的基础上扩展得到的一个区域。航天器的状态在正常情况下应该处于控制边界内,如果超出了控制边界,就存在发生碰撞的危险,如果超出了安全边界,则必须执行紧急避撞机动。

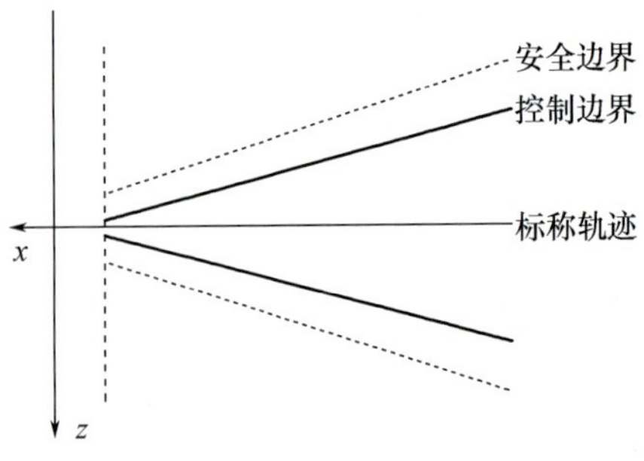

图 6.17　逼近时轨迹的控制边界和安全边界

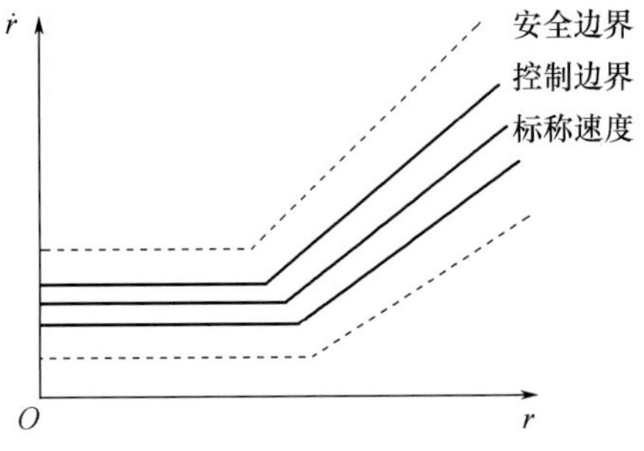

图 6.18　逼近时速度的控制边界和安全边界

（2）紧急避撞机动的设计原则。

避撞机动必须在 GNC 系统故障的情况下能够有效，因此要求机动方式尽可能简单，尽量少使用航天器上的资源。最简单也是最常用的机动方式是沿接近反方向施加一个冲量。这种机动对姿态不是很敏感，因此可以直接作用在航天器体坐标系上。也就是说，这种机动只需要命令发动机开机一段固定时间，不需要航天器上的其他资源。

避撞机动时冲量大小依赖于：

①目标器的几何尺寸；

②避撞机动施加时航天器的初始速度（或避撞机动适用的最大速度）；

③避撞机动后必须保证两个航天器不发生碰撞的时间。

如果追踪器和目标器的面质比相差很大（例如 5～10 倍），为了保证长时间内追踪器和目标器不发生碰撞（例如 24 h），沿 V-bar 轴避撞机动的大小通常需要大于 1 m/s。

R-bar 上的避撞机动相对简单。如果其方向沿 R-bar 方向，所产生轨迹到达 V-bar 时的位置只依赖于避撞机动所施加的位置，而与机动大小无关。

如果两个航天器相对很近，只施加径向冲量产生的轨迹在一个周期后可能仍会进入所规定的安全区域内，这时需要额外施加一个-V-bar 方向的冲量来保证产生的轨迹是安全的。如果在对接机构附近航天器的部件比较多，就需要仔细选择合适的径向冲量和切向冲量来保证所产生的轨迹是安全的。

避撞机动需要考虑的其他因素包括重新恢复接近状态所需的时间和推进剂。避撞机动冲量越大，重新恢复接近状态所需的时间越长。大多数情况下故障发生的时刻和可能发生碰撞的时刻相距时间较长（从几分钟到一个或几个轨道周期），因此地面或航天器上的操作人员具有停止或改变航天器轨迹并恢复任务状态的其他手段就显得非常重要。

开环的避撞机动需要航天器的初始姿态和机动施加期间的姿态近似保持在正常方向。虽然避撞机动对于姿态误差不敏感，但如果再考虑到避撞机动时的初始角速度影响，以及碰撞机动施加所需要的时间（由航天器质量和发动机推力大小决定），开环碰撞机动的施加也存在一定限制。

避撞机动的施加必须有自动施加和人工施加两种方式，自动施加由航天器根据一些判断准则自动判断危险并施加，人工施加则由地面人员或航天员判断并发出命令施加。避撞机动不是万能的，并不是在所有情况下都需要，它有可能使情况进一步恶化，因此地面人员或航天员必须保留能够干预自动避撞机动的能力。

避撞机动能够施加的最小距离是有限制的。一方面要考虑需要制动的距离，另一方面要考虑避撞机动时发动机羽流对目标器产生的热载荷和污染。综合来说，避撞机动不能用在两个航天器快要接触时。

6.5　撤离段制导与控制

6.5.1　撤离段控制目标

撤离段从追踪器轨道舱正常关闭开始，至撤离到两航天器的安全距离为止。本阶段进一步划分为分离段和远离段。

分离段从飞船轨道舱正常关闭开始,至两航天器弹开一定距离,追踪器姿态启控为止。航天员返回飞船并关闭舱门后,对接通道泄压,由对接机构实现两航天器间的分离。分离过程由对接机构完成。为避免分离期间姿态控制对分离过程的影响,并且确保目标器姿控模式能够由组合体控制模式切换回自身的控制模式,在分离前停止组合体姿控,分离后目标器再改变控制模式并恢复姿控。

远离段从追踪器启控开始,到追踪器自主控制撤离至几十千米为止,可采用前向分离或后向分离的方式。分离后追踪器开始姿态控制,随后追踪器利用测量设备进行参数测量,沿分离轴运动到相距目标器约 100 m 处,而后施加轨道机动,使追踪器撤离到距目标器几十千米之外。分离过程在地面监控下进行,地面测控随后跟踪追踪器直至返回。

6.5.2 撤离段制导与控制方法

6.5.2.1 直线式 CW 撤离制导控制

1. 控制模型

在相对运动坐标系中,追踪器初始位置为 $\boldsymbol{r}_0$,初始速度为 $\boldsymbol{v}_0^-$,经过机动时间 T 到达 $\boldsymbol{r}_T$。从 $\boldsymbol{r}_0$ 到 $\boldsymbol{r}_T$ 的矢量定义为 $\boldsymbol{\rho}$,从目标器质心到 $\boldsymbol{\rho}$ 上任一点的矢量定义为 $\boldsymbol{r}_c(t)\,(0\leqslant t\leqslant T)$,$\boldsymbol{r}_c$ 的边界值为

$$\boldsymbol{r}_c(0)=\boldsymbol{r}_0 \tag{6.29}$$

$$\boldsymbol{r}_c(T)=\boldsymbol{r}_T \tag{6.30}$$

矢量 $\boldsymbol{\rho}(t)$ 为

$$\boldsymbol{\rho}(t)=\boldsymbol{r}_c(t)-\boldsymbol{r}_0 \tag{6.31}$$

它的边界条件为

$$\boldsymbol{\rho}(0)=0 \tag{6.32}$$

$$\boldsymbol{\rho}(T)=\boldsymbol{r}_T-\boldsymbol{r}_0 \tag{6.33}$$

这里

$$\boldsymbol{r}_0\triangleq[x_0,y_0,z_0]^{\mathrm{T}} \tag{6.34}$$

$$\boldsymbol{r}_T\triangleq[x_T,y_T,z_T]^{\mathrm{T}} \tag{6.35}$$

矢量 $\boldsymbol{\rho}$ 的方向余弦为

$$\cos\alpha=\frac{x_T-x_0}{\rho_T},\cos\beta=\frac{y_t-y_0}{\rho_T},\cos\gamma=\frac{z_T-z_0}{\rho_T} \tag{6.36}$$

这里,$\rho_T=\|\boldsymbol{\rho}_T\|$,矢量 $\boldsymbol{\rho}$ 的方向由单位矢量 $\boldsymbol{u}_\rho$ 给出

$$\boldsymbol{u}_\rho=[\cos\alpha,\cos\beta,\cos\gamma]^{\mathrm{T}} \tag{6.37}$$

ρ 表示矢量 $\boldsymbol{\rho}$ 的大小,则有

$$\boldsymbol{\rho}=\rho\boldsymbol{u}_\rho \tag{6.38}$$

撤离时追踪器加速飞行从 $\boldsymbol{r}_0$ 到 $\boldsymbol{r}_T$ 的过程中,ρ 是时间的函数 $\rho(t)$,对 ρ 微分得到速度 $\dot{\rho}$,ρ 与 $\dot{\rho}$ 为线性关系:

$$\dot{\rho}=a\rho+\dot{\rho}_0 \tag{6.39}$$

这里,$\rho(0)=0$,$\rho(T)=\rho_T$,$\dot{\rho}(0)=\dot{\rho}_0$。到达 $\rho(T)$ 的速度为 $\dot{\rho}(T)$,斜率 a 为

$$a = \frac{\dot{\rho}_T - \dot{\rho}_0}{\rho_T} > 0 \tag{6.40}$$

解式(6.39)得到

$$\rho(t) = \frac{\dot{\rho}_0}{a}(e^{a(t-t_0)} - 1) \tag{6.41}$$

由式(6.41),机动时间 T 为

$$T = \frac{1}{a}\ln\frac{\dot{\rho}_T}{\dot{\rho}_0} \tag{6.42}$$

追踪器从 $\boldsymbol{r}_0$ 到 $\boldsymbol{r}_T$ 的算法:

用 N 表示在时间 T 内从 $\boldsymbol{r}_0$ 到 $\boldsymbol{r}_T$ 发动机点火的次数,则每两次成功点火的间隔为 $\Delta T = T/\sum_{i=1}^{N-1} i$。发动机点火时刻为 $t_{m+1} = t_m + (m+1)\Delta T(m = 0,1,\cdots,N-1)$,第 m 次脉冲使追踪器从 $\boldsymbol{r}_m(\rho=\rho_m)$ 到达 $\boldsymbol{r}_{m+1}(\rho=\rho_{m+1})$,这里

$$\boldsymbol{r}_m = \boldsymbol{r}_0 + \rho_m \boldsymbol{u}_\rho \tag{6.43}$$

$$\rho_m = \rho(t_m) = \frac{\dot{\rho}_0}{a}(e^{a(t-t_0)} - 1) \tag{6.44}$$

第 m 次点火前时的速度表示为 $\boldsymbol{v}_m^-$,点火后的速度 $\boldsymbol{v}_m^+$ 为

$$\boldsymbol{v}_m^+ = \boldsymbol{\Phi}_{\mathrm{rv}}^{-1}[\boldsymbol{r}_{m+1} - \boldsymbol{\Phi}_{\mathrm{rr}}(\Delta t)\boldsymbol{r}_m] \tag{6.45}$$

第 m 次点火,追踪器从 $\boldsymbol{r}_m$ 到 $\boldsymbol{r}_{m+1}$ 时的速度 $\boldsymbol{v}_{m+1}^-$ 为

$$\boldsymbol{v}_m^- = \boldsymbol{\Phi}_{\mathrm{vr}}\boldsymbol{r}_m + \boldsymbol{\Phi}_{\mathrm{vv}}(\Delta T)\boldsymbol{v}_m^+ \tag{6.46}$$

那么 $\boldsymbol{r}_m$ 处的速度增量为

$$\Delta \boldsymbol{v}_m = \boldsymbol{v}_m^+ - \boldsymbol{v}_m^- \tag{6.47}$$

追踪器的相对运动轨迹

$$\boldsymbol{r}(t) = \boldsymbol{\Phi}_{\mathrm{rr}}(t - t_m)\boldsymbol{r}_m + \boldsymbol{\Phi}_{\mathrm{rv}}(t - t_m)\boldsymbol{v}_m^+ \tag{6.48}$$

这里状态转移矩阵如式(5.27)所示。

2. 仿真算例

目标器运行在 345 km 高的近圆轨道上。追踪器相对目标器初始位置(−17.5 m,0,0),初始速度(−1.0 m/s,0,0),终端位置(−10 000 m,0,0),终端速度(−10 m/s,0,0),6 次脉冲机动。整个过程分为两个阶段,第一个阶段为自由漂移,以 1 m/s 的速度从初始位置到(−150 m,0,0),第二个阶段采用 6 次脉冲机动直到终端位置。整个撤离过程机动时间为 2 652.45 s,总的速度增量为 21.938 7 m/s,脉冲序列及作用时刻见表 6.3。

表 6.3　直线式撤离机动脉冲序列及作用时刻

时间/s	脉冲序列/(m · s^{-1})		
132.5	−0.113 553	−0.517 247	0
300.495	−0.229 398	−0.732 22	0
636.486	−0.501 023	−1.609 08	0

续表 6.3

时间/s	脉冲序列/(m·s^{-1})		
1 140.47	−1.052 37	−3.430 97	0
1 812.45	−2.325 37	−7.792 47	0
2 652.43	−4.778 29	−5.433 61	0

图 6.19 显示了+V-bar 撤离过程中追踪器相对目标器的运动，可以看出，经过预设的 6 个脉冲机动，追踪器到达了预定的相对位置，并且由图 6.20 可以看出撤离过程中相对运动轨迹视线角不超过 10°，可以满足一般的测量视场范围。所以直线式 CW 制导控制算法是有效的。

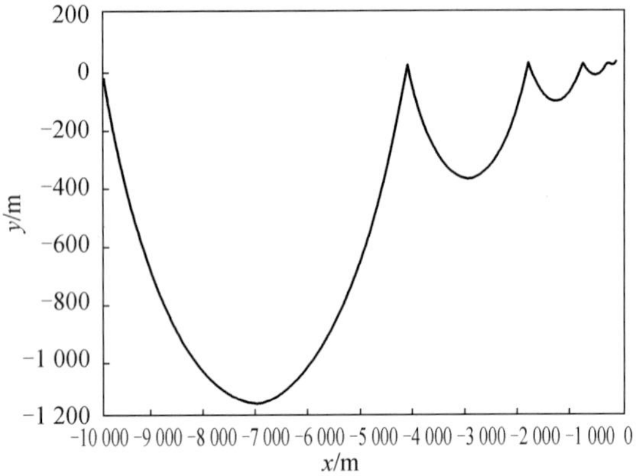

图 6.19 +V-bar 撤离轨迹

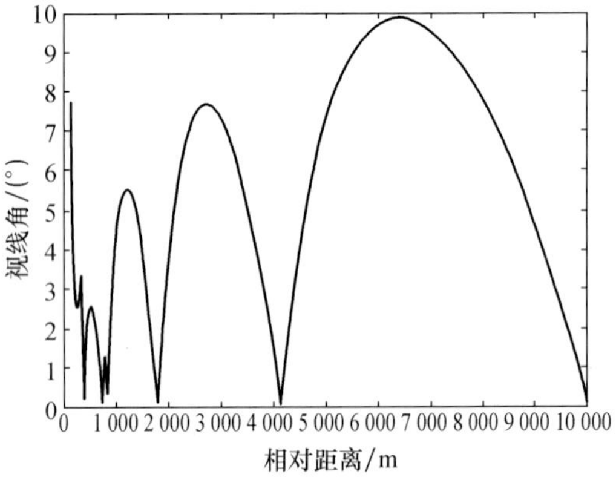

图 6.20 +V-bar 撤离轨迹上各点视线角

6.5.2.2 基于视线角、安全距离约束的 CW 撤离制导控制

1. 控制模型

采用 CW 二脉冲交会方法进行撤离控制有一定的缺陷，当脉冲速度比较大而且要求在瞬间完成脉冲制动，推力发动机比较难实现。同时由于对脉冲速度的控制存在滞后和误差，会造成撤离终端位置偏差比较大，所以采用多脉冲制导控制算法。本节进行撤离策略规划的基本设计思路为：施加 n 次脉冲，每一次脉冲均采用径向推力，经过机动时间，追踪器到达预定终点，撤离段结束。下面以第 m 阶段（第 m 次点火至第 $m+1$ 次点火）($i=0,1,\cdots,N-1$) 来阐述径向推力 n 次脉冲撤离制导算法。

(1) 视线角约束模型。

横坐标表示相对运动坐标系的 x 方向，纵坐标表示 y 方向，定义追踪器的相对运动轨迹上每一点的视线角为 $\arctan(y/x)$。

设第 m 次施加脉冲时刻为 t_m，位置为 $\boldsymbol{r}_m$，速度为 $\boldsymbol{v}_m^-$，施加脉冲速度增量为 $\Delta\boldsymbol{v}_m$，施加脉冲后时刻 $t(t_m \leqslant t \leqslant t_{m+1})$，追踪器的位置矢量 $\boldsymbol{r}(t)$ 为

$$\boldsymbol{r}(t)=\boldsymbol{\Phi}_{rr}(t-t_m)\boldsymbol{r}_m+\boldsymbol{\Phi}_{rv}(t-t_m)\boldsymbol{v}_m^-+\boldsymbol{\Phi}_{rv}(t-t_m)\boldsymbol{v}_m \tag{6.49}$$

令 $\Delta t=t-t_m$，将式(5.27)代入式(6.49)可得

$$\begin{bmatrix} x \\ y \\ z \end{bmatrix} = \begin{bmatrix} x_m + 6(\omega\Delta t - \sin\omega\Delta t)y_m \\ (4 - 3\cos\omega\Delta t)y_m \\ 3\cos\omega\Delta t \end{bmatrix} + \begin{bmatrix} \left(\frac{4}{\omega}\sin\omega\Delta t - 3\Delta t\right)v_{mx}^- + \frac{2}{\omega}(1 - \cos\omega\Delta t)v_{my}^- \\ -\frac{2}{\omega}(1 - \cos\omega\Delta t)v_{mx}^- + \frac{\sin\omega\Delta t}{\omega}v_{my}^- \\ \frac{\sin\omega\Delta t}{\omega}v_{mz}^- \end{bmatrix} +$$

$$\begin{bmatrix} \left(\frac{4}{\omega}\sin\omega\Delta t - 3\Delta t\right)v_{mx} + \frac{2}{\omega}(1 - \cos\omega\Delta t)v_{my} \\ -\frac{2}{\omega}(1 - \cos\omega\Delta t)v_{mx} + \frac{\sin\omega\Delta t}{\omega}v_{my} \\ \frac{\sin\omega\Delta t}{\omega}v_{mz} \end{bmatrix} \tag{6.50}$$

设测量设备的圆锥体受限角为,那么追踪器的位置矢量 $\boldsymbol{r}(t)$ 要满足

$$-(\tan\alpha)x \leqslant y \leqslant (\tan\alpha)x \tag{6.51}$$

由式(6.51),我们得到可以施加的脉冲范围,施加该范围内脉冲后,追踪器的相对运动轨迹将满足目标器上测量设备的视场约束。

(2)基于视线角、安全距离约束的 CW 多脉冲制导。

基于上文所述的视线角约束模型,追踪器从 $\boldsymbol{r}_m$ 到 $\boldsymbol{r}_{m+1}$ 的制导算法如下:

确定第 m 阶段施加的脉冲 $\Delta\boldsymbol{v}_m$

$$\Delta\boldsymbol{v}_m = [\Delta v_{mx}, \Delta v_{my}, \Delta v_{mz}]^{\mathrm{T}} \tag{6.52}$$

其中若径向推力制导,则

$$\begin{cases} \Delta v_{mx} = -v_{mx}^- \\ \Delta v_{my} \in [\Delta v_{my\min}, \Delta v_{my\max}] \\ \Delta v_{mz} = 0 \end{cases} \tag{6.53}$$

令

$$\Delta v_{my} = (1 - k)\Delta v_{my\min} + k\Delta v_{my\max} \tag{6.54}$$

若水平推力制导,则

$$\begin{cases} \Delta v_{mx} \in [\Delta v_{mx\min}, \Delta v_{mx\max}] \\ \Delta v_{my} = -v_{my}^- \\ \Delta v_{mz} = 0 \end{cases} \tag{6.55}$$

令

$$\Delta v_{mx} = (1 - k)\Delta v_{mx\min} + k\Delta v_{mx\max} \tag{6.56}$$

式中,k 为加权因子,理论上取值范围为[0,1]。

由于

$$\boldsymbol{v}_m^+ = \boldsymbol{v}_m^- + \Delta\boldsymbol{v}_m \tag{6.57}$$

确定第 m 阶段的转移周期 ΔT。

由追踪器的大致相对运动轨迹可以看出,追踪器每一阶段的相对运动轨迹均近似为半个椭圆,并且追踪器运动到 y 方向最高点,即 1/4 椭圆。

设步长 step,定义 $\Delta t_i = \text{step} * i$　$(i=0,1,2,\cdots)$,根据式(6.57),

$$\boldsymbol{r}_i = \boldsymbol{\Phi}_{\mathrm{rr}}(\Delta t_i)\boldsymbol{r}_m + \boldsymbol{\Phi}_{\mathrm{rv}}(\Delta t_i)\boldsymbol{v}_m^+ \tag{6.58}$$

$$\boldsymbol{v}_i = \boldsymbol{\Phi}_{\mathrm{vr}}(\Delta t_i)\boldsymbol{r}_m + \boldsymbol{\Phi}_{\mathrm{vv}}(\Delta t_i)\boldsymbol{v}_m^+ \tag{6.59}$$

当 $y_{i+1}<y_i$ 时，停止计算，第 m 阶段的机动时间 ΔT 为

$$\Delta T = 2 * \Delta t_i \tag{6.60}$$

计算第 m 阶段终端位置、速度：

将式(6.60)代入状态方程可得

$$\boldsymbol{r}_i = \boldsymbol{\Phi}_{\mathrm{rr}}(\Delta T)\boldsymbol{r}_m + \boldsymbol{\Phi}_{\mathrm{rv}}(\Delta T)\boldsymbol{v}_m^+ \tag{6.61}$$

$$\boldsymbol{v}_i = \boldsymbol{\Phi}_{\mathrm{vr}}(\Delta T)\boldsymbol{r}_m + \boldsymbol{\Phi}_{\mathrm{vv}}(\Delta T)\boldsymbol{v}_m^+ \tag{6.62}$$

若不考虑安全距离约束，那么在基于视线角约束的 CW 多脉冲制导撤离策略中，每一阶段施加的脉冲都由视线角约束模型计算得到，直至第 n 次施加脉冲后返回航天器机动到绝对安全距离之外，停止计算，撤离段结束。这个算法有一个缺点，就是撤离距离不能精确控制。

考虑安全距离：基于视线角、安全距离约束的 CW n 次脉冲制导算法，就是前($n-1$)个阶段按基于视线角约束的 CW 多脉冲制导算法计算，第 n 个阶段考虑安全距离约束，即根据交会终点所要求的追踪器的位置求出所需的速度，即可得到第 n 次脉冲，实现撤离距离的精确控制。

2. 仿真算例

目标器运行在 345 km 高的近圆轨道上。追踪器相对目标器初始位置(−17.5 m,0,0)，初始速度(−1.0 m/s,0,0)，终端位置(−10 000 m,0,0)，终端速度(−10 m/s,0,0)。整个过程分为两个阶段，第一个阶段为自由漂移，以 1 m/s 的速度从初始位置到(−150 m,0,0)，第二个阶段采用基于视线角、安全距离的径向推力 CW 多脉冲机动直到终端位置，测量视场圆锥体的受限角为 20°，脉冲加权因子取为 0.6。

整个撤离过程机动时间为 12 143.6 s，脉冲数为 6，总速度增量为 15.516 6 m/s，脉冲序列及作用时刻见表 6.4。

表 6.4　径向推力 CW 撤离机动脉冲序列及时刻

时间/s	脉冲序列/($\mathrm{m \cdot s^{-1}}$)		
132.5	0.954 033	−0.489 904	0
2 260.5	$-3.822\ 25\times10^{-5}$	−0.432 75	0
4 524.5	$-2.672\ 38\times10^{-5}$	−0.575 554	0
6 908.5	−0.000 541 234	−0.812 746	0
9 400.5	0.040 736 4	−2.438 88	0
12 143.6	−9.994 16	−1.956 56	0

图 6.21 显示了+V−bar 撤离过程中追踪器相对目标器的运动，可以看出，经过 6 个脉冲机动，追踪器到达了预定的相对位置，并且由图 6.22 可以看出撤离过程中相对运动轨迹视线角不超过 20°，可以满足预设的测量视场范围。所以基于视线角、安全距离约束的 CW 多脉冲制导控制算法是有效的。

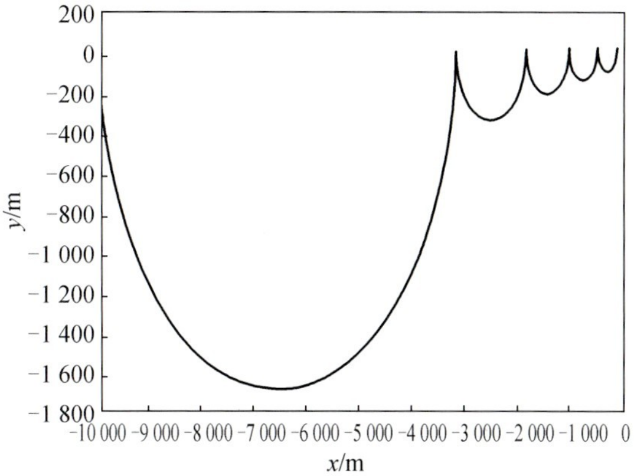

图 6.21　+V-bar 撤离轨迹

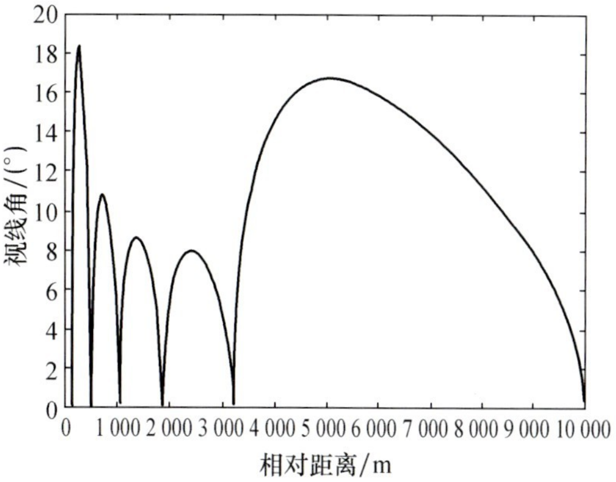

图 6.22　+V-bar 撤离轨迹上各点视线角

6.5.3　撤离段典型方案

在两航天器分离前需要进行状态检查，分离前的状态检查包括控制系统和测量敏感器、对接机构及仪表等状态检查。图 6.23 给出的是后向撤离的一个典型方案。

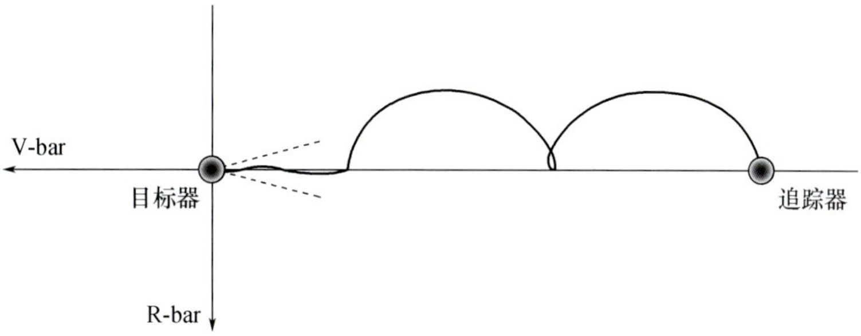

图 6.23　后向撤离典型方案

分离段为当一切正常时，地面注入目标器停控指令，由追踪器通过空空通信链路转发给目标器，目标器停止组合体姿态控制。以地面遥控或程控发出分离指令，追踪器对接机构解锁，分离推杆提供分离速度，推开两航天器，电、气、液路物理连接断开，航天员监测分离过程，地面测控监测分离过程，交会测量设备监视两航天器相对位置和相对姿态。当两航天器离开一定距离后（暂定 2 m），追踪器和目标器分别启动姿态控制。

远离段从追踪器启控开始，到追踪器自主控制撤离至几十千米为止。当两航天器对接机构解锁弹开一定距离后，至追踪器飞离目标器 100 m 左右，该阶段的控制需要在 CCD 相机参数测量下进行，采用六自由度控制方式对追踪器的轨道和姿态进行控制，该阶段的控制策略与平移靠拢段类似，要保证追踪器处于 CCD 相机的视场范围内。

从 100 m 至几十千米过程的撤离控制，可采用 6.5.2 节介绍的基于视线角、安全距离约束的 CW 撤离制导算法进行控制，该控制算法能够更好地满足测量设备视场范围要求，但控制次数较多且燃料消耗较大。图 6.23 中给出的是在 100 m 左右处对追踪器施加一个向前脉冲实现撤离的方案，该方案控制简单可靠，通过合理设计，同样可以较好地满足测量设备视场要求。

练　习　题

(1)远距离导引段的敏感器主要有哪些?

(2)测量相对姿态的敏感器主要有哪些?

(3)微波交会雷达相比激光雷达的优点是什么?

(4)俄罗斯联盟号通常采用何种远距离导引段变轨策略?

(5)简述远程导引段的变轨策略。

第 7 章　空间机器人基础

空间机器人是一种极为重要和典型的空间操控手段，它以机械臂为工具，对目标航天器进行精密操作，正逐渐成为空间操控领域的重要手段，它们不仅能够执行常规的维修和检查任务，还能在复杂的太空环境中进行高效的组装甚至救援工作，使得空间机器人在航天器在轨服务、空间站建设、深空探测等众多领域展现出其独特的价值和潜力。本章主要从基础原理出发，介绍了空间机器人的概念和基础的运动学原理，使读者对空间机器人建立基本的认识，并为其在空间操控领域的研究和应用打下坚实的基础。

7.1　空间机器人概述

7.1.1　基本概念

7.1.1.1　概念与分类

机器人（robot）这一概念在很多人脑中的第一印象就是一种具有人类外形的智能机器，但实际上机器人的概念很宽泛，“人类外形”并不是机器人的必备要素，诸如机器狗、工业机器人等也都可归为机器人，如图 7.1（a）~图 7.1（c）所示。此外，操控物体的能力也不是成为机器人的必备条件，比如语音机器人、智能监控器等也属于机器人的范畴，如图 7.1（d）、7.1（e）所示。机器人在概念上有多种定义方式，国际机器人联合会定义机器人为一种半自主或全自主工作的机器；《大英百科全书》定义机器人为任何能够代替人类劳动的自动操控机器；美国机器人学研究所定义机器人为可重复编程的多功能操纵器。

空间机器人（space robot）在概念上有广义和狭义之分。广义的空间机器人泛指一切工作于宇宙空间的机器人，它既包括携带有操控装置（如机械臂、空间飞网、空间飞爪等）的机器人，如图 7.2（a）~图 7.2（c）所示；也包括不具备操控能力，但具备一定自主能力的航天器，比如具备自主抵近监视能力的卫星（图 7.2（d））、具备自主机动能力的深空探测器等（图 7.2（e））。

狭义的空间机器人则特指工作于宇宙空间，且安装有机械臂等刚性操控装置的机器人。狭义的空间机器人有时也被称为空间机械臂。本节后续讨论的空间机器人都采用狭义的概念。根据用途和工作环境的不同，空间机器人可以分为星球探测机器人和轨道机器人两大类。星球探测机器人包括月球车、火星车和其他星球表面巡视器。轨道机器人包括载人航天器机械臂和自由飞行空间机器人，其中载人航天器机械臂又可再分为舱内和舱外两种类型，如图 7.3 所示。

星球探测机器人是指工作于地球以外的星体表面，开展星表巡视、样品采集与分析、星球基地建设等任务的机器人。典型的星球探测机器人有月球车和火星车（由人驾驶的除外），分别工作于月球表面和火星表面，由轮式、腿式或履带式的底座再加上所携带的机械臂来完成探测任务,如图 7.4 所示。与其他类型的空间机器人相比,星球探测机器人离地球更远、通信条件更恶劣,要求其具有更高的自主性和容错性;此外还可能面临着特殊的重力、温度和大气等应用环境。

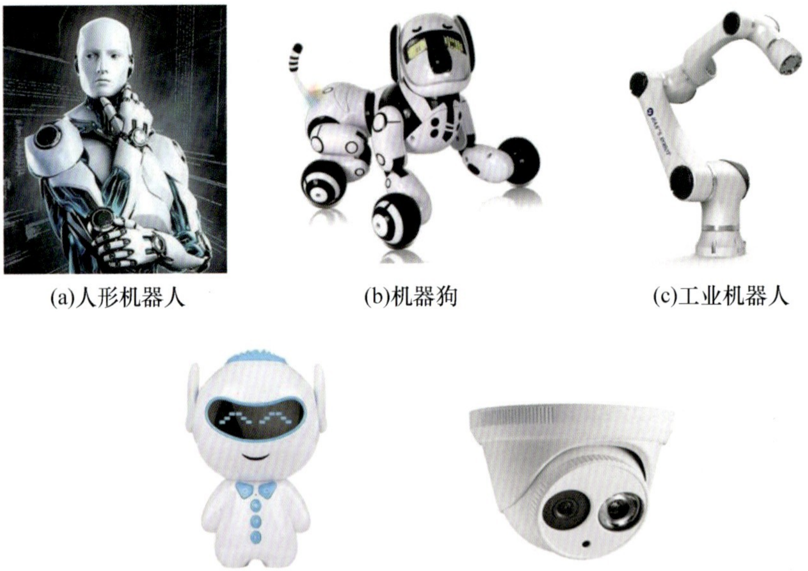

(a)人形机器人　(b)机器狗　(c)工业机器人

(d)语音机器人　(e)智能监控器

图 7.1　各种各样的机器人

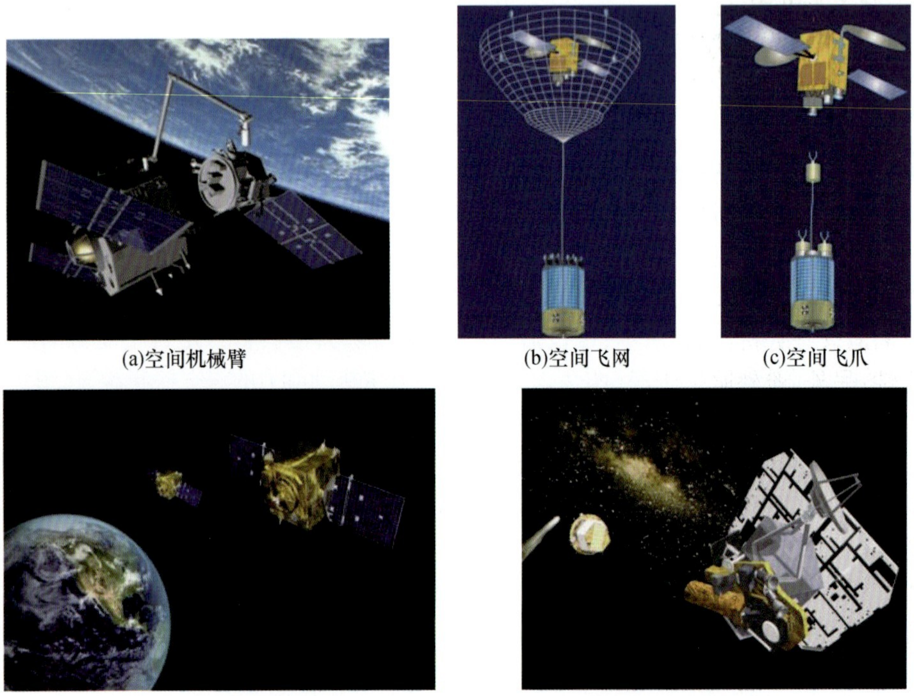

(a)空间机械臂　(b)空间飞网　(c)空间飞爪

(d)美国GSSAP在轨监视卫星　(e)美国“深度撞击”号探测器

图 7.2　广义的空间机器人

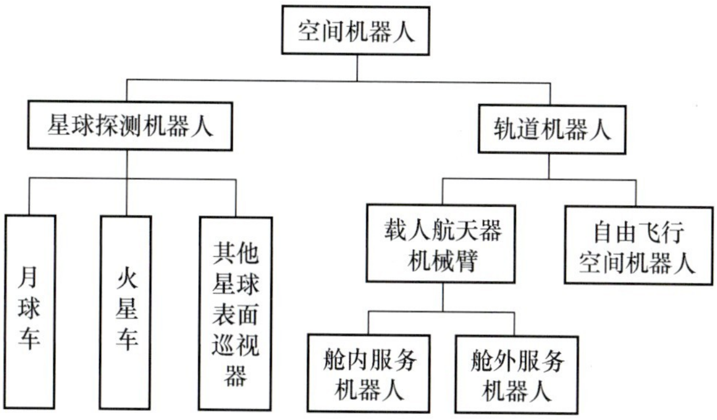

图 7.3　空间机器人的分类

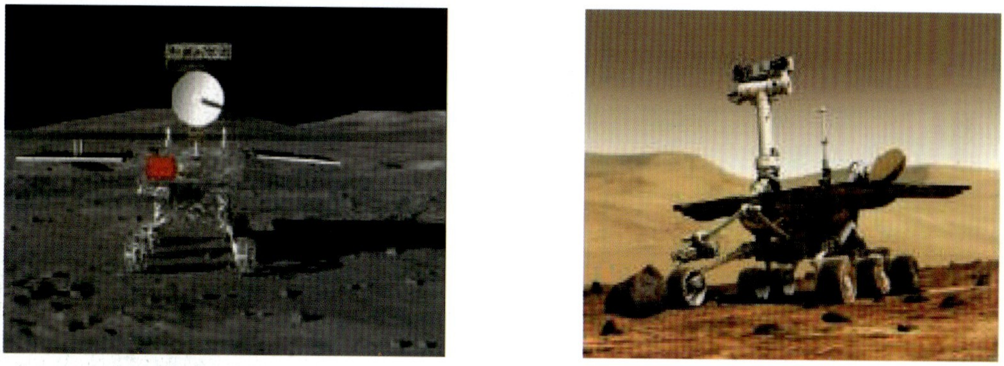

(a)中国嫦娥四号任务月球车

(b)美国好奇号火星车

图 7.4　星球探测机器人

载人航天器机械臂指工作在载人航天器（包括航天飞机、空间站等）上，开展卫星释放与回收、载荷传输、航天员出舱活动支持、航天器在轨组装与日常维护等工作的机器人，如图 7.5 所示。其中，舱内服务机器人主要用来协助航天员进行舱内科学实验以及舱内设备的维护，以降低舱内任务对航天员的依赖性，因而要求它质量轻、体积小，并且具有足够的灵活性和操作能力。而舱外服务机器人则工作在舱体外，暴露于恶劣的太空环境下，因而要求它具有非常高的可靠性；另外，舱外服务机器人所操作的载荷可能重达几十甚至上百吨，其机械臂的长度和质量一般都比舱内服务机器人的大很多。

自由飞行空间机器人（free flying space robot，FFSR）指无人的、基座可进行姿态及轨道机动，用于执行在轨服务、空间碎片清理等任务的机器人。如图 7.6 所示，自由飞行空间机器人由卫星本体及安装于其上的机械臂组成，机械臂可以分为单臂、多臂等类型。

本文讨论的空间操控任务限定在地球空间范围内，因此后文讨论的“空间机器人”不包括星球探测机器人，而是特指“轨道机器人”。

7.1.1.2　特点

空间机器人工作于宇宙空间，相比于地面机器人，具有如下特点：

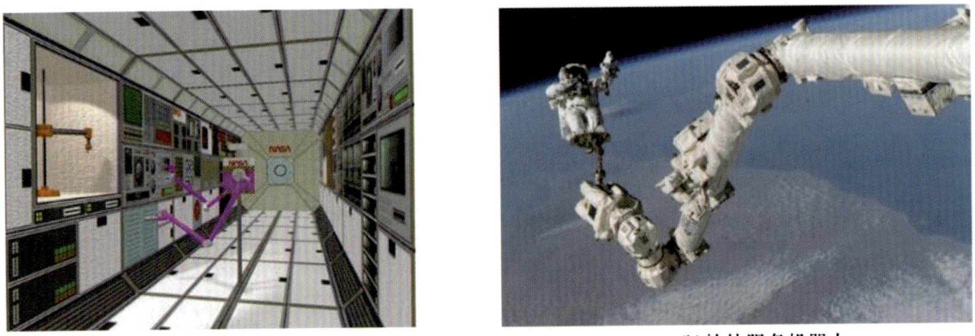

(a)舱内服务机器人　　(b)舱外服务机器人

图 7.5　载人航天器机器臂

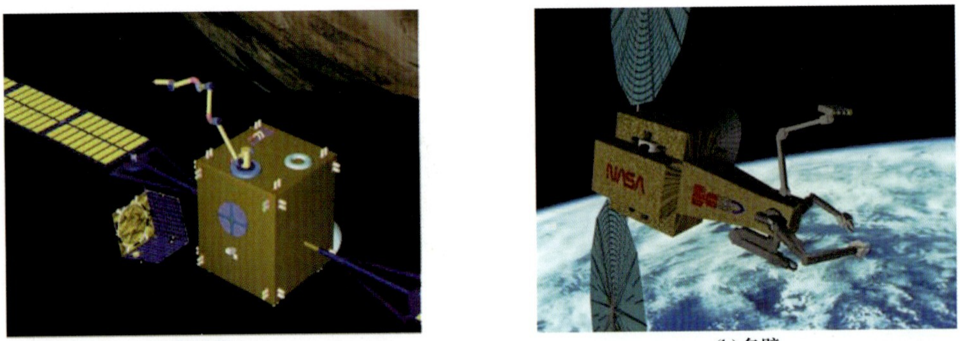

(a)单臂　　(b)多臂

图 7.6　自由飞行空间机器人

(1)工作环境特殊。空间机器人需要承受发射段的过载、冲击等力学条件,还需要考虑在轨工作时的超真空、高低温、强辐照、微重力、复杂光照、空间碎片等空间环境,而且上述环境条件还存在一定的不确定性。

(2)设计约束与限制条件多。空间机器人的设计除了需要满足发射段的力学条件和在轨工作的空间环境外,还需满足质量、功耗、信息、尺寸包络、构型、视场等资源约束,以及相关接口、功能和性能等指标限制。

(3)可靠性要求高。空间机器人需要在太空中长时间工作,而且在工作过程中基本得不到任何维护,这要求空间机器人必须在航天器各项资源受限的条件下实现高可靠工作。

(4)工作任务多样。空间机器人通常承担多种操作任务,从工作对象上看包括载人航天器、合作卫星、失效卫星、空间碎片等;从任务内容上看包括空间目标的识别、测量、捕获、搬运、安装、拆解、更换、加注、重组等。

(5)系统组成复杂。空间机器人是涉及材料、力学、机械、电气、热控、光学、控制等多个学科的复杂空间系统。

(6)地面验证难度大。空间机器人在轨工作时的微重力、真空、高低温等环境的耦合作用很难在地面上真实模拟。

7.1.2　系统组成

7.1.2.1　主要系统

空间机器人作为一类航天器,系统组成方面除了具备结构、电源、热控、姿轨控、测控通信等通用系统之外,由于在轨操作任务的特殊要求,还包括以下系统:

(1)机械系统:支持空间机器人执行规定动作的系统,由依据任务要求设计的特定形式的机械部件构成。

(2)感知系统:支持空间机器人获取工作环境、操作对象及自身状态信息的系统,其中包含了视觉、位置、速度、力、电流、温度等各类传感器。

(3)控制系统:支持空间机器人完成分析、决策、规划和控制的系统,通常由控制器、处理模块、计算软件等组成。

(4)人机交互系统:支持操作人员对空间机器人进行多种模式控制的系统,通常包括人机交互接口设备、空间机器人状态反馈显示模块等,目前常用的人机交互方式是遥操作模式。

以上这些系统中,机械系统是空间机器人最基础的系统,它直接用于实现空间机器人的各种操作任务;另外,机械系统也是本节后续介绍的空间机器人运动学建模与路径规划的物理基础。因此下面对空间机器人机械系统进行重点介绍。

7.1.2.2　机械系统

空间机器人机械系统主要包括基座、关节、连杆和末端执行器四个部分,其中后三个部分也可统称为机械臂。如图 7.7 所示,空间机器人各个连杆通过关节依次相连,一端固定在基座上,另一端则是自由的,安装着末端执行器,用于操作物体,完成各项作业。

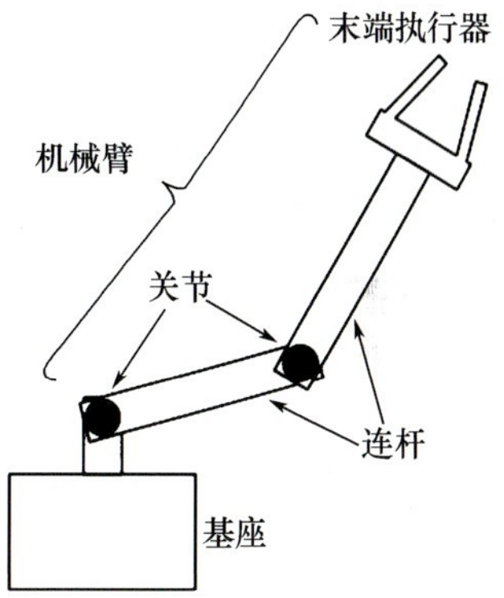

图 7.7　空间机器人机械系统简化结构

(1)基座。

基座是搭载机械臂的航天器平台。根据不同的任务需求,机械臂可安装于不同类型的基座上,如航天飞机、空间站、卫星等。空间机器人的基座与机械臂之间存在运动耦合,机械臂的运动会导致基座位置和姿态的改变,而这些变化又会反过来影响机械臂末端的定位和定姿。因此相比于地面固定基座机器人,空间机器人的运动建模、路径规划与控制等问题更加复杂和困难。

(2)关节。

关节连接着各连杆,是机械臂的驱动部件。常用的关节类型有旋转关节、移动关节、球形关节和圆柱关节等。空间机器人的机械臂通常采用旋转关节,每个关节具有一个自由度,所有关节自由度的总和即为机械臂的自由度数。空间机器人通过多关节的协同运动,使其末端执行器到达期望的位姿(位置和姿态)。

(3)连杆。

连杆是机械臂的结构部件,可将关节的运动传递至机械臂末端。机械臂通常有多根连杆,在发射时处于折叠收拢状态,在轨工作时展开以进行操作。机械臂展开后各连杆的尺寸决定了机械臂末端的活动半径。出于降低发射质量的考虑,空间机器人的连杆在材质上一般采用轻质高强度的碳纤维复合材料或金属材料。

(4)末端执行器。

末端执行器通常安装于空间机器人的最后一个连杆的末端,是用于实现目标捕获、工具使用等任务的一类专属空间机构。依据任务需求的不同可以安装不同类型的末端执行器,如夹持器、灵巧手、燃料加注工具等,如图 7.8 所示。

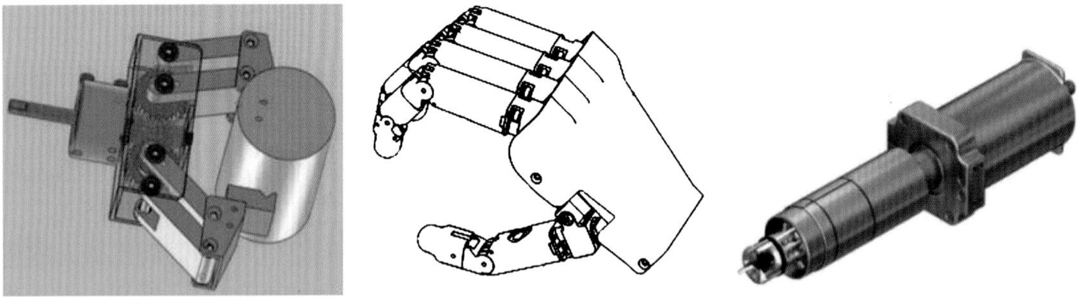

(a)夹持器　　(b)灵巧手　　(c)燃料加注工具

图 7.8　空间机器人的末端执行器

7.1.3　工作模式

在空间操控任务中,空间机器人的轨道机动(包括远程与近程)由基座实施,在此过程中机械臂一般保持固定臂型而无须进行操作,此时的空间机器人在动力学与控制方面可视为一般航天器。当空间机器人逼近空间目标使其进入机械臂操控范围时,机械臂才按规划的路径进行操作。根据机械臂操作时基座的不同控制模式,空间机器人大致可以分为三种工作模式:基座位姿稳定模式、基座姿态受控模式及自由漂浮模式。

(1)基座位姿稳定模式,即采用安装在基座上的姿轨控系统(喷气装置、飞轮等)补偿机械臂运动对基座产生的扰动,保持基座位姿稳定的模式。该模式下,空间机器人的运动建模、路径规划与控制等问题与地面固定基座机器人的基本相同。

(2)基座姿态受控模式,即仅利用安装在基座上的姿态控制系统控制基座姿态的模式。该模式下基座质心位置不受控,若没有外力作用,则系统满足线动量守恒。这时可采用虚拟机械臂建模方法简化其运动学方程,然后即可将用于地面固定基座机器人的路径规划方法移植到空间机器人的路径规划上。

(3)自由漂浮模式,即空间机器人基座的位置和姿态均不受控的模式。该模式下,当没有外力和外力矩作用时,系统的线动量和角动量守恒。该模式下,由于存在非完整约束(角动量守恒方程不可积),其运动建模、路径规划与控制等问题相比地面固定基座机器人要复杂得多,因此这种模式一直是研究的热点。

7.1.4 应用需求

7.1.4.1 挽救失效卫星

由于空间环境极其恶劣,入轨的航天器会因个别问题被忽略或考虑不周或在轨遭遇突发事件而导致在轨故障而报废。据统计 1980—2005 年共计 129 颗卫星因故障而失效。在我国北斗卫星导航系统建设的过程中也发生过故障。2006 年发射的鑫诺二号卫星(图 7.9)是我国首颗基于东方红四号卫星公用平台的大型通信直播卫星,卫星虽然成功定轨,且卫星的测控、姿轨控等分系统均处于良好的状态,然而,由于太阳帆板二次展开和天线展开未能完成,卫星无法提供通信广播传输服务。

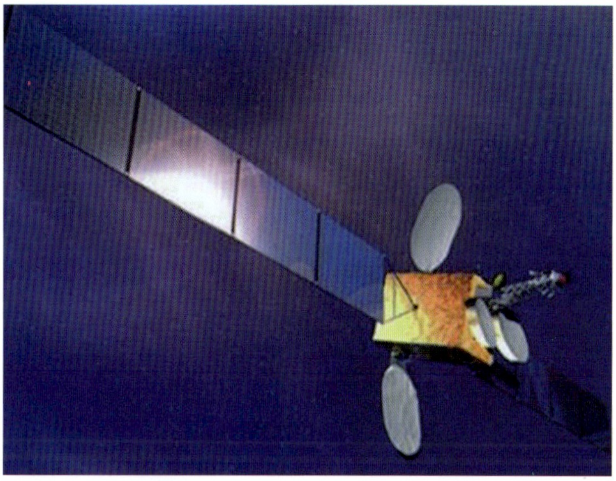

图 7.9　鑫诺二号卫星概念图

由于缺乏在轨维修手段,当航天器发生故障而失效后,只能重新发射新的航天器进行补充,不但增加了研制和发射的成本,而且耽误了系统建设和提供服务的进度和质量。因此,大力发展以空间机器人为手段的卫星救援、在轨维修等技术,具有极大的经济价值和社会效益。

7.1.4.2 清理空间碎片

伴随着人类空间活动的日益频繁,近地空间日渐拥挤。截至 2013 年 1 月,美国空间监测网编目的空间目标(低轨 10 cm 以上,高轨 1 m 以上)的数量已接近 17 000 个(图 7.10),其中仅有约 6%为有效服役的航天器,而其他都可归为空间碎片,其中主要包括失效卫星、火箭残骸、任务相关碎片以及由爆炸和碰撞产生的解体碎片等。这些空间碎片长期在轨运行,不但占据了大量的空间位置资源,而且也会在轨碰撞、爆炸、解体,以致产生更多的空间碎片,进一步加剧空间碎片与正常卫星碰撞的风险。空间碎片对航天器的撞击速度可高达 10 km/s 以上,由于巨大的撞击动能,一颗直径 1 cm 的空间碎片的撞击即可导致航天器彻底损毁。

例如,1996 年 7 月,一颗法国电子侦察卫星被火箭残骸撞击,卫星的重力梯度稳定杆被撞断,卫星因姿态失去控制而失效,如图 7.11 所示。2009 年 2 月,一颗美国商用通信卫星与一颗俄罗斯失效卫星在太空相撞,两颗卫星均告毁灭,还产生了大量的空间碎片,如图 7.12 所示。

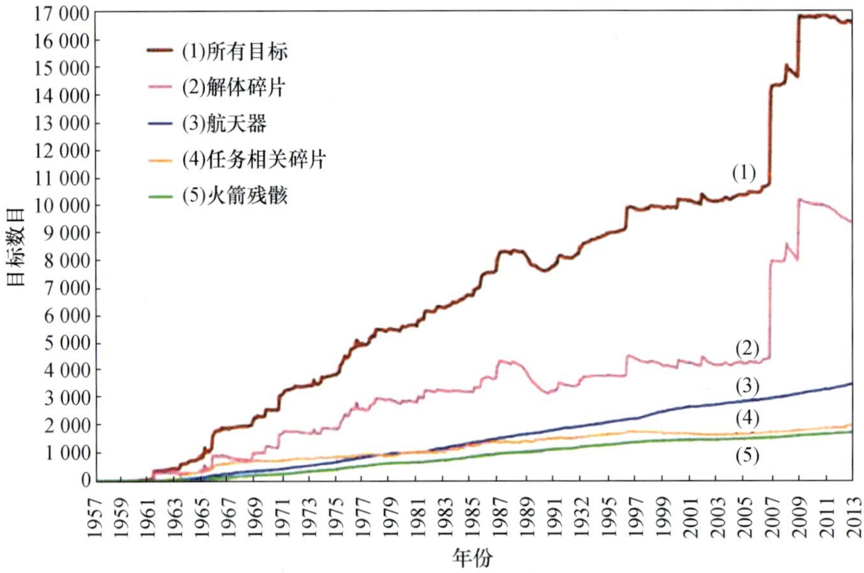

图 7.10　地球轨道空间目标增长趋势

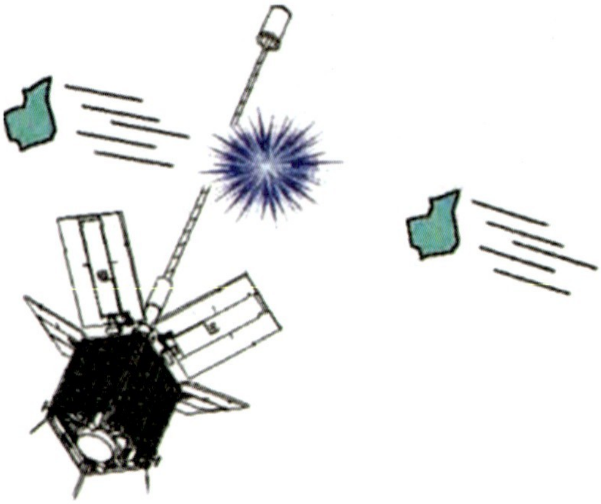

图 7.11　法国卫星被火箭残骸击中

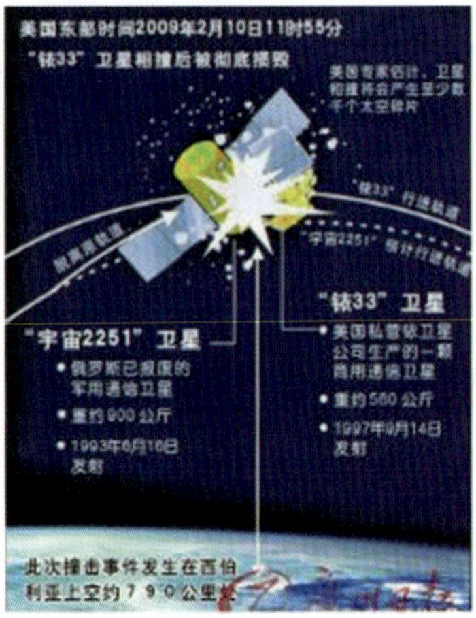

图 7.12　美俄卫星撞击事件

空间碎片已成为国际社会高度关注的问题。除了积极采取空间碎片减缓措施外，还需要研究空间碎片清理技术，而空间机器人由于其具有高度的智能性、自主性以及灵活的机动性在空间碎片清除方面具有巨大潜力。

7.1.4.3　建设大型空间设施

随着空间技术的不断发展与航天需求的不断增长，航天器的结构越来越复杂，尺寸也越来越大，未来将会有各种大型的空间结构产生。由于火箭的运载能力有限，大型航天器不可能在地面造好后整体发射入轨，必须而且只能采取化整为零、多次发射、在轨组装的方式，典型的是国际空间站的建造过程。国际空间站结构复杂，规模大，由航天员居住舱、实验舱、服务舱、对接过渡舱、桁架、太阳能电池等部分组成，如图 7.13 所示。随着 2011 年最后一个组件发射上天，已完成所有组装工作。在国际空间站的建造过程中，以移动服务系统（mobile serving system，MSS）（如图 7.14 所示，由活动基座系统、空间站遥控机械臂系统和专用灵巧机械臂组成）为代表的空间机器人系统在其中起着至关重要的作用。

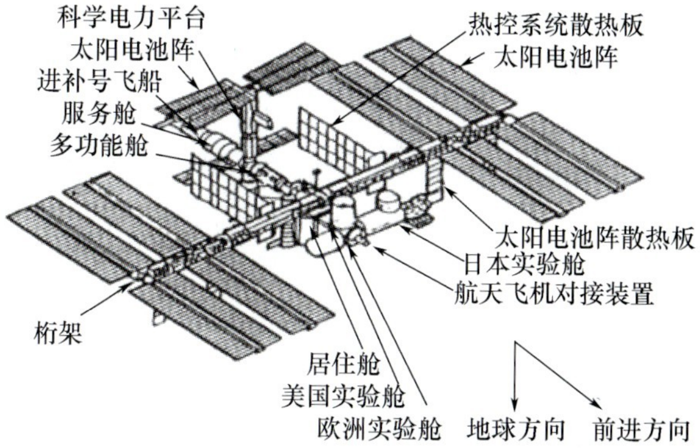

图 7.13　国际空间站组成结构图

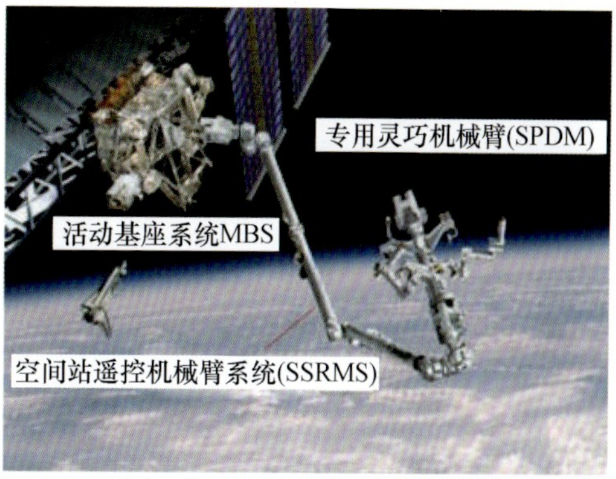

图 7.14　国际空间站的移动服务系统 MSS

与航天员相比，空间机器人在轨执行任务时具有非常明显的优势，甚至可完成航天员所不能完成的任务；它可进行连续、重复的工作而不知疲倦，可准确执行任务指令而不易犯低级失误，可同时做多件不同的事情而不会精力不集中等。因此，将空间机器人应用于大型空间设施的建设和维护是非常明智的选择。

7.1.5　发展现状与趋势

20 世纪 70 年代起，美国、加拿大、日本、德国和欧洲空间局等国家或组织启动了多项空间机器人项目，其中已开展在轨试验的典型空间机器人项目发展历程如图 7.15 所示。除此之外，世界各国还在不断提出新的空间机器人系统概念，如美国的凤凰计划、同步轨道卫星机器人项目 RSGS、德国的轨道服务任务 DEOS 等。

图 7.15 所列的空间机器人项目，可以按舱外服务机器人、舱内服务机器人和自由飞行空间机器人进行简单归类，下面按此归类分别介绍。

7.1.5.1　舱外服务机器人

空间机器人首先在航天飞机上得到成功应用，典型代表是航天飞机遥控机械臂系统（shuttle remote manipulator system，SRMS）。后来国际空间站的建设与运营需求有力地推动了空间机器人技术的发展，典型代表有空间站遥控机械臂系统（space station remote manipulator system，SSRMS）、专用灵巧机械臂（special purpose dexterous manipulator，SPDM）以及日本实验舱遥控机械臂系统（Japanese experiment module remote manipulator system，JEMRMS）。

（1）航天飞机遥控机械臂系统。

航天飞机遥控机械臂系统又称加拿大 1 号臂（Canadarm 1），由加拿大 MD Robotic 公司生产。1981 年，SRMS 随美国哥伦比亚号航天飞机进入太空并执行任务，标志着机械臂系统首次成功进入空间操控领域。SRMS 具有 6 个自由度，长约 15.2 m，总质量约 410 kg，最大负载

30 t,主要用于将航天飞机上的有效载荷放入预定轨道,协助航天员对发生故障的航天器进行维修,以及校正偏离预定轨道的卫星等,如图 7.16 所示。随着 2011 年航天飞机项目的终止,SRMS 暂时结束了其航天使命。

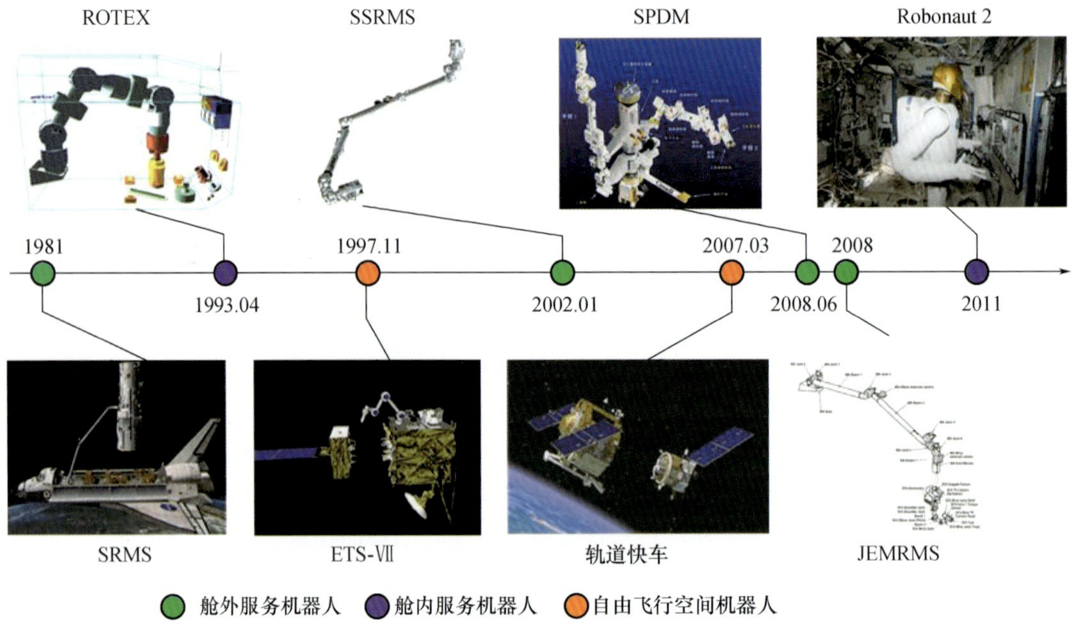

图 7.15　国外已开展在轨试验的典型空间机器人项目发展历程

图 7.16　维修哈勃望远镜

(2)空间站遥控机械臂系统。

在 SRMS 项目成功的基础上,加拿大 MD Robotic 公司和美国国家航空航天局又为国际空间站联合研制了加拿大 2 号臂(Canadarm 2),即空间站遥控机械臂系统,并于 2001 年 4 月发射到国际空间站。SSRMS 具有 7 个自由度,长约 17.6 m,总质量约 1 800 kg,最大负载 116 t,可用于执行电池组与轨道单元的更换、空间站载运物的回收和轨道器的对接与分离等任务,如

图 7.17 所示。

(3)专用灵巧机械臂。

与 SSRMS 配套,加拿大又研制了 SPDM,也称作加拿大手,于 2008 年发射到国际空间站。如图 7.18 所示,SPDM 是个双臂机器人,每条手臂具有 7 个自由度,长约 3.7 m,质量约 1 660 kg,最大负载 600 kg,可执行诸如空间站表面的小部件移除等高精度要求的任务。它既可作为 SSRMS 的操作终端,也能够独立作业,诸如辅助航天员的出舱活动等。

图 7.17　空间站遥控机械臂系统

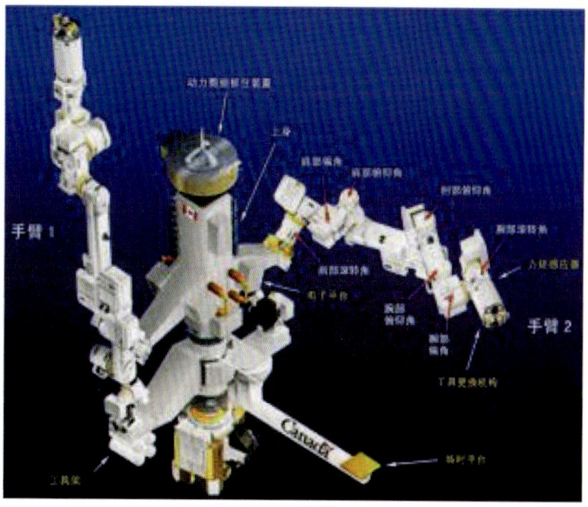

图 7.18　专用灵巧机械臂

(4)日本实验舱遥控机械臂系统。

日本实验舱遥控机械臂系统由日本宇宙航空研究开发机构研制,于 2008 年发射。JEMRMS 由主臂和小臂串联组成,主臂和小臂均具有 6 个自由度,总长约 12 m,最大负载 6 400 kg。JEMRMS 安装在国际空间站的日本实验舱上,主要用于执行实验舱的辅助装配、暴露实验平台的负载更换等任务。

7.1.5.2　舱内服务机器人

(1)ROTEX 机械臂。

德国宇航中心针对舱内作业开发了世界上第一个小型遥操作机械臂,于 1993 年在哥伦比亚号航天飞机的密封实验舱中进行了机器人技术试验(roboter technology experiment, ROTEX),如图 7.19 所示。ROTEX 机械臂具有 6 个自由度,长约 1.4 m。ROTEX 试验内容包括:航天员借助摄像机进行的在轨遥操作,借助预测仿真系统进行的地面遥操作以及基于敏感器的离线编程操作。ROTEX 机械臂成功完成了机械装配、拔插电源接头和抓取漂浮物体等任务。

(2)机器航天员 2 号(Robonaut 2)。

Robonaut 2 由美国宇航局和通用公司联合研制,于 2011 年 2 月进入国际空间站,是世界上第一个进入太空执行任务的先进人形机器人。Robonaut 2 质量约 150 kg,颈部有 3 个自由度,双臂各长 0.81 m、有 7 个自由度,双手各有 12 个自由度,主要用于空间站舱内仪器仪表操作、舱外设备检查更换、人机协作等。

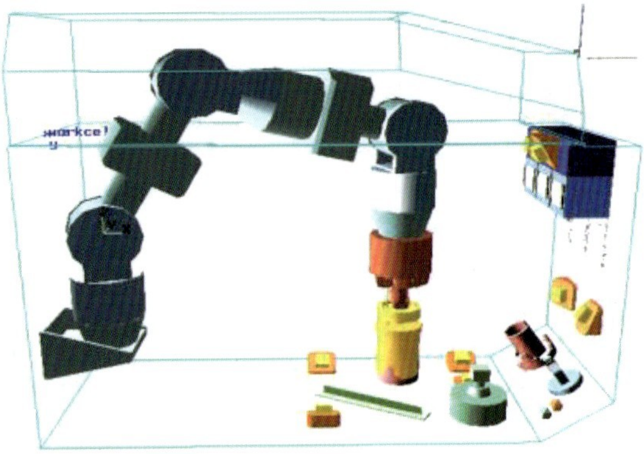

图 7.19　机器人技术试验

Robonaut 2 的长期任务设计了三个阶段:第一阶段是固定作业,2013 年底,Robonaut 2 躯干就成功完成了这项任务,如图 7.20 所示。第二阶段是舱内活动,Robonaut 2 需要在国际空间站内移动,因此于 2014 年 8 月给它升级安装了各有 7 个自由度的双腿,如图 7.21 所示。第三个阶段则是出舱活动,这一阶段要在空间站外的真空中工作。Robonaut 2 的长期任务目前停留在第二阶段,因为它升级双腿后出现了功能异常,产生了一些无法解决的问题,所以在 2018 年 2 月它被打包送回了地球。尽管如此,Robonaut 2 所开展的各类灵巧操作试验,仍证明了机器人在代替航天员执行空间操作方面存在着巨大潜力。

图 7.20　Robonaut 2 在空间站固定作业

图 7.21　加了双腿后的 Robonaut 2

7.1.5.3　自由飞行空间机器人

(1)工程试验卫星-7 号。

工程试验卫星-7 号(engineering test satellite Ⅶ,ETS-Ⅶ)由日本东芝公司研制,于 1997 年发射,如图 7.22 所示。ETS-Ⅶ上搭载一条具有 6 个自由度的机械臂,其长约 2.4 m,质量约 400 kg,机械臂手部关节和末端执行器均安装有摄像机,能够将画面传送至地面控制实验室,有利于地面实验人员实施相关操作。ETS-Ⅶ是世界上第一个真正的自由飞行空间机器人,在轨演示了自主交会对接、空间目标抓捕和卫星模块更换等空间机器人在轨操作技术。不过

ETS-Ⅶ的目标捕获实验并未得到国际同行认同，因为机械臂捕获时目标并未处于自由状态，而是被对接机构限制在 200 mm 的范围内。

(2)轨道快车。

轨道快车(orbital express，OE)项目由美国国防高级研究计划局牵头开展，于 2007 年 3 月发射升空，如图 7.23 所示。轨道快车包含 ASTRO 和 NextSat 两颗卫星，其中 ASTRO 是任务中提供在轨服务的主动航天器，上面安装有由加拿大 MD Robotic 公司生产的机械臂，该机械臂具有 7 个自由度，长约 3 m，NextSat 则扮演被服务的目标卫星。轨道快车项目成功演示了自主交会与接近、自主对接与抓捕、在轨加注与模块更换等任务，标志着在轨服务技术达到了一个新的高度。虽然轨道快车项目是在 LEO 轨道上进行的，但其在轨服务的思想(目标捕获、燃料加注、在轨可更换单元(orbital replacement unit，ORU)更换等)和过程(跟踪接近、绕飞监测、交会对接等)可用于对地球同步轨道卫星的服务。由于轨道快车项目要求目标卫星设计有相应的服务接口、合作标志器等，因此该技术目前离实际应用仍有差距，仅适用于新一代可服务卫星。

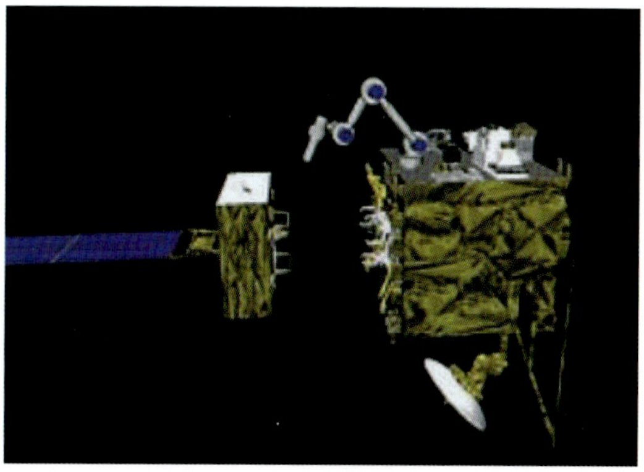

图 7.22　工程试验卫星-7 号

图 7.23　轨道快车

7.1.5.4　总结展望

对于上述空间机器人项目，将其类型、名称、年份、国家、主要功能以及应用状态等总结见表 7.1。可见，舱外服务机器人目前已得到了一定程度的工程应用，而舱内服务机器人和自由飞行空间机器人还主要处于技术验证阶段。

表 7.1　国外已开展在轨试验的典型空间机器人项目总结

类型	名称	年份	国家	主要功能	应用状态
舱外服务机器人	SRMS	1981	加拿大	空间装配与维修	工程应用
	SSRMS	2002	加拿大	空间装配与维修	工程应用
	SPDM	2008	加拿大	精细操作	工程应用
	JEMRMS	2008	日本	辅助装配、负载更换	工程应用

续表 7.1

类型	名称	年份	国家	主要功能	应用状态
舱内服务机器人	ROTEX	1993	德国	空间遥操作	技术验证
	Robonaut 2	2011	美国	灵巧操作	技术验证
自由飞行空间机器人	ETS-Ⅶ	1997	日本	自主交会对接、目标捕获	技术验证
	轨道快车	2007	美国	自主捕获、燃料加注、ORU 更换	技术验证

基于空间机器人的发展现状,对未来空间机器人的发展趋势展望如下:

(1)空间机器人的服务对象主要是载人航天器(特别是空间站)和高价值的无人航天器两大类。在未来相当长时间内,这仍然是空间机器人主要应用价值所在。

(2)空间机器人的服务内容包括视觉监测、ORU 更换、燃料补给、在轨装配、机构维修、载荷运输、科学实验等,其中视觉监测、ORU 更换、在轨装配、载荷运输是大多数空间机器人都具备的功能。

(3)机动能力是空间机器人在轨执行任务的重要保证。对于自由飞行空间机器人,需要具有六自由度的姿态及轨道机动能力,以便根据需要到达目标轨道,对航天器进行服务;对于空间站机器人,要求具有灵活的自行走能力,以覆盖足够大的区域。

(4)未来的空间机器人将向着“大型”(10 m 以上)和“小巧”(2 m 以内)两个方向发展。其中大型机械臂主要用于操作远距离或大质量的载荷、航天员出舱活动支持(作为延伸杆)等,该类机器人挠性大,末端定位精度低,成本高,只有在空间站的建设中才能体现出其价值;而大部分在轨维修任务、科学实验操作等,要求空间机器人末端定位精度高,操作灵活,并能执行诸如切割、拧螺丝等精细操作,此种情况下只有“小巧”的机器人才能满足要求。

7.2 空间机器人运动学基础

7.2.1 空间机器人一般模型

考虑到工程应用中的空间机器人的机械臂往往是由多个旋转关节串联而成,而且一般为单臂。由此,本书讨论的空间机器人也为由 n 个旋转关节串联的单臂空间机器人,后文简称空间机器人。

空间机器人的一般模型如图 7.24 所示,其由基座和 n 自由度机械臂组成。按照从基座到机械臂末端的顺序,依次将基座和各连杆编号为连杆 0(基座)、连杆 1……连杆 n;而关节依次编号为关节 1~关节 n,其中关节 1 连接连杆 0 和连杆 1,关节 2 连接连杆 1 和连杆 2,依此类推。对于地面固定基座机器人而言,连杆 0 与地面固连,整个系统具有 n 个自由度;而对于空间机器人而言,考虑到其基座可以实施三自由度的轨道机动与三自由度的姿态机动,因而空间机器人系统具有 $n+6$ 个自由度。

7.2.2 刚体的姿态描述

空间机器人各连杆可视为刚体,因而刚体的姿态描述是空间机器人运动学建模的基础。

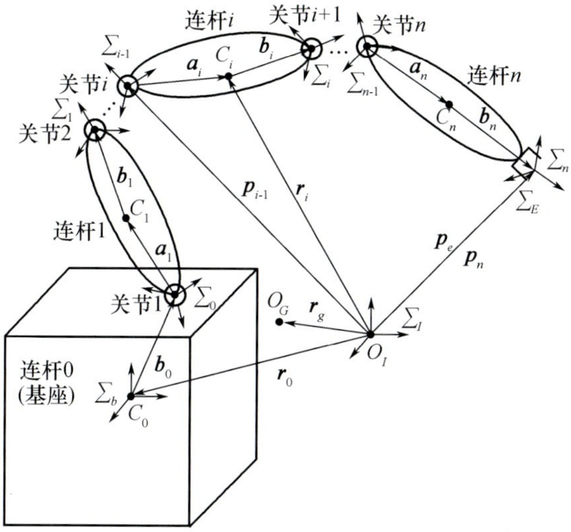

图 7.24　空间机器人的一般模型

7.2.2.1　旋转变换矩阵

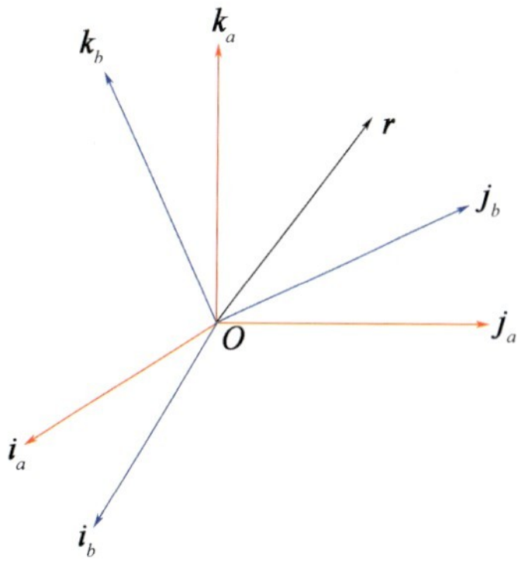

图 7.25　两坐标系各轴矢量表示

如图 7.25 所示，Σ_a 三轴的单位矢量为 $\boldsymbol{i}_a$、$\boldsymbol{j}_a$、$\boldsymbol{k}_a$，Σ_b 三轴的单位矢量为 $\boldsymbol{i}_b$、$\boldsymbol{j}_b$、$\boldsymbol{k}_b$。设任一矢量 $\boldsymbol{r}$ 在 Σ_a、Σ_b 中的坐标分别为${}^a\boldsymbol{r}=[{}^ar_x, {}^ar_y, {}^ar_z]^{\mathrm{T}}$、${}^b\boldsymbol{r}=[{}^br_x, {}^br_y, {}^br_z]^{\mathrm{T}}$，即有

$$\boldsymbol{r} = {}^ar_x\boldsymbol{i}_a + {}^ar_y\boldsymbol{j}_a + {}^ar_z\boldsymbol{k}_a \tag{7.1}$$

$$\boldsymbol{r} = {}^br_x\boldsymbol{i}_a + {}^br_y\boldsymbol{j}_a + {}^br_z\boldsymbol{k}_a \tag{7.2}$$

根据定义，$\boldsymbol{r}$ 在 Σ_a 中的坐标${}^a\boldsymbol{r}=[{}^ar_x, {}^ar_y, {}^ar_z]^{\mathrm{T}}$ 等于 $\boldsymbol{r}$（即 ${}^ar_x\boldsymbol{i}_a+{}^ar_y\boldsymbol{j}_a+{}^ar_z\boldsymbol{k}_a$）在 $\boldsymbol{i}_a$、$\boldsymbol{j}_a$、$\boldsymbol{k}_a$ 方向的投影，即有

$$\begin{cases} {}^ar_x = \boldsymbol{i}_a \cdot \boldsymbol{r} = {}^br_x\boldsymbol{i}_a \cdot \boldsymbol{i}_b + {}^br_y\boldsymbol{i}_a \cdot \boldsymbol{j}_b + {}^br_z\boldsymbol{i}_a \cdot \boldsymbol{k}_b \\ {}^ar_y = \boldsymbol{j}_a \cdot \boldsymbol{r} = {}^br_x\boldsymbol{j}_a \cdot \boldsymbol{i}_b + {}^br_y\boldsymbol{j}_a \cdot \boldsymbol{j}_b + {}^br_z\boldsymbol{j}_a \cdot \boldsymbol{k}_b \\ {}^ar_z = \boldsymbol{k}_a \cdot \boldsymbol{r} = {}^br_x\boldsymbol{k}_a \cdot \boldsymbol{i}_b + {}^br_y\boldsymbol{k}_a \cdot \boldsymbol{j}_b + {}^br_z\boldsymbol{k}_a \cdot \boldsymbol{k}_b \end{cases} \tag{7.3}$$

将式(7.3)写出矩阵形式：

$$\begin{bmatrix} {}^ar_x \\ {}^ar_y \\ {}^ar_z \end{bmatrix} = \begin{bmatrix} \boldsymbol{i}_a \cdot \boldsymbol{i}_b & \boldsymbol{i}_a \cdot \boldsymbol{j}_b & \boldsymbol{i}_a \cdot \boldsymbol{k}_b \\ \boldsymbol{j}_a \cdot \boldsymbol{i}_b & \boldsymbol{j}_a \cdot \boldsymbol{j}_b & \boldsymbol{j}_a \cdot \boldsymbol{k}_b \\ \boldsymbol{k}_a \cdot \boldsymbol{i}_b & \boldsymbol{k}_a \cdot \boldsymbol{j}_b & \boldsymbol{k}_a \cdot \boldsymbol{k}_b \end{bmatrix} \begin{bmatrix} {}^br_x \\ {}^br_y \\ {}^br_z \end{bmatrix} \tag{7.4}$$

令

$${}^a\boldsymbol{R}_b = \begin{bmatrix} \boldsymbol{i}_a \cdot \boldsymbol{i}_b & \boldsymbol{i}_a \cdot \boldsymbol{j}_b & \boldsymbol{i}_a \cdot \boldsymbol{k}_b \\ \boldsymbol{j}_a \cdot \boldsymbol{i}_b & \boldsymbol{j}_a \cdot \boldsymbol{j}_b & \boldsymbol{j}_a \cdot \boldsymbol{k}_b \\ \boldsymbol{k}_a \cdot \boldsymbol{i}_b & \boldsymbol{k}_a \cdot \boldsymbol{j}_b & \boldsymbol{k}_a \cdot \boldsymbol{k}_b \end{bmatrix} \tag{7.5}$$

于是${}^a\boldsymbol{R}_b$ 可建立任一矢量 $\boldsymbol{r}$ 在 Σ_a 与 Σ_b 的坐标表示之间的联系，有

$${}^a\boldsymbol{r} = {}^a\boldsymbol{R}_b\,{}^b\boldsymbol{r} \tag{7.6}$$

${}^{a}\boldsymbol{R}_{b}$ 称为从 Σ_b 到 Σ_a 的旋转变换矩阵(或称方向余弦阵、姿态变换矩阵)。

同理,将 $\boldsymbol{r}={}^{a}r_{x}\boldsymbol{i}_{a}+{}^{a}r_{y}\boldsymbol{j}_{a}+{}^{a}r_{z}\boldsymbol{k}_{a}$ 在 $\boldsymbol{i}_b$、$\boldsymbol{j}_b$、$\boldsymbol{k}_b$ 方向投影,可得到从 Σ_a 到 Σ_b 的旋转变换矩阵:

$$
{}^{b}\boldsymbol{r}=\begin{bmatrix}{}^{b}r_{x}\\{}^{b}r_{y}\\{}^{b}r_{z}\end{bmatrix}=\begin{bmatrix}\boldsymbol{i}_{b}\cdot\boldsymbol{i}_{a} & \boldsymbol{i}_{b}\cdot\boldsymbol{j}_{a} & \boldsymbol{i}_{b}\cdot\boldsymbol{k}_{a}\\ \boldsymbol{j}_{b}\cdot\boldsymbol{i}_{a} & \boldsymbol{J}_{b}\cdot\boldsymbol{j}_{a} & \boldsymbol{j}_{b}\cdot\boldsymbol{k}_{a}\\ \boldsymbol{k}_{b}\cdot\boldsymbol{i}_{a} & \boldsymbol{k}_{b}\cdot\boldsymbol{j}_{a} & \boldsymbol{k}_{b}\cdot\boldsymbol{k}_{a}\end{bmatrix}\begin{bmatrix}{}^{a}r_{x}\\{}^{a}r_{y}\\{}^{a}r_{z}\end{bmatrix}={}^{a}\boldsymbol{R}_{b}{}^{a}\boldsymbol{r} \tag{7.7}
$$

从式(7.5)~式(7.7)可以看出:

$$
({}^{b}\boldsymbol{R}_{a})^{-1}={}^{a}\boldsymbol{R}_{b}={}^{b}\boldsymbol{R}_{a}^{\mathrm{T}} \tag{7.8}
$$

由此可见旋转变换矩阵为正交矩阵。

图 7.26 所示,设任一矢量 $\boldsymbol{r}$ 在 Σ_a、Σ_b、Σ_c 的坐标表示分别为 ${}^{a}\boldsymbol{r}$、${}^{b}\boldsymbol{r}$、${}^{c}\boldsymbol{r}$,从 Σ_b 到 Σ_a 的旋转变换矩阵为 ${}^{a}\boldsymbol{R}_{b}$,从 Σ_c 到 Σ_b 的旋转变换矩阵为 ${}^{b}\boldsymbol{R}_{c}$,于是

$$
{}^{a}\boldsymbol{r}={}^{a}\boldsymbol{R}_{b}{}^{b}\boldsymbol{r}={}^{a}\boldsymbol{R}_{b}{}^{b}\boldsymbol{R}_{c}{}^{c}\boldsymbol{r} \tag{7.9}
$$

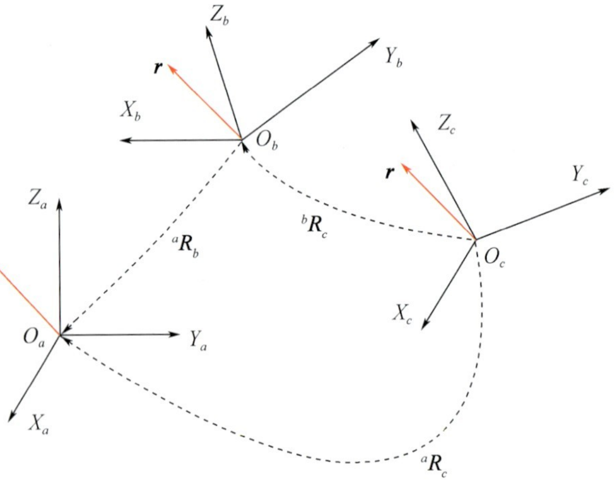

图 7.26　多次变换后的旋转变换矩阵

由式(7.9)得到从 Σ_c 到 Σ_a 的旋转变换矩阵 ${}^{a}\boldsymbol{R}_{c}$ 为

$$
{}^{a}\boldsymbol{R}_{c}={}^{a}\boldsymbol{R}_{b}{}^{b}\boldsymbol{R}_{c} \tag{7.10}
$$

由此可见旋转变换矩阵具有传递性。

仅绕坐标系某一轴的旋转称为基元旋转,绕 X、Y、Z 轴分别旋转 φ 角的基元旋转如图 7.27 所示。

从经过基元旋转后的 Σ_b 到旋转前的 Σ_a 的旋转变换矩阵分别为

$$
\boldsymbol{R}_{X,\varphi}=\begin{bmatrix}1&0&0\\0&c_{\varphi}&-s_{\varphi}\\0&s_{\varphi}&c_{\varphi}\end{bmatrix},\boldsymbol{R}_{Y,\varphi}=\begin{bmatrix}c_{\varphi}&0&s_{\varphi}\\0&1&0\\-s_{\varphi}&0&c_{\varphi}\end{bmatrix},\boldsymbol{R}_{Z,\varphi}=\begin{bmatrix}c_{\varphi}&-s_{\varphi}&0\\s_{\varphi}&c_{\varphi}&0\\0&0&1\end{bmatrix} \tag{7.11}
$$

式中,s_{φ}、c_{φ} 分别表示 $\sin\varphi$、$\cos\varphi$,下同。值得注意的是,式(7.11)所示的旋转变换矩阵表达式与有些教科书定义的初等转换矩阵表达式是成转置的关系(因为旋转变换矩阵是正交矩阵,所以转置关系也就是互逆关系),这是由于机器人研究中定义的坐标转换往往是从体坐标系转到参考坐标系,而有些教科书定义的转换方向恰好相反。之所以采取这种坐标转换方向,是

因为机器人研究中涉及多个杆件的旋转问题，所有杆件的坐标都要统一到同一参考系表示，也就是要用旋转前的坐标系（如这里的 Σ_a ）。

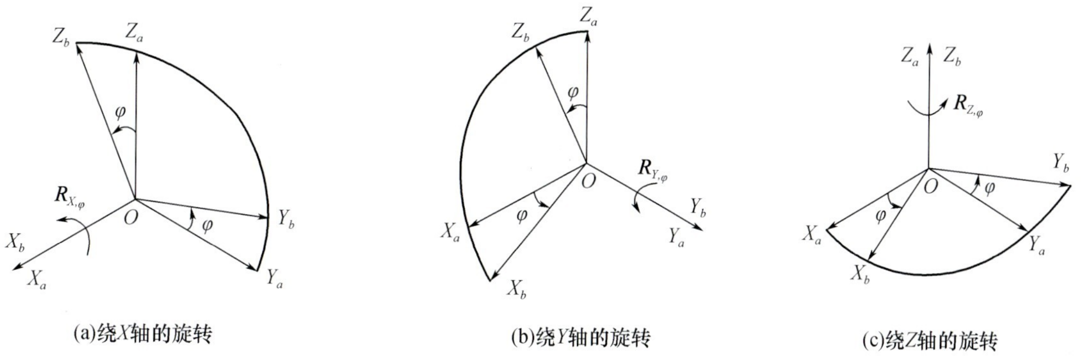

图 7.27　绕 X、Y、Z 轴的基元旋转

7.2.2.2　欧拉角

使用旋转变换矩阵描述刚体姿态的优点是计算比较简单，但它对于刚体姿态的描述不够直观，而且需要 9 个元素才能完全描述刚体的姿态，而 9 个元素中仅有 3 个独立变量。

根据欧拉有限转动定理，任意两个坐标系可以通过 3 次绕坐标轴的旋转来实现彼此指向相同，每次转过的角度称为欧拉角。这样，用欧拉角即可描述体坐标系相对于参考坐标系的关系，也就是描述刚体姿态。

欧拉角的 3 次旋转顺序可分为两类：①$a-b-c$ 旋转，即 3 次转动均绕不同类的坐标轴进行，包括 *XYZ*、*XZY*、*YXZ*、*YZX*、*ZXY*、*ZYX*；②$a-b-a$ 旋转，即第 1 次和第 3 次是绕同类坐标轴进行的，而第 2 次转动是绕另一类坐标轴进行的，包括 *XYX*、*XZX*、*YXY*、*YZY*、*ZXZ*、*ZYZ*。本书主要采用 *ZYX* 欧拉角。

1. 欧拉角与旋转变换矩阵的关系

ZYX 旋转过程如图 7.28 所示：Σ_a 绕其 Z_a 轴旋转角度 α 得到 Σ_2，Σ_2 绕其 Y' 轴旋转角度 β 得到 Σ_3，Σ_3 绕其 X_b 轴旋转角度 γ 得到 Σ_b。即

$$\Sigma_a \xrightarrow{\boldsymbol{R}_{Z,\alpha}} \Sigma_2 \xrightarrow{\boldsymbol{R}_{Y,\beta}} \Sigma_3 \xrightarrow{\boldsymbol{R}_{X,\gamma}} \Sigma_b \tag{7.12}$$

根据旋转变换矩阵的传递性，可知经 *ZYX* 旋转后，从 Σ_b 到 Σ_a 的旋转变换矩阵为

$${}^a\boldsymbol{R}_b = {}^a\boldsymbol{R}_2{}^2\boldsymbol{R}_3{}^3\boldsymbol{R}_b = \boldsymbol{R}_{Z,\alpha}\boldsymbol{R}_{Y,\beta}\boldsymbol{R}_{X,\gamma} = \begin{bmatrix} c_\alpha c_\beta & c_\alpha s_\beta s_\gamma - s_\alpha c_\gamma & c_\alpha s_\beta c_\gamma + s_\alpha s_\gamma \\ s_\alpha c_\beta & s_\alpha s_\beta s_\gamma + c_\alpha c_\gamma & s_\alpha s_\beta c_\gamma - c_\alpha s_\gamma \\ -s_\beta & c_\beta s_\gamma & c_\beta c_\gamma \end{bmatrix} \tag{7.13}$$

另一方面，有时需要根据旋转变换矩阵 ${}^a\boldsymbol{R}_b$ 计算相应的欧拉角。设 ${}^a\boldsymbol{R}_b$ 为

$${}^a\boldsymbol{R}_b = \begin{bmatrix} a_{11} & a_{12} & a_{13} \\ a_{21} & a_{22} & a_{23} \\ a_{31} & a_{32} & a_{33} \end{bmatrix} \tag{7.14}$$

比较式(7.13)和式(7.14)，可得

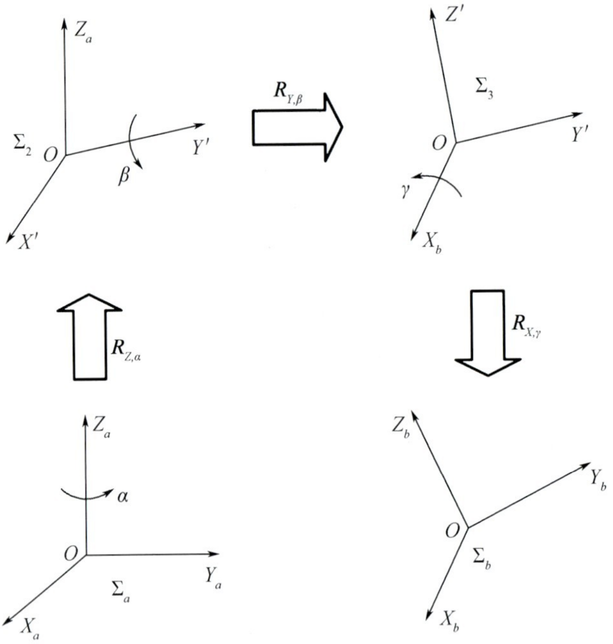

图 7.28 *ZYX* 旋转过程

$$\beta = \arcsin(-a_{31}) \quad \text{or} \quad \beta = \pi - \arcsin(-a_{31}) \tag{7.15}$$

若 $a_{31} \neq \pm 1$，有 $\beta \neq \mp \frac{\pi}{2}$，$c_\beta \neq 0$，则

$$\begin{cases} \alpha = \operatorname{atan} 2(a_{21}/c_\beta, a_{11}/c_\beta) \\ \gamma = \operatorname{atan} 2(a_{32}/c_\beta, a_{33}/c_\beta) \end{cases} \tag{7.16}$$

若 $a_{31}=1$，有 $s_\beta=-1$，$\beta=-\frac{\pi}{2}$，$c_\beta=0$，则

$$^{a}\boldsymbol{R}_b = \begin{bmatrix} 0 & -c_\alpha s_\gamma - s_\alpha c_\gamma & -c_\alpha c_\gamma + s_\alpha s_\gamma \\ 0 & -s_\alpha s_\gamma + c_\alpha c_\gamma & -s_\alpha c_\gamma - c_\alpha s_\gamma \\ 1 & 0 & 0 \end{bmatrix} = \begin{bmatrix} 0 & -\sin(\gamma+\alpha) & -\cos(\gamma+\alpha) \\ 0 & \cos(\gamma+\alpha) & -\sin(\gamma+\alpha) \\ 1 & 0 & 0 \end{bmatrix} \tag{7.17}$$

若 $a_{31}=-1$，有 $s_\beta=1$，$\beta=\frac{\pi}{2}$，$c_\beta=0$，则

$$^{a}\boldsymbol{R}_b = \begin{bmatrix} 0 & c_\alpha s_\gamma - s_\alpha c_\gamma & c_\alpha c_\gamma + s_\alpha s_\gamma \\ 0 & s_\alpha s_\gamma + c_\alpha c_\gamma & s_\alpha c_\gamma - c_\alpha s_\gamma \\ -1 & 0 & 0 \end{bmatrix} = \begin{bmatrix} 0 & \sin(\gamma-\alpha) & \cos(\gamma-\alpha) \\ 0 & \cos(\gamma-\alpha) & -\sin(\gamma-\alpha) \\ -1 & 0 & 0 \end{bmatrix} \tag{7.18}$$

由式(7.17)和式(7.18)可知，$a_{31}=\pm 1$ 时仅可以求出 $\gamma+\alpha$ 或 $\gamma-\alpha$：

$$\begin{cases} \text{if} \quad a_{31}=1, \quad \gamma+\alpha = \operatorname{atan} 2(-a_{23}, a_{22}) \\ \text{if} \quad a_{31}=-1, \quad \gamma-\alpha = \operatorname{atan} 2(-a_{23}, a_{22}) \end{cases} \tag{7.19}$$

实际问题中若要在 $a_{31}=\pm 1$ 时给出明确的 α 与 β 的值，可强令 $\alpha=0$，从而 $\gamma=\operatorname{atan} 2(-a_{23}$，

a_{22})。于是 ZYX 欧拉角按如下公式求得：

如果

$$a_{31} = \pm 1$$

则

$$\begin{cases} \beta = \mp \dfrac{\pi}{2} \\ \alpha = 0 \\ \gamma = \operatorname{atan} 2(-a_{23}, a_{22}) \end{cases} \tag{7.20}$$

否则

$$\begin{cases} \beta = \arcsin(-a_{31}),\ \text{or}\ \beta = \pi - \arcsin(-a_{31}) \\ \alpha = \operatorname{atan} 2(a_{21}/c_\beta, a_{11}/c_\beta) \\ \gamma = \operatorname{atan} 2(a_{32}/c_\beta, a_{11}/c_\beta) \end{cases}$$

由式(7.20)可知，$\beta = \pm\pi/2$ 为 ZYX 欧拉角的奇异条件；另外，若 $\beta \neq \pm\pi/2$，则由旋转变换矩阵求 ZYX 欧拉角在 $(-\pi, \pi]$ 的范围内有两组解，实际中可根据情况选择其中一组。

2. 欧拉角速度与姿态角速度的关系

采用 ZYX 欧拉角描述刚体姿态后，刚体任意时刻的姿态角速度 ω 也可以分解为这样 3 部分：绕 Z_α 轴的角速度 $\dot{\alpha}$、绕 Y' 轴的角速度 $\dot{\beta}$ 以及绕 X_b 轴的角速度 $\dot{\gamma}$。值得注意的是，角速度 $\dot{\alpha}$、$\dot{\beta}$、$\dot{\gamma}$ 分别为坐标系 Σ_a、Σ_2、Σ_3 下的表示，若统一在 Σ_a 表示刚体姿态角速度，则有

$$\begin{aligned} {}^a\omega &= \begin{bmatrix} \omega_X \\ \omega_Y \\ \omega_Z \end{bmatrix} = \begin{bmatrix} 0 \\ 0 \\ \dot{\alpha} \end{bmatrix} + {}^a\boldsymbol{R}_2 \begin{bmatrix} 0 \\ \dot{\beta} \\ 0 \end{bmatrix} + {}^a\boldsymbol{R}_3 \begin{bmatrix} \dot{\gamma} \\ 0 \\ 0 \end{bmatrix} \\ &= \begin{bmatrix} 0 \\ 0 \\ \dot{\alpha} \end{bmatrix} + \boldsymbol{R}_{Z,\alpha} \begin{bmatrix} 0 \\ \dot{\beta} \\ 0 \end{bmatrix} + \boldsymbol{R}_{Z,\alpha}\boldsymbol{R}_{Y,\beta} \begin{bmatrix} \dot{\gamma} \\ 0 \\ 0 \end{bmatrix} \\ &= \begin{bmatrix} 0 & -s_\alpha & c_\alpha c_\beta \\ 0 & c_\alpha & s_\alpha c_\beta \\ 1 & 0 & -s_\beta \end{bmatrix} \begin{bmatrix} \dot{\alpha} \\ \dot{\beta} \\ \dot{\gamma} \end{bmatrix} \end{aligned} \tag{7.21}$$

令 $\boldsymbol{\Psi}_{ZYX} = [\alpha, \beta, \gamma]^{\mathrm{T}}$ 为 ZYX 欧拉角，$\dot{\boldsymbol{\Psi}}_{ZYX} = [\dot{\alpha}, \dot{\beta}, \dot{\gamma}]^{\mathrm{T}}$ 为 ZYX 欧拉角速度，$\boldsymbol{J}_{\mathrm{Euler\_}ZXY}$ 为 ZYX 欧拉角速度与姿态角速度的转换矩阵，且

$$\boldsymbol{J}_{\mathrm{Euler\_}ZYX} = \begin{bmatrix} 0 & -s_\alpha & c_\alpha c_\beta \\ 0 & -c_\alpha & s_\alpha c_\beta \\ 1 & 0 & -s_\beta \end{bmatrix} \tag{7.22}$$

于是 ZYX 欧拉角速度与姿态角速度的关系可表示为

$$\boldsymbol{\omega} = \boldsymbol{J}_{\mathrm{Euler-}ZYX} \dot{\boldsymbol{\Psi}}_{ZYX} \tag{7.23}$$

当 $\boldsymbol{J}_{\mathrm{Euler\_}ZXY}$ 满秩时，ZYX 欧拉角速度与姿态角速度有如下关系：

$$\dot{\boldsymbol{\Psi}}_{XYZ} = \boldsymbol{J}_{\text{Euler\_}ZYX}^{-1}\boldsymbol{\omega} \tag{7.24}$$

式中

$$\boldsymbol{J}_{\text{Euler\_}XYZ}^{-1} = \begin{bmatrix} 0 & -s_\alpha & c_\alpha c_\beta \\ 0 & c_\alpha & s_\alpha c_\beta \\ 1 & 0 & -s_\beta \end{bmatrix}^{-1} = \frac{1}{c_\beta}\begin{bmatrix} c_\alpha s_\beta & s_\alpha s_\beta & c_\beta \\ -s_\alpha c_\beta & c_\alpha c_\beta & 0 \\ c_\alpha & s_\alpha & 0 \end{bmatrix} \tag{7.25}$$

将式(7.25)代入式(7.24),可得

$$\begin{cases} \dot{\alpha} = \dfrac{c_\alpha s_\beta}{c_\beta}\omega_X + \dfrac{s_\alpha s_\beta}{c_\beta}\omega_Y + \omega_Z \\ \dot{\beta} = -s_\alpha \omega_X + c_\alpha \omega_Y \\ \dot{\gamma} = \dfrac{c_\alpha}{c_\beta}\omega_X + \dfrac{s_\alpha}{c_\beta}\omega_Y \end{cases} \tag{7.26}$$

由式(7.25)可知,当 $\beta=\pm\pi/2$ 时,$c_\beta=0$,则 $\boldsymbol{J}_{\text{Euler\_}ZYX}^{-1}$ 奇异,于是由式(7.26)求得的 $\dot{\alpha}$、$\dot{\gamma}$ 将为无穷大,这也说明了 $\beta=\pm\pi/2$ 为 ZYX 欧拉角的奇异条件。

3. 奇异原因的运动学解释

“奇异”在数学上指的是“方程组的退化”,在刚体运动学上指的是“自由度的损失”。前面通过数学分析得知了 ZYX 欧拉角的奇异条件为第二次旋转角 $\beta=\pm\pi/2$,下面从刚体运动学的角度进行分析。

当 $\beta=\pi/2$ 时的 ZYX 旋转过程如图 7.29 所示:Σ_a 绕其 Z_a 轴旋转角度 α 得到 Σ_2,Σ_2 绕其 Y' 轴旋转角度 $\beta=\pi/2$ 得到 Σ_3,Σ_3 绕其 X_b 轴旋转角度 γ 得到 Σ_b。仔细观察图 7.31 可知,第三次旋转的旋转轴 X_b 与第一次旋转的旋转轴 Z_a 方向正好相反。这就意味着若第二次旋转角 $\beta=\pi/2$,则第三次旋转并不独立,它可以通过第一次旋转时的旋转角度 $\alpha-\gamma$ 来代替,于是总的旋转次数可以减少为 2 次,具体为:Σ_a 绕其 Z_a 轴旋转角度 $\alpha-\gamma$ 得到 Σ_2',Σ_2' 绕其轴旋转角度 $\beta=\pi/2$ 得到 Σ_b,如图 7.30 所示。

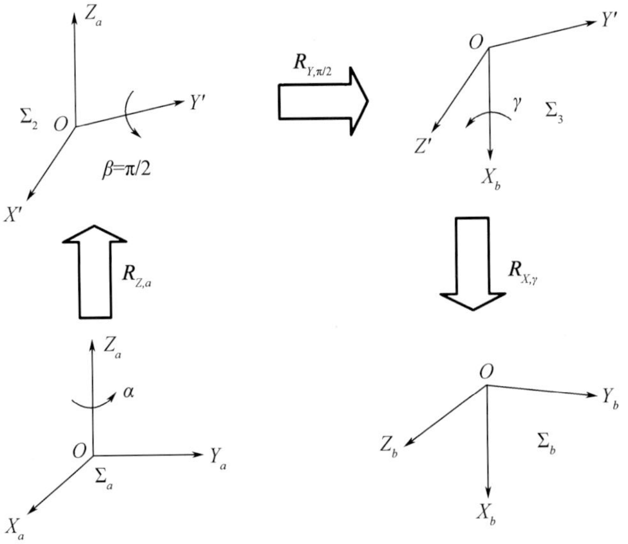

图 7.29 当 $\beta=\pi/2$ 时的 ZYX 旋转过程

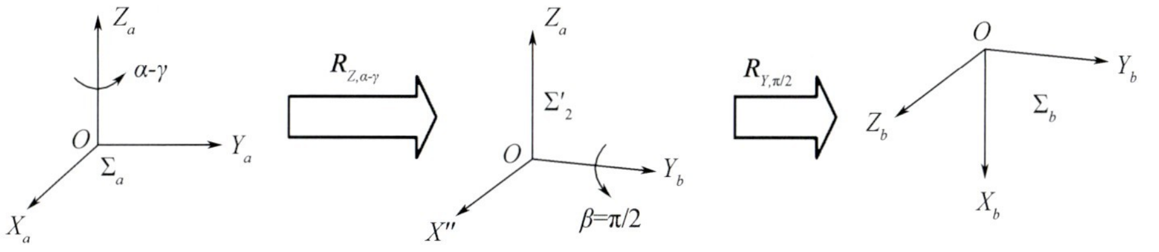

图 7.30　当 $\beta=\pi/2$ 时的 ZYX 旋转等效为两次旋转

若 $\beta=-\pi/2$，则 ZYX 旋转过程的第 3 次旋转的旋转轴 X_b 与第 1 次旋转的旋转轴 Z_a 方向正好相同，同理第 3 次旋转可以通过第一次旋转时的旋转角度 $\alpha+\gamma$ 来代替，总的旋转次数也是减少为 2 次。

以上对于 $\beta=\pm\pi/2$ 的 ZYX 旋转的分析，也可以由旋转变换矩阵的表达式得以验证：

$$\boldsymbol{R}_{Z,\alpha}\boldsymbol{R}_{Y,\pi/2}\boldsymbol{R}_{X,\gamma}=\begin{bmatrix}0 & \sin(\gamma-\alpha) & \cos(\gamma-\alpha)\\ 0 & \cos(\gamma-\alpha) & -\sin(\gamma-\alpha)\\ -1 & 0 & 0\end{bmatrix}=\boldsymbol{R}_{Z,\alpha-\gamma}\boldsymbol{R}_{Y,\pi/2} \tag{7.27}$$

$$\boldsymbol{R}_{Z,\alpha}\boldsymbol{R}_{Y,-\pi/2}\boldsymbol{R}_{X,\gamma}=\begin{bmatrix}0 & -\sin(\gamma+\alpha) & -\cos(\gamma+\alpha)\\ 0 & \cos(\gamma+\alpha) & -\sin(\gamma+\alpha)\\ 1 & 0 & 0\end{bmatrix}=\boldsymbol{R}_{Z,\alpha+\gamma}\boldsymbol{R}_{Y,-\pi/2} \tag{7.28}$$

7.2.3　齐次变换矩阵

如图 7.31 所示，Σ_a 经过平移、旋转后得到 Σ_b，Σ_b 的原点在 Σ_a 中的位置矢量为 ${}^a\boldsymbol{P}_{ab}$，从 Σ_b 到 Σ_a 的旋转变换矩阵为 ${}^a\boldsymbol{R}_b$，则对于空间任一点 Q，其在 Σ_b 中的位置矢量 ${}^b\boldsymbol{P}_{bQ}$ 与其在 Σ_a 中的位置矢量之间满足如下关系：

$${}^a\boldsymbol{P}_{aQ}={}^a\boldsymbol{P}_{ab}+{}^a\boldsymbol{P}_{bQ}={}^a\boldsymbol{P}_{ab}+{}^a\boldsymbol{R}_b\cdot{}^b\boldsymbol{P}_{bQ} \tag{7.29}$$

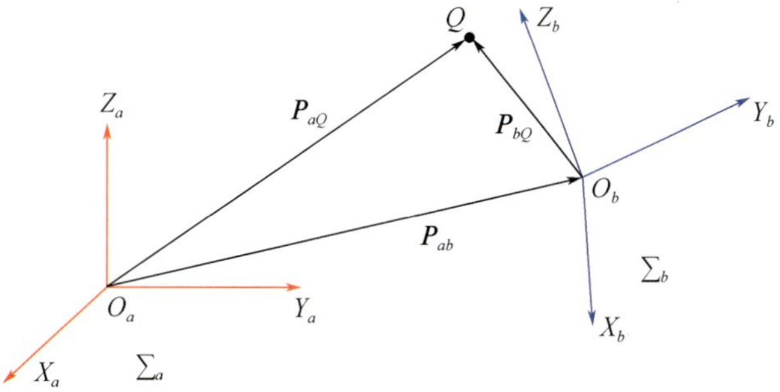

图 7.31　经平移和旋转后的坐标变换

式(7.29)代表了同一点在不同坐标系中位置矢量的一般关系式，通过增加一行，可将其表示为如下形式：

$$\begin{bmatrix}{}^a\boldsymbol{P}_{aQ}\\ 1\end{bmatrix}=\begin{bmatrix}{}^a\boldsymbol{R}_b & {}^a\boldsymbol{P}_{ab}\\ \boldsymbol{O}_{1\times3} & 1\end{bmatrix}\begin{bmatrix}{}^b\boldsymbol{P}_{bQ}\\ 1\end{bmatrix} \tag{7.30}$$

式中，$\boldsymbol{O}_{1\times3}$ 是 1×3 的零向量。进一步地，式(7.30)又可以写成如下的矩阵形式：

$$^{a}\bar{\boldsymbol{P}}_{aQ} = {}^{a}\boldsymbol{T}_{b} \cdot {}^{b}\bar{\boldsymbol{P}}_{bQ} \tag{7.31}$$

式中，$\bar{\boldsymbol{P}}$ 是 4×1 的列向量，其中前三个元素是矢量 $\boldsymbol{P}$ 的对应元素，而第 4 个元素为 1，$\bar{\boldsymbol{P}}$ 称为对应点的齐次坐标。$^{a}\boldsymbol{T}_{b}$ 是 4×4 的方阵，称为齐次变换矩阵，表示如下

$$^{a}\boldsymbol{T}_{b} = \begin{bmatrix} ^{a}\boldsymbol{R}_{b} & ^{a}\boldsymbol{P}_{ab} \\ \boldsymbol{O}_{1\times 3} & 1 \end{bmatrix} \tag{7.32}$$

以上基于齐次坐标和齐次变换矩阵所建立的变换关系称为齐次变换。

设空间任一点 Q 在 Σ_{a}、Σ_{b}、Σ_{c} 的齐次坐标分别为 $^{a}\bar{\boldsymbol{P}}$、$^{b}\bar{\boldsymbol{P}}$、$^{c}\bar{\boldsymbol{P}}$，从 Σ_{b} 到 Σ_{a} 的齐次变换矩阵为 $^{a}\boldsymbol{T}_{b}$，从 Σ_{c} 到 Σ_{b} 的齐次变换矩阵为 $^{b}\boldsymbol{T}_{c}$，于是

$$^{a}\bar{\boldsymbol{P}} = {}^{a}\boldsymbol{T}_{b}\,{}^{b}\bar{\boldsymbol{P}} = {}^{a}\boldsymbol{T}_{b}\,{}^{b}\boldsymbol{T}_{c}\,{}^{c}\bar{\boldsymbol{P}} \tag{7.33}$$

由式(7.33)得到从 Σ_{c} 到 Σ_{a} 的齐次变换矩阵为

$$^{a}\boldsymbol{T}_{c} = {}^{a}\boldsymbol{T}_{b}\,{}^{b}\boldsymbol{T}_{c} \tag{7.34}$$

由此可见，与旋转变换矩阵一样，齐次变换矩阵也具有传递性。

若齐次变换只有平移没有旋转，且平移矢量为 $\boldsymbol{P}$，则从变换后坐标系到变换前的坐标系的齐次变换矩阵为

$$\boldsymbol{T}_{T_{r},p} = \begin{bmatrix} \boldsymbol{E}_{3\times 3} & \boldsymbol{P} \\ \boldsymbol{O}_{1\times 3} & 1 \end{bmatrix} \tag{7.35}$$

特别地，若齐次变换为分别沿 X、Y、Z 轴平移距离 p，则从变换后坐标系到变换前的坐标系的齐次变换矩阵分别为

$$\boldsymbol{T}_{T_{X},p} = \begin{bmatrix} 1 & 0 & 0 & p \\ 0 & 1 & 0 & 0 \\ 0 & 0 & 1 & 0 \\ 0 & 0 & 0 & 1 \end{bmatrix},\ \boldsymbol{T}_{T_{Y},p} = \begin{bmatrix} 1 & 0 & 0 & 0 \\ 0 & 1 & 0 & p \\ 0 & 0 & 1 & 0 \\ 0 & 0 & 0 & 1 \end{bmatrix},\ \boldsymbol{T}_{T_{Z},p} = \begin{bmatrix} 1 & 0 & 0 & 0 \\ 0 & 1 & 0 & 0 \\ 0 & 0 & 1 & p \\ 0 & 0 & 0 & 1 \end{bmatrix} \tag{7.36}$$

若齐次变换只有旋转没有平移，分别绕 X、Y、Z 轴旋转角度 φ，则从变换后坐标系到变换前的坐标系的齐次变换矩阵分别为

$$\boldsymbol{T}_{R_{X},\varphi} = \begin{bmatrix} 1 & 0 & 0 & 0 \\ 0 & -c_{\varphi} & -a_{\varphi} & 0 \\ 0 & -s_{\varphi} & c_{\varphi} & 0 \\ 0 & 0 & 0 & 1 \end{bmatrix},\ \boldsymbol{T}_{R_{Y},\varphi} = \begin{bmatrix} c_{\varphi} & 0 & s_{\varphi} & 0 \\ 0 & 1 & 0 & p \\ -s_{\varphi} & 0 & c_{\varphi} & 0 \\ 0 & 0 & 0 & 1 \end{bmatrix},\ \boldsymbol{T}_{R_{Z},\varphi} = \begin{bmatrix} c_{\varphi} & -s_{\varphi} & 0 & 0 \\ s_{\varphi} & c_{\varphi} & 0 & 0 \\ 0 & 0 & 1 & p \\ 0 & 0 & 0 & 1 \end{bmatrix} \tag{7.37}$$

7.2.4 机器人 D-H 法

D-H 法是由 Jaques Denavit 和 Richard S. Hartenberg 于 1957 年提出的针对机器人的连杆及关节进行运动学建模的简便方法，该方法具有很好的通用性，可适用于任何机器人构型。

7.2.4.1 D-H 坐标系

D－H 法规定连杆的固连坐标系 $\Sigma_{i}(i=0,1,2,\cdots,n)$ 按如下规则建立：

(1) $z_{i}(i=0,1,2,\cdots,n-1)$ 轴为关节 $i+1$ 的旋转轴正方向。

(2) $x_i(i=1,2,\cdots,n)$ 轴由 z_{i-1} 轴与 z_i 轴的公垂线确定，并从轴 z_{i-1} 指向 z_i 轴，分以下三种情况：

①若 z_{i-1} 轴与 z_i 轴平行，此时两轴有无数条公垂线，而且 x_{i-1} 轴也是其中一条，令 x_i 轴与 x_{i-1} 轴共线，x_{i-1} 轴与 z_i 轴的交点作为坐标系 Σ_i 的原点。

②若 z_{i-1} 轴与 z_i 轴相交，取 $\pm(\boldsymbol{z}_{i-1}\times\boldsymbol{z}_i)$ 的方向作为 x_i 轴；z_{i-1} 轴与 z_i 轴的交点作为坐标系 Σ_i 的原点。

③若 z_{i-1} 轴与 z_i 轴既不平行也不相交(异面)，则取 z_{i-1} 和 z_i 轴公垂线作为 x_i 轴，方向为从 z_{i-1} 轴指向 z_i 轴；x_i 轴与 z_i 轴的交点作为坐标系 Σ_i 的原点。

(3) y_i 轴根据右手法则确定，即以 $(\boldsymbol{z}_i\times\boldsymbol{x}_i)$ 的方向作为 y_i 轴。

按上述规则能完整地定义中间连杆的坐标系，而对于首、末连杆，上述规则没有完全确定坐标系的所有元素。例如，坐标系 Σ_0 只限定了 z_0 轴的方向，而原点位置和 x_0 轴方向可以任选，坐标系 Σ_n 只限定了 x_n 与 z_{n-1} 垂直，原点位置和 z_n 轴方向可以任选。实际中，坐标系 Σ_0 的原点位置往往选择机械臂在基座的安装位置，坐标系 Σ_n 的原点位置往往选择杆件 n 的末端，并令坐标系 Σ_n 的三轴方向与坐标系 Σ_{n-1} 的平行。

7.2.4.2　D-H 参数

按 D-H 规则建立起相邻连杆的 D-H 坐标系如图 7.32 所示。

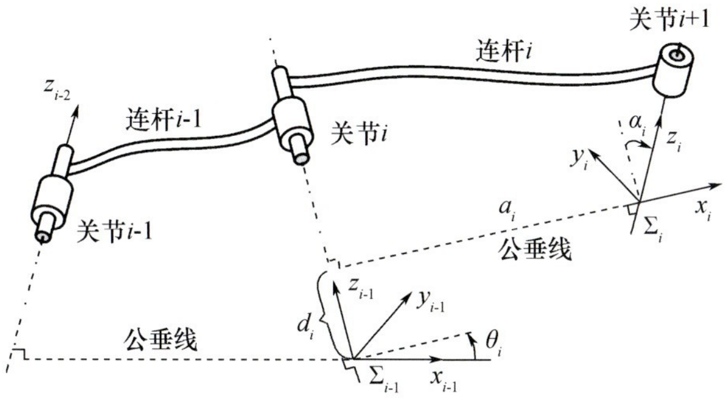

图 7.32　相邻连杆的 D-H 坐标系与 D-H 参数

对于相邻的连杆 i-1 与连杆 i，它们固连的 D－H 坐标系 Σ_{i-1} 与 Σ_i 之间的相互关系，可以用如下 4 个 D-H 参数进行描述：

①关节 i 的转角 θ_i，定义为绕 z_{i-1} 轴由 x_{i-1} 轴转向 x_i 轴的角度。

②关节 i 的偏置 d_i，定义为从坐标系 Σ_{i-1} 的原点到 z_{i-1} 轴和 x_i 轴的交点沿 z_{i-1} 轴的距离。

③连杆的长度 a_i，定义为 z_{i-1} 轴和 z_i 轴的公垂线的长度。

④连杆的扭角 α_i，定义为绕 x_i 轴由 z_{i-1} 轴转向 z_i 轴的角度。

对于旋转关节，d_i、a_i、α_i 为关节常数，一旦机械臂制造出来即确定不变，而 θ_i 则为关节变量，当连杆 i 相对于连杆 i-1 转动时会发生变化；对于移动关节，θ_i、a_i、α_i 为关节常数，d_i 为关节变量。

7.2.4.3　相邻连杆 D-H 坐标系的齐次变换矩阵

相邻连杆的 D－H 坐标系 Σ_{i-1} 和 Σ_i，可以通过如下 4 步基本变换使两者重合：

(1) 坐标系 Σ_{i-1} 绕 z_{i-1} 轴旋转 θ_i，使 x_{i-1} 轴与 x_i 轴平行，齐次变换矩阵为 $\boldsymbol{T}_{R_z,\theta_i}$；

(2) 继续沿 z_{i-1} 轴平移 d_i 的距离，使得 x_{i-1} 轴与 x_i 轴共线，齐次变换矩阵为 $\boldsymbol{T}_{T_z,d_i}$；

(3) 继续沿 x_{i-1} 轴平移 a_i 的距离，使得坐标系 Σ_{i-1} 和 Σ_i 的原点重合，齐次变换矩阵为 $\boldsymbol{T}_{T_x,a_i}$；

(4) 将 z_{i-1} 轴绕 x_i 轴旋转 α_i，使得轴与轴对准，齐次变换矩阵为 $\boldsymbol{T}_{R_x,a_i}$，至此坐标系 Σ_{i-1} 和 Σ_i 完全相同。根据上述变换过程可知，从 Σ_{i-1} 到 Σ_i 的齐次变换矩阵为

$$
\begin{aligned}
{}^{i-1}\boldsymbol{T}_i &= \boldsymbol{T}_{R_z,\theta_i}\boldsymbol{T}_{T_z,d_i}\boldsymbol{T}_{T_x,a_i}\boldsymbol{T}_{R_x,\alpha_i} \\
&= \begin{bmatrix} c_{\theta_i} & -s_{\theta_i} & 0 & 0 \\ s_{\theta_i} & c_{\theta_i} & 0 & 0 \\ 0 & 0 & 1 & p \\ 0 & 0 & 0 & 1 \end{bmatrix}
\begin{bmatrix} 1 & 0 & 0 & 0 \\ 0 & 1 & 0 & 0 \\ 0 & 0 & 1 & d_i \\ 0 & 0 & 0 & 1 \end{bmatrix}
\begin{bmatrix} 1 & 0 & 0 & a_i \\ 0 & 1 & 0 & 0 \\ 0 & 0 & 1 & 0 \\ 0 & 0 & 0 & 1 \end{bmatrix}
\begin{bmatrix} 1 & 0 & 0 & 0 \\ 0 & c_{\alpha_i} & -s_{\alpha_i} & 0 \\ 0 & s_{\alpha_i} & c_{\alpha_i} & 0 \\ 0 & 0 & 0 & 1 \end{bmatrix} \\
&= \begin{bmatrix} c_{\theta_i} & -s_{\theta_i}c_{\alpha_i} & s_{\theta_i}s_{\alpha_i} & a_i c_{\theta_i} \\ s_{\theta_i} & c_{\theta_i}c_{\alpha_i} & -c_{\theta_i}s_{\alpha_i} & a_i s_{\theta_i} \\ 0 & s_{\alpha_i} & c_{\alpha_i} & d_i \\ 0 & 0 & 0 & 1 \end{bmatrix}
\end{aligned} \tag{7.38}
$$

7.3 空间机器人位置级运动学

空间机器人位置级运动学问题，是指在位置级层面研究基座、关节的运动参数与机械臂末端的运动参数之间的映射关系，即基座位姿、关节角与末端位姿的映射关系。

7.3.1 位置级运动学方程一般式

空间机器人的一般模型如图 7.24 所示，从机械臂末端坐标系到参考坐标系的齐次变换矩阵可表示成如下形式：

$$
{}^I\boldsymbol{T}_E = {}^I\boldsymbol{T}_b\,{}^b\boldsymbol{T}_0\,({}^0\boldsymbol{T}_1\,{}^1\boldsymbol{T}_2\cdots{}^{n-1}\boldsymbol{T}_{\mathrm{n}})\,{}^n\boldsymbol{T}_E \tag{7.39}
$$

式(7.39)中，${}^I\boldsymbol{T}_b$ 为从基座质心坐标系到参考坐标系的齐次变换矩阵，是基座质心位置 $\boldsymbol{r}_0=[r_{0x},r_{0y},r_{0z}]^{\mathrm{T}}$、姿态角 $\boldsymbol{\Psi}_b=[\alpha_b,\beta_b,\gamma_b]^{\mathrm{T}}$ 的函数。当姿态采用 ZYX 欧拉角表示时，具有如下表达式：

$$
{}^I\boldsymbol{T}_b = \begin{bmatrix} c_{\alpha_b}c_{\beta_b} & c_{\alpha_b}s_{\beta_b}s_{\gamma_b}-s_{\alpha_b}c_{\gamma_b} & c_{\alpha_b}s_{\beta_b}c_{\gamma_b}+s_{\alpha_b}s_{\gamma_b} & r_{0x} \\ s_{\alpha_b}c_{\beta_b} & s_{\alpha_b}s_{\beta_b}s_{\gamma_b}+c_{\alpha_b}c_{\gamma_b} & s_{\alpha_b}s_{\beta_b}c_{\gamma_b}-c_{\alpha_b}s_{\gamma_b} & r_{0y} \\ -s_{\beta_b} & c_{\beta_b}s_{\gamma_b} & c_{\beta_b}c_{\gamma_b} & r_{0z} \\ 0 & 0 & 0 & 1 \end{bmatrix} \tag{7.40}
$$

式(7.39)中，${}^b\boldsymbol{T}_0$ 为从基座连杆坐标系到基座质心坐标系的齐次变换矩阵，为常数矩阵；${}^n\boldsymbol{T}_E$ 为从机械臂末端坐标系到连杆 n 坐标系的齐次变换矩阵，也为常数矩阵；${}^{i-1}\boldsymbol{T}_i\,(i=1,2,\cdots,n)$ 为从连杆 i 坐标系到连杆 $i-1$ 坐标系的齐次变换矩阵，是关节变量 θ_i 的函数，表达式如式(7.38)所示。

由于 ${}^{b}\boldsymbol{T}_0$、${}^{n}\boldsymbol{T}_E$ 为常数矩阵，因此将式(7.38)、式(7.40)代入式(7.39)后，有

$$ {}^{I}\boldsymbol{T}_E = {}^{I}\boldsymbol{T}_b\,{}^{b}\boldsymbol{T}_0({}^{0}\boldsymbol{T}_1\,{}^{1}\boldsymbol{T}_2\cdots{}^{n-1}\boldsymbol{T}_n)\,{}^{n}\boldsymbol{T}_E = {}^{I}\boldsymbol{T}_b\,{}^{b}\boldsymbol{T}_0\,{}^{0}\boldsymbol{T}_n\,{}^{n}\boldsymbol{T}_E = {}^{I}\boldsymbol{f}_E(\boldsymbol{\Psi}_b, \boldsymbol{r}_0, \boldsymbol{\Theta}) \tag{7.41} $$

式(7.41)中，$\boldsymbol{\Theta}=[\theta_1,\cdots,\theta_m]^{\mathrm{T}}$ 为机械臂关节角向量。由此可知，机械臂末端坐标系相对于参考坐标系的位姿是基座质心位置 $\boldsymbol{r}_0=[r_{0x}, r_{0y}, r_{0z}]^{\mathrm{T}}$、姿态角 $\boldsymbol{\Psi}_b=[\alpha_b,\beta_b,\gamma_b]^{\mathrm{T}}$，以及机械臂关节角向量 $\boldsymbol{\Theta}$ 的函数。式(7.41)称为空间机器人位置级运动学方程的一般形式，齐次变换矩阵 ${}^{I}\boldsymbol{T}_b$ 包含了机械臂末端的位置和姿态信息，可写成如下形式：

$$ {}^{I}\boldsymbol{T}_b = \begin{bmatrix} {}^{I}\boldsymbol{T}_E & {}^{I}\boldsymbol{T}_e \\ 0 & 1 \end{bmatrix} \tag{7.42} $$

式中，${}^{I}\boldsymbol{T}_E \in \boldsymbol{R}^{3\times 3}$ 为机械臂末端坐标系相对于参考坐标系的姿态变换矩阵；${}^{I}\boldsymbol{T}_e \in \boldsymbol{R}^{3\times 3}$ 为机械臂末端坐标系原点在参考坐标系中的位置矢量。

7.3.2　不同构型机械臂的运动学方程

下面以五类典型构型的机械臂为例，推导空间机器人位置级运动学方程。

7.3.2.1　平面二连杆机械臂

平面二连杆机械臂如图 7.33 所示，在图中根据 D-H 法建立了 D-H 坐标系，进而写出 D-H 参数见表 7.2。

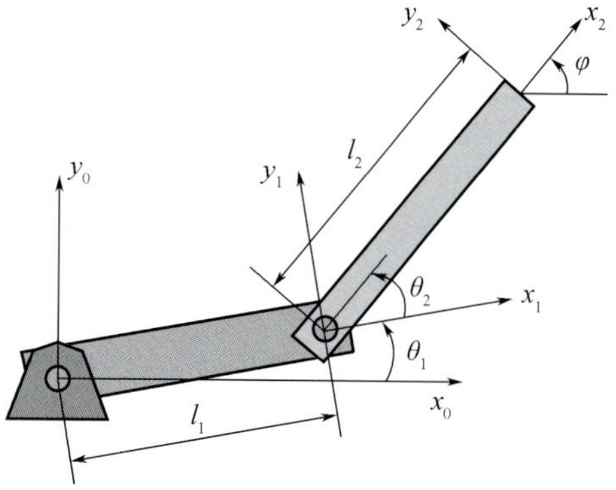

图 7.33　平面二连杆机械臂的 D-H 坐标系

表 7.2　平面二连杆机械臂的 D-H 参数表

连杆 i	θ_i	d_i	a_i	α_i
1	θ_1	0	l_1	0
2	θ_2	0	l_2	0

由式(7.38)得到相邻连杆 D-H 坐标系的齐次变换矩阵

$$ {}^{0}\boldsymbol{T}_1 = \begin{bmatrix} c_1 & -s_1 & 0 & l_1c_1 \\ s_1 & c_1 & 0 & l_1s_1 \\ 0 & 0 & 1 & 0 \\ 0 & 0 & 0 & 1 \end{bmatrix},\ {}^{1}\boldsymbol{T}_2 = \begin{bmatrix} c_2 & -s_2 & 0 & l_2c_2 \\ s_2 & c_2 & 0 & l_2s_2 \\ 0 & 0 & 1 & 0 \\ 0 & 0 & 0 & 1 \end{bmatrix} \tag{7.43} $$

进而求得从 Σ_2 到 Σ_0 的齐次变换矩阵

$$
{}^{0}\boldsymbol{T}_{2} = {}^{0}\boldsymbol{T}_{1}\,{}^{1}\boldsymbol{T}_{2}\begin{bmatrix} c_{12} & -s_{12} & 0 & l_{1}c_{1}+l_{2}c_{12} \\ s_{12} & c_{12} & 0 & l_{1}s_{1}+l_{2}s_{12} \\ 0 & 0 & 1 & 0 \\ 0 & 0 & 0 & 1 \end{bmatrix} \tag{7.44}
$$

式中

$$
\begin{cases} s_{1}=s_{\theta_{1}}=\sin\theta_{1}, \quad s_{12}=s_{\theta_{1}+\theta_{2}}=\sin(\theta_{1}+\theta_{2}) \\ c_{1}=c_{\theta_{1}}=\cos\theta_{1}, \quad c_{12}=c_{\theta_{1}+\theta_{2}}=\cos(\theta_{1}+\theta_{2}) \end{cases} \tag{7.45}
$$

7.3.2.2 平面三连杆机械臂

平面三连杆机械臂如图 7.34 所示，在图中根据 D-H 法建立了 D-H 坐标系，进而写出 D-H 参数见表 7.3。

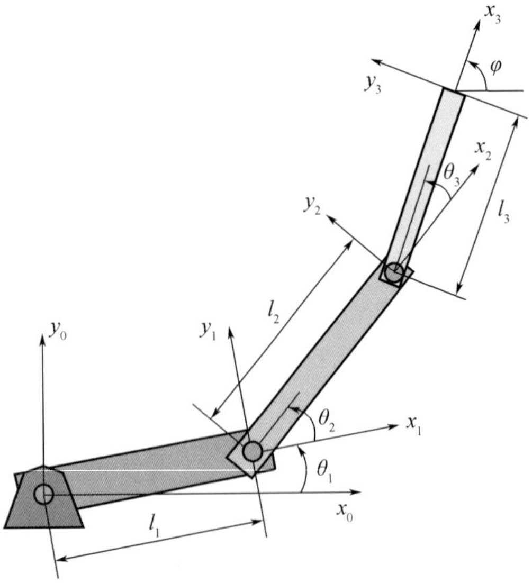

图 7.34　平面三连杆机械臂的 D-H 坐标系

表 7.3　平面三连杆机械臂的 D-H 参数表

连杆 i	θ_i	d_i	a_i	α_i
1	θ_1	0	l_1	0
2	θ_2	0	l_2	0
3	θ_3	0	l_3	0

由式(7.38)得到相邻连杆 D-H 坐标系的齐次变换矩阵

$$
{}^{0}\boldsymbol{T}_{1}=\begin{bmatrix} c_{1} & -s_{1} & 0 & l_{1}c_{1} \\ s_{1} & c_{1} & 0 & l_{1}s_{1} \\ 0 & 0 & 1 & 0 \\ 0 & 0 & 0 & 1 \end{bmatrix},\ {}^{1}\boldsymbol{T}_{2}=\begin{bmatrix} c_{2} & -s_{2} & 0 & l_{2}c_{2} \\ s_{2} & c_{2} & 0 & l_{2}s_{2} \\ 0 & 0 & 1 & 0 \\ 0 & 0 & 0 & 1 \end{bmatrix} \tag{7.46}
$$

$$
{}^{2}\boldsymbol{T}_{3}=\begin{bmatrix} c_{3} & -s_{3} & 0 & l_{3}c_{3} \\ s_{3} & c_{3} & 0 & l_{3}s_{3} \\ 0 & 0 & 1 & 0 \\ 0 & 0 & 0 & 1 \end{bmatrix} \tag{7.47}
$$

进而求得从 Σ_3 到 Σ_0 的齐次变换矩阵

$$
{}^{0}\boldsymbol{T}_3={}^{0}\boldsymbol{T}_1{}^{1}\boldsymbol{T}_2{}^{2}\boldsymbol{T}_3=\begin{bmatrix} c_{123} & -s_{123} & 0 & l_1c_1+l_2c_{12}+l_3c_{123}\\ s_{123} & c_{123} & 0 & l_1s_1+l_2s_{12}+l_3s_{123}\\ 0 & 0 & 1 & 0\\ 0 & 0 & 0 & 1 \end{bmatrix} \tag{7.48}
$$

式中

$$
\begin{cases} s_1=s_{\theta_1}=\sin\theta_1, \quad s_{12}=s_{\theta_1+\theta_2}=\sin(\theta_1+\theta_2), s_{123}=s_{\theta_1+\theta_2+\theta_3}=\sin(\theta_1+\theta_2+\theta_3)\\ c_1=c_{\theta_1}=\cos\theta_1, \quad c_{12}=c_{\theta_1+\theta_2}=\cos(\theta_1+\theta_2), c_{123}=c_{\theta_1+\theta_2+\theta_3}=\cos(\theta_1+\theta_2+\theta_3) \end{cases} \tag{7.49}
$$

7.3.2.3　三自由度肘机械臂

三自由度肘机械臂如图 7.35 所示，在图中根据 D-H 法建立了 D-H 坐标系，进而写出 D-H 参数见表 7.4。

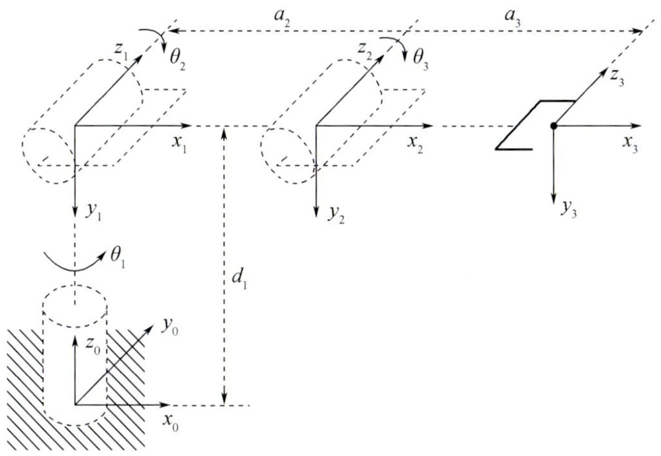

图 7.35　三自由度肘机械臂的 D-H 坐标系

表 7.4　三自由度肘机械臂的 D-H 参数表

连杆 i	θ_i	d_i	a_i	α_i
1	θ_1	d_1	0	$-\pi/2$
2	θ_2	0	a_2	0
3	θ_3	0	a_3	0

由式(7.38)得到相邻连杆 D-H 坐标系的齐次变换矩阵

$$
{}^{0}\boldsymbol{T}_1=\begin{bmatrix} c_1 & 0 & -s_1 & 0\\ s_1 & 0 & c_1 & 0\\ 0 & -1 & 0 & d_1\\ 0 & 0 & 0 & 1 \end{bmatrix}, {}^{1}\boldsymbol{T}_2=\begin{bmatrix} c_2 & -s_2 & 0 & a_2c_2\\ s_2 & c_2 & 0 & a_2s_2\\ 0 & 0 & 1 & 0\\ 0 & 0 & 0 & 1 \end{bmatrix} \tag{7.50}
$$

$$
{}^{2}\boldsymbol{T}_{3}=\begin{bmatrix} c_3 & -s_3 & 0 & a_3c_3 \\ s_3 & c_3 & 0 & a_3s_3 \\ 0 & 0 & 1 & 0 \\ 0 & 0 & 0 & 1 \end{bmatrix} \tag{7.51}
$$

进而求得从Σ_3到Σ_0的齐次变换矩阵

$$
{}^{0}\boldsymbol{T}_{3}={}^{0}\boldsymbol{T}_{1}{}^{1}\boldsymbol{T}_{2}{}^{2}\boldsymbol{T}_{3}=\begin{bmatrix} c_1c_{23} & -c_1s_{23} & -s_1 & c_1(a_2c_2+a_3c_{23}) \\ s_1c_{23} & -s_1s_{23} & c_1 & s_1(a_2c_2+a_3c_{23}) \\ -s_{23} & -c_{23} & 0 & d_1-a_2s_2-a_3s_{23} \\ 0 & 0 & 0 & 1 \end{bmatrix} \tag{7.52}
$$

式中

$$
\begin{cases} s_1=s_{\theta_1}=\sin\theta_1, \quad s_{23}=s_{\theta_2+\theta_3}=\sin(\theta_2+\theta_3) \\ c_1=c_{\theta_1}=\cos\theta_1, \quad c_{23}=c_{\theta_2+\theta_3}=\cos(\theta_2+\theta_3) \end{cases} \tag{7.53}
$$

7.3.2.4 三自由度球腕机械臂

三自由度球腕机械臂如图7.36所示，在图中根据D-H法建立了D-H坐标系，进而写出D-H参数见表7.5。

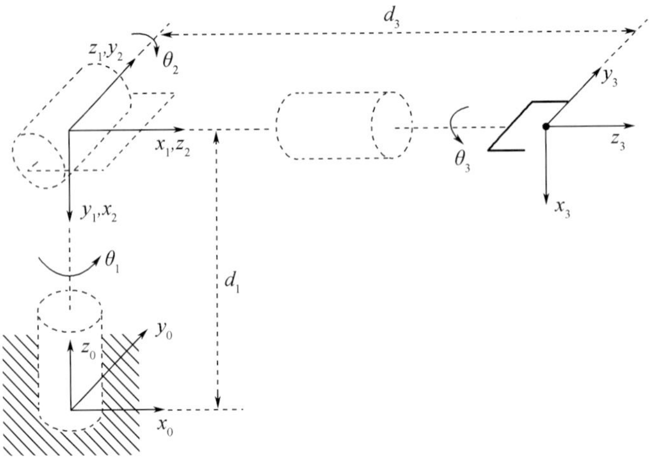

图7.36 三自由度球腕机械臂的D-H坐标系

表7.5 三自由度球腕机械臂的D-H参数表

连杆 i	θ_i	d_i	a_i	α_i
1	θ_1	d_1	0	$-\pi/2$
2	θ_2	0	0	$\pi/2$
3	θ_3	d_3	0	0

由式(7.38)得到相邻连杆D-H坐标系的齐次变换矩阵

$$
{}^{0}\boldsymbol{T}_{1}=\begin{bmatrix} c_1 & 0 & -s_1 & 0 \\ s_1 & 0 & c_1 & 0 \\ 0 & -1 & 0 & d_1 \\ 0 & 0 & 0 & 1 \end{bmatrix},\ {}^{1}\boldsymbol{T}_{2}=\begin{bmatrix} c_2 & 0 & s_2 & 0 \\ s_2 & 0 & -c_2 & 0 \\ 0 & 1 & 0 & 0 \\ 0 & 0 & 0 & 1 \end{bmatrix} \tag{7.54}
$$

$$
{}^{2}\boldsymbol{T}_{3}=\begin{bmatrix} c_3 & -s_3 & 0 & 0 \\ s_3 & c_3 & 0 & 0 \\ 0 & 0 & 1 & d_3 \\ 0 & 0 & 0 & 1 \end{bmatrix} \tag{7.55}
$$

进而求得从 Σ_3 到 Σ_0 的齐次变换矩阵

$$
{}^{0}\boldsymbol{T}_{3}={}^{0}\boldsymbol{T}_{1}{}^{1}\boldsymbol{T}_{2}{}^{2}\boldsymbol{T}_{3}\begin{bmatrix} -s_1s_3+c_1c_2c_3 & -s_1c_3-c_1c_2c_3 & c_1s_2 & d_3c_1s_2 \\ c_1s_3+s_1c_2c_3 & c_1c_3-s_1c_2s_3 & s_1s_2 & d_3s_1s_2 \\ -s_2c_3 & s_2s_3 & c_2 & d_1+d_3c_2 \\ 0 & 0 & 0 & 1 \end{bmatrix} \tag{7.56}
$$

7.3.2.5　六自由度腕部分离机械臂

六自由度腕部分离机械臂如图 7.37 所示，在图中根据 D-H 法建立了 D-H 坐标系，进而写出 D-H 参数见表 7.6。

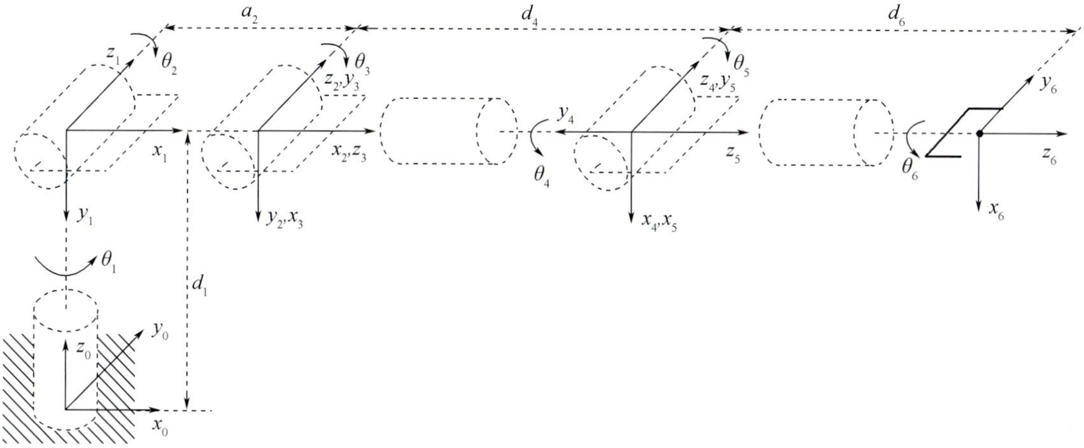

图 7.37　六自由度腕部分离机械臂的 D-H 坐标系

表 7.6　六自由度腕部分离机械臂的 D-H 参数表

连杆 i	θ_i	d_i	a_i	α_i
1	θ_1	d_1	0	$-\pi/2$
2	θ_2	0	a_2	0
3	θ_3	0	0	$\pi/2$
4	θ_4	d_4	0	$-\pi/2$
5	θ_5	0	0	$\pi/2$
6	θ_6	d_6	0	0

由式(7.38)得到相邻连杆 D-H 坐标系的齐次变换矩阵

$$ {}^{0}\boldsymbol{T}_1=\begin{bmatrix} c_1 & 0 & -s_1 & 0\\ s_1 & 0 & c_1 & 0\\ 0 & -1 & 0 & d_1\\ 0 & 0 & 0 & 1 \end{bmatrix},\ {}^{1}\boldsymbol{T}_2=\begin{bmatrix} c_2 & -s_2 & 0 & a_2c_2\\ s_2 & c_2 & 0 & a_2s_2\\ 0 & 0 & 1 & 0\\ 0 & 0 & 0 & 1 \end{bmatrix} \tag{7.57} $$

$$ {}^{2}\boldsymbol{T}_3=\begin{bmatrix} c_3 & 0 & s_3 & 0\\ s_3 & 0 & -c_3 & 0\\ 0 & 1 & 0 & 0\\ 0 & 0 & 0 & 1 \end{bmatrix},\ {}^{3}\boldsymbol{T}_4=\begin{bmatrix} c_4 & 0 & -s_4 & 0\\ s_4 & 0 & c_4 & 0\\ 0 & -1 & 0 & d_4\\ 0 & 0 & 0 & 1 \end{bmatrix} \tag{7.58} $$

$$ {}^{4}\boldsymbol{T}_5=\begin{bmatrix} c_5 & 0 & s_5 & 0\\ s_5 & 0 & -c_5 & 0\\ 0 & 1 & 0 & 0\\ 0 & 0 & 0 & 1 \end{bmatrix},\ {}^{5}\boldsymbol{T}_6=\begin{bmatrix} c_6 & -s_6 & 0 & 0\\ s_6 & c_6 & 0 & 0\\ 0 & 0 & 1 & d_6\\ 0 & 0 & 0 & 1 \end{bmatrix} \tag{7.59} $$

进而求得从 Σ_6 到 Σ_0 的齐次变换矩阵

$$ {}^{0}\boldsymbol{T}_6={}^{0}\boldsymbol{T}_1{}^{1}\boldsymbol{T}_2\cdots{}^{5}\boldsymbol{T}_6\begin{bmatrix} n_x & o_x & a_x & p_x\\ n_y & o_y & a_y & p_y\\ n_z & o_z & a_z & p_z\\ 0 & 0 & 0 & 1 \end{bmatrix} \tag{7.60} $$

式中

$$ \begin{cases} n_x=-[c_1s_{23}s_5+(s_1s_4-c_1c_{23}c_4)c_5]c_6-(s_1c_4+c_1c_{23}s_4)s_6\\ n_y=-[s_1s_{23}s_5-(c_1s_4+s_1c_{23}c_4)c_5]c_6+(c_1c_4-s_1c_{23}s_4)s_6\\ n_z=-(c_{23}s_5+s_{23}c_4c_5)c_6+s_{23}s_4s_6\\ o_x=[c_1s_{23}s_5+(s_1s_4-c_1c_{23}c_4)c_5]s_6-(s_1c_4+c_1c_{23}s_4)c_6\\ o_y=[s_1s_{23}s_5-(c_1s_4+s_1c_{23}c_4)c_5]s_6+(c_1c_4-s_1c_{23}s_4)c_6\\ o_z=(c_{23}s_5+s_{23}c_4c_5)c_6+s_{23}s_4s_6\\ a_x=c_1s_{23}c_5-(s_1s_4-c_1c_{23}c_4)s_5\\ a_y=s_1s_{23}c_5+(c_1s_4+s_1c_{23}c_4)s_5\\ a_z=c_{23}c_5-s_{23}c_4s_5\\ p_x=a_2c_1c_2+d_4c_1s_{23}+d_6[c_1s_{23}c_5-(s_1s_4-c_1c_{23}c_4)s_5]\\ p_y=a_2s_1c_2+d_4s_1s_{23}+d_6[s_1s_{23}c_5+(c_1s_4+s_1c_{23}c_4)s_5]\\ p_z=d_1-a_2s_2+d_4c_{23}+d_6(c_{23}c_5-s_{23}c_4s_5) \end{cases} \tag{7.61} $$

7.4 空间机器人速度级运动学

空间机器人速度级运动学问题,是指在速度级层面研究基座、关节的运动参数与机械臂末端的运动参数之间的映射关系,即基座线速度、基座角速度、关节角速度与末端线速度、末端角速度的映射关系。

7.4.1　速度级运动学方程一般形式

机械臂末端的运动可以分解为基座所产生的运动与机械臂各关节所产生的运动。

空间机器人的一般模型如图 7.25 所示，设基座质心的线速度为 $\boldsymbol{v}_0$、角速度为 $\boldsymbol{\omega}_0$，则基座运动所产生的机械臂末端的角速度和线速度分别为

$$\begin{cases}\boldsymbol{\omega}_{e0}=\boldsymbol{\omega}_0\\ \boldsymbol{v}_{e0}=\boldsymbol{v}_0+\boldsymbol{\omega}_0\times\boldsymbol{p}_{0e}=\boldsymbol{v}_0+\boldsymbol{\omega}_0\times(\boldsymbol{p}_e-\boldsymbol{r}_0)\end{cases}\tag{7.62}$$

式中，$\boldsymbol{p}_{0e}$ 为从基座质心到机械臂末端的位置矢量，$\boldsymbol{p}_e$、$\boldsymbol{r}_0$ 分别为机械臂末端和基座质心的位置矢量。将式(7.62)写成矩阵形式，有

$$\begin{bmatrix}\boldsymbol{v}_{e0}\\ \boldsymbol{\omega}_{e0}\end{bmatrix}=\begin{bmatrix}\boldsymbol{E} & -\tilde{\boldsymbol{p}}_{0e}\\ \boldsymbol{O} & \boldsymbol{E}\end{bmatrix}\begin{bmatrix}\boldsymbol{v}_0\\ \boldsymbol{\omega}_0\end{bmatrix}=\boldsymbol{J}_b\begin{bmatrix}\boldsymbol{v}_0\\ \boldsymbol{\omega}_0\end{bmatrix}\tag{7.63}$$

式中，$\boldsymbol{J}_b\in\boldsymbol{R}^{6\times6}$ 为与基座运动相关的雅可比矩阵，表征了基座运动对机械臂末端运动的影响。矢量 $\tilde{\boldsymbol{p}}_{0e}$ 的上标“ ˜ ”表示叉乘操作数，若任意向量 $\boldsymbol{p}=[x,y,z]^{\mathrm{T}}$，则

$$\tilde{\boldsymbol{p}}=\begin{bmatrix}0 & -z & y\\ z & 0 & -x\\ -y & x & 0\end{bmatrix}\tag{7.64}$$

因此，可用矩阵相乘来表示矢量叉乘运算，即 $\boldsymbol{p}_1\times\boldsymbol{p}_2=\tilde{\boldsymbol{p}}_1\boldsymbol{p}_2$，后文矢量的上标“ ˜ ”的意义与此类似。

设关节 $i(i=1,2\cdots,n)$ 的角速度为 $\dot{\theta}_i$，则关节 i 的旋转所产生的机械臂末端角速度和线速度分别为

$$\begin{cases}\boldsymbol{\omega}_{ei}=\boldsymbol{z}_{i-1}\dot{\theta}_i\\ \boldsymbol{v}_{ei}=\boldsymbol{\omega}_{ei}\times(\boldsymbol{p}_e-\boldsymbol{p}_{i-1})=\boldsymbol{z}_{i-1}\times(\boldsymbol{p}_e-\boldsymbol{p}_{i-1})\dot{\theta}_i\end{cases}\tag{7.65}$$

式中，$\boldsymbol{z}_{i-1}$ 为关节 i 旋转轴的单位矢量；$\boldsymbol{p}_{i-1}$ 为关节 i 的位置矢量。将式(7.65)写成矩阵形式，有

$$\begin{bmatrix}\boldsymbol{v}_{ei}\\ \boldsymbol{\omega}_{ei}\end{bmatrix}=\begin{bmatrix}\boldsymbol{z}_{i-1}\times(\boldsymbol{p}_e-\boldsymbol{p}_{i-1})\\ \boldsymbol{z}_{i-1}\end{bmatrix}\dot{\theta}_i=\boldsymbol{J}_i\dot{\theta}_i\tag{7.66}$$

式中，$\boldsymbol{J}_i\in\boldsymbol{R}^{6\times6}$ 为与基座运动相关的雅可比矩阵，表征了关节 i 的旋转对机械臂末端运动的影响。

于是，基座和 n 个关节的运动所产生的机械臂末端合成运动为

$$\begin{aligned}\begin{bmatrix}\boldsymbol{v}_e\\ \boldsymbol{\omega}_e\end{bmatrix}&=\begin{bmatrix}\boldsymbol{v}_{e0}\\ \boldsymbol{\omega}_{e0}\end{bmatrix}+\begin{bmatrix}\boldsymbol{v}_{e1}\\ \boldsymbol{\omega}_{e1}\end{bmatrix}+\begin{bmatrix}\boldsymbol{v}_{e2}\\ \boldsymbol{\omega}_{e2}\end{bmatrix}+\cdots+\begin{bmatrix}\boldsymbol{v}_{en}\\ \boldsymbol{\omega}_{en}\end{bmatrix}\\ &=\boldsymbol{J}_b\begin{bmatrix}\boldsymbol{v}_0\\ \boldsymbol{\omega}_0\end{bmatrix}+[\boldsymbol{J}_1\quad\boldsymbol{J}_2\quad\cdots\quad\boldsymbol{J}_n]\begin{bmatrix}\dot{\theta}_1\\ \dot{\theta}_2\\ \vdots\\ \dot{\theta}_n\end{bmatrix}=\boldsymbol{J}_b\begin{bmatrix}\boldsymbol{v}_0\\ \boldsymbol{\omega}_0\end{bmatrix}+\boldsymbol{J}_m\dot{\boldsymbol{\Theta}}\end{aligned}\tag{7.67}$$

式(7.67)即为空间机器人速度级运动学方程的一般形式,其中,$\boldsymbol{J}_b \in \boldsymbol{R}^{6\times6}$ 为与机械臂相关的雅可比矩阵,表征了机械臂各关节的运动对机械臂末端运动的影响。

基于速度级运动学方程的一般形式,下面区分基座位姿稳定、基座姿态受控、自由漂浮三种模式推导空间机器人速度级运动学方程。

7.4.2 基座位姿稳定模式

7.4.2.1 基座位姿稳定模式的运动学方程

基座位姿稳定模式下,基座的速度与角速度都始终为0,即有

$$\begin{cases} \boldsymbol{v}_0 = 0 \\ \boldsymbol{\omega}_0 = 0 \end{cases} \tag{7.68}$$

将式(7.68)代入式(7.67),可得到基座位姿稳定模式下的空间机器人速度级运动学方程:

$$\begin{bmatrix} \boldsymbol{v}_e \\ \boldsymbol{\omega}_e \end{bmatrix} = \boldsymbol{J}_m \dot{\boldsymbol{\Theta}} \tag{7.69}$$

7.4.2.2 雅克比矩阵求解方法

基座位姿稳定模式下的雅克比矩阵 $\boldsymbol{J}$ 依据如下公式求解:

$$\boldsymbol{J}_i = \begin{bmatrix} \boldsymbol{z}_{i-1} \times (\boldsymbol{p}_e - \boldsymbol{p}_{i-1}) \\ \boldsymbol{z}_{i-1} \end{bmatrix}, i = 1,2,\cdots,n \tag{7.70}$$

$$\boldsymbol{J} = \boldsymbol{J}_m = [\boldsymbol{J}_1 \quad \boldsymbol{J}_2 \quad \cdots \quad \boldsymbol{J}_n] \tag{7.71}$$

考虑到基座位姿稳定模式下,Σ_0 也为定系,于是可在 Σ_0 下求解雅克比矩阵 $\boldsymbol{J}$,具体求解步骤如下:

(1)求出所有从 Σ_i 到 Σ_0 的齐次变换矩阵 ${}^0\boldsymbol{T}_i$。

(2)求 Σ_0 下的各项参数 ${}^0\boldsymbol{z}_{i-1}$、${}^0\boldsymbol{p}_{i-1}$、${}^0\boldsymbol{p}_e$ 有

$${}^0\boldsymbol{z}_{i-1} = {}^0\boldsymbol{T}_{i-1}(1:3,3) \tag{7.72}$$

$${}^0\boldsymbol{p}_{i-1} = {}^0\boldsymbol{T}_{i-1}(1:3,4) \tag{7.73}$$

$${}^0\boldsymbol{p}_e = {}^0\boldsymbol{p}_n = {}^0\boldsymbol{T}_n(1:3,4) \tag{7.74}$$

(3)按式(7.70)求各个 $\boldsymbol{J}_i$,按式(7.71)合并成 $\boldsymbol{J}_m$,$\boldsymbol{J}_m$ 即为所要求解的雅克比矩阵 $\boldsymbol{J}$。

7.4.3 基座姿态受控模式

7.4.3.1 空间机器人系统线动量公式

整个系统的线动量也可以分解为基座运动所产生的线动量与机械臂各关节旋转所产生的线动量。

基座运动对系统产生的线动量为

$$\boldsymbol{P}_0 = M(\boldsymbol{v}_0 + \boldsymbol{\omega} \times \boldsymbol{p}_{0g}) = [M\boldsymbol{E}_{3\times3} \quad -M\tilde{\boldsymbol{p}}_{0g}] \begin{bmatrix} \boldsymbol{v}_0 \\ \boldsymbol{\omega}_0 \end{bmatrix} \tag{7.75}$$

式中，$\boldsymbol{p}_{0g}=\boldsymbol{r}_g-\boldsymbol{r}_0$ 为从基座质心到系统质心的位置矢量；$\boldsymbol{r}_g$ 为系统质心的位置矢量；M 为系统总质量，即

$$M=\sum_{i-1}^{n} m_i \tag{7.76}$$

关节 $i(i=1,2,\cdots,n)$ 的旋转对系统产生的线动量为

$$\boldsymbol{P}_i=\sum_{j=i}^{n}[m_j\boldsymbol{z}_{i-1}\times(\boldsymbol{r}_j-\boldsymbol{p}_{i-1})]\dot{\theta}_i=\boldsymbol{J}_{Ti}\dot{\theta}_i \tag{7.77}$$

式中，$\boldsymbol{J}_{Ti}\in\boldsymbol{R}^{3\times1}$ 表征了关节 i 的旋转对系统线动量的影响。

于是，基座和 n 个关节的运动所产生的总的系统线动量为

$$\begin{aligned}\boldsymbol{P}&=\boldsymbol{P}_0+\boldsymbol{P}_1+\cdots+\boldsymbol{P}_n\\&=[M\boldsymbol{E}_{3\times3}\quad -M\tilde{\boldsymbol{p}}_{0g}]\begin{bmatrix}\boldsymbol{v}_0\\\boldsymbol{\omega}_0\end{bmatrix}+[\boldsymbol{J}_{T1}\quad \boldsymbol{J}_{T2}\quad\cdots\quad\boldsymbol{J}_{Tn}]\begin{bmatrix}\dot{\theta}_1\\\dot{\theta}_2\\\vdots\\\dot{\theta}_n\end{bmatrix}\\&=[M\boldsymbol{E}_{3\times3}\quad -M\tilde{\boldsymbol{p}}_{0g}]\begin{bmatrix}\boldsymbol{v}_0\\\boldsymbol{\omega}_0\end{bmatrix}+\boldsymbol{J}_{T\omega}\dot{\boldsymbol{\Theta}}\end{aligned} \tag{7.78}$$

7.4.3.2　基座姿态受控模式的运动学方程

基座姿态受控模式下，基座的角速度始终为 0，即有

$$\boldsymbol{\omega}_0=0 \tag{7.79}$$

基座姿态受控模式下，系统不受外力，系统的线动量守恒，若初始系统线动量为 0，则系统线动量始终为 0，即有

$$\boldsymbol{P}=0 \tag{7.80}$$

将式(7.79)、式(7.80)代入式(7.78)可得

$$\boldsymbol{v}_0=-\frac{1}{M}\boldsymbol{J}_{T\omega}\dot{\boldsymbol{\Theta}} \tag{7.81}$$

将式(7.79)、式(7.81)代入式(7.78)，可得到基座姿态受控模式下的空间机器人速度级运动学方程：

$$\begin{bmatrix}\boldsymbol{v}_e\\\boldsymbol{\omega}_e\end{bmatrix}=\boldsymbol{J}_b\begin{bmatrix}\boldsymbol{v}_0\\\boldsymbol{\omega}_0\end{bmatrix}+\boldsymbol{J}_m\dot{\boldsymbol{\Theta}}=\begin{bmatrix}\boldsymbol{v}_0\\\boldsymbol{O}_{3\times1}\end{bmatrix}+\begin{bmatrix}\boldsymbol{J}_{mv}\\\boldsymbol{J}_{m\omega}\end{bmatrix}\dot{\boldsymbol{\Theta}}=\begin{bmatrix}-\dfrac{1}{M}\boldsymbol{J}_{T\omega}+\boldsymbol{J}_{mv}\\\boldsymbol{J}_{m\omega}\end{bmatrix}\dot{\boldsymbol{\Theta}} \tag{7.82}$$

式中，$\boldsymbol{J}_{m\omega}$、$\boldsymbol{J}_{m\omega}\in\boldsymbol{R}^{3\times n}$，分别为 $\boldsymbol{J}_m$ 的上三行和下三行分块矩阵。

7.4.3.3　雅克比矩阵求解方法

基座姿态受控模式下的雅克比矩阵 $\boldsymbol{J}$ 依据如下公式求解：

$$\boldsymbol{J}_{Ti}=\sum_{j=i}^{n}[m_j\boldsymbol{z}_{i-1}\times(\boldsymbol{r}_j-\boldsymbol{p}_{i-1})],i=1,2,\cdots,n \tag{7.83}$$

$$\boldsymbol{J}_{T\omega}=[\boldsymbol{J}_{T1}\quad \boldsymbol{J}_{T2}\quad \cdots\quad \boldsymbol{J}_{Tn}] \tag{7.84}$$

$$\boldsymbol{J}=\begin{bmatrix} -\frac{1}{M}\boldsymbol{J}_{T\omega}+\boldsymbol{J}_{mv} \\ \boldsymbol{J}_{m\omega} \end{bmatrix} \tag{7.85}$$

基座姿态受控模式下，Σ_0 是一个只平移不旋转的坐标系，如果定义 Σ_I 指向与 Σ_0，则在 Σ_0 下与 Σ_I 下求得的雅克比矩阵相同，所以在 Σ_0 下求解雅克比矩阵 $\boldsymbol{J}$，具体求解步骤为：

(1)求出所有从 Σ_i 到 Σ_0 的齐次变换矩阵 ${}^0\boldsymbol{T}_i$。

(2)求 Σ_0 下的各项参数 ${}^0\boldsymbol{z}_{i-1}$、${}^0\boldsymbol{p}_{i-1}$、${}^0\boldsymbol{p}_e$、${}^0\boldsymbol{r}_i$，有

$${}^0\boldsymbol{z}_{i-1}={}^0\boldsymbol{T}_i(1:3,3) \tag{7.86}$$

$${}^0\boldsymbol{P}_{i-1}={}^0\boldsymbol{T}_i(1:3,4) \tag{7.87}$$

$${}^0\boldsymbol{p}_e={}^0\boldsymbol{p}_n={}^0T_n(1:3,4) \tag{7.88}$$

$${}^0\boldsymbol{r}_i={}^0\boldsymbol{p}_{i-1}+{}^0\boldsymbol{a}_i={}^0\boldsymbol{p}_{i-1}+{}^0\boldsymbol{T}_i(1:3,1:3)\,{}^i\boldsymbol{a}_i \tag{7.89}$$

(3)按式(7.70)求各个 $\boldsymbol{J}_i$，按式(7.71)合并成 $\boldsymbol{J}_m$。

(4)按式(7.83)求各个 $\boldsymbol{J}_{Ti}$，按式(7.84)合并成 $\boldsymbol{J}_{T\omega}$。

(5)按式(7.85)求解雅克比矩阵 $\boldsymbol{J}$。

7.4.3.4 虚拟机械臂模型

基座姿态受控模式下，可以采用虚拟机械臂建模方法简化运动学方程。

由连杆几何关系，各刚体质心及机械臂末端的位置矢量为

$$\boldsymbol{r}_i=\boldsymbol{r}_0+\boldsymbol{b}_0+\sum_{k=1}^{i-1}(\boldsymbol{a}_k+\boldsymbol{b}_k)+\boldsymbol{a}_i \tag{7.90}$$

$$\boldsymbol{p}_e=\boldsymbol{r}_0+\boldsymbol{b}_0+\sum_{k=1}^{n}(\boldsymbol{a}_k+\boldsymbol{b}_k) \tag{7.91}$$

基座姿态受控模式下，系统不受外力，若初始系统线动量为 0，则系统初始速度为 0，系统质心保持不变，即

$$\sum_{i=0}^{n} m_i\boldsymbol{r}_i=M\boldsymbol{r}_g=\text{const} \tag{7.92}$$

将式(7.90)代入式(7.92)可得

$$\begin{aligned}
M\boldsymbol{r}_g &= \sum_{i=1}^{n} m_i\boldsymbol{r}_i \\
&= m_0\boldsymbol{r}_0+(m_1\boldsymbol{r}_0+m_1\boldsymbol{b}_0+m_1\boldsymbol{a}_1)+(m_2\boldsymbol{r}_0+m_2\boldsymbol{b}_0+m_2\boldsymbol{a}_1+m_2\boldsymbol{b}_1+m_2\boldsymbol{a}_2)+\cdots+ \\
&\quad \left[m_n\boldsymbol{r}_0+m_n\boldsymbol{b}_0+\sum_{k=1}^{n-1}(m_n\boldsymbol{a}_k+m_n\boldsymbol{b}_k)+m_n\boldsymbol{a}_n\right] \\
&= M\boldsymbol{r}_0+(m_1+\cdots+m_n)(\boldsymbol{b}_0+\boldsymbol{a}_1)+(m_2+\cdots+m_n)(\boldsymbol{b}_1+\boldsymbol{a}_2)+\cdots+ \\
&\quad m_n(\boldsymbol{b}_{n-1}+\boldsymbol{a}_n)
\end{aligned} \tag{7.93}$$

于是基座质心位置可表示为

$$\boldsymbol{r}_0=\boldsymbol{r}_g-\frac{(m_1+\cdots+m_n)(\boldsymbol{b}_0+\boldsymbol{a}_1)}{M}-\frac{(m_2+\cdots+m_n)(\boldsymbol{b}_1+\boldsymbol{a}_2)}{M}+\cdots+\frac{m_n(\boldsymbol{b}_{n-1}+\boldsymbol{a}_n)}{M} \tag{7.94}$$

将式(7.94)代入式(7.91),得到机械臂末端的位置矢量为

$$\boldsymbol{p}_e = \boldsymbol{r}_g + \frac{m_0(\boldsymbol{b}_0 + \boldsymbol{a}_1)}{M} + \frac{(m_0 + m_1)(\boldsymbol{b}_1 + \boldsymbol{a}_2)}{M} + \cdots + \frac{(m_0 + \cdots + m_{n-1})(\boldsymbol{b}_{n-1} + \boldsymbol{a}_n)}{M} + \boldsymbol{b}_n \tag{7.95}$$

令

$$\begin{cases} \hat{\boldsymbol{a}}_i = \dfrac{\sum\limits_{q=0}^{i-1} m_q}{M}\boldsymbol{a}_i, & i = 1,2,\cdots,n \\ \hat{\boldsymbol{b}}_i = \dfrac{\sum\limits_{q=0}^{i} m_q}{M}\boldsymbol{b}_i, & i = 0,1,\cdots,n \end{cases} \tag{7.96}$$

从式(7.96)可知,$\hat{\boldsymbol{a}}_i$、$\hat{\boldsymbol{b}}_i$ 与 $\boldsymbol{a}_i$、$\boldsymbol{b}_i$ 的矢量方向相同,而长度上相差一比例常数,成为“虚拟连杆矢量”。则机械臂末端位置矢量表示为

$$\boldsymbol{p}_e = \boldsymbol{r}_g + \hat{\boldsymbol{b}}_0 + \sum_{i=1}^{n}(\hat{\boldsymbol{a}}_i + \hat{\boldsymbol{b}}_i) \tag{7.97}$$

式(7.97)与式(7.91)所表示的机械臂末端位置矢量在数学上完全等价,而且由于基座姿态受控模式下 $\boldsymbol{r}_g$ 为常数,所以式(7.97)相比于式(7.91)减少了变量 $\boldsymbol{r}_0$,具有更为简洁的形式。式(7.97)所对应的虚拟机械臂模型如图 7.38 所示,该模型在表示机械臂末端方面与空间机器人的一般模型(图 7.24)等价。图 7.38 所示的虚拟机械臂模型中,虚拟连杆 0 固连于虚拟地面,各连杆尺寸依据式(7.69)确定。该虚拟机械臂的运动学模型与基座位姿稳定模式下的空间机器人速度级运动学方程(7.69)有相同的形式。

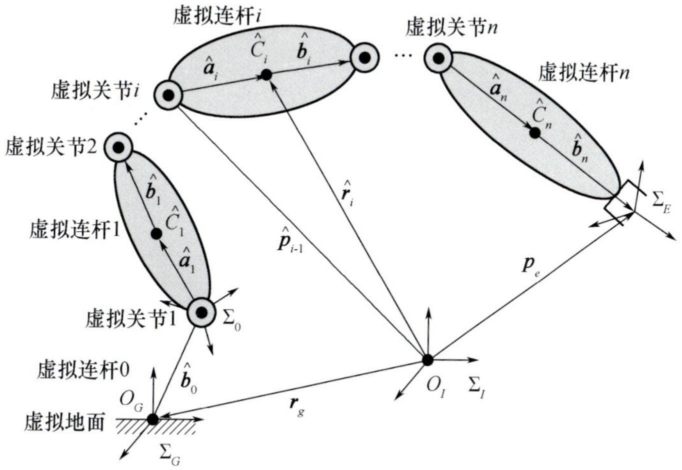

图 7.38　虚拟机械臂模型

7.4.4　自由漂浮模式

7.4.4.1　空间机器人系统角动量公式

为了简化表达式,以下推导的是系统相对于基座质心 C_0 的角动量。基座质心 C_0 并不是

空间固定点，但以下角动量公式的推导中将 C_0 视为瞬时静止的定点。

整个系统的角动量也可以分解为基座运动所产生的角动量与机械臂各关节旋转所产生的角动量。

基座运动对系统产生的相对于 C_0 的角动量为

$$\begin{aligned}\boldsymbol{L}_0 &= \boldsymbol{p}_{0g} \times M\boldsymbol{v}_0 + \boldsymbol{I}_0\boldsymbol{\omega}_0 + \boldsymbol{I}_1\boldsymbol{\omega}_0 + \boldsymbol{p}_{01} \times m_1\boldsymbol{\omega}_0 \times \boldsymbol{p}_{01} + \cdots \boldsymbol{p}_{0n} \times m_n\boldsymbol{\omega}_0 \times \boldsymbol{p}_{0n} \\ &= [M\tilde{\boldsymbol{p}}_{0g} \quad \boldsymbol{H}_\omega]\begin{bmatrix}\boldsymbol{v}_0 \\ \boldsymbol{\omega}_0\end{bmatrix}\end{aligned} \tag{7.98}$$

式中

$$\boldsymbol{H}_\omega = \boldsymbol{I}_0 + \sum_{i=1}^{n}(\boldsymbol{I}_i - m_i\tilde{\boldsymbol{p}}_{0i}\tilde{\boldsymbol{p}}_{0i}) \tag{7.99}$$

式中，$\boldsymbol{p}_{0i}=\boldsymbol{r}_i-\boldsymbol{r}_0$ 为从基座质心到连杆 i 的质心的位置矢量；$\boldsymbol{I}_i$ 为连杆 i 相对于其质心的惯量张量。

关节 $i(i=1,2,\cdots,n)$ 的旋转对系统产生的相对于 C_0 的角动量为

$$\boldsymbol{L}_i = \sum_{j=i}^{n}[\boldsymbol{I}_j\boldsymbol{z}_{i-1} + \boldsymbol{p}_{0j} \times m_j\boldsymbol{z}_{i-1} \times (\boldsymbol{r}_j - \boldsymbol{p}_{i-1})]\dot{\theta}_i = \boldsymbol{J}_{Ri}\dot{\theta}_i \tag{7.100}$$

式中，$\boldsymbol{J}_{Ri} \in \boldsymbol{R}^{3\times 1}$ 表征了关节 i 的旋转对系统角动量的影响。

于是，基座和 n 个关节的运动所产生的总的系统角动量为

$$\begin{aligned}\boldsymbol{L}_{C_0} &= \boldsymbol{L}_0 + \boldsymbol{L}_1 + \cdots + \boldsymbol{L}_n \\ &= [M\tilde{\boldsymbol{p}}_{0g} \quad \boldsymbol{H}_\omega]\begin{bmatrix}\boldsymbol{v}_0 \\ \boldsymbol{\omega}\end{bmatrix} + [\boldsymbol{J}_{R1} \quad \boldsymbol{J}_{R2} \quad \cdots \quad \boldsymbol{J}_{Rn}]\begin{bmatrix}\dot{\theta}_1 \\ \dot{\theta}_2 \\ \vdots \\ \dot{\theta}_n\end{bmatrix} \\ &= [M\tilde{\boldsymbol{p}}_{0g} \quad \boldsymbol{H}_\omega]\begin{bmatrix}\boldsymbol{v}_0 \\ \boldsymbol{\omega}\end{bmatrix} + \boldsymbol{J}_{R\omega}\dot{\boldsymbol{\Theta}}\end{aligned} \tag{7.101}$$

7.4.4.2 自由漂浮模式的运动学方程

在自由漂浮模式下，无外力/力矩的作用，系统的线动量和角动量守恒，假定初始时刻系统的线动量和角动量为 0，则两者始终保持为 0，即有

$$\begin{cases}\boldsymbol{P} = \boldsymbol{O} \\ \boldsymbol{L}_{O_t} = \boldsymbol{O}\end{cases} \tag{7.102}$$

于是任意时刻刚体对瞬时静止的定点 C_0 的角动量为

$$\boldsymbol{L}_{C_0} = \boldsymbol{L}_{C_t} + \boldsymbol{p}_{0g} \times \boldsymbol{P} = \boldsymbol{O} \tag{7.103}$$

则将式(7.78)与式(7.101)结合在一起，得到自由漂浮空间机器人系统的动量守恒方程：

$$\begin{bmatrix}\boldsymbol{P} \\ \boldsymbol{L}_{C_0}\end{bmatrix} = \begin{bmatrix}M\boldsymbol{E}_{3\times 3} & -M\tilde{\boldsymbol{p}}_{0g} \\ M\tilde{\boldsymbol{p}}_{0g} & \boldsymbol{H}_w\end{bmatrix}\begin{bmatrix}\boldsymbol{v}_0 \\ \boldsymbol{\omega}_0\end{bmatrix} + \begin{bmatrix}\boldsymbol{J}_{Tw} \\ \boldsymbol{J}_{R\omega}\end{bmatrix}\dot{\boldsymbol{\Theta}} = \boldsymbol{O} \tag{7.104}$$

根据式(7.104)的前三行,可以解出

$$\boldsymbol{v}_0 = \tilde{\boldsymbol{p}}_{0g}\boldsymbol{\omega} - \frac{\boldsymbol{J}_{Tw}}{M}\dot{\boldsymbol{\Theta}} \tag{7.105}$$

代入式(7.104)后三行可得

$$(M\tilde{\boldsymbol{p}}_{0g}\tilde{\boldsymbol{p}}_{0g} + \boldsymbol{H}_w)\boldsymbol{\omega} + (\boldsymbol{J}_{R\omega} - \tilde{\boldsymbol{p}}_{0g}\boldsymbol{J}_{Tw})\dot{\boldsymbol{\Theta}} = \boldsymbol{O} \tag{7.106}$$

写成矩阵形式,有

$$\boldsymbol{H}_s\boldsymbol{\omega}_0 + \boldsymbol{H}_\theta\dot{\boldsymbol{\Theta}} = \boldsymbol{O} \tag{7.107}$$

式中

$$\boldsymbol{H}_s = M\tilde{\boldsymbol{p}}_{0g}\tilde{\boldsymbol{p}}_{0g} + \boldsymbol{H}_w \in \boldsymbol{R}^{3\times 3} \tag{7.108}$$

$$\boldsymbol{H}_\Theta = \boldsymbol{J}_{R\omega} - \tilde{\boldsymbol{P}}_{0g}\boldsymbol{J}_{Tw} \in \boldsymbol{R}^{3\times n} \tag{7.109}$$

可以证明 $\boldsymbol{H}_s$ 是非奇异的,因而

$$\boldsymbol{\omega}_0 = -\boldsymbol{H}_s^{-1}\boldsymbol{H}_\Theta\dot{\boldsymbol{\Theta}} = J_{bm\_\omega}\dot{\boldsymbol{\Theta}} \tag{7.110}$$

$$\boldsymbol{v}_0 = -(\boldsymbol{J}_{Tw}/M + \tilde{\boldsymbol{p}}_{0g}\boldsymbol{H}_s^{-1}\boldsymbol{H}_\Theta)\dot{\boldsymbol{\Theta}} = \boldsymbol{J}_{bm-v}\dot{\boldsymbol{\Theta}} \tag{7.111}$$

进一步写成矩阵的形式:

$$\begin{bmatrix}\boldsymbol{v}_0\\ \boldsymbol{\omega}_0\end{bmatrix} = \boldsymbol{J}_{bm}\dot{\boldsymbol{\Theta}} = \begin{bmatrix}\boldsymbol{J}_{bm\_v}\\ \boldsymbol{J}_{bm\_\omega}\end{bmatrix}\dot{\boldsymbol{\Theta}} \tag{7.112}$$

式(7.112)中,$\boldsymbol{J}_{bm}$ 为基座-机械臂雅克比矩阵。将式(7.112)代入式(7.67)得到自由漂浮空间机器人系统的运动学方程:

$$\begin{bmatrix}\boldsymbol{v}_e\\ \boldsymbol{\omega}_e\end{bmatrix} = \boldsymbol{J}_b\begin{bmatrix}\boldsymbol{v}_0\\ \boldsymbol{\omega}_0\end{bmatrix} + \boldsymbol{J}_m\dot{\boldsymbol{\Theta}} = (\boldsymbol{J}_m + \boldsymbol{J}_b\boldsymbol{J}_{bm})\dot{\boldsymbol{\Theta}} = \boldsymbol{J}_g(\boldsymbol{\Psi}_0, \boldsymbol{\Theta}, m_i, \boldsymbol{I}_i)\dot{\boldsymbol{\Theta}} = \begin{bmatrix}\boldsymbol{J}_{g\_v}\\ \boldsymbol{J}_{g\_w}\end{bmatrix}\dot{\boldsymbol{\Theta}} \tag{7.113}$$

练　习　题

(1)自由飞行空间机器人的主要功能有哪些?

(2)支持空间机器人执行规定动作的是哪个系统?

(3)支持空间机器人完成分析、决策、规划和控制的是哪个系统?

(4)国际空间站的移动服务系统由哪些部分组成?

(5)航天飞机遥控机械臂系统主要功能有哪些?

第8章　轨道追逃问题

随着太空对抗的发展,航天器轨道追逃近年来逐渐成为航天动力学与控制领域的研究热点,而人工智能技术的兴起也逐渐激活了相关技术在航天器轨道追逃中的应用。传统上,微分对策理论一直是研究航天器轨道追逃的基本理论,但是基于微分对策理论所建立的追逃模型存在求解难度高、求解效率低等问题。本章节将针对航天器轨道追逃问题进行介绍,主要面向三种典型任务场景,即远距离轨道追逃、近距离轨道追逃和共面轨道追逃,以及对应的搜索算法,即混合优化算法、深度神经网络(DNN)优化算法和经验深度确定性策略梯度搜索。

8.1　相关技术概述

8.1.1　微分对策理论

航天器轨道追逃是微分对策理论在航天领域应用的主要舞台。一般情况下,航天器轨道追逃的研究思路是基于某特定坐标系下的航天器动力学模型,结合微分对策理论进行建模得到轨道追逃模型,然后再针对该追逃模型进行求解。

8.1.1.1　微分对策理论的历史和发展

微分对策理论最早的雏形出现在20世纪50年代,当时由于美苏双方军备竞赛,航空领域中导弹的制导和拦截问题成为热点问题。Issacs结合实际军事需求并以现代控制理论为基础结合博弈理论,在进行了大量研究工作后形成了4篇相关研究报告,这4篇报告包括了:微分对策的介绍、微分对策的定义和建模、微分对策的求解以及微分对策的基本应用。随后在1965年,Issacs通过对之前的工作进行全面、详细的总结和补充,出版了微分对策理论的第一部专著。该专著的出版标志着微分对策理论的正式出现。随后Friedman在Issacs的工作基础上于1971年又出版了专著,该专著进一步运用离散序列的方法对微分对策理论进行了更为专业和精确的定义。更为重要的是,该专著对微分对策鞍点解的存在性进行了严格的数学证明,并在此基础上建立了微分对策鞍点存在性定理。

20世纪70~80年代可以说是微分对策理论大放异彩的年代,随着苏联和美国之间军备竞赛的逐渐展开和升级,微分对策理论因其对抗性也逐渐受到了广大学者的关注,其在军事上的应用更是得到了极大的重视。当时微分对策理论的研究工作主要集中在导弹的制导和拦截问题方面。随着越来越多的学者相继参与到微分对策理论的研究当中来,微分对策理论也在各个领域得到了充分发展并形成了各个独立的分支,如图8.1所示。其中最具有代表性的研究工作包括:

(1)以Staar为代表的非零和微分对策(nonzero-sum differential games)。相比于传统微分对策,在非零和微分对策中不再将追逃双方的目标函数视为互为相反数。通过引入多种目标函数的组合，非零和微分对策在一定程度上扩展了微分对策的适用范围。

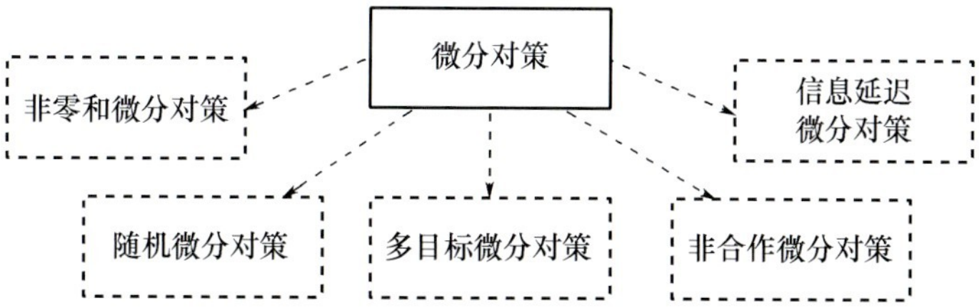

图 8.1　微分对策分支示意图

(2) 以 Leitmann 为代表的非合作微分对策(non-cooperative differential games)。在非合作微分对策中，通过隐藏追逃双方的信息和策略，进一步增强了微分对策中追逃双方的对抗性，使得追逃双方的角色反差进一步扩大。

(3) 以 Roxin 为代表的随机微分对策(stochastic differential games)，通过加入随机过程，随机微分对策通常用以描述带随机因素的追逃问题，并且通过结合统计的方法对追逃模型进行分析求解。随机微分对策能在统计意义上考察随机因素对追逃双方的影响。

(4) 以 Ciletti 为代表的信息延迟微分对策(differential games with information time lag)，通过将信息传输时效性的影响加入微分对策。信息延迟微分对策能更为真实地反映时间因素对追逃双方对抗结果的影响。

进入 20 世纪 90 年代，随着美苏军备竞赛进入缓和期，微分对策理论的研究工作也随之减缓，其重心工作也逐渐从导弹的制导和拦截问题扩展到了其他领域。其中具有代表性的领域主要包括：空战、舰船对抗、轨道追逃甚至经济与管理。这个时期的微分对策的研究工作还是多集中在应用研究，相对地其理论研究工作较少，其中比较具有影响力的工作为多目标微分对策。相比于传统微分对策，在多目标微分对策中，追逃双方的目标函数一般不止一个。总的来说，微分对策因为其对抗性的特点，其发展主要还是依赖军事需求，所以随着美苏军备竞赛逐渐进入末期，微分对策的发展也相对逐渐进入缓和期。

我国关于微分对策理论的研究起步较晚，相关的中文文献也较少。我国最早的微分对策专著是来自张嗣瀛院士在 1987 年出版的《微分对策》一书，书中的代表性工作是，基于现代控制理论对定量微分对策进行了研究并提出了双边最优控制的“定量极值原理”和“定性极值原理”。李登峰教授在 2000 年通过对之前的工作进行归纳总结并结合实际应用背景出版了《微分对策及其应用》一书，该书也是国内第一部从数学角度详细地、系统地介绍微分对策的概念、理论、模型、方法及其应用的著作。沙基昌教授在 2003 年基于微分对策和最优控制理论，结合军事对抗背景编写出版了《数理战术学》一书，该书在 Lanchester 方程基础上对微分对策在军事对抗中的应用进行了深入的研究，同时其证明了集中优势兵力原则，并引入了作战指数的概念等内容。

综上所述，微分对策理论的出现主要源于军事需求，其相比于传统控制理论最大的特点就是其对抗性。所以在 20 世纪 60 年代，随着 Issacs 提出微分对策和 Friedman 对微分对策的完善，微分对策理论逐渐受到重视和关注；20 世纪 70～80 年代是微分对策理论发展的鼎盛时期，在此期间出现的多个微分对策的分支理论直至今日都仍有学者关注；而随着军事需求的降低，20 世纪 90 年代后的微分对策理论的发展工作进入缓和期且主要以应用为主，其中空战、舰船对抗和轨道追逃等领域直至今日仍是微分对策理论研究的重点领域。近年来的微分对策理论研究工作主要集中在与人工智能技术尤其是强化学习相结合,以此提高微分对策模型的自主性和对抗性,这也是当前微分对策研究的一个重要方向。

8.1.1.2 航天器轨道追逃与微分对策理论

微分对策理论的出现一开始主要是针对弹道导弹拦截问题,所以在航空领域尤其是弹道导弹制导方面,关于微分对策的应用研究已经积累了大量的工作并取得了一定的研究成果。相比之下,航天领域的微分对策应用研究工作在当时则很少受到关注和重视。随着太空中卫星数量的逐渐增加以及卫星与卫星之间的冲突的日益升级,各国学者逐渐意识到"制天权"的重要性。顺其自然地,近几年关于微分对策理论在航天领域的应用研究工作日益增加并逐渐成为热点问题。

微分对策理论在航天领域的应用研究有很多,例如空间态势感知、避撞避障问题、交会对接制导等问题,这些研究工作几乎都有一个共同特点,即均首先把原问题转换为航天器轨道追逃问题,再运用微分对策理论对其进行建模,最后对该模型进行求解分析,如图 8.2 所示。所以太空态势感知、避撞避障和航天器交会对接等航天领域的问题如果可以转换为航天器轨道追逃问题,则均适合运用微分对策理论对其进行分析研究。

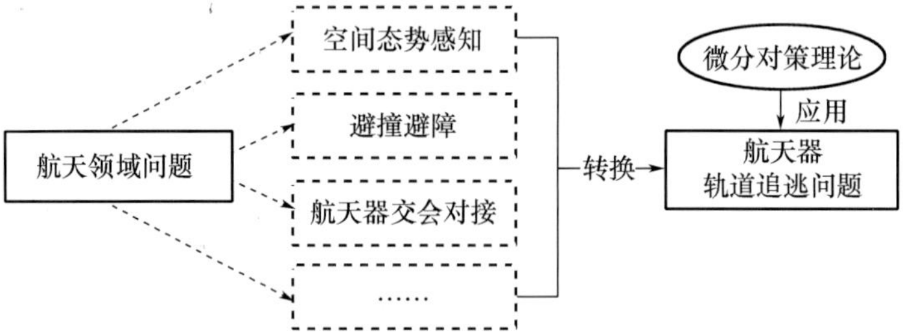

图 8.2 微分对策理论在航天领域的应用示意图

航天器轨道追逃的分类方式多种多样,例如如图 8.3 所示,根据追逃航天器之间的距离进行分类可以分为远距离轨道追逃和近距离轨道追逃;根据博弈航天器之间的信息透明程度可以分为完全信息轨道追逃和非完全信息轨道追逃;根据参与博弈航天器的数量可以分为两航天器轨道追逃和多航天器轨道追逃等。

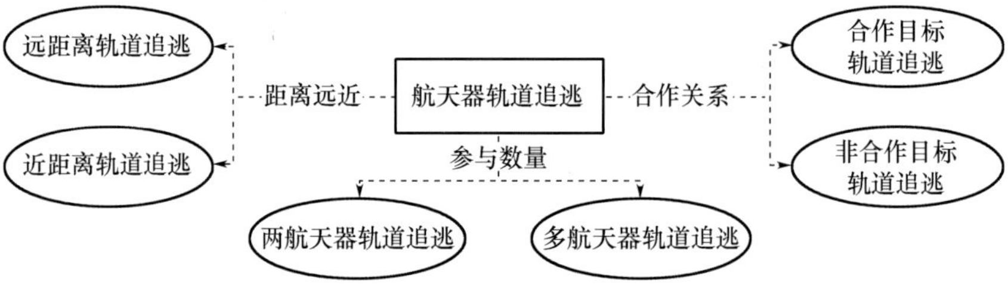

图 8.3 航天器轨道追逃分类示意图

(1) 相比于远距离轨道追逃问题,近距离轨道追逃问题的动力学模型相对简单,所以近年来国内外关于轨道追逃问题的研究工作也多集中于近距离轨道追逃。

(2)相比于非完全信息轨道追逃,完全信息轨道追逃的模型更加简单直观,所以航天器轨道追逃的研究工作大多集中于完全信息轨道追逃。近年来也出现了一些关于非完全信息轨道追逃的研究工作。

(3)传统追逃问题仅针对追踪方和逃逸方两个角色进行研究,所以轨道追逃问题的研究也大多属于两航天器轨道追逃,而近几年逐渐出现了多航天器轨道追逃的相关研究工作。

总而言之,航天器轨道追逃问题作为微分对策理论在航天领域的主要舞台,近年来吸引了大量相关学者的关注,航天器轨道追逃的相关论文也层出不穷,上述分类方式并不能涵盖全部相关研究工作。

8.1.2　深度神经网络

深度神经网络映射能力好、学习能力强、适应性广和纯数据驱动的特点,使得其在各个领域都得到了极其成功的应用。引入深度神经网络最大的优势在于,可以通过替代一些耗时的迭代算法或复杂系统,达到有效地提高问题求解效率的目的。近几年也有越来越多的学者开始关注深度神经网络在航天领域的应用。

(1)太空物体的轨道预报。一般情况下,太空物体的轨道预报采用的是对太空物体的动力学模型进行数值积分完成的。近几年开始有学者开始尝试将深度神经网络结合监督学习算法用于太空物体的轨道预报。

(2)卫星分类问题。分类问题一直是深度神经网络领域关注的热点研究问题。支持向量机(support vector machine, SVM)通过寻找最佳超平面,使得每个类别中距离超平面最近的样本点到超平面的最小距离最大的方式进行样本分类。最近逐渐开始有学者将基于深度神经网络和支持向量机的分类算法应用于卫星分类问题中。

(3)轨迹优化。基于深度神经网络的实时最优控制方法,以在飞行过程中实时生成制导控制序列,通常这种方法具有良好的收敛性和实时性。

(4)轨道追逃问题。近年来,也逐渐有学者开始关注深度神经网络在航天器轨道追逃问题中的应用,将微分对策模型的求解结果作为训练集对网络进行监督式训练,仿真结果证明这种方式可以极大限度地提高求解效率。

在上述应用中,深度神经网络均作为算法的辅助映射系统,通过替换复杂的迭代过程达到提高计算效率的目的。除此之外,深度神经网络在追逃问题中还存在另外一种主流应用方式,即直接作为受训智能体的控制器,结合强化学习算法对其进行训练。

8.1.3　强化学习

强化学习是智能体在不断与其所处环境交互中进行学习的一种方法,在强化学习中,学习信号以奖励形式出现,智能体在与环境交互中取得最大化收益。自从 2016 年 3 月,由谷歌旗下的 DeepMind 公司开发的人工智能程序 AlphaGo 以 4 比 1 的成绩打败世界围棋冠军、职业九段棋手李世石以来,强化学习作为 AlphaGo 的核心算法就成为一大热点。强化学习最大的特点是智能体能通过与环境直接交互,并根据当前状态的报酬,以最大化长期报酬为目标获得最优策略。目前也有越来越多的学者将强化学习用于机器人轨迹规划、高速公路自主驾驶、无人机路径优化等问题的研究当中。近几年也逐渐有将强化学习应用于航天领域的研究工作出现。

(1)路径规划问题。近几年逐渐有学者将其应用于小行星探测任务中,以实现小行星探测器的自适应和自主探测,仿真证明由此产生的轨迹使得探测器能更敏捷和自主地完成任务。

(2)轨道设计。基于强化学习理论的自适应动态规划算法所设计的控制器由于与系统模型无关,因此通过实现该控制方法可以实现系统的无模型控制。

(3)自主着陆。基于强化学习理论原理设计的新型制导算法可实现在无须离线轨迹生成和实时跟踪的情况下的高精度自主着陆(图 8.4),而且其生成的控制序列接近最佳最小燃油解决方案。

(4)空间机械臂控制问题。基于强化学习的模糊自适应滑模控制器,通过引入强化学习算法对模糊自适应滑模控制器进行调整,可实现空间机械臂(图 8.5)更好的跟踪性能且减少颤动效应。

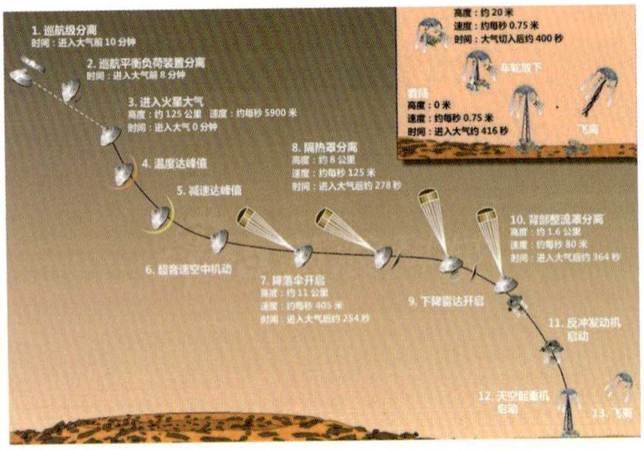

图 8.4 火星自主着陆示意图

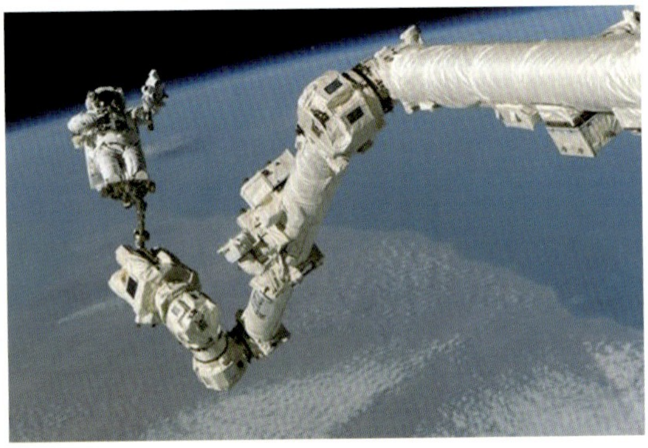

图 8.5 空间机械臂示意图

综上所述,随着强化学习的普及,越来越多的学者开始关注强化学习在航天领域的应用并取得了初步的研究成果,这些初步研究成果开创了航天任务中使用强化学习的新视野。而在航天器轨道追逃领域,相关的研究工作还很缺乏。需要注意的是,上述应用仅为强化学习在航天领域的几个典型应用,除此之外的应用还有很多。这些应用都有一个特点:即均首先将原问题建模为一个马尔可夫决策过程,再基于强化学习算法对深度神经网络控制器或模糊系统控制器进行训练。由此可见,欲将强化学习算法应用于航天领域首先需要将原问题建模为对应的马尔可夫决策过程,然后再根据需求设计强化学习算法对控制器进行训练。

8.2 远距离轨道追逃问题

远距离轨道追逃问题作为典型的航天器轨道追逃问题,其主要针对追踪航天器与目标航天器的追逃起始位置距离较远的任务场景,其中追踪航天器与目标航天器在追逃起始位置时相距几百千米到几万千米。一般情况下,基于微分对策理论所建立的远距离轨道追逃微分对策模型具有维度较高、形式复杂、求解耗时较长等特点。

8.2.1 远距离轨道追逃模型

在远距离轨道追逃问题的设定中,追踪航天器和目标航天器的追逃起始位置相距较远,因此通常选择在地心惯性系下描述该问题。地心惯性系如图 8.6 所示。

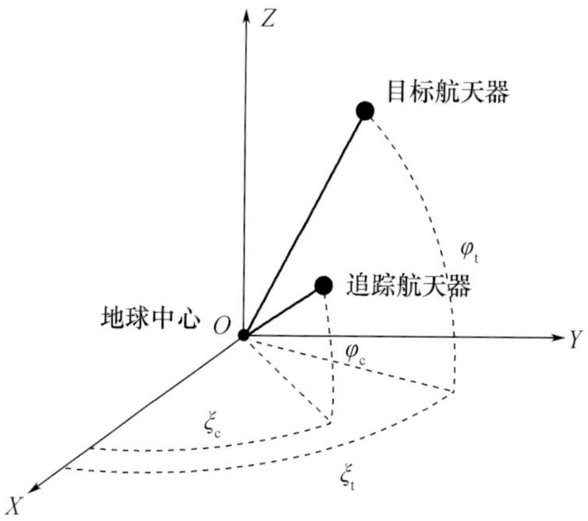

图 8.6 地心惯性系示意图

如图 8.6 所示,其中坐标系原点为地心;X 轴位于赤道平面且穿过 $\xi=0°$ 的经线;Y 轴位于赤道平面且穿过 $\xi=90°$ 的经线;Z 轴垂直于赤道平面且与 X 轴、Y 轴成“右手系”,ξ_i、φ_i 分别表示航天器的经纬;下标 $i=\mathrm{c}$ 表示追踪航天器,$i=\mathrm{t}$ 表示目标航天器。

8.2.1.1 笛卡儿模型

假设航天器推质比 T_i/m_i 追逃全程为常数,定义控制变量 α_i 和 β_i 用以描述航天器的推力方向。描述推力方向的坐标系定义如图 8.7 所示。

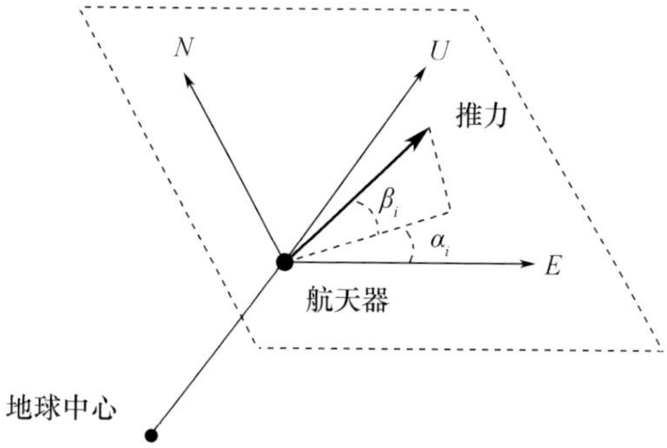

图 8.7 控制变量 $\boldsymbol{\alpha}_i$ 和 $\boldsymbol{\beta}_i$ 示意图

如图 8.7 所示,其中坐标系原点为航天器质心;U 轴平行于航天器地心矢径;N 轴垂直于 U 轴指向正北方,E 轴垂直于 U 轴指向正东方。下文简称该坐标系为 ENU 坐标系。

设航天器所受外力为 $\boldsymbol{F}_i$,则 $\boldsymbol{F}_i$ 可表示为如式(8.1)所示:

$$\boldsymbol{F}_i=\boldsymbol{F}_{ig}+\boldsymbol{F}_{it} \tag{8.1}$$

式中,$\boldsymbol{F}_{ig}$ 表示航天器所受地心引力,$\boldsymbol{F}_{it}$ 表示航天器所受推力。

在 ENU 坐标系中,航天器所受地心引力 $\boldsymbol{F}_{ig}^{ENU}$ 和航天器所受推力 $\boldsymbol{F}_{it}^{ENU}$ 分别如式(8.2)和式(8.3)所示:

$$\boldsymbol{F}_{ig}^{ENU}=-\frac{\mu_{\mathrm{E}}}{|\boldsymbol{r}_i|^2}\begin{bmatrix}0\\0\\1\end{bmatrix} \tag{8.2}$$

$$\boldsymbol{F}_{it}^{ENU}=\frac{T_i}{m_i}\begin{bmatrix}\cos\alpha_i\cos\beta_i\\ \sin\alpha_i\cos\beta_i\\ \sin\beta_i\end{bmatrix} \tag{8.3}$$

式中，μ_{E} 为地球引力常数；$\boldsymbol{r}_i$ 为航天器地心矢径。

由坐标系转换原理进一步得航天器所受外力在地心惯性系中的表式 $\boldsymbol{F}_i^{ECI}$ 如式(8.4)所示：

$$\boldsymbol{F}_i^{ECI}=\boldsymbol{M}_3\left[-\left(\xi_i+\frac{\pi}{2}\right)\right]\boldsymbol{M}_1\left[-\left(\frac{\pi}{2}-\varphi_i\right)\right]\boldsymbol{F}_i^{ENU} \tag{8.4}$$

式中

$$M_1(\theta)=\begin{bmatrix}1&0&0\\0&\cos\theta&\sin\theta\\0&-\sin\theta&\cos\theta\end{bmatrix},\quad \boldsymbol{M}_3(\theta)=\begin{bmatrix}\cos\theta&\sin\theta&0\\-\sin\theta&\cos\theta&0\\0&0&1\end{bmatrix}$$

定义笛卡儿坐标形式的绝对运动动力学模型如式(8.5)所示：

$$\dot{\boldsymbol{s}}_i=\boldsymbol{f}_i(\boldsymbol{s}_i,\boldsymbol{u}_i,t) \tag{8.5}$$

式中，$\boldsymbol{s}_i=[x_i,y_i,z_i,v_{xi},v_{yi},v_{zi}]^{\mathrm{T}}$；$\boldsymbol{u}_i=[\alpha_i,\beta_i]^{\mathrm{T}}$；$\boldsymbol{s}_i$ 为状态向量；$\boldsymbol{u}_i$ 为控制向量；t 为时间。

根据牛顿第二定律展开式(8.5)进一步得到笛卡儿坐标形式的状态方程如式(8.6)~式(8.11)所示：

$$\dot{x}_i=v_{xi} \tag{8.6}$$

$$\dot{y}_i=v_{yi} \tag{8.7}$$

$$\dot{z}_i=v_{zi} \tag{8.8}$$

$$\dot{v}_{xi}=-\frac{T_i}{m_i}\cos\beta_i\cos\alpha_i\sin\xi_i-\frac{T_i}{m_i}\cos\beta_i\sin\alpha_i\cos\xi_i\sin\varphi_i+\left(\frac{T_i}{m_i}\sin\beta_i-\frac{\mu_{\mathrm{E}}}{x_i^2+y_i^2+z_i^2}\right)\cos\xi_i\cos\varphi_i \tag{8.9}$$

$$\dot{v}_{yi}=\frac{T_i}{m_i}\cos\beta_i\cos\alpha_i\cos\xi_i-\frac{T_i}{m_i}\cos\beta_i\sin\alpha_i\sin\xi_i\sin\varphi_i+\left(\frac{T_i}{m_i}\sin\beta_i-\frac{\mu_{\mathrm{E}}}{x_i^2+y_i^2+z_i^2}\right)\sin\xi_i\cos\varphi_i \tag{8.10}$$

$$\dot{v}_{zi}=\frac{T_i}{m_i}\cos\beta_i\sin\alpha_i\cos\varphi_i+\left(\frac{T_i}{m_i}\sin\beta_i-\frac{\mu_{\mathrm{E}}}{x_i^2+y_i^2+z_i^2}\right)\sin\varphi_i \tag{8.11}$$

根据微分对策理论，为了建立针对笛卡儿坐标形式的远距离轨道追逃微分对策模型（下文简称为笛卡儿模型），除了状态方程之外，还须引入边界条件和目标函数。因此定义远距离轨道追逃问题的边界条件 $\boldsymbol{\Psi}$ 和目标函数 ϕ 如式(8.12)和式(8.13)所示：

$$\boldsymbol{\Psi}(\boldsymbol{s}_{\mathrm{c0}},\boldsymbol{s}_{\mathrm{t0}},\boldsymbol{s}_{\mathrm{cf}},\boldsymbol{s}_{\mathrm{tf}},t_0,t_{\mathrm{f}})=0 \tag{8.12}$$

$$J=\phi(\boldsymbol{s}_{\mathrm{c0}},\boldsymbol{s}_{\mathrm{t0}},\boldsymbol{s}_{\mathrm{cf}},\boldsymbol{s}_{\mathrm{tf}},t_0,t_{\mathrm{f}}) \tag{8.13}$$

式中，$\boldsymbol{s}_{i0}$ 和 $\boldsymbol{s}_{i\mathrm{f}}$ 分别表示航天器在初始时刻 t_0 和终端时刻 t_{f} 的初始状态与终端状态，$i=\mathrm{c},\mathrm{t}$；J

表示目标函数值。

在笛卡儿模型中,以追踪航天器和目标航天器在初始时刻 t_0 的状态为初始条件,以追踪航天器和目标航天器的终端矢径之差为边界条件。因此式(8.12)可进一步展开如式(8.14)所示:

$$\boldsymbol{\Psi} = [x_{cf} - x_{tf}, y_{cf} - y_{tf}, z_{cf} - z_{tf}]^T \qquad (8.14)$$

追逃时间 t_f 作为该模型的目标函数如式(8.15)所示:

$$\phi = t_f \qquad (8.15)$$

该目标由追踪航天器最小化,由目标航天器最大化。

定义哈密尔顿函数 H 和终端函数 Φ 分别如式(8.16)和式(8.17)所示:

$$H = \boldsymbol{\lambda}_c^T \boldsymbol{f}_c + \boldsymbol{\lambda}_t^T \boldsymbol{f}_t \qquad (8.16)$$

$$\Phi = \phi + \boldsymbol{v}^T \boldsymbol{\Psi} \qquad (8.17)$$

式中

$$\boldsymbol{\lambda}_c = [\lambda_{c1}, \lambda_{c2}, \lambda_{c3}, \lambda_{c4}, \lambda_{c5}, \lambda_{c6}]^T$$
$$\boldsymbol{\lambda}_t = [\lambda_{t1}, \lambda_{t2}, \lambda_{t3}, \lambda_{t4}, \lambda_{t5}, \lambda_{t6}]^T$$
$$\boldsymbol{v} = [v_1, v_2, v_3]^T$$

$\boldsymbol{\lambda}_c$ 和 $\boldsymbol{\lambda}_t$ 分别为与追踪航天器和目标航天器的状态方程共轭的协态向量;$\boldsymbol{v}$ 是与边界条件共轭的协态向量。

则根据微分对策理论,协态变量须满足的必要条件如式(8.18)和式(8.19)所示:

$$\dot{\boldsymbol{\lambda}}_i = -\left[\frac{\partial H}{\partial s_i}\right]^T = -\left[\frac{\partial \boldsymbol{f}}{\partial s_i}\right]^T \boldsymbol{\lambda}_i \qquad (8.18)$$

$$\lambda_{ijf} - \frac{\partial \Phi}{\partial x_{ijf}} = 0, \quad j = 1, 2, \cdots, 6 \qquad (8.19)$$

进一步展开式(8.18)和式(8.19)分别得到协态方程和协态变量边界条件如式(8.20)~式(8.25)和式(8.26)~式(8.34)所示:

$$\dot{\lambda}_{i1} = -\lambda_{i6}\left(V_i x_i z_i + \frac{P_i}{M_i N_i} x_i - \frac{P_i}{N_i^3} M_i x_i\right) - \lambda_{i5}\left(V_i x_i y_i + \frac{Q_i}{M_i} - \frac{Q_i}{M_i^3} x_i^2 + W_i x_i y_i\right) - \\ \lambda_{i4}\left(V_i x_i^2 - U_i - \frac{P_i}{M_i N_i} z_i + \frac{Q_i}{M_i^3} x_i y_i + W_i x_i^2\right) \qquad (8.20)$$

$$\dot{\lambda}_{i2} = -\lambda_{i6}\left(V_i y_i z_i + \frac{P_i}{M_i N_i} y_i - \frac{P_i}{N_i^3} M_i y_i\right) - \lambda_{i5}\left(V_i y_i^2 - U_i - \frac{P_i}{M_i N_i} z_i - \frac{Q_i}{M_i^3} x_i y_i + W_i y_i^2\right) - \\ \lambda_{i4}\left(V_i x_i y_i - \frac{Q_i}{M_i} + \frac{Q_i}{M_i^3} y_i^2 + W_i x_i y_i\right) \qquad (8.21)$$

$$\dot{\lambda}_{i3} = -\lambda_{i6}\left(V_i z_i^2 - U_i - \frac{P_i}{N_i^3} M_i z_i\right) - \lambda_{i5}\left(V_i y_i z_i - \frac{P_i}{M_i N_i} y_i + \frac{P_i}{M_i N_i^3} y_i z_i^2\right) - \\ \lambda_{i4}\left(V_i x_i z_i - \frac{P_i}{M_i N_i} x_i + \frac{P_i}{M_i N_i^3} x_i z_i^2\right) \qquad (8.22)$$

$$\dot{\lambda}_{i4} = -\lambda_{i1} \qquad (8.23)$$

$$\dot{\lambda}_{i5}=-\lambda_{i2} \tag{8.24}$$

$$\dot{\lambda}_{i6}=-\lambda_{i3} \tag{8.25}$$

满足条件：

$$\lambda_{c1f}+\lambda_{t1f}=0 \tag{8.26}$$

$$\lambda_{c2f}+\lambda_{t2f}=0 \tag{8.27}$$

$$\lambda_{c3f}+\lambda_{t3f}=0 \tag{8.28}$$

$$\lambda_{c4f}=0 \tag{8.29}$$

$$\lambda_{c5f}=0 \tag{8.30}$$

$$\lambda_{c6f}=0 \tag{8.31}$$

$$\lambda_{t4f}=0 \tag{8.32}$$

$$\lambda_{t5f}=0 \tag{8.33}$$

$$\lambda_{t6f}=0 \tag{8.34}$$

式中

$$M_i=\sqrt{x_i^2+y_i^2}$$

$$N_i=\sqrt{x_i^2+y_i^2+z_i^2}$$

$$U_i=\frac{\mu_E}{R_i^3}-\frac{T_i}{m_i}\frac{\sin\beta_i}{R_i}$$

$$V_i=\frac{3\mu_E}{R_i^5}-\frac{T_i}{m_i}\frac{\sin\beta_i}{R_i^3}$$

$$W_i=\frac{T_i}{m_i}\frac{z_i\cos\beta_i\sin\alpha_i(r_i^2+R_i^2)}{r_i^3R_i^3}$$

$$P_i=\frac{T_i}{m_i}\sin\alpha_i\cos\beta_i$$

$$Q_i=\frac{T_i}{m_i}\cos\alpha_i\cos\beta_i$$

哈密尔顿函数须满足的必要条件如式(8.35)所示：

$$\frac{\partial\Phi}{\partial t_f}+H_f=0 \tag{8.35}$$

进一步展开式(8.35)得到哈密尔顿函数的边界条件如式(8.36)所示：

$$1+H_f=0 \tag{8.36}$$

鞍点解须满足的必要条件如式(8.37)和式(8.38)所示：

$$\frac{\partial H}{\partial \boldsymbol{u}_i}=\begin{bmatrix}H_1\\H_2\end{bmatrix}=\boldsymbol{0} \tag{8.37}$$

$$\frac{\partial^2 H}{\partial \boldsymbol{u}_i^2}=\begin{bmatrix}H_{11}&H_{12}\\H_{21}&H_{22}\end{bmatrix}\begin{cases}\geqslant 0, & i=c\\ \leqslant 0, & i=t\end{cases} \tag{8.38}$$

式中

$$
\begin{aligned}
H_1 &= \lambda_{i4}\cos\beta_i(\sin\alpha_i\sin\xi_i - \cos\alpha_i\cos\xi_i\sin\varphi_i) - \\
&\quad \lambda_{i5}\cos\beta_i(\sin\alpha_i\cos\xi_i + \cos\alpha_i\sin\xi_i\sin\varphi_i) + \lambda_{i6}\cos\alpha_i\cos\beta_i\cos\varphi_i \\
H_2 &= \lambda_{i4}(\cos\alpha_i\sin\beta_i\sin\xi_i + \sin\alpha_i\sin\beta_i\cos\xi_i\sin\varphi_i + \cos\beta_i\cos\xi_i\cos\varphi_i) - \\
&\quad \lambda_{i5}(\cos\alpha_i\sin\beta_i\cos\xi_i - \sin\alpha_i\sin\beta_i\sin\xi_i\sin\varphi_i - \cos\beta_i\sin\xi_i\cos\varphi_i) - \\
&\quad \lambda_{i6}(\sin\alpha_i\sin\beta_i\cos\varphi_i - \cos\beta_i\sin\varphi_i) \\
H_{11} &= \lambda_{i4}\cos\beta_i(\cos\alpha_i\sin\xi_i + \sin\alpha_i\cos\xi_i\sin\varphi_i) - \\
&\quad \lambda_{i5}\cos\beta_i(\cos\alpha_i\cos\xi_i - \sin\alpha_i\sin\xi_i\sin\varphi_i) - \lambda_{i6}\sin\alpha_i\cos\beta_i\cos\varphi_i \\
H_{22} &= \lambda_{i4}(\cos\alpha_i\cos\beta_i\sin\xi_i + \sin\alpha_i\cos\beta_i\cos\xi_i\sin\varphi_i - \sin\beta_i\cos\xi_i\cos\varphi_i) - \\
&\quad \lambda_{i5}(\cos\alpha_i\cos\beta_i\cos\xi_i - \sin\alpha_i\cos\beta_i\sin\xi_i\sin\varphi_i + \sin\beta_i\sin\xi_i\cos\varphi_i) - \\
&\quad \lambda_{i6}(\sin\alpha_i\cos\beta_i\cos\varphi_i + \sin\beta_i\sin\varphi_i) \\
H_{12} &= \lambda_{i4}\sin\beta_i(-\sin\alpha_i\sin\xi_i + \cos\alpha_i\cos\xi_i\sin\varphi_i) + \\
&\quad \lambda_{i5}\sin\beta_i(\sin\alpha_i\cos\xi_i + \cos\alpha_i\sin\xi_i\sin\varphi_i) - \lambda_{i6}\cos\alpha_i\sin\beta_i\cos\varphi_i \\
&\qquad H_{21} = H_{12}
\end{aligned}
$$

进一步化简得到控制方程如式(8.39)~式(8.42)所示：

$$\tan\alpha_i = \frac{a_i}{b_i} \tag{8.39}$$

$$\tan\beta_i = \frac{c_i}{d_i} \tag{8.40}$$

$$\text{flag}\ (H_{11} + H_{22}) \geqslant 0 \tag{8.41}$$

$$H_{11}H_{22} - H_{12}H_{21} \geqslant 0 \tag{8.42}$$

式中

$$
\begin{aligned}
a_i &= \lambda_{i4}\cos\xi_i\sin\varphi_i + \lambda_{i5}\sin\xi_i\sin\varphi_i - \lambda_{i6}\cos\varphi_i \\
b_i &= \lambda_{i4}\sin\xi_i - \lambda_{i5}\cos\xi_i \\
c_i &= -\lambda_{i4}\cos\xi_i\cos\varphi_i - \lambda_{i5}\sin\xi_i\cos\varphi_i - \lambda_{i6}\sin\varphi_i \\
d_i &= \lambda_{i4}(\cos\alpha_i\sin\xi_i + \sin\alpha_i\cos\xi_i\sin\varphi_i) + \\
&\quad \lambda_{i5}(-\cos\alpha_i\cos\xi_i + \sin\alpha_i\sin\xi_i\sin\varphi_i) - \lambda_{i6}\sin\alpha_i\cos\varphi_i
\end{aligned}
$$

$$\text{flag} = \begin{cases} 1, & i = \text{c} \\ -1, & i = \text{t} \end{cases}$$

至此，笛卡儿模型由式(8.6)~式(8.11)、式(8.20)~式(8.25)、式(8.16)、式(8.39)~式(8.42)、式(8.14)、式(8.26)~式(8.34)和式(8.36)组成，同时该模型也构成了一个两点边值问题。

8.2.1.2　球模型

与笛卡儿坐标形式不同，在球坐标形式中采用航天器地心距 r_i、速度大小 v_i、航迹角 Θ_i、经度 ξ_i、纬度 φ_i 和速度方位角 A_i 描述航天器的当前状态。其中航迹角和速度方位角在 *ENU* 坐标系中的描述如图 8.8 所示。

类似地，引入控制变量 $\hat{\alpha}_i$、$\hat{\beta}_i$ 示表示航天器推力方向。如图 8.9 所示，推力矢量投影到速度方位角平面上，$\hat{\alpha}_i$ 描述速度矢量到该投影的角度，$\hat{\beta}_i$ 描述投影到推力矢量的角度。

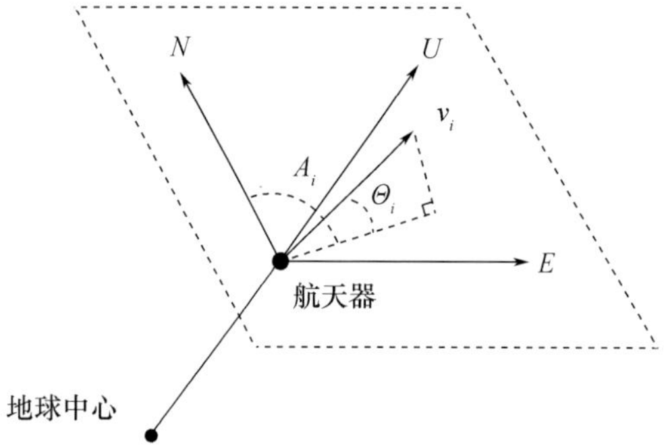

图 8.8 航迹角 Θ_i 和速度方位角 A_i 示意图

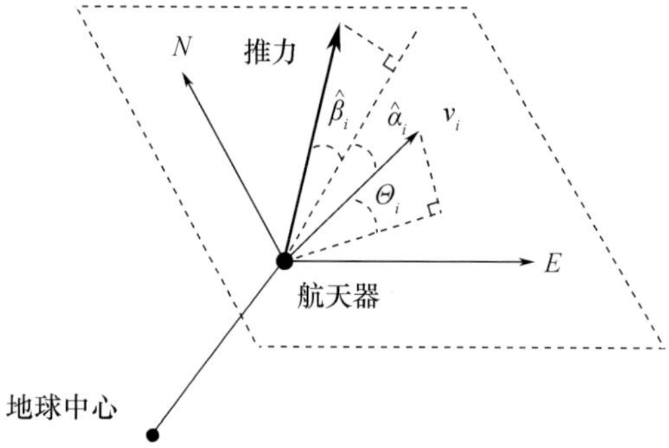

图 8.9 控制变量 $\hat{\alpha}_i$ 和 $\hat{\beta}_i$ 示意图

定义 ENU 坐标系相对于地心惯性系的角速度为 Ω_i，则该角速度在 ENU 坐标系中的表示 $\boldsymbol{\Omega}_i^{ENU}$ 如式(8.43)所示：

$$
\begin{aligned}
\boldsymbol{\Omega}_i^{ENU} &= M_1\left(\frac{\pi}{2} - \varphi_i\right)\dot{\xi}_i\boldsymbol{k} + \dot{\varphi}_i\boldsymbol{i} \\
&= -\dot{\varphi}_i\boldsymbol{i} + \dot{\xi}_i\cos\varphi_i\boldsymbol{j} + \dot{\xi}_i\sin\varphi_i\boldsymbol{k}
\end{aligned}
\tag{8.43}
$$

式中

$$
\boldsymbol{i} = \begin{bmatrix}1\\0\\0\end{bmatrix},\boldsymbol{j} = \begin{bmatrix}0\\1\\0\end{bmatrix},\boldsymbol{k} = \begin{bmatrix}0\\0\\1\end{bmatrix}
$$

由理论力学原理可知航天器地心矢径 $\boldsymbol{r}_i$ 关于时间的导数为航天器速度 $\boldsymbol{v}_i$，其在 ENU 坐标系中的表示 $\boldsymbol{v}_i^{ENU}$ 如式(8.44)所示：

$$
\begin{aligned}
\boldsymbol{v}_i^{ENU} &= \frac{\mathrm{d}\boldsymbol{r}_i^{ENU}}{\mathrm{d}t} \\
&= \dot{r}_i\boldsymbol{k} + r_i\boldsymbol{\Omega}_i^{ENU}\times\boldsymbol{k} \\
&= r_i\cos\varphi_i\dot{\xi}_i\boldsymbol{i} + r_i\dot{\varphi}_i\boldsymbol{j} + \dot{r}_i\boldsymbol{k}
\end{aligned}
\tag{8.44}
$$

由图 8.8 可知航天器速度 $\boldsymbol{v}_i$ 在 ENU 坐标系中的表示 $\boldsymbol{v}_i^{ENU}$ 亦可写作如式(8.45)所示：

$$
\boldsymbol{v}_i^{ENU} = v_i\cos\Theta_i\sin A_i\boldsymbol{i} + v_i\cos\Theta_i\cos A_i\boldsymbol{j} + v_i\sin\Theta_i\boldsymbol{k} \tag{8.45}
$$

比较式(8.44)与式(8.45)可知：

$$
\dot{r}_i = v_i\sin\Theta_i \tag{8.46}
$$

$$
\dot{\xi}_i = \frac{v_i\cos\Theta_i\sin A_i}{r_i\cos\varphi_i} \tag{8.47}
$$

$$
\dot{\varphi}_i = \frac{v_i\cos\Theta_i\cos A_i}{r_i} \tag{8.48}
$$

由牛顿第二定律可知，继续对式(8.45)求导即为航天器所受外力 $\boldsymbol{F}_i$，其在 ENU 坐标系中的表示 $\boldsymbol{F}_i^{ENU}$ 如式(8.49)所示：

$$
\boldsymbol{F}_i^{ENU} = \frac{\mathrm{d}\boldsymbol{v}_i}{\mathrm{d}t} = \Big[\dot{v}_i\cos\Theta_i\sin A_i - v_i\dot{\Theta}_i\sin\Theta_i\sin A_i + v_i\dot{A}_i\cos\Theta_i\cos A_i +
$$

$$\frac{v_i^2}{r_i}\cos\Theta_i\sin A_i(\sin\Theta_i-\cos\Theta_i\cos A_i\tan\varphi_i)\Big]\boldsymbol{i}+$$

$$\Big[\dot{v}_i\cos\Theta_i\cos A_i-v_i\dot{\Theta}_i\sin\Theta_i\cos A_i-v_i\dot{A}_i\cos\Theta_i\sin A_i+$$

$$\frac{v_i^2}{r_i}\cos\Theta_i(\sin\Theta_i\cos A_i-\cos\Theta_i\sin^2 A_i\tan\varphi_i)\Big]\boldsymbol{j}+$$

$$\left(\dot{v}_i\sin\Theta_i+v_i\dot{\Theta}_i\cos\Theta_i-\frac{v_i^2}{r_i}\cos^2\Theta_i\right)\boldsymbol{k} \tag{8.49}$$

类似地，由图 8.9 可知航天器所受外力 $\boldsymbol{F}_i$ 在 ENU 坐标系中的表示 $\boldsymbol{F}_i^{ENU}$ 亦可写作如式(8.50)所示：

$$\begin{aligned}\boldsymbol{F}_i^{ENU}=&\left[-\frac{T_i}{m_i}\sin\hat{\beta}_i\cos A_i+\frac{T_i}{m_i}\cos\hat{\beta}_i\sin A_i\cos(\Theta_i+\hat{\alpha}_i)\right]\boldsymbol{i}+\\&\left[\frac{T_i}{m_i}\sin\hat{\beta}_i\sin A_i+\frac{T_i}{m_i}\cos\hat{\beta}_i\cos A_i\cos(\Theta_i+\hat{\alpha}_i)\right]\boldsymbol{j}+\\&\left[\frac{T_i}{m_i}\cos\hat{\beta}_i\sin(\Theta_i+\hat{\alpha}_i)-\frac{\mu_E}{r_i^2}\right]\boldsymbol{k}\end{aligned} \tag{8.50}$$

直接对比式(8.49)与式(8.50)难以直接求解。事实上，由图 8.9 可以直接得到航天器速度大小的变化率 $\dot{v}_i$ 如式(8.51)所示：

$$\dot{v}_i=\frac{T_i}{m_i}\cos\hat{\alpha}_i\cos\hat{\beta}_i-\frac{\mu_E\sin\Theta_i}{r_i^2} \tag{8.51}$$

将式(8.51)代入式(8.49)并对比式(8.49)与式(8.50)$\boldsymbol{i}$ 项系数即可得航天器航迹角的变化率 $\dot{\Theta}_i$，如式(8.52)所示：

$$\dot{\Theta}_i=\frac{v_i\cos\Theta_i}{r_i}+\frac{T_i}{m_i}\frac{\sin\hat{\alpha}_i\cos\hat{\beta}_i}{v_i}-\frac{\mu_E\cos\Theta_i}{r_i^2 v_i} \tag{8.52}$$

继续将式(8.52)代入式(8.49)并对比式(8.49)与式(8.50)$\boldsymbol{j}$ 或 $\boldsymbol{k}$ 项系数可得航天器速度方位角的变化率 $\dot{A}_i$，如式(8.53)所示：

$$\dot{A}_i=\frac{v_i\cos\Theta_i\sin\varphi_i\sin A_i}{r_i\cos\varphi_i}-\frac{T_i}{m_i}\frac{\sin\hat{\beta}_i}{v_i\cos\Theta_i} \tag{8.53}$$

综上所述，定义球坐标形式的绝对运动动力学模型如式(8.54)所示：

$$\dot{\hat{\boldsymbol{s}}}_i=\hat{\boldsymbol{f}}_i(\hat{\boldsymbol{s}}_i,\hat{\boldsymbol{u}}_i,t) \tag{8.54}$$

式中，$\hat{\boldsymbol{s}}_i=[r_i,v_i,\Theta_i,\xi_i,\varphi_i,A_i]^{\mathrm{T}}$；$\hat{\boldsymbol{u}}_i=[\hat{\alpha}_i,\hat{\beta}_i]^{\mathrm{T}}$；$\hat{\boldsymbol{s}}_i$ 为状态向量；$\hat{\boldsymbol{u}}_i$ 为控制向量；t 为时间。

结合式(8.46)～式(8.48)、式(8.51)～式(8.53)可得球坐标形式的状态方程如式(8.55)～式(8.60)所示：

$$\dot{r}_i=v_i\sin\Theta_i \tag{8.55}$$

$$\dot{v}_i=\frac{T_i}{m_i}\cos\hat{\alpha}_i\cos\hat{\beta}_i-\frac{\mu_E\sin\Theta_i}{r_i^2} \tag{8.56}$$

$$\dot{\Theta}_i = \frac{v_i \cos \Theta_i}{r_i} + \frac{T_i}{m_i}\frac{\sin \hat{\alpha}_i \cos \hat{\beta}_i}{v_i} - \frac{\mu_E \cos \Theta_i}{r_i^2 v_i} \tag{8.57}$$

$$\dot{\xi}_i = \frac{v_i \cos \Theta_i \sin A_i}{r_i \cos \varphi_i} \tag{8.58}$$

$$\dot{\varphi}_i = \frac{v_i \cos \Theta_i \cos A_i}{r_i} \tag{8.59}$$

$$\dot{A}_i = \frac{v_i \cos \Theta_i \sin \varphi_i \sin A_i}{r_i \cos \varphi_i} - \frac{T_i}{m_i}\frac{\sin \hat{\beta}_i}{v_i \cos \Theta_i} \tag{8.60}$$

该动力学模型一定程度上参考了 Pontani 等的文章,但需注意的是本文中对速度方位角的定义与 Pontani 等的文章中的定义不尽相同,二者为互补关系。

为了建立针对球坐标形式的远距离轨道追逃微分对策模型,下文简称球模型,定义边界条件 $\hat{\boldsymbol{\Psi}}$ 和目标函数 $\hat{\phi}$ 如式(8.61)和式(8.62)所示:

$$\hat{\boldsymbol{\Psi}}(\hat{\boldsymbol{s}}_{c0}, \hat{\boldsymbol{s}}_{t0}, \hat{\boldsymbol{s}}_{cf}, \hat{\boldsymbol{s}}_{tf}, t_0, t_f) = 0 \tag{8.61}$$

$$\hat{J} = \hat{\phi}(\hat{\boldsymbol{s}}_{c0}, \hat{\boldsymbol{s}}_{t0}, \hat{\boldsymbol{s}}_{cf}, \hat{\boldsymbol{s}}_{tf}, t_0, t_f) \tag{8.62}$$

式中,$\hat{\boldsymbol{s}}_{i0}$ 和 $\hat{\boldsymbol{s}}_{if}$ 分别表示航天器在初始时刻 t_0 和终端时刻 t_f 的初始状态与终端态,$\hat{J}$ 表示目标函数值。

在球模型中,以追踪航天器和目标航天器在初始时刻 t_0 的状态为初始条件,以追踪航天器与目标航天器的终端矢径之差为边界条件。因此式(8.61)可进一步展开,如式(8.63)所示:

$$\boldsymbol{\Psi} = [r_{cf} - r_{tf}, \xi_{cf} - \xi_{tf}, \varphi_{cf} - \varphi_{tf}]^{T} \tag{8.63}$$

追逃时间 t_f 作为该模型的目标函数如式(8.64)所示:

$$\hat{\phi} = t_f \tag{8.64}$$

该目标由追踪航天器最小化,由目标航天器最大化。

定义与追踪航天器和目标航天器的状态方程共轭的协态向量为 $\hat{\boldsymbol{\lambda}}_c$ 和 $\hat{\boldsymbol{\lambda}}_t$,以及与边界条件共轭的协态向量为 $\hat{\boldsymbol{v}}$。则哈密尔顿函数 $\hat{H}$ 和终端函数 $\hat{\boldsymbol{\Phi}}$ 分别如式(8.65)和式(8.66)所示:

$$\hat{H} = \hat{\boldsymbol{\lambda}}_c^{T}\hat{f}_c + \hat{\boldsymbol{\lambda}}_t^{T}\hat{f}_t \tag{8.65}$$

$$\hat{\boldsymbol{\Phi}} = \hat{\phi} + \hat{\boldsymbol{v}}^{T}\hat{\boldsymbol{\Psi}} \tag{8.66}$$

式中,$\hat{\boldsymbol{\lambda}}_c = [\hat{\lambda}_{c1}, \hat{\lambda}_{c2}, \hat{\lambda}_{c3}, \hat{\lambda}_{c4}, \hat{\lambda}_{c5}, \hat{\lambda}_{c6}]^{T}$;$\hat{\boldsymbol{\lambda}}_t = [\hat{\lambda}_{t1}, \hat{\lambda}_{t2}, \hat{\lambda}_{t3}, \hat{\lambda}_{t4}, \hat{\lambda}_{t5}, \hat{\lambda}_{t6}]^{T}$;$\hat{\boldsymbol{v}} = [\hat{v}_1, \hat{v}_2, \hat{v}_3]^{T}$。

则根据微分对策理论,协态变量须满足的必要条件如式(8.67)和式(8.68)所示:

$$\dot{\hat{\boldsymbol{\lambda}}}_i = -\left[\frac{\partial \hat{H}}{\partial \hat{\boldsymbol{s}}_i}\right]^{T} = -\left[\frac{\partial \hat{\boldsymbol{f}}}{\partial \hat{\boldsymbol{s}}_i}\right]^{T}\hat{\boldsymbol{\lambda}}_i \tag{8.67}$$

$$\hat{\lambda}_{ijf} - \frac{\partial \boldsymbol{\Phi}}{\partial \hat{x}_{ijf}} = 0, \quad j = 1, 2, \cdots, 6 \tag{8.68}$$

进一步展开式(8.67)和式(8.68)分别得到协态方程和协态变量边界条件如式(8.69)~式(8.74)和式(8.75)~式(8.83)所示:

$$\dot{\hat{\lambda}}_{i1} = -\hat{\lambda}_{i2}\frac{2\mu_E \sin\Theta_i}{r_i^3} + \hat{\lambda}_{i3}\left(\frac{v_i\cos\Theta_i}{r_i^2} - \frac{2\mu_E\cos\Theta_i}{v_i r_i^3}\right) + \hat{\lambda}_{i4}\frac{v_i\cos\Theta_i\sin A_i}{r_i^2\cos\varphi_i} + \hat{\lambda}_{i5}\frac{v_i\cos\Theta_i\cos A_i}{r_i^2} - \hat{\lambda}_{i6}\frac{v_i\cos\Theta_i\tan\varphi_i\sin A_i}{r_i^2} \tag{8.69}$$

$$\dot{\hat{\lambda}}_{i2} = -\hat{\lambda}_{i1}\sin\Theta_i - \hat{\lambda}_{i3}\left[\cos\Theta_i\left(\frac{1}{r_i} + \frac{\mu_E}{r_i^2 v_i^2}\right) - \frac{T_i}{m_i}\frac{\sin\hat{\alpha}_i\cos\hat{\beta}_i}{v_i^2}\right] - \hat{\lambda}_{i4}\frac{\cos\Theta_i\sin A_i}{r_i\cos\varphi_i} - \hat{\lambda}_{i5}\frac{\cos\Theta_i\cos A_i}{r_i} + \hat{\lambda}_{i6}\left(\frac{T_i}{m_i}\frac{\sin\hat{\beta}_i}{v_i^2\cos\Theta_i} + \frac{\cos\Theta_i\tan\varphi_i\sin A_i}{r_i}\right) \tag{8.70}$$

$$\dot{\hat{\lambda}}_{i3} = -\hat{\lambda}_{i1}v_i\cos\Theta_i + \hat{\lambda}_{i2}\frac{\mu_E\cos\Theta_i}{r_i^2} + \hat{\lambda}_{i3}\sin\Theta_i\left(\frac{v_i}{r_i} - \frac{\mu_E}{r_i^2 v_i}\right) + \hat{\lambda}_{i4}\frac{v_i\sin\Theta_i\sin A_i}{r_i\cos\varphi_i} + \hat{\lambda}_{i5}\frac{v_i\sin\Theta_i\cos A_i}{r_i} - \hat{\lambda}_{i6}\sin\Theta_i\left(\frac{T_i}{m_i}\frac{\sin\hat{\beta}_i}{v_i\cos^2\Theta_i} + \frac{v_i\tan\varphi_i\sin A_i}{r_i}\right) \tag{8.71}$$

$$\dot{\hat{\lambda}}_{i4} = 0 \tag{8.72}$$

$$\dot{\hat{\lambda}}_{i5} = -\hat{\lambda}_{i4}\frac{v_i\cos\Theta_i\tan\varphi_i\sin A_i}{r_i\cos\varphi_i} + \hat{\lambda}_{i6}\frac{v_i\cos\Theta_i\sin A_i}{r_i\cos^2\varphi_i} \tag{8.73}$$

$$-\hat{\lambda}_{i6}\frac{v_i\cos\Theta_i\tan\varphi_i\cos A_i}{r_i} \tag{8.74}$$

满足条件

$$\hat{\lambda}_{c1f} + \hat{\lambda}_{t1f} = 0 \tag{8.75}$$

$$\hat{\lambda}_{c4f} + \hat{\lambda}_{t4f} = 0 \tag{8.76}$$

$$\hat{\lambda}_{c5f} + \hat{\lambda}_{t5f} = 0 \tag{8.77}$$

$$\hat{\lambda}_{c2f} = 0 \tag{8.78}$$

$$\hat{\lambda}_{c3f} = 0 \tag{8.79}$$

$$\hat{\lambda}_{c6f} = 0 \tag{8.80}$$

$$\hat{\lambda}_{t2f} = 0 \tag{8.81}$$

$$\hat{\lambda}_{t3f} = 0 \tag{8.82}$$

$$\hat{\lambda}_{t6f} = 0 \tag{8.83}$$

哈密尔顿函数须满足的必要条件如式(8.84)所示：

$$\frac{\partial\hat{\Phi}}{\partial t_f} + \hat{H}_f = 0 \tag{8.84}$$

进一步展开式(8.84)得到哈密尔顿函数的边界条件如式(8.85)所示：

$$1 + \hat{H}_f = 0 \tag{8.85}$$

鞍点解须满足的必要条件如式(8.86)和式(8.87)所示：

$$\frac{\partial \hat{H}}{\partial \hat{\boldsymbol{u}}_i}=\begin{bmatrix}\hat{H}_1\\ \hat{H}_2\end{bmatrix}=0 \tag{8.86}$$

$$\frac{\partial^2 \hat{H}}{\partial \hat{\boldsymbol{u}}_i^2}=\begin{bmatrix}\hat{H}_{11} & \hat{H}_{12}\\ \hat{H}_{21} & \hat{H}_{22}\end{bmatrix}\begin{cases}\geqslant 0, & i=\mathrm{c}\\ \leqslant 0, & i=\mathrm{t}\end{cases} \tag{8.87}$$

式中

$$\hat{H}_1=-\hat{\lambda}_{i2}\sin\hat{\alpha}\cos\hat{\beta}_i+\hat{\lambda}_{i3}\frac{\cos\hat{\alpha}\cos\hat{\beta}_i}{v_i}$$

$$\hat{H}_2=-\hat{\lambda}_{i2}v_i\cos\hat{\alpha}_i\sin\hat{\beta}_i-\hat{\lambda}_{i3}\sin\hat{\alpha}_i\sin\hat{\beta}_i+\hat{\lambda}_{i6}\frac{\cos\hat{\beta}_i}{\cos\Theta_i}$$

$$\hat{H}_{11}=-\hat{\lambda}_{i2}\cos\hat{\alpha}_i\cos\hat{\beta}_i-\hat{\lambda}_{i3}\frac{\sin\hat{\alpha}_i\cos\hat{\beta}_i}{v_i}$$

$$\hat{H}_{22}=\hat{H}_{11}-\hat{\lambda}_{i6}\frac{\sin\hat{\beta}_i}{v_i\cos\Theta_i}$$

$$\hat{H}_{12}=\hat{\lambda}_{i2}\sin\hat{\alpha}_i\sin\hat{\beta}_i-\hat{\lambda}_{i3}\frac{\cos\hat{\alpha}_i\sin\hat{\beta}_i}{v_i}$$

$$\hat{H}_{21}=\hat{H}_{12}$$

进一步化简得到控制方程如式(8.88)~式(8.91)所示：

$$\tan\hat{\alpha}_i=\frac{\hat{a}_i}{\hat{b}_i} \tag{8.88}$$

$$\tan\hat{\beta}_i=\frac{\hat{c}_i}{\hat{d}_i} \tag{8.89}$$

$$\mathrm{flag}\ (\hat{H}_{11}+\hat{H}_{22})\geqslant 0 \tag{8.90}$$

$$\hat{H}_{11}\hat{H}_{22}-\hat{H}_{12}\hat{H}_{21}\geqslant 0 \tag{8.91}$$

式中

$$\hat{a}_i=\hat{\lambda}_{i3}$$

$$\hat{b}_i=\hat{\lambda}_{i2}v_i$$

$$\hat{c}_i=\hat{\lambda}_{i6}$$

$$\hat{d}_i=\cos\Theta_i(\hat{\lambda}_{i2}v_i\cos\hat{\alpha}_i+\hat{\lambda}_{i3}\sin\hat{\alpha}_i)$$

$$\mathrm{flag}=\begin{cases}1, & i=\mathrm{c}\\ -1, & i=\mathrm{t}\end{cases}$$

球模型由式(8.55)~式(8.60)、式(8.69)~式(8.74)、式(8.65)、式(8.88)~式(8.91)、式(8.63)、式(8.75)~式(8.83)和式(8.85)组成,同时该模型也构成了一个两点边值问题。

综上所述，本小节基于笛卡儿坐标形式和球坐标形式的绝对运动动力学模型，结合微分对策理论分别建立了笛卡儿坐标形式的远距离轨道追逃微分对策模型（即笛卡儿模型）和球坐标形式的远距离轨道追逃微分对策模型（即球模型），将远距离轨道追逃问题成功转化为了与之对应的两点边值问题。其中球模型在一定程度上参考了文献。需要注意的是由于球模型的控制方程式(8.88)～式(8.91)中分子分母量纲不统一，在应用球模型时须对变量进行归一化处理，否则会很容易造成协态变量之间取值悬殊以致难以求解，而笛卡儿模型没有这个限制。

8.2.2　算法设计

一般情况下，求解两点边值问题须先将其转换为优化问题，然后使用优化算法进行求解。优化问题的一般形式如式(8.92)所示：

$$\min_{p\in\mathbb{R}^n} h(\boldsymbol{p}) \tag{8.92}$$

式中 h 是优化目标函数；$\boldsymbol{p}$ 为优化向量，由 n 个优化变量组成。优化变量的边界条件如式(8.93)所示：

$$lb_j \leqslant \boldsymbol{p}_j \leqslant ub_j,\quad j=1,2,\cdots,n \tag{8.93}$$

由于球模型要求对变量进行归一化处理，引入距离单位 DU 和时间单位 TU 分别如式(8.94)和式(8.95)所示：

$$1\ \mathrm{DU}=R_{\mathrm{E}} \tag{8.94}$$

$$1\ \mathrm{TU}=\sqrt{\frac{R_{\mathrm{E}}^3}{\mu_{\mathrm{E}}}} \tag{8.95}$$

式中，R_{E} 为地球半径；μ_{E} 为地球引力常数。

8.2.2.1　笛卡儿模型优化问题

对于笛卡儿模型，令协态变量 $\boldsymbol{\lambda}$ 和归一化终端时间 $\bar{t}_{\mathrm{f}}$ 组成优化向量 $\boldsymbol{p}$ 如式(8.96)所示：

$$\boldsymbol{p}=[\lambda_{\mathrm{c1}},\lambda_{\mathrm{c2}},\lambda_{\mathrm{c3}},\lambda_{\mathrm{c4}},\lambda_{\mathrm{c5}},\lambda_{\mathrm{c6}},\lambda_{\mathrm{t1}},\lambda_{\mathrm{t2}},\lambda_{\mathrm{t3}},\lambda_{\mathrm{t4}},\lambda_{\mathrm{t5}},\lambda_{\mathrm{t6}},\bar{t}_{\mathrm{f}}]^{\mathrm{T}} \tag{8.96}$$

式中，$lb_j \leqslant \boldsymbol{p}_j \leqslant ub_j,\quad j=1,2,\cdots,13$。

通过引入权值向量 $\boldsymbol{k}$ 和扩展边界条件 $\boldsymbol{\Psi}_{\mathrm{ext}}$，定义优化目标函数如式(8.97)所示：

$$\min_{p\in\mathbb{R}^n} h(\boldsymbol{p})=\boldsymbol{k}^{\mathrm{T}}\,|\boldsymbol{\Psi}_{\mathrm{ext}}| \tag{8.97}$$

式中，$\boldsymbol{\Psi}_{\mathrm{ext}}=[x_{\mathrm{cf}}-x_{\mathrm{tf}},y_{\mathrm{cf}}-y_{\mathrm{tf}},z_{\mathrm{cf}}-z_{\mathrm{tf}},\lambda_{\mathrm{c1f}}+\lambda_{\mathrm{t1f}},\lambda_{\mathrm{c2f}}+\lambda_{\mathrm{t2f}},\lambda_{\mathrm{c3f}}+\lambda_{\mathrm{t3f}},\lambda_{\mathrm{c4f}},\lambda_{\mathrm{c5f}},\lambda_{\mathrm{c6f}},\lambda_{\mathrm{t4f}},\lambda_{\mathrm{t5f}},\lambda_{\mathrm{t6f}},1+H_{\mathrm{f}}]^{\mathrm{T}}$。

扩展边界条件 $\boldsymbol{\Psi}_{\mathrm{ext}}$ 中终端值通过积分笛卡儿坐标形式的状态方程式(8.6)～式(8.11)和协态方程式(8.20)～式(8.25)获取，其中协态初值和终端时间由优化向量 $\boldsymbol{p}$ 决定，则笛卡儿模型所对应的优化问题由式(8.97)描述。

设通过求解笛卡儿模型所对应的优化问题得到的优化向量为 $\boldsymbol{p}^*$，则追踪航天器和目标航天器的追逃轨迹和控制序列通过以优化向量 $\boldsymbol{p}^*$ 为初始条件，积分状态方程式(8.6)～式(8.11)和协态方程式(8.20)～式(8.25)获取。

8.2.2.2　球模型优化问题

类似地，对于球模型，令协态变量 $\hat{\lambda}$ 和归一化终端时 $\bar{t}_{\mathrm{f}}$ 作为优化变量 $\hat{\boldsymbol{p}}$ 如式(8.98)所示：

$$\hat{\boldsymbol{p}} = [\hat{\lambda}_{c1}, \hat{\lambda}_{c2}, \hat{\lambda}_{c3}, \hat{\lambda}_{c5}, \hat{\lambda}_{c6}, \hat{\lambda}_{t1}, \hat{\lambda}_{t2}, \hat{\lambda}_{t3}, \hat{\lambda}_{t5}, \hat{\lambda}_{t6}, \bar{t}_f]^{T} \tag{8.98}$$

式中

$$\hat{lb}_j \leqslant \hat{\boldsymbol{p}}_j \leqslant \hat{u}b_j, \quad j = 1,2,\cdots,11$$

与笛卡儿模型不同，协态变量 $\hat{\lambda}_{P4}$ 和 $\hat{\lambda}_{E4}$ 在整个追逃过程中为常数且没有出现在控制方程中，即不被用于计算控制变量 $\hat{\alpha}_i$ 和 $\hat{\beta}_i$，所以不需作为优化变量进行优化。但为了满足边界条件式(8.75)~式(8.83)，在算法过程中其取值如式(8.99)和式(8.100)所示：

$$\hat{\lambda}_{P4} \equiv 0 \tag{8.99}$$

$$\hat{\lambda}_{E4} \equiv 0 \tag{8.100}$$

通过引入权值向量 $\hat{\boldsymbol{k}}$ 和扩展边界条件 $\hat{\boldsymbol{\Psi}}_{ext}$，定义优化目标函数如式(8.101)所示：

$$\min_{\hat{p} \in \mathbb{R}^n} \hat{H}(\hat{\boldsymbol{p}}) = \hat{\boldsymbol{k}}^{T} |\hat{\boldsymbol{\Psi}}_{ext}| \tag{8.101}$$

式中

$$\hat{\boldsymbol{\Psi}}_{ext} = [r_{cf} - r_{tf}, \xi_{cf} - \xi_{tf}, \varphi_{cf} - \varphi_{tf}, \hat{\lambda}_{c1f} + \hat{\lambda}_{t1f}, \hat{\lambda}_{c4f} + \hat{\lambda}_{t4f}, \hat{\lambda}_{c5f} + \hat{\lambda}_{t5f}, \hat{\lambda}_{c2f}, \hat{\lambda}_{c3f}, \hat{\lambda}_{c6f}, \hat{\lambda}_{t2f}, \hat{\lambda}_{t3f}, \hat{\lambda}_{t6f}, 1 + \hat{H}_f]^{T}$$

扩展边界条件 $\hat{\boldsymbol{\Psi}}_{2T}$ 中的终端值通过积分球坐标形式的状态方程式(8.55)~式(8.60)和协态方程式(8.69)~式(8.74)获取，其中协态初值和终端时间由优化向量 $\hat{\boldsymbol{p}}$ 决定，则球模型所对应的优化问题由式(8.101)描述。

设通过求解球模型所对应的优化问题得到的优化向量为 $\hat{\boldsymbol{p}}^*$，则追踪航天器和目标航天器的追逃轨迹和控制序列通过以优化向量 $\hat{\boldsymbol{p}}^*$ 为初始条件，积分状态方程式(8.55)~式(8.60)和协态方程式(8.69)~式(8.74)获取。

8.2.2.3 混合优化算法

在8.2.2.1节和8.2.2.2节中分别将笛卡儿模型和球模型所对应的两点边值问题转换为了优化问题。求解该类优化问题最常用的方法为类似差分进化算法(differential evolution, DE)的传统智能优化算法，但考虑到差分进化算法在求解此类多优化变量的优化问题时耗时过长的问题，该节设计了混合优化算法以提高问题求解效率。

如图8.10所示，混合优化算法由两个阶段组成：全局优化阶段和局部优化阶段。全局优化阶段基于全局优化算法实现，该类算法的特点是搜索区域广但耗时长且精度不高；局部优化阶段基于局部优化算法实现，该类算法的特点是搜索速度快且精度高，但搜索区域较小且容易陷入局部最优解。

全局优化阶段基于改进随机进化算法(improved stochastic ranking evolution strategy, ISRES)实现，该算法最早由Runarsson在文献中提出，并在文献中进行了改进。与差分进化算法不同的是，在改进随机进化算法中变异过程采用对数正态更新并进行指数平滑，差分过程使用类似于Nelder-Mead的更新规则。

局部优化阶段基于主轴法(principal-axis method, PAM)实现，该算法最早由Richard Brent在文献中提出，该算法最初是为无限制优化问题而设计的。通过在全局优化阶段之后引入此局部优化阶段，优化结果将收敛到一个更加理想的结果。

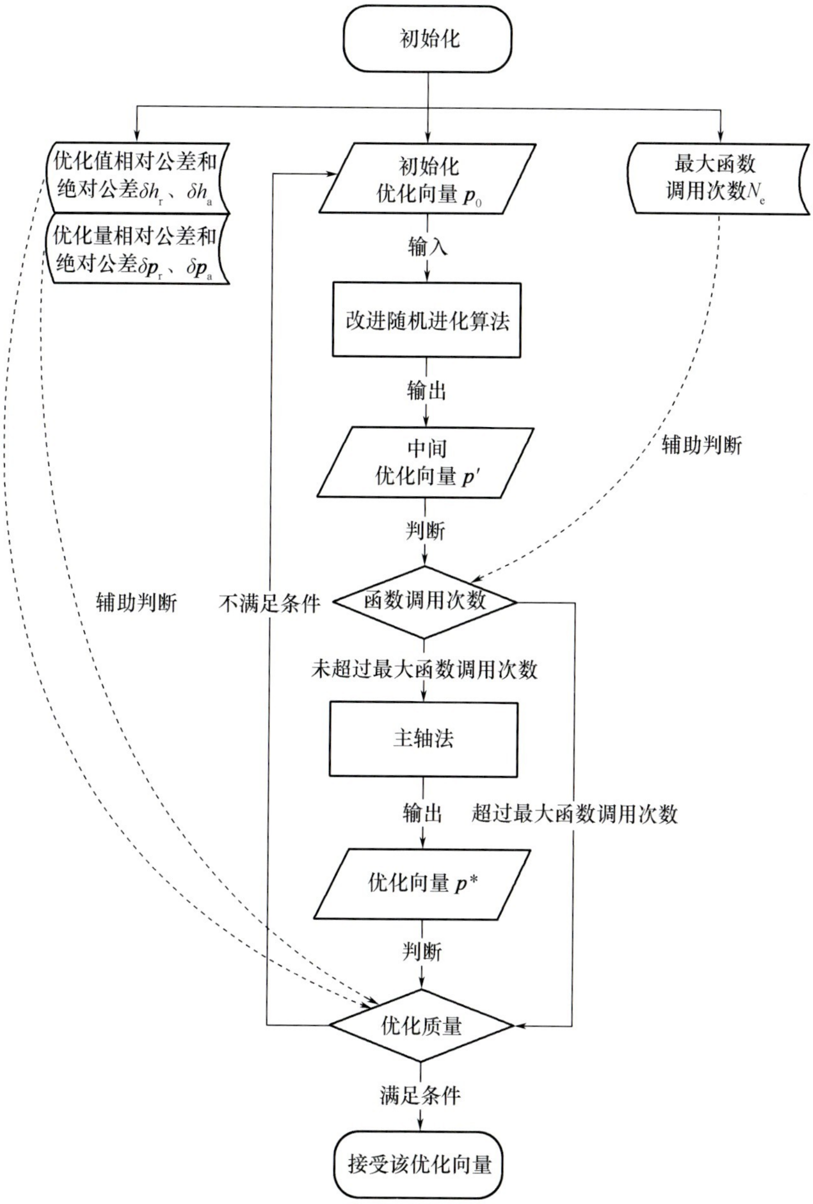

图 8.10　混合优化算法

全局优化阶段和局部优化阶段的终止条件包括最大函数调用次数、函数值公差和参数公差。定义最大函数调用次数为 N_e，相对公差(fractional tolerance)δh_r、$\delta \boldsymbol{p}_r$ 和绝对公差(absolute tolerance)δh_a、$\delta \boldsymbol{p}_a$。当函数调用次数达到最大函数调用次数或优化值和优化变量在所需的公差范围内时，优化将停止。全局优化阶段和局部优化阶段的最大函数调用次数、相对公差以及绝对公差如式(8.102)~式(8.104)所示：

$$N_e = 2\times 10^4 \tag{8.102}$$

$$\delta h_{\mathrm{r}} = \delta \boldsymbol{p}_{\mathrm{r}} = 1 \times 10^{-6} \tag{8.103}$$

$$\delta h_{\mathrm{a}} = \delta \boldsymbol{p}_{\mathrm{a}} = 1 \times 10^{-4} \tag{8.104}$$

8.2.3 仿真分析

混合优化算法的主要目的是提高求解效率。现设计算例以对比混合优化算法与差分进化算法在求解笛卡儿模型和球模型所对应的优化问题时的求解效率。算法的参数设置与混合优化算法相同，如式(8.102)~式(8.104)所示。

首先，假设追踪航天器与目标航天器的推质比分别如式(8.105)和式(8.106)所示：

$$\frac{T_{\mathrm{c}}}{m_{\mathrm{c}}} = 0.1g \tag{8.105}$$

$$\frac{T_{\mathrm{t}}}{m_{\mathrm{t}}} = 0.05g \tag{8.106}$$

式中

$$g = \frac{\mu_{\mathrm{E}}}{R_{\mathrm{E}}^2}$$

假设追踪航天器与目标航天器的初始状态分别如式(8.107)和式(8.108)所示：

$$\begin{cases} r_{\mathrm{c0}} = 6\,578.165\ \mathrm{km} \\ \xi_{\mathrm{c0}} = 10^\circ \\ \varphi_{\mathrm{c0}} = 0^\circ \\ v_{\mathrm{c0}} = 7.784\ \mathrm{km/s} \\ \Theta_{\mathrm{c0}} = 0^\circ \\ A_{\mathrm{c0}} = 60^\circ \end{cases} \Rightarrow \begin{cases} x_{\mathrm{c0}} = 6\,478.228\ \mathrm{km} \\ y_{\mathrm{c0}} = 1\,142.286\ \mathrm{km} \\ z_{\mathrm{c0}} = 0\ \mathrm{km} \\ v_{x\mathrm{c0}} = -1.171\ \mathrm{km/s} \\ v_{y\mathrm{c0}} = 6.639\ \mathrm{km/s} \\ v_{z\mathrm{c0}} = 3.892\ \mathrm{km/s} \end{cases} \tag{8.107}$$

$$\begin{cases} r_{\mathrm{t0}} = 6\,578.165\ \mathrm{km} \\ \xi_{\mathrm{t0}} = 36.466^\circ \\ \varphi_{\mathrm{t0}} = 7.644^\circ \\ v_{\mathrm{t0}} = 7.784\ \mathrm{km/s} \\ \Theta_{\mathrm{t0}} = 0^\circ \\ A_{\mathrm{t0}} = 40.433^\circ \end{cases} \Rightarrow \begin{cases} x_{\mathrm{t0}} = 5\,243.186\ \mathrm{km} \\ y_{\mathrm{t0}} = 3\,874.991\ \mathrm{km} \\ z_{\mathrm{t0}} = 875.402\ \mathrm{km} \\ v_{x\mathrm{t0}} = -3.634\ \mathrm{km/s} \\ v_{y\mathrm{t0}} = 3.592\ \mathrm{km/s} \\ v_{z\mathrm{t0}} = 5.872\ \mathrm{km/s} \end{cases} \tag{8.108}$$

令笛卡儿模型和球模型所对应的优化问题优化变量边界条件分别如式(8.109)和式(8.110)所示：

$$lb_j = \begin{cases} -10, & j = 1,\cdots,12 \\ 0, & j = 13 \end{cases} \quad ub_j = \begin{cases} 10, & j = 1,\cdots,12 \\ 5, & j = 13 \end{cases} \tag{8.109}$$

$$\hat{lb}_j = \begin{cases} -10, & j = 1,\cdots,10 \\ 0, & j = 11 \end{cases} \quad \hat{ub}_j = \begin{cases} 10, & j = 1,\cdots,10 \\ 5, & j = 11 \end{cases} \tag{8.110}$$

令笛卡儿模型和球模型所对应的优化问题的权值向量分别如式(8.111)和式(8.112)所示：

$$\boldsymbol{k} = [10,10,10,1,1,1,1,1,1,1,1,1,1]^{\mathrm{T}} \tag{8.111}$$

$$\hat{\boldsymbol{k}}=[1,R_E,R_E,1,1,1,1,1,1,1,1,1,1]^T \tag{8.112}$$

将混合优化算法和差分进化算法分别应用于上述问题。混合优化算法和差分进化算法的求解耗时和优化值结果的对比见表 8.1；笛卡儿模型和球模型对应的追逃轨迹分别如图 8.11 和图 8.12 所示，对应的控制序列分别如图 8.13 和图 8.14 所示。

表 8.1　差分进化算法与混合优化算法求解效率和优化值对比

算法	笛卡儿模型		球模型	
	耗时/s	优化值 $h(\boldsymbol{p}^*)$	耗时/s	优化值 $\hat{H}(\hat{\boldsymbol{p}}^*)$
MGLOS	63.359	359.483	35.085	93.898
DE	1.154×10^4	406.925	3.380×10^3	203.627

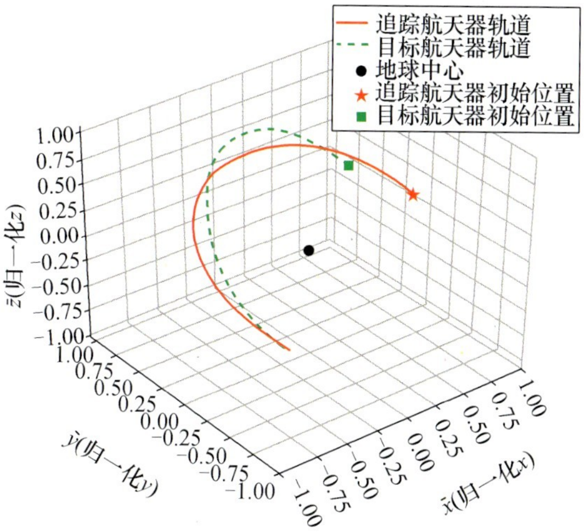

图 8.11　笛卡儿模型追逃轨迹

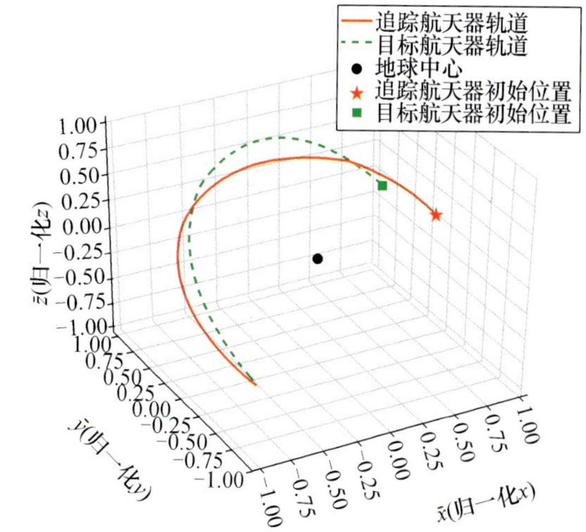

图 8.12　球模型追逃轨迹

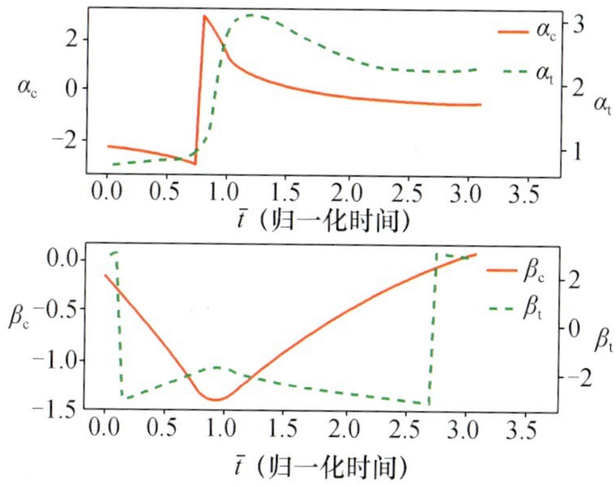

图 8.13　笛卡儿模型控制序列

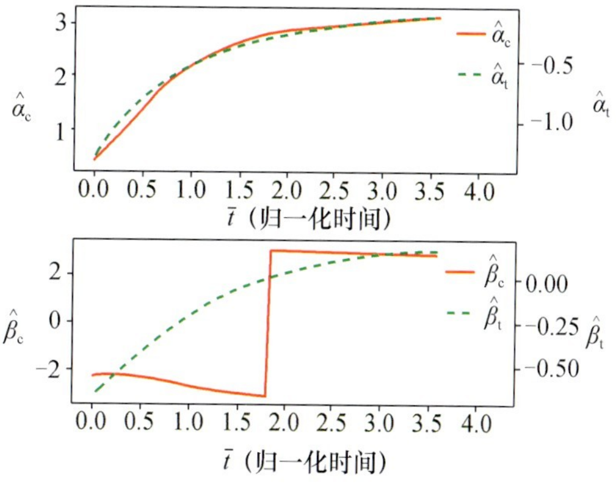

图 8.14　球模型控制序列

如图 8.13 所示,在共享时间轴的双轴坐标系中描述了笛卡儿模型中的控制变量 α_c、α_t 和 β_c、β_t。类似地,如图 8.14 所示,在共享时间轴的双轴坐标系中描述了球模型中的控制变量 $\hat{\alpha}_c$、$\hat{\alpha}_t$ 和 $\hat{\beta}_c$、$\hat{\beta}_t$。由微分对策理论可知,上述结果即为远距离轨道追逃问题的控制序列。进一步将该控制序列作用于对应的模型,追踪航天器和目标航天器的轨迹分别如图 8.11 和图 8.12 所示,该轨迹即为远距离轨道追逃问题的追逃轨迹。

该算例验证了混合优化算法和差分进化算法求解笛卡儿模型和球模型所对应的优化问题的有效性。同时,如表 8.1 所示,无论是笛卡儿模型还是球模型,混合优化算法的求解效率都比差分进化算法更高,优化值也比差分进化算法更小。这也同时体现了混合优化算法在求解笛卡儿模型和球模型所对应的优化问题时的高效性和准确性。

可以发现在上述算例中,两种模型下混合优化算法的求解效率也比差分进化算法更高,事实上不仅限于上述算例,在之后的仿真分析中也发现混合优化算法的求解效率普遍高于差分进化算法,且一般情况下博弈时间越长这种效率优势会越明显。

8.3 近距离轨道追逃问题

近距离轨道追逃问题是航天器轨道追逃问题的研究热点,其主要针对追踪航天器与目标航天器的追逃起始位置距离较近的任务场景,其中追踪航天器与目标航天器在追逃起始位置时相距几米到几十千米。本小节针对近距离轨道追逃问题,基于 LVLH 坐标系下的航天器相对运动动力学模型,结合微分对策理论建立了相应的近距离轨道追逃微分对策模型,成功将近距离轨道追逃问题转换为了与之对应的两点边值问题。同时,通过对近距离轨道追逃微分对策模型的分析,总结并提出了等价近距离轨道追逃微分对策模型这一重要特性,该特性为提高近距离轨道追逃问题的求解效率提供了可能性。

8.3.1 近距离轨道追逃模型

8.3.1.1 基于微分对策的近距离轨道追逃模型

在近距离轨道追逃问题中,追踪航天器与目标航天器的追逃起始位置相距较近,因此通常选择在 LVLH 坐标系下描述该问题。LVLH 坐标系如图 8.15 所示。

如图 8.15 所示,LVLH 坐标系的坐标原点为参考航天器;x 轴沿参考航天器地心矢径方向;y 轴沿参考航天器轨迹方向且与 x 轴垂直;z 轴垂直于参考航天器轨道面指向轨道角动量方向,则根据定义,z 轴与 x 轴、y 轴成“右手系”。

假设航天器推质比 T_i/m_i 追逃全程为常数,定义控制向量 $\boldsymbol{u}_i=[\alpha_i,\beta_i]^{\mathrm{T}}$ 用以描述航天器的推力方向,如图 8.16 所示。

控制变量 α_i 和 β_i 的取值范围分别如式(8.113)和式(8.114)所示:

$$-\pi \leqslant \alpha_i \leqslant \pi \tag{8.113}$$

$$-\frac{\pi}{2} \leqslant \beta_i \leqslant \frac{\pi}{2} \tag{8.114}$$

式中,i=c,t,下标 c 表示追踪航天器,下标 t 表示目标航天器。

设参考航天器的轨道角速度为 n,定义追踪航天器和目标航天器的状态向量如式(8.115)

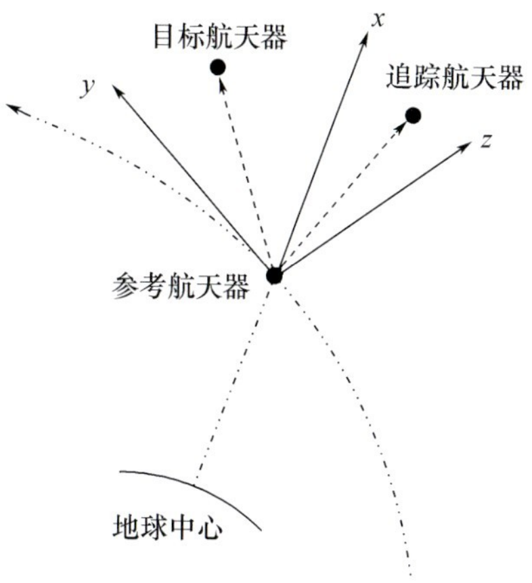

图 8.15　LVLH 坐标系示意图

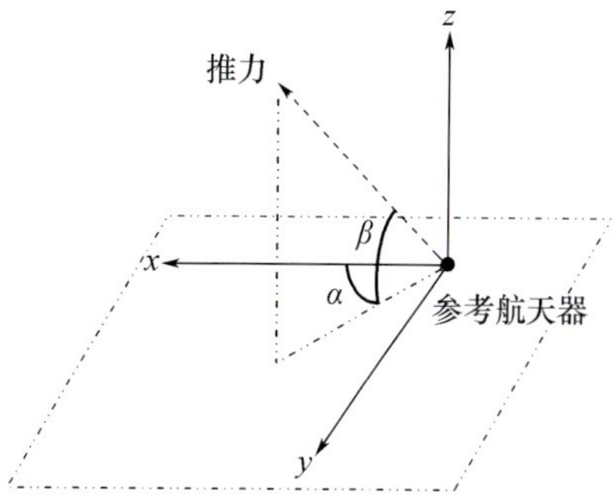

图 8.16　推力示意图

所示：

$$\boldsymbol{X}_i = [x_i, y_i, z_i, \dot{x}_i, \dot{y}_i, \dot{z}_i]^{\mathrm{T}}, i = \mathrm{c}, \mathrm{t} \tag{8.115}$$

则两航天器的状态方程如式(8.116)所示：

$$\dot{\boldsymbol{X}}_i = \boldsymbol{A}\boldsymbol{X}_i + \boldsymbol{B}\boldsymbol{U}_i \tag{8.116}$$

式中

$$\boldsymbol{A} = \begin{bmatrix} 0 & 0 & 0 & 1 & 0 & 0 \\ 0 & 0 & 0 & 0 & 1 & 0 \\ 0 & 0 & 0 & 0 & 0 & 1 \\ 3n^2 & 0 & 0 & 0 & 2n & 0 \\ 0 & 0 & 0 & -2n & 0 & 0 \\ 0 & 0 & -n^2 & 0 & 0 & 0 \end{bmatrix}, \boldsymbol{B} = \begin{bmatrix} 0 & 0 & 0 \\ 0 & 0 & 0 \\ 0 & 0 & 0 \\ 1 & 0 & 0 \\ 0 & 1 & 0 \\ 0 & 0 & 1 \end{bmatrix}, \boldsymbol{U}_i = \frac{T_i}{m_i}\begin{bmatrix} \cos\alpha_i \cos\beta_i \\ \sin\alpha_i \cos\beta_i \\ \sin\beta_i \end{bmatrix}$$

定义近距离轨道追逃问题的边界条件 $\boldsymbol{\Psi}$ 如式(8.117)所示：

$$\boldsymbol{\Psi} = r_{\mathrm{cf}} - r_{\mathrm{tf}} \tag{8.117}$$

式中，r_{cf} 和 r_{tf} 分别表示追踪航天器和目标航天器在 LVLH 坐标系中的终端矢径，即近距离轨道追逃问题以追踪航天器与目标航天器的终端矢径之差为边界条件，如式(8.118)～式(8.120)所示：

$$x_{\mathrm{cf}} - x_{\mathrm{tf}} = 0 \tag{8.118}$$

$$y_{\mathrm{cf}} - y_{\mathrm{tf}} = 0 \tag{8.119}$$

$$z_{\mathrm{cf}} - z_{\mathrm{tf}} = 0 \tag{8.120}$$

设追逃时间 t_{f} 作为该模型的目标函数 ϕ 如式(8.121)所示：

$$\phi = \phi_{\mathrm{c}} = -\phi_{\mathrm{t}} = t_{\mathrm{f}} \tag{8.121}$$

该目标由追踪航天器最小化，由目标航天器最大化。

定义哈密尔顿函数 H 和终端函数 $\boldsymbol{\Phi}$ 分别如式(8.122)和式(8.123)所示：

$$H = \boldsymbol{\lambda}_{\mathrm{c}}^{\mathrm{T}}\dot{X}_{\mathrm{c}} + \boldsymbol{\lambda}_{\mathrm{t}}^{\mathrm{T}}\dot{\boldsymbol{X}}_{\mathrm{t}} \tag{8.122}$$

$$\boldsymbol{\Phi} = \phi + \boldsymbol{v}^{\mathrm{T}}\boldsymbol{\Psi} \tag{8.123}$$

式中

$$\boldsymbol{\lambda}_c = [\lambda_{c1}, \lambda_{c2}, \lambda_{c3}, \lambda_{c4}, \lambda_{c5}, \lambda_{c6}]^T$$
$$\boldsymbol{\lambda}_t = [\lambda_{t1}, \lambda_{t2}, \lambda_{t3}, \lambda_{t4}, \lambda_{t5}, \lambda_{t6}]^T$$
$$\boldsymbol{v} = [v_1, v_2, v_3]^T$$

则根据微分对策理论,协态变量须满足的必要条件如式(8.124)和式(8.125)所示:

$$\dot{\boldsymbol{\lambda}}_i = -\left[\frac{\partial H}{\partial \boldsymbol{X}_i}\right]^T \tag{8.124}$$

$$\boldsymbol{\lambda}_{if} - \frac{\partial \boldsymbol{\Phi}}{\partial \boldsymbol{X}_{if}} = 0 \tag{8.125}$$

进一步展开式(8.124)和式(8.125)分别得到协态方程和协态变量边界条件如式(8.126)~式(8.132)所示:

$$\dot{\boldsymbol{\lambda}}_i = \boldsymbol{C}\boldsymbol{\lambda}_i \tag{8.126}$$

式中

$$\boldsymbol{C} = \begin{bmatrix} 0 & 0 & 0 & -3n^2 & 0 & 0 \\ 0 & 0 & 0 & 0 & 0 & 0 \\ 0 & 0 & 0 & 0 & 0 & n^2 \\ -1 & 0 & 0 & 0 & 2n & 0 \\ 0 & -1 & 0 & -2n & 0 & 0 \\ 0 & 0 & -1 & 0 & 0 & 0 \end{bmatrix}$$

满足条件:

$$\lambda_{c1f} + \lambda_{t1f} = 0 \tag{8.127}$$
$$\lambda_{c2f} + \lambda_{t2f} = 0 \tag{8.128}$$
$$\lambda_{c3f} + \lambda_{t3f} = 0 \tag{8.129}$$
$$\lambda_{c4f} = \lambda_{t4f} = 0 \tag{8.130}$$
$$\lambda_{c5f} = \lambda_{t5f} = 0 \tag{8.131}$$
$$\lambda_{c6f} = \lambda_{t6f} = 0 \tag{8.132}$$

因此,t 时刻的协态变量可由式(8.133)计算得到:

$$\boldsymbol{\lambda}_i(t) = \boldsymbol{\lambda}_{if} 2\mathrm{e}^{C(t-t_f)} \tag{8.133}$$

式中

$$\mathrm{e}^{C(t-t_f)} =$$
$$\begin{bmatrix} 4-3\cos\theta & 6(\theta-\sin\theta) & 0 & -3n\sin\theta & 6n(\cos\theta-1) & 0 \\ 0 & 1 & 0 & 0 & 0 & 0 \\ 0 & 0 & \cos\theta & 0 & 0 & n\sin\theta \\ -\frac{1}{n}\sin\theta & \frac{2}{n}(\cos\theta-1) & 0 & \cos\theta & 2\sin\theta & 0 \\ -\frac{2}{n}(\cos\theta-1) & -\frac{1}{n}(4\sin\theta-3\theta) & 0 & -2\sin\theta & 4\cos\theta-3 & 0 \\ 0 & 0 & -\frac{1}{n}\sin\theta & 0 & 0 & \cos\theta \end{bmatrix}$$

$$\theta = n(t - t_f)$$

由式(8.127)~式(8.133)可得追踪航天器和目标航天器的协态变量始终互为相反数,如式(8.134)所示:

$$\boldsymbol{\lambda}_c = -\boldsymbol{\lambda}_t \tag{8.134}$$

哈密尔顿函数须满足的必要条件如式(8.135)所示:

$$\frac{\partial \boldsymbol{\Phi}}{\partial t_f} + H_f = 0 \tag{8.135}$$

进一步展开式(8.135)得到哈密尔顿函数的边界条件如式(8.136)所示:

$$1 + H_f = 0 \tag{8.136}$$

鞍点解须满足的必要条件如式(8.137)和式(8.138)所示:

$$\frac{\partial H}{\partial \boldsymbol{u}_i} = \begin{bmatrix} H_1 \\ H_2 \end{bmatrix} = \boldsymbol{0} \tag{8.137}$$

$$\frac{\partial^2 H}{\partial \boldsymbol{u}_i^2} = \begin{bmatrix} H_{11} & H_{12} \\ H_{21} & H_{22} \end{bmatrix} \begin{cases} \geqslant 0, & i = \mathrm{c} \\ \leqslant 0, & i = \mathrm{t} \end{cases} \tag{8.138}$$

式中

$$H_1 = -\lambda_{i4}\sin\alpha_i\cos\beta_i + \lambda_{i5}\cos\alpha_i\cos\beta_i$$
$$H_2 = -\lambda_{i4}\cos\alpha_i\sin\beta_i - \lambda_{i5}\sin\alpha_i\sin\beta_i + \lambda_{i6}\cos\beta_i$$
$$H_{11} = -\lambda_{i4}\cos\alpha_i\cos\beta_i - \lambda_{i5}\sin\alpha_i\cos\beta_i$$
$$H_{22} = -\lambda_{i4}\cos\alpha_i\cos\beta_i - \lambda_{i5}\sin\alpha_i\cos\beta_i - \lambda_{i6}\sin\beta_i$$
$$H_{12} = \lambda_{i4}\sin\alpha_i\sin\beta_i - \lambda_{i5}\cos\alpha_i\sin\beta_i$$
$$H_{21} = H_{12}$$

进一步化简得到控制方程如式(8.139)~式(8.142)所示:

$$\sin\alpha_i^* = \mathrm{flag}\frac{\lambda_{i5}}{\sqrt{\lambda_{i4}^2 + \lambda_{i5}^2}} \tag{8.139}$$

$$\cos\alpha_i^* = \mathrm{flag}\frac{\lambda_{i4}}{\sqrt{\lambda_{i4}^2 + \lambda_{i5}^2}} \tag{8.140}$$

$$\sin\beta_i^* = \mathrm{flag}\frac{\lambda_{i6}}{\sqrt{\lambda_{i4}^2 + \lambda_{i5}^2 + \lambda_{i6}^2}} \tag{8.141}$$

$$\cos\beta_i^* = \frac{\sqrt{\lambda_{i4}^2 + \lambda_{i5}^2}}{\sqrt{\lambda_{i4}^2 + \lambda_{i5}^2 + \lambda_{i6}^2}} \tag{8.142}$$

式中

$$\mathrm{flag} = \begin{cases} -1, & i = \mathrm{c} \\ 1, & i = \mathrm{t} \end{cases}$$

由式(8.134)、式(8.139)~式(8.142)可得追踪航天器和目标航天器的最优控制变量始终相等如式(8.143)~(8.146)所示:

$$\sin\alpha_c^* = \sin\alpha_t^* \tag{8.143}$$

$$\cos\alpha_c^* = \cos\alpha_t^* \tag{8.144}$$

$$\sin \beta_{c}^{*} = \sin \beta_{t}^{*} \tag{8.145}$$

$$\cos \beta_{c}^{*} = \cos \beta_{t}^{*} \tag{8.146}$$

近距离轨道追逃微分对策模型由式(8.116)、式(8.117)、式(8.122)、式(8.126)~式(8.132)、式(8.136)和式(8.139)~式(8.142)组成,同时该模型也构成了一个两点边值问题。

8.3.1.2 等价近距离轨道追逃微分对策模型

定义相对状态向量 $\tilde{\boldsymbol{X}}$ 如式(8.147)所示:

$$\tilde{\boldsymbol{X}} = \boldsymbol{X}_{c} - \boldsymbol{X}_{t} \tag{8.147}$$

根据式(8.116),相对状态向量的状态微分方程如式(8.148)所示:

$$\dot{\tilde{\boldsymbol{X}}} = \boldsymbol{A}\tilde{\boldsymbol{X}} + \boldsymbol{B}\tilde{\boldsymbol{U}} \tag{8.148}$$

式中

$$\tilde{\boldsymbol{U}} = \boldsymbol{U}_{c} - \boldsymbol{U}_{t}$$

根据式(8.134)推导可得相对状态向量对应的哈密尔顿函数 H 如式(8.149)所示:

$$H = \tilde{\boldsymbol{\lambda}}^{T}\dot{\tilde{\boldsymbol{X}}} \tag{8.149}$$

式中

$$\tilde{\boldsymbol{\lambda}} = \boldsymbol{\lambda}_{c} = - \boldsymbol{\lambda}_{t}$$

进一步推导可知相对状态向量对应的协态向量 $\tilde{\boldsymbol{\lambda}}$ 和哈密尔顿函数 H 满足的必要条件如式(8.150)所示:

$$\dot{\tilde{\boldsymbol{\lambda}}} = -\left[\frac{\partial H}{\partial \tilde{\boldsymbol{X}}}\right]^{T} \tag{8.150}$$

满足条件:

$$\tilde{\lambda}_{1f} = v_{1} \tag{8.151}$$

$$\tilde{\lambda}_{2f} = v_{2} \tag{8.152}$$

$$\tilde{\lambda}_{3f} = v_{3} \tag{8.153}$$

$$\tilde{\lambda}_{4f} = 0 \tag{8.154}$$

$$\tilde{\lambda}_{5f} = 0 \tag{8.155}$$

$$\tilde{\lambda}_{6f} = 0 \tag{8.156}$$

至此,式(8.117)、式(8.136)、式(8.148)~式(8.156)描述了一个新的近距离轨道追逃微分对策模型,其中航天器的初始状态为 $\tilde{\boldsymbol{X}}_{0} = \boldsymbol{X}_{c0} - \boldsymbol{X}_{t0}$,状态微分方程如式(8.148)所示,边界条件如式(8.117)所示,协态微分方程如式(8.150)所示,协态变量边界条件如式(8.151)~式(8.156)所示,哈密尔顿函数如式(8.149)所示,哈密尔顿函数边界条件如式(8.136)所示。

类似地,定义 $\tilde{T}/m$ 和 $\tilde{\boldsymbol{u}} = [\tilde{\alpha}, \tilde{\beta}]^{T}$ 分别表示该航天器的推质比和控制向量。

则其对应的推力向量 $\tilde{\boldsymbol{U}}$ 如式(8.157)所示：

$$\tilde{\boldsymbol{U}}=\frac{\tilde{T}}{\tilde{m}}\begin{bmatrix}\cos\tilde{\alpha}\cos\tilde{\beta}\\ \sin\tilde{\alpha}\cos\tilde{\beta}\\ \sin\tilde{\beta}\end{bmatrix} \tag{8.157}$$

根据式(8.143)~式(8.146)，最优状态向量 $\tilde{\boldsymbol{X}}^*$ 满足的状态微分方程如式(8.158)所示：

$$\dot{\tilde{\boldsymbol{X}}}^*=\boldsymbol{A}\tilde{\boldsymbol{X}}^*+\boldsymbol{B}\tilde{\boldsymbol{U}}^* \tag{8.158}$$

式中

$$\tilde{\boldsymbol{U}}^*=\left(\frac{T_{\mathrm{c}}}{m_{\mathrm{c}}}-\frac{T_{\mathrm{t}}}{m_{\mathrm{t}}}\right)\begin{bmatrix}\cos\alpha_{\mathrm{c}}^*\cos\beta_{\mathrm{c}}^*\\ \sin\alpha_{\mathrm{c}}^*\cos\beta_{\mathrm{c}}^*\\ \sin\beta_{\mathrm{c}}^*\end{bmatrix}=\left(\frac{T_{\mathrm{c}}}{m_{\mathrm{c}}}-\frac{T_{\mathrm{t}}}{m_{\mathrm{t}}}\right)\begin{bmatrix}\cos\alpha_{\mathrm{t}}^*\cos\beta_{\mathrm{t}}^*\\ \sin\alpha_{\mathrm{t}}^*\cos\beta_{\mathrm{t}}^*\\ \sin\beta_{\mathrm{t}}^*\end{bmatrix} \tag{8.159}$$

比较式(8.157)和式(8.159)可得

$$\frac{\tilde{T}}{m}=\frac{T_{\mathrm{c}}}{m_{\mathrm{c}}}-\frac{T_{\mathrm{t}}}{m_{\mathrm{t}}}$$

$$\tilde{\alpha}^*=\alpha_{\mathrm{c}}^*=\alpha_{\mathrm{t}}^*$$

$$\tilde{\beta}^*=\beta_{\mathrm{c}}^*=\beta_{\mathrm{t}}^*$$

因此可得结论：假设在一个近距离轨道追逃微分对策模型中，追踪航天器的初始状态和推质比分别为 $\boldsymbol{X}_{\mathrm{c}0}$ 和 $T_{\mathrm{c}}/m_{\mathrm{c}}$，目标航天器的初始状态和推质比分别为 $\boldsymbol{X}_{\mathrm{t}0}$ 和 $T_{\mathrm{t}}/m_{\mathrm{t}}$。该模型等价于另一个近距离轨道追逃微分对策模型，其中等价目标航天器为参考航天器且无机动能力，而等价追踪航天器的初始状态和推质比为 $\tilde{\boldsymbol{X}}_0=\boldsymbol{X}_{\mathrm{c}0}-\boldsymbol{X}_{\mathrm{t}0}$ 和 $\tilde{T}/m=T_{\mathrm{c}}/m_{\mathrm{c}}-T_{\mathrm{t}}/m_{\mathrm{t}}$，该模型称为原模型的等价近距离轨道追逃微分对策模型。

综上所述，本小节基于 LVLH 坐标系下的 CW 方程描述的航天器相对运动动力学模型，结合微分对策理论建立了近距离轨道追逃微分对策模型，将近距离轨道追逃问题成功转化为了与之对应的两点边值问题。近距离轨道追逃微分对策模型拥有许多独有特性，如追踪航天器与目标航天器的最优控制量始终相等，以及等价近距离轨道追逃微分对策模型，这些特性都为提高近距离轨道追逃问题的求解效率提供了可能性。

8.3.2　算法设计

与远距离轨道追逃微分对策模型类似，求解近距离轨道追逃微分对策模型所对应的两点边值问题须先将其转换为优化问题，然后使用优化算法进行求解。优化问题的一般形式如式(8.160)所示：

$$\min_{\boldsymbol{p}\in\mathbb{R}^n} h(\boldsymbol{p}) \tag{8.160}$$

式中，h 是优化目标函数；$\boldsymbol{p}$ 为优化向量，由 n 个优化变量组成。优化变量的边界条件如式(8.161)所示：

$$lb_j\leqslant \boldsymbol{p}_j\leqslant ub_j,\quad j=1,2,\cdots,n \tag{8.161}$$

对于近距离轨道追逃微分对策模型,协态变量终值和终端时间作为优化变量,如式(8.162)所示:

$$\boldsymbol{p}=[\lambda_{\text{c1f}},\lambda_{\text{c2f}},\lambda_{\text{c3f}},t_{\text{f}}]^{\text{T}} \tag{8.162}$$

式中

$$lb_j \leqslant \boldsymbol{p}_j \leqslant ub_j,\quad j=1,2,3,4$$

通过引入权值向量 $\boldsymbol{k}$ 和扩展边界条件 $\boldsymbol{\Psi}_{\text{ext}}$,定义优化目标函数,如式(8.163)所示:

$$h(\boldsymbol{p})=\boldsymbol{k}^{\text{T}}\,|\,\boldsymbol{\Psi}_{\text{ext}}\,| \tag{8.163}$$

式中

$$\boldsymbol{\Psi}_{\text{ext}}=[x_{\text{cf}}-x_{\text{tf}},y_{\text{cf}}-y_{\text{tf}},z_{\text{cf}}-z_{\text{tf}},1+H_{\text{f}}]^{\text{T}}$$

扩展边界条件 $\boldsymbol{\Psi}_{\text{ext}}$ 中的终端值通过积分状态方程(8.116)和协态方程(8.126)获取,其中协态终值和终端时间由优化向量 $\boldsymbol{p}$ 决定。

可以发现,与远距离轨道追逃微分对策模型所对应的优化问题不同,近距离轨道追逃微分对策模型对应的优化问题中的优化变量为协态终值而非协态初值,并且扩展边界条件中不包含协态变量。这是因为在近距离轨道追逃微分对策模型中,协态方程(8.126)仅与协态变量相关。所以给定协态终值和终端时间,协态初值可直接由反向积分获取。然后再将协态初值代入状态方程(8.116)积分即可获取扩展边界条件中的终端值。相比于优化协态初值,直接优化协态终值降低了扩展边界条件的维度,在求解过程中该技巧可以显著提高求解效率和求解精度。

至此,近距离轨道追逃微分对策模型所对应的优化问题由式(8.163)描述,该优化问题由近距离轨道追逃微分对策模型所对应的两点边值问题转化得到。该优化问题旨在搜索优化向量 $\boldsymbol{p}^*$ 以最小化目标函数 h。

设通过求解近距离轨道追逃微分对策模型所对应的优化问题得到的优化向量为 $\boldsymbol{p}^*$,则追踪航天器和目标航天器的追逃轨迹和控制序列通过以优化向量 $\boldsymbol{p}^*$ 为初始条件,积分状态方程(8.116)和协态方程(8.126)获取。

综上所述,在近距离轨道追逃中,追踪航天器与目标航天器的追逃轨迹和控制序列通过求解近距离轨道追逃微分对策模型所对应的两点边值问题获取,而通过引入权值向量和扩展边界条件,将近距离轨道追逃微分对策模型所对应的两点边值问题转换为了近距离轨道追逃微分对策模型所对应的优化问题。则通过设计合适的优化算法对上述优化问题进行求解,即可计算获取追踪航天器与目标航天器的追逃轨迹和控制序列,其中控制序列即可作为追踪航天器和目标航天器的追逃策略。

传统智能优化算法是求解近距离轨道追逃微分对策模型的常用算法。该算法与针对远距离轨道追逃微分对策模型的混合优化算法类似,同样分为两个阶段,全局优化阶段和局部优化阶段,而经过仿真分析发现,其中全局优化阶段耗时较长,为主要的耗时阶段。

因此为了进一步提高求解效率,本小节设计了基于深度神经网络的智能优化算法(deep neural network based optimization method),以下简称 DNN 优化算法,该算法通过引入深度神经网络取代全局优化阶段以达到显著提高算法效率的目的。DNN 优化算法分为两个阶段:准备阶段和应用阶段。

8.3.2.1　准备阶段

准备阶段通过传统智能优化算法求解近距离轨道追逃微分对策模型所对应的优化问题生成样本集以训练深度神经网络，该深度神经网络的作用是建立追踪航天器与目标航天器的初始状态 $\boldsymbol{X}_{c0}$、$\boldsymbol{X}_{t0}$ 和参考航天器角速度 n 与优化向量 $\boldsymbol{p}^*$ 之间的映射，其具体流程如伪代码 8.1 所示。

伪代码 8.1：DNN 优化算法准备阶段

```
设定样本集的容量为 N，优化目标阈值为 h_t
for 样本编号 = 1:N do
    随机生成追踪航天器的目标航天器的初始状态分别为 X_c0 和 X_t0
    随机生成参考航天器轨道并计算其轨道角速度 n
    While h>h_t do
        运用传统智能优化算法求解近距离轨道追逃微分对策模型获取优化向量 p*
        计算该优化向量 p* 对应的目标函数值 h
    end
    将初始条件 X_c0、X_t0、n 和优化向量 p* 作为样本记录存入样本集
end
将样本集按比例 99:1 分为训练集 T 和验证集 V
以随机权值参数 θ^F 初始化深度神经网络 F(X_c0, X_t0, n|θ^F)
设定最大训练次数为 M，学习率为 l_r
for 训练次数 = 1:M do
    从训练集 T 中随机抽取 b 条样本记录
    计算网络输出偏差 δ_p，并采用特定优化器更新深度神经网络
    if 训练次数达到验证频率 then
        计算并记录验证集 V 中所有样本记录的网络输出偏差
    end
end
```

在准备阶段引入优化目标阈值 h_t 是为了确保样本集中样本记录的质量。这是因为传统智能优化算法存在随机性，对于同一初始条件 $\boldsymbol{X}_{c0}$、$\boldsymbol{X}_{t0}$ 和 n，其每次求解结果质量不尽相同。所以为提高训练样本的质量，引入了优化目标阈值 h_t。优化目标阈值 h_t 取值越小，对样本集中样本记录的质量要求越高，但是相对地生成样本集所需时间越长。

样本集中的每条样本记录由初始条件和优化向量 $\boldsymbol{p}^*$ 组成，其中初始条件包括追踪航天器的初始状态 $\boldsymbol{X}_{c0}$、目标航天器的初始状态 $\boldsymbol{X}_{t0}$ 和参考航天器的轨道角速度 n。

深度神经网络 $F(\boldsymbol{X}_{c0},\boldsymbol{X}_{t0},n \mid \theta^F)$ 的输入为初始条件，输出为优化向量。其权重参数 θ^F 在循环中进行训练及验证，训练采用梯度下降的方式进行，具体梯度下降的方法由优化器决定，其中学习率为 l_r 网络输出偏差 δ_p 用以产生梯度回传对深度神经网络进行优化，同时其也是衡量训练质量的重要指标，其定义如式(8.164)所示：

$$\delta_p = \frac{1}{b} \left| F(\boldsymbol{X}_{c0},\boldsymbol{X}_{t0},n \mid \theta^F) - \boldsymbol{p}^* \right|^2 \tag{8.164}$$

式中，b 为每次循环从样本集中抽取的样本记录的个数。

特别地，如果目标航天器没有机动能力，将目标航天器视为参考航天器，则参考航天器的初始状态 $\boldsymbol{X}_{t0}$ 将恒为零向量。这样的好处是，其初始状态可以从深度神经网络的输入中移除，以达到降低输入维数的目的。

由于任意近距离轨道追逃微分对策模型存在等价近距离轨道追逃微分对策模型，在等价近距离轨道追逃微分对策模型的设定中，其中等价目标航天器为参考航天器且无机动能力，而等价追踪航天器的初始状态和推质比为 $\tilde{\boldsymbol{X}}_0=\boldsymbol{X}_{c0}-\boldsymbol{X}_{t0}$ 和 $\dfrac{\tilde{T}}{m}=\dfrac{T_c}{m_c}-\dfrac{T_t}{m_t}$。于是通过引入等价近距离轨道追逃微分对策模型，深度神经网络可简化为如式(8.165)所示：

$$F = F(\tilde{\boldsymbol{X}}_0, n \mid \theta^F) \tag{8.165}$$

式中

$$\tilde{\boldsymbol{X}}_0 = \boldsymbol{X}_{c0} - \boldsymbol{X}_{t0}$$

这样做的好处是，简化了深度神经网络的网络结构，使得训练更容易收敛。需要注意的是，这一步骤并非必要，即使不引入等价近距离轨道追逃微分对策模型，该算法依然有效。

8.3.2.2 应用阶段

应用阶段为 DNN 优化算法的主要阶段，其类似于传统智能优化算法，可以分为两步：第一步利用准备阶段训练得到的深度神经网络根据任务初始条件输出猜想优化向量 $\boldsymbol{p}'$；第二步利用猜想优化向量 $\boldsymbol{p}'$ 运用局部优化算法进行进一步优化得到优化向量 $\boldsymbol{p}^*$。其具体流程如伪代码 8.2 所示。

伪代码 8.2：DNN 优化算法应用阶段

```
设定最大函数调用次数为 N_e
设定相对公差为 δh_r、δp_r
设定绝对公差为 δh_a、δp_a
使用深度神经网络根据任务初始条件输出猜想优化向量 p'
while 优化结果不满足终止条件 do
    通过局部优化算法进一步收敛至优化向量 p*
end
```

需要注意的是，如果任务初始条件与准备阶段随机生成的样本集相差太大，可能会造成深度神经网络输出的猜想优化向量 $\boldsymbol{p}'$ 的质量不佳，以致局部优化算法无法收敛至满足条件的优化向量 $\boldsymbol{p}^*$。为解决这个问题以提高算法的普适性，可以对应用阶段进行适当的改进，改进的应用阶段流程如伪代码 8.3 所示。

改进的 DNN 优化算法应用阶段对局部优化算法进一步收敛得到的中间向量 $\tilde{\boldsymbol{p}}$ 进行了验证，如果该中间向量 $\tilde{\boldsymbol{p}}$ 满足条件即接受为优化向量 $\boldsymbol{p}^*$，否则将采用传统智能优化算法进行优化，并且在得到优化向量 $\boldsymbol{p}^*$ 后再存入样本集以待进一步优化深度神经网络。

伪代码 8.3：改进 DNN 优化算法应用阶段

```
设定最大函数调用次数为 N_e
设定相对公差为 δh_r、δp_r
设定绝对公差为 δh_a、δp_a
使用深度神经网络根据任务初始条件输出猜想优化向量 p′
while 优化结果不满足终止条件 do
  通过局部优化算法进一步收敛至中间向量 p*
end
计算中间向量 p̃ 对应的目标函数值 h̃
if h̃<h_t then
    接受该中间向量为优化向量 p*
else
    采用传统智能优化算法求解优化向量 p*
    将该条样本记录存入样本集以待进一步优化深度神经网络
end
```

这样做的好处是，即使应用阶段无法直接得到满足条件的优化向量 $\boldsymbol{p}^*$ 而改用传统智能优化算法，其耗时相比于直接使用传统智能优化算法并没有明显增加，而且通过将智能优化算法的计算结果存入样本集，可以对深度神经网络进行进一步优化。

8.3.3 仿真分析

8.3.3.1 随机生成样本方法概述

首先，随机生成目标航天器的半长轴 a_t，其取值范围如式(8.166)所示：

$$a_{\min} \leqslant a_t \leqslant a_{\max} \tag{8.166}$$

然后，随机生成轨道倾角 i_t、升交点赤经 Ω_t 和真近点角 u_t，其中轨道倾角 i_t、升交点赤经 Ω_t 和真近点角 u_t 的取值范围分别如式(8.167)~式(8.169)所示：

$$-\frac{\pi}{2} \leqslant i_t \leqslant \frac{\pi}{2} \tag{8.167}$$

$$0 \leqslant \Omega_t \leqslant 2\pi \tag{8.168}$$

$$0 \leqslant u_t \leqslant 2\pi \tag{8.169}$$

则根据上述随机生成的轨道根数，目标航天器的位置矢径 $\boldsymbol{R}_t$ 可以被确定。

下一步，随机生成追踪航天器在以目标航天器为参考航天器的 LVLH 坐标系中的矢径 $\boldsymbol{r}_c$，矢径 $\boldsymbol{r}_c$ 的取值范围如式(8.170)所示：

$$|\boldsymbol{r}|_{\min} \leqslant |\boldsymbol{r}_c| \leqslant |\boldsymbol{r}|_{\max} \tag{8.170}$$

类似地，追踪航天器的升交点赤经 Ω_c 可以根据目标航天器的升交点赤经 Ω_t 随机生成，升交点赤经 Ω_c 随机生成满足的条件如式(8.171)所示：

$$|\Delta\Omega| = |\Omega_c - \Omega_t| \tag{8.171}$$

然后，追踪航天器的半长轴 a_c、轨道倾角 i_c、升交点赤经 Ω_c 和真近点角 u_c 可以根据式

(8.172)~式(8.176)计算得到：

$$a_c = |\boldsymbol{R}_c| \tag{8.172}$$

$$i_c = \arccos\left(\frac{\boldsymbol{z} \cdot \boldsymbol{h}_c}{|\boldsymbol{h}_c|}\right) \tag{8.173}$$

$$\Omega_c = \Omega_t + \Delta\Omega \tag{8.174}$$

$$\sin u_c = \frac{|\boldsymbol{h}_c|}{|\boldsymbol{R}_c|} \tag{8.175}$$

$$\cos u_c = \frac{\boldsymbol{r}_\Omega \cdot \boldsymbol{R}_c}{|\boldsymbol{R}_c|} \tag{8.176}$$

式中

$$\boldsymbol{R}_c = \boldsymbol{R}_t + \boldsymbol{r}_c$$

$$\boldsymbol{z} = [0,0,1]^{\mathrm{T}}$$

$$\boldsymbol{h}_c = \boldsymbol{r}_\Omega \times \boldsymbol{R}_c$$

$$\boldsymbol{r}_\Omega = [\cos \Omega_c, \sin \Omega_c, 0]^{\mathrm{T}}$$

至此，追踪航天器的初始状态 $\boldsymbol{X}_{c0}$ 和目标航天器的轨道角速度 n 可以根据上述随机生成的轨道根数确定。

8.3.3.2 准备阶段

采用小节 8.3.3.1 的方法随机生成追踪航天器的初始状态向量 $\boldsymbol{X}_{c0}$ 以及目标航天器轨道角速度 n，其中的参数设置分别如式(8.177)~式(8.181)所示：

$$a_{\min} = 1 \times 10^7 \tag{8.177}$$

$$a_{\max} = 3 \times 10^7 \tag{8.178}$$

$$|\boldsymbol{r}|_{\min} = 1 \times 10^3 \tag{8.179}$$

$$|\boldsymbol{r}|_{\max} = 1 \times 10^4 \tag{8.180}$$

$$|\Delta\Omega| = \frac{\pi}{1\,800} \tag{8.181}$$

深度神经网络的网络结构经测试后采用如图 8.17 所示。该深度神经网络为 7 层线性深度神经网络，以追踪航天器的初始状态向量 $\boldsymbol{X}_{c0}$ 以及目标航天器轨道角速度 n 为输入，输出为猜想优化向量 $\boldsymbol{p}'$。考虑到输出变量的取值范围，其中协态变量和时间的输出激活函数分别为 tanh 和 sigmoid，而网络中间层的激活函数则采用常规的 relu 函数。

设样本集容量 N 和优化目标阈值 h_t 分别如式(8.182)和式(8.183)所示：

$$N = 10\,000 \tag{8.182}$$

$$h_t = 1 \tag{8.183}$$

深度神经网络的优化器采用 Adam 优化器(深度神经网络优化器选择并不唯一，这里也可以采用 RMSprop 优化器，SGD 优化器等常用优化器)。学习率 l_r、最大迭代次数 M 和验证频率 f_v 的设定如式(8.184)~式(8.186)所示：

$$l_r = 1 \times 10^{-6} \tag{8.184}$$

$$M = 1\,000\,000 \tag{8.185}$$

$$f_v = 5\,000 \tag{8.186}$$

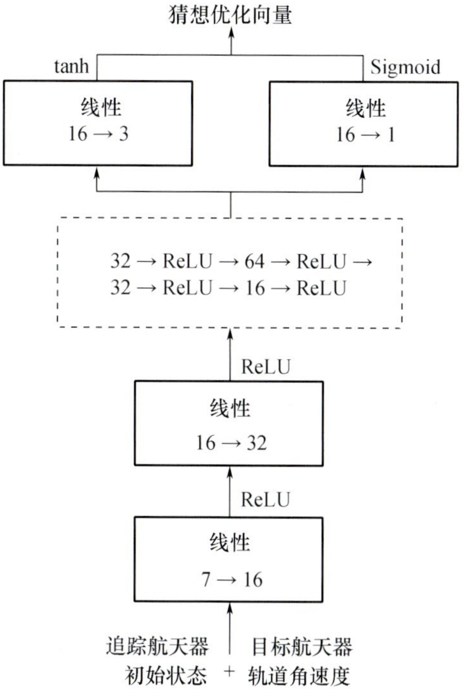

图 8.17　网络结构示意图

训练过程中的网络输出偏差 δ_p 如图 8.18 所示，随着训练次数的增加，网络输出偏差 δ_p 逐渐降低，说明网络训练已如预期生效。虽然最终网络输出偏差 δ_p 并没有完全收敛至 0，但是这样的精度已经足够用以输出猜想优化向量 $\boldsymbol{p}'$。

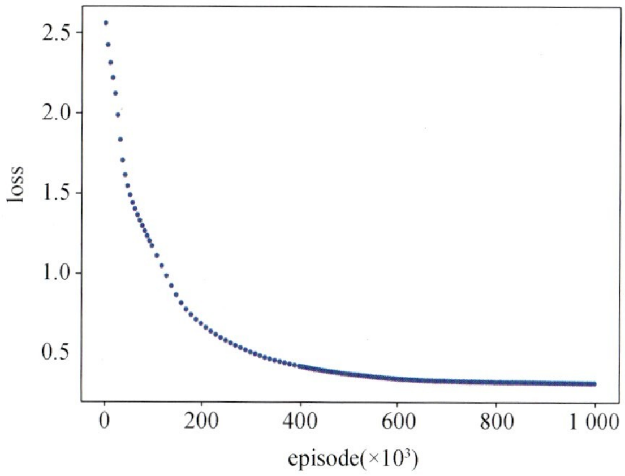

图 8.18　网络输出偏差 δ_p 随训练变化

网络训练采用 pytorch 框架实现，计算机配置为：①处理器：11th Gen Intel(R) Core(TM) i7-11700 @ 2.5 GHz (16 CPUs), 2.5 GHz；②内存：16384 MB RAM；③显卡：NVIDIA GeForce RTX 3060。

8.3.3.3 应用阶段

应用阶段为 DNN 优化算法的主要阶段。为验证算法的有效性和普适性，本小节引入了四种不同的算例对 DNN 优化算法进行仿真分析。在每种算例中采用传统智能优化算法和 DNN 优化算法分别求解，并对其求解结果进行了对比。

算例一：追踪航天器初始绕飞目标航天器

在算例一的设定中，追踪航天器初始绕飞目标航天器。根据近地航天器轨道动力学原理，在 LVLH 坐标系中如果航天器的初始状态满足一定条件，航天器将绕参考航天器做周期性运动，而在该算例中目标航天器即为参考航天器。其中绕飞条件如式(8.187)和式(8.188)所示：

$$\dot{y}_0 = -2nx_0 \tag{8.187}$$

$$y_0 = \frac{2}{n}\dot{x}_0 \tag{8.188}$$

首先，假设目标航天器的初始轨道为圆轨且轨道半长轴 a_t 的取值如式(8.189)所示：

$$a_t = 2\times 10^7\ \mathrm{m} \tag{8.189}$$

然后以目标航天器为参考航天器，追踪航天器的初始状态设定如式(8.190)所示：

$$\boldsymbol{X}_{c0}\begin{cases} x_{c0} = 2\times 10^3\ \mathrm{m} \\ y_{c0} = 4.4799\times 10^{-1}\ \mathrm{m} \\ z_{c0} = 1\times 10^3\ \mathrm{m} \\ \dot{x}_{c0} = 5\times 10^{-2}\ \mathrm{m/s} \\ \dot{y}_{c0} = -8.9286\times 10^{-1}\ \mathrm{m/s} \\ \dot{z}_{c0} = 0 \end{cases} \tag{8.190}$$

则根据式(8.187)和式(8.188)可知，该设定下追踪航天器满足绕飞条件，所以追踪航天器初始绕飞目标航天器。

分别采用传统智能优化算法和 DNN 优化算法求解该算例，其中传统智能优化算法的求解时间 t_T、优化值 h_T^* 和优化向量 $\boldsymbol{p}_T^*$ 如式(8.191)~式(8.193)所示；DNN 优化算法的求解时间 t_D、优化值 h_D^* 和优化向量 $\boldsymbol{p}_D^*$ 如式(8.194)~式(8.196)所示：

$$t_T = 8.4291\times 10^1\ \mathrm{s} \tag{8.191}$$

$$h_T^* = 4.7295\times 10^{-2} \tag{8.192}$$

$$\boldsymbol{p}_T^* = [1.6994\times 10^{-1},\quad 8.8077\times 10^{-1},\quad 4.4268\times 10^{-1},\quad 2.1568]^T \tag{8.193}$$

$$t_D = 8.8636\times 10^{-1}\ \mathrm{s} \tag{8.194}$$

$$h_D^* = 7.1027\times 10^{-2} \tag{8.195}$$

$$\boldsymbol{p}_D^* = [1.8199\times 10^{-1},\quad 9.4327\times 10^{-1},\quad 4.7409\times 10^{-1},\quad 2.1568]^T \tag{8.196}$$

式中，下标 T 表示采用的算法为传统智能优化算法，下标 D 表示采用的算法为 DNN 优化算法。

追踪航天器和目标航天器的鞍点轨迹示和鞍点控制序列分别如图 8.19 和图 8.20 所示。

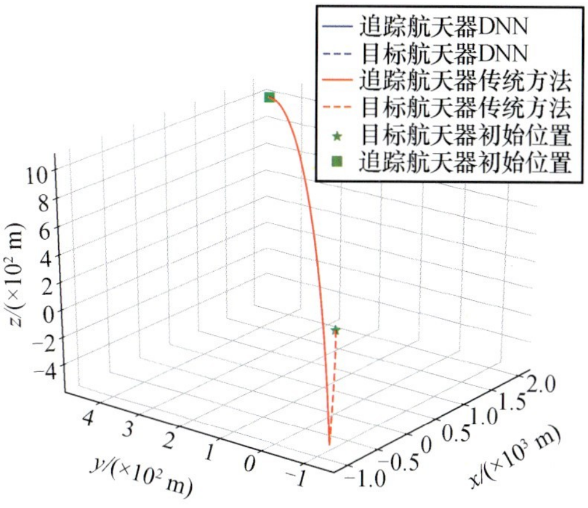

图 8.19　算例一鞍点轨迹

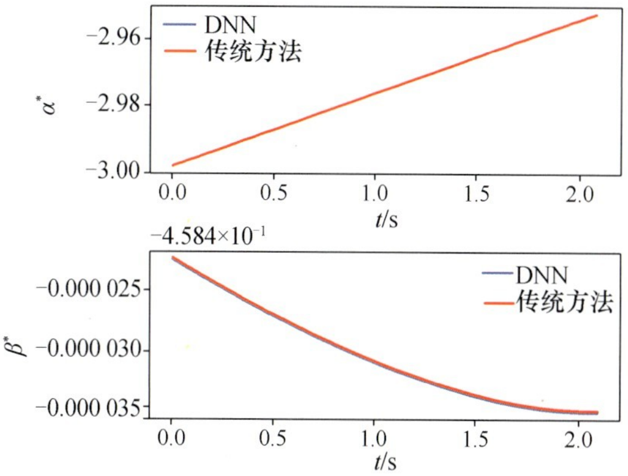

图 8.20　算例一鞍点控制序列

算例二:不同轨道倾角

算例二的设定为追踪航天器与目标航天器初始轨道根数除轨道倾角外完全相同。假设目标航天器的初始轨道为圆轨且轨道半长轴 a_t 的取值如式(8.197)所示:

$$a_t = 2 \times 10^7 \text{ m} \tag{8.197}$$

以目标航天器为参考航天器,则追踪航天器的初始状态设定如式(8.198)所示:

$$\boldsymbol{X}_{c0}\begin{cases} x_{c0} = -1 \times 10^{-5} \text{ km} \\ y_{c0} = 0 \\ z_{c0} = 2 \text{ km} \\ \dot{x}_{c0} = 1.0466 \times 10^{-4} \text{ m/s} \\ \dot{y}_{c0} = 1.6172 \text{ m/s} \\ \dot{z}_{c0} = 0 \end{cases} \tag{8.198}$$

分别采用传统智能优化算法和 DNN 优化算法求解该算例,其中传统智能优化算法的求解时间 t_T、优化值 h_T^* 和优化向量 $\boldsymbol{p}_T^*$ 如式(8.199)~式(8.201)所示;DNN 优化算法的求解时间 t_D,优化值 h_D^* 和优化向量 $\boldsymbol{p}_D^*$ 如式(8.202~8.204)所示:

$$t_T = 1.2109 \times 10^2 \text{ s} \tag{8.199}$$

$$h_T^* = 1.01715 \times 10^{-4} \tag{8.200}$$

$$\boldsymbol{p}_T^* = [-3.8423 \times 10^{-7},\quad -2.5434 \times 10^{-5},\quad 5.0739 \times 10^{-1},\quad 2.0292]^T \tag{8.201}$$

$$t_D = 1.9501 \text{ s} \tag{8.202}$$

$$h_D^* = 5.4330 \times 10^{-4} \tag{8.203}$$

$$\boldsymbol{p}_D^* = [-3.8266 \times 10^{-7},\quad -2.5435 \times 10^{-5},\quad 5.0738 \times 10^{-1},\quad 2.0292]^T \tag{8.204}$$

追踪航天器和目标航天器的鞍点轨迹和鞍点控制序列分别如图 8.21 和图 8.22 所示。

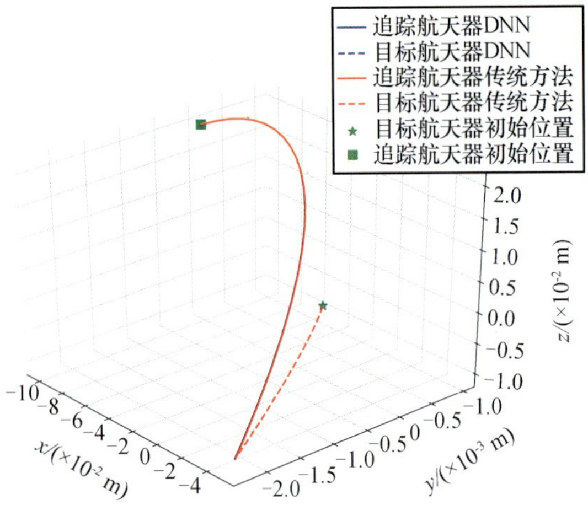

图 8.21 算例二鞍点轨迹

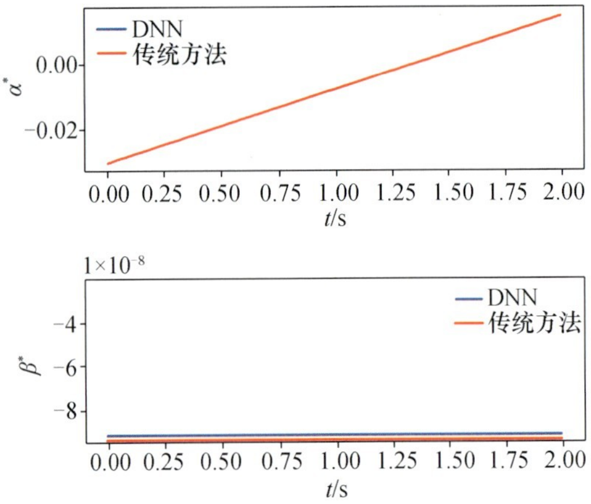

图 8.22 算例二鞍点控制序列

算例三：追踪航天器初始位于目标航天器“下后方”

算例三的设定为追踪航天器与目标航天器共面，追踪航天器轨道高度低于目标航天器且目标航天器与追踪航天器的相位差为正。假设目标航天器的初始轨道为圆轨且轨道半长轴 a_t 的取值如式(8.205)所示：

$$a_t = 2\times10^7\ \text{m} \tag{8.205}$$

以目标航天器为参考航天器，追踪航天器的初始状态设定如式(8.206)所示：

$$\boldsymbol{X}_{c0}\begin{cases}x_{c0}=-4.8296\ \text{km}\\ y_{c0}=-1.2941\ \text{km}\\ z_{c0}=0\\ \dot{x}_{c0}=1.0466\times10^{-4}\ \text{m/s}\\ \dot{y}_{c0}=1.6172\ \text{m/s}\\ \dot{z}_{c0}=0\end{cases} \tag{8.206}$$

分别采用传统智能优化算法和 DNN 优化算法求解该算例，其中传统智能优化算法的求解时间 t_T、优化值 h_T^* 和优化向量 $\boldsymbol{p}_T^*$ 如式(8.207)～式(8.209)所示；DNN 优化算法的求解时间 t_D、优化值 h_D^* 和优化向量 $\boldsymbol{p}_D^*$ 如式(8.210)～式(8.212)所示：

$$t_T = 8.3488\times10^{1}\ \text{s} \tag{8.207}$$

$$h_T^* = 3.0965\times10^{-3} \tag{8.208}$$

$$\boldsymbol{p}_T^* = [-1.8461\times10^{-1},\quad -7.0895\times10^{-1},\quad 3.3340\times10^{-8},\quad 3.0965]^{\mathrm{T}} \tag{8.209}$$

$$t_D = 8.4558\times10^{-1}\ \text{s} \tag{8.210}$$

$$h_D^* = 1.9064\times10^{-2} \tag{8.211}$$

$$\boldsymbol{p}_D^* = [-1.4949\times10^{-1},\quad -5.7406\times10^{-1},\quad 4.5394\times10^{-8},\quad 3.1748]^{\mathrm{T}} \tag{8.212}$$

追踪航天器和目标航天器的鞍点轨迹和鞍点控制序列分别如图 8.23 和图 8.24 所示。

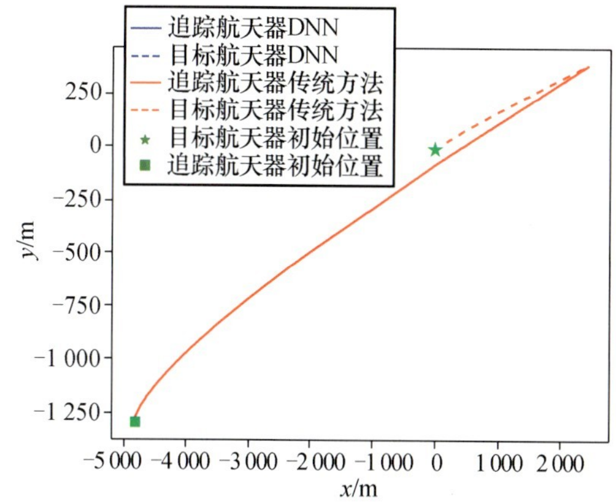

图 8.23　算例三鞍点轨迹

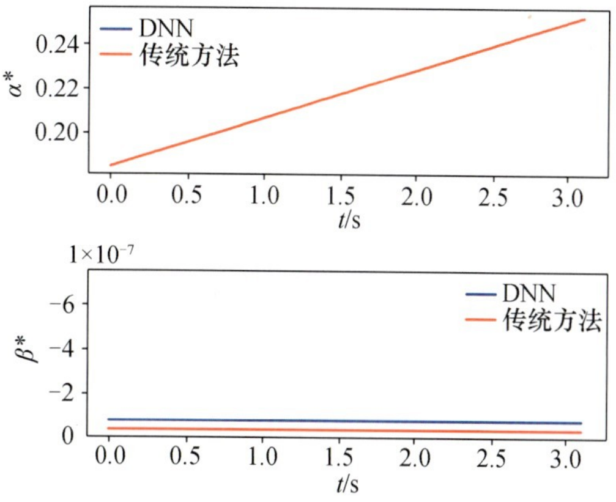

图 8.24　算例三鞍点控制序列

算例四：追踪航天器初始“跟随”目标航天器

算例四的设定为追踪航天器与目标航天器共面，追踪航天器与目标航天器轨道高度相同且目标航天器与追踪航天器的相位差为正。假设目标航天器的初始轨道为圆轨且轨道半长轴 a_t 的取值如式(8.213)所示：

$$a_t = 2 \times 10^7 \text{ m} \tag{8.213}$$

以目标航天器为参考航天器，则追踪航天器的初始状态设定如式(8.214)所示：

$$\boldsymbol{X}_{c0}\begin{cases} x_{c0} = -1.6 \text{ m} \\ y_{c0} = -7.999\,9 \text{ km} \\ z_{c0} = 1.571\,5 \times 10^{-6} \text{ km} \\ \dot{x}_{c0} = -3.290\,8 \times 10^{-16} \text{ m/s} \\ \dot{y}_{c0} = 6.344\,9 \times 10^{-13} \text{ m/s} \\ \dot{z}_{c0} = 3.181\,9 \times 10^{-16} \text{ m/s} \end{cases} \tag{8.214}$$

分别采用传统智能优化算法和 DNN 优化算法求解该算例，其中传统智能优化算法的求解时间 t_T、优化值 h_T^* 和优化向量 $\boldsymbol{p}_T^*$ 如式(8.215)～式(8.217)所示；DNN 优化算法的求解时间 t_D、优化值 h_D^* 和优化向量 $\boldsymbol{p}_D^*$ 如式(8.218)～式(8.220)所示：

$$t_T = 1.186\,4 \times 10^2 \text{ s} \tag{8.215}$$

$$h_T^* = 1.414\,1 \tag{8.216}$$

$$\boldsymbol{p}_T^* = [-9.972\,2 \times 10^{-1},\quad 1.205\,3 \times 10^{-1},\quad 1.125\,6 \times 10^{-8},\quad 4.063\,3]^T \tag{8.217}$$

$$t_D = 1.344\,3 \text{ s} \tag{8.218}$$

$$h_D^* = 1.345\,0 \tag{8.219}$$

$$\boldsymbol{p}_D^* = [-8.340\,5 \times 10^{-1},\quad 1.008\,1 \times 10^{-1},\quad -3.224\,8 \times 10^{-9},\quad 4.063\,3]^T \tag{8.220}$$

追踪航天器和目标航天器的鞍点轨迹和鞍点控制序列分别如图 8.25 和图 8.26 所示。

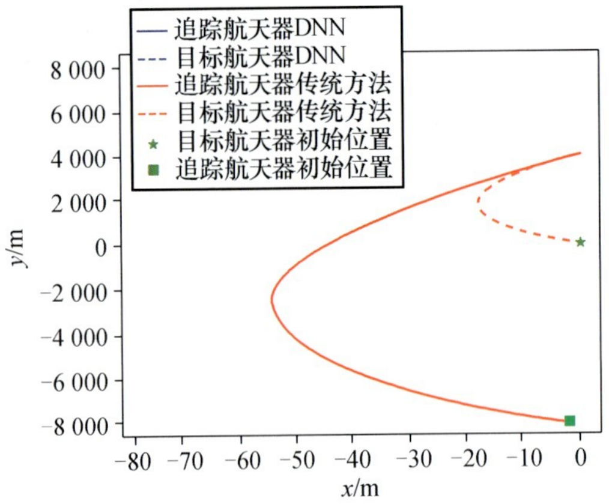

图 8.25　算例四鞍点轨迹

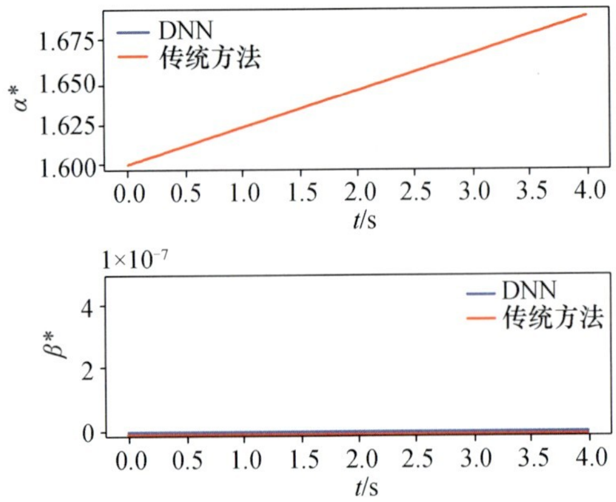

图 8.26　算例四鞍点控制序列

综上所述,本小节采用传统智能优化算法和 DNN 优化算法成功求解了四个预设算例,并对求解结果进行了对比,在一定程度上验证了 DNN 优化算法的有效性和普适性的同时,也对传统智能优化算法和 DNN 优化算法的求解效率和求解质量进行了对比。传统智能优化算法与 DNN 优化算法求解时间对比见表 8.2,传统智能优化算法与 DNN 优化算法的优化值对比见表 8.3。

表 8.2　传统智能优化算法与 DNN 优化算法求解时间对比

算法	算例一	算例二	算例三	算例四
传统/s	8.4291×10^{1}	1.2109×10^{2}	8.3488×10^{1}	1.1864×10^{2}
DNN/s	8.8636×10^{-1}	1.950 1	8.4558×10^{-1}	1.344 3

表 8.3　传统智能优化算法与 DNN 优化算法优化值对比

算法	算例一	算例二	算例三	算例四
传统	4.7295×10^{-2}	1.01715×10^{-4}	3.0965×10^{-3}	1.414 1
DNN	7.1027×10^{-2}	5.4330×10^{-4}	1.9064×10^{-2}	1.345 0

如表 8.2 所示,对于同一算例,传统智能优化算法所耗费的求解时间比 DNN 优化算法普遍高出两个数量级。然而如表 8.3 所示,两者的优化值几乎相同。这说明相比于传统智能优化算法,DNN 优化算法能在不损失精度的前提下成功求解了上述四个算例,并且求解效率远高于传统智能优化算法。事实上,不仅限于上述算例,在之后的仿真分析中也发现 DNN 优化算法的求解效率普遍高于传统智能优化算法。

8.4　共面轨道追逃问题

共面轨道追逃问题作为航天器轨道追逃中的特殊场景,其主要适用于追踪航天器与目标航天器的初始轨道为近圆轨道，轨道共面且轨道倾角相等的任务场景，其中追踪航天器与目标航天器初始轨道高度相差几十千米到几千千米。相比于远距离轨道追逃问题和近距离轨道追逃问题，共面轨道追逃问题更加直观，其运动规律也更易分析。所以，共面轨道追逃问题更加适合建立马尔可夫决策过程，以对智能体进行训练完成追逃任务。本小节针对共面轨道追逃问题，基于二维地心惯性系下的绝对运动动力学模型，首先建立了先验信息样本生成模型，然后结合马尔可夫决策过程的定义建立了共面轨道追逃马尔可夫决策过程，为强化学习算法提供了训练框架。

8.4.1　共面轨道追逃模型

8.4.1.1　先验信息样本生成模型

为描述追踪航天器和目标航天器在共面轨道追逃问题中的状态，引入二维地心惯性系，如图 8.27 所示，其中坐标系 X 轴指向追踪航天器初始位置，Y 轴垂直于 X 轴且使追踪航天器方位角变化率为正。

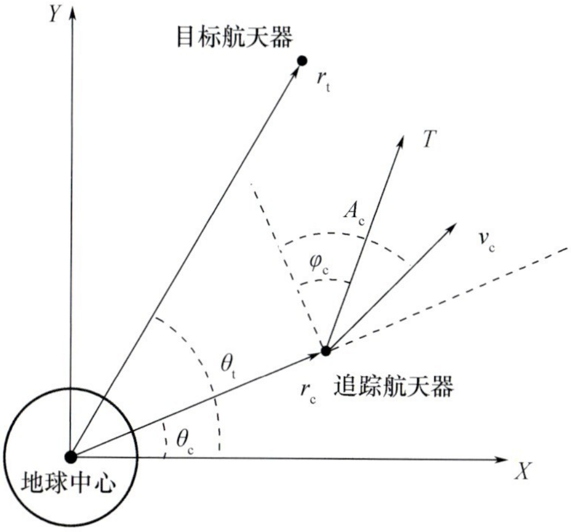

图 8.27　二维地心惯性系示意图

设追踪航天器与目标航天器初始轨道为圆轨且轨道倾角相等，航天器推质比 T_i/m_i 追逃全程为常数，航天器的状态变量包括地心距 r_i、速度大小 v_i、方位角 θ_i 和速度方位角 A_i。定义控制变量 φ_i 用以描述推力方向。其中，下标 i=c 表示追踪航天器，下标 i=t 表示目标航天器。

设状态向量为 $\boldsymbol{x}_i$，控制向量为 $\boldsymbol{u}_i$，则二维地心惯性系下的绝对运动动力学模型如式(8.221)所示：

$$\dot{\boldsymbol{x}}_i = f_i(\boldsymbol{x}_i, \boldsymbol{u}_i, t) \tag{8.221}$$

式中

$$\boldsymbol{x}_i = [r_i, v_i, \theta_i, A_i]^{\mathrm{T}}$$
$$\boldsymbol{u}_i = [\varphi_i]^{\mathrm{T}}$$

如图 8.27 所示，定义航天器的地心矢径为 $\boldsymbol{r}_i$，则 $\boldsymbol{r}_i$ 的表达式如式(8.222)所示：

$$\boldsymbol{r}_i = r_i \boldsymbol{i} \tag{8.222}$$

式中,$\boldsymbol{i}$ 为单位向量,由地心指向航天器。

则航天器的速度矢量 $\boldsymbol{v}_i$ 可写作如式(8.223)所示:

$$\boldsymbol{v}_i = v_i \sin A_i \boldsymbol{i} + v_i \cos A_i \boldsymbol{j} \tag{8.223}$$

式中,$\boldsymbol{j}$ 为单位向量,垂直于单位向量 $\boldsymbol{i}$。

同时,航天器的速度矢量 $\boldsymbol{v}_i$ 亦可写作如式(8.224)所示:

$$\boldsymbol{v}_i = \frac{\mathrm{d}\boldsymbol{r}_i}{\mathrm{d}t} = \dot{r}_i \boldsymbol{i} + r_i \dot{\theta}_i \boldsymbol{j} \tag{8.224}$$

比较式(8.223)和式(8.224)可得航天器地心距变化率 $\dot{r}_i$ 和方位角变化率 $\dot{\theta}_i$ 分别如式(8.225)和式(8.226)所示:

$$\dot{r}_i = v_i \sin A_i \tag{8.225}$$

$$\dot{\theta}_i = \frac{v_i \cos A_i}{r_i} \tag{8.226}$$

继续对式(8.223)求导即为航天器所受外力之和如式(8.227)所示:

$$\frac{\mathrm{d}\boldsymbol{v}_i}{\mathrm{d}t} = \left(\frac{T_i}{m_i}\sin\varphi_i - \frac{\mu_E}{r_i^2}\right)\boldsymbol{i} + \frac{T_i}{m_i}\cos\phi_i \boldsymbol{j} \tag{8.227}$$

式中,μ_{E} 为地球引力常数。

展开式(8.227)得航天器速度矢量变化率如式(8.228)所示:

$$\frac{\mathrm{d}\boldsymbol{v}_i}{\mathrm{d}t} = \left(\dot{v}_i \sin A_i + v_i \cos A_i \dot{A}_i - \frac{v_i^2 \cos^2 A_i}{r_i}\right)\boldsymbol{i} + \left(\dot{v}_i \cos A_i - v_i \sin A_i \dot{A}_i + \frac{v_i^2 \sin A_i \cos A_i}{r_i}\right)\boldsymbol{j} \tag{8.228}$$

对比式(8.227)和式(8.228)可得航天器速度大小变化率 $\dot{v}_i$ 和速度方位角变化率 $\dot{A}_i$ 分别如式(8.229)和式(8.230)所示:

$$\dot{v}_i = \frac{T_i}{m_i}\cos(\varphi_i - A_i) - \frac{\sin A_i}{r_i^2} \tag{8.229}$$

$$v_i \dot{A}_i = \frac{T_i}{m_i}\sin(\varphi_i - A_i) - \left(\frac{\mu_{\mathrm{E}}}{r_i^2} - \frac{v_i^2}{r_i}\right)\cos A_i \tag{8.230}$$

综上所述,得到二维地心惯性系下的绝对运动动力学模型如式(8.231)~式(8.234)所示:

$$\dot{r}_i = v_i \sin A_i \tag{8.231}$$

$$\dot{v}_i = \frac{T_i}{m_i}\cos(\varphi_i - A_i) - \frac{\sin A_i}{r_i^2} \tag{8.232}$$

$$\dot{\theta}_i = \frac{v_i \cos A_i}{r_i} \tag{8.233}$$

$$v_i \dot{A}_i = \frac{T_i}{m_i}\sin(\varphi_i - A_i) - \left(\frac{\mu_{\mathrm{E}}}{r_i^2} - \frac{v_i^2}{r_i}\right)\cos A_i \tag{8.234}$$

追踪航天器意图快速靠近目标航天器,定义共面轨道追逃问题的边界条件 $\boldsymbol{\Psi}$ 如式

(8.235)所示：

$$\boldsymbol{\Psi} = r_{\mathrm{cf}} - r_{\mathrm{tf}} = 0 \tag{8.235}$$

式中，r_{cf} 和 r_{tf} 分别表示追踪航天器和目标航天器的地心矢径终端值。则边界条件可进一步展开如式(8.236)所示：

$$\boldsymbol{\Psi} = [r_{\mathrm{cf}} - r_{\mathrm{tf}}, \theta_{\mathrm{cf}} - \theta_{\mathrm{tf}}]^{\mathrm{T}} \tag{8.236}$$

设追逃时间 t_{f} 作为该模型的目标函数 ϕ 如式(8.237)所示：

$$\phi = t_{\mathrm{f}} \tag{8.237}$$

定义哈密尔顿函数 H 和终端函数 Φ 分别如式(8.238)和式(8.239)所示：

$$H = \boldsymbol{\lambda}_{\mathrm{c}}^{\mathrm{T}} \boldsymbol{f}_{\mathrm{c}} + \boldsymbol{\lambda}_{\mathrm{t}}^{\mathrm{T}} \boldsymbol{f}_{\mathrm{t}} \tag{8.238}$$

$$\boldsymbol{\Phi} = \phi + \boldsymbol{v}^{\mathrm{T}} \boldsymbol{\Psi} \tag{8.239}$$

式中

$$\boldsymbol{\lambda}_i = [\lambda_{i1}, \lambda_{i2}, \lambda_{i3}, \lambda_{i4}]^{\mathrm{T}}, i = \mathrm{c}, \mathrm{t}$$

$$\boldsymbol{v} = [v_1, v_2]^{\mathrm{T}}$$

$\boldsymbol{\lambda}$ 是与状态方程共轭的协态向量；$\boldsymbol{v}$ 是与边界条件共轭的协态向量。

根据微分对策理论，协态变量须满足的必要条件如式(8.240)和式(8.241)所示：

$$\dot{\boldsymbol{\lambda}} = -\left[\frac{\partial H}{\partial \boldsymbol{x}}\right]^{\mathrm{T}} = -\left[\frac{\partial \boldsymbol{f}}{\partial \boldsymbol{x}}\right]^{\mathrm{T}} \boldsymbol{\lambda} \tag{8.240}$$

$$\lambda_{ijf} - \frac{\partial \boldsymbol{\Phi}}{\partial x_{ijf}} = 0, j = 1,2,3,4 \tag{8.241}$$

进一步展开式(8.240)和式(8.241)分别得到协态方程和协态变量边界条件如式(8.242)~式(8.245)和式(8.246)~式(8.249)所示：

$$\dot{\lambda}_{i1} = -\frac{2\sin A_i}{r_i^3}\lambda_{i2} + \frac{v_i \cos A_i}{r_i^2}\lambda_{i3} + \frac{\cos A_i}{v_i}\left(\frac{v_i^2}{r_i^2} - \frac{2\mu_{\mathrm{E}}}{r_i^3}\right)\lambda_{i4} \tag{8.242}$$

$$\begin{aligned}\dot{\lambda}_{i2} = &-\sin A_i \lambda_{i1} - \frac{\cos A_i}{r_i}\lambda_{i3} + \\ &\left[\frac{\cos A_i}{v_i^2}\left(\frac{v_i^2}{r_i} - \frac{\mu_{\mathrm{E}}}{r_i^2}\right) - \frac{T_i}{m_i}\frac{\sin(A_i - \varphi_i)}{v_i^2} - \frac{2\cos A_i}{r_i}\right]\lambda_{i4}\end{aligned} \tag{8.243}$$

$$\dot{\lambda}_{i3} = 0 \tag{8.244}$$

$$\begin{aligned}\dot{\lambda}_{i4} = &-v_i \cos A_i \lambda_{i1} + \left[\frac{T_i}{m_i}\sin(A_i - \varphi_i) + \frac{\cos A_i}{r_i^2}\right]\lambda_{i2} + \frac{v_i \sin A_i}{r_i}\lambda_{i3} + \\ &\left[\frac{T_i}{m_i}\frac{\cos(A_i - \varphi_i)}{v_i} + \frac{\sin A_i}{v_i}\left(\frac{v_i^2}{r_i} - \frac{\mu_{\mathrm{E}}}{r_i^2}\right)\right]\lambda_{i4}\end{aligned} \tag{8.245}$$

满足条件：

$$\lambda_{\mathrm{c1f}} + \lambda_{\mathrm{t1f}} = 0 \tag{8.246}$$

$$\lambda_{\mathrm{c3f}} + \lambda_{\mathrm{t3f}} = 0 \tag{8.247}$$

$$\lambda_{\mathrm{c2f}} = 0 \tag{8.248}$$

$$\lambda_{\mathrm{c4f}} = 0 \tag{8.249}$$

哈密尔顿函数须满足的必要条件如式(8.250)所示：

$$\frac{\partial \boldsymbol{\Phi}}{\partial t_{\mathrm{f}}} + H_{\mathrm{f}} = 0 \tag{8.250}$$

展开式(8.250)得到哈密尔顿函数的边界条件如式(8.251)所示：

$$1 + H_{\mathrm{f}} = 0 \tag{8.251}$$

鞍点解须满足的必要条件如式(8.252)和式(8.253)所示：

$$\frac{\partial H}{\partial \boldsymbol{u}_i} = 0 \tag{8.252}$$

$$\frac{\partial^2 H}{\partial \boldsymbol{u}_i^2} \geqslant 0 \tag{8.253}$$

则航天器的最优控制变量 φ_i^* 须满足的条件如式(8.254)和式(8.255)所示：

$$\lambda_2 \sin(A_i - \varphi_i^*) + \frac{\lambda_{i4}}{v_i}\cos(A_i - \varphi_i^*) = 0 \tag{8.254}$$

$$\frac{\lambda_{i4}}{v_i}\sin(A_i - \varphi_i^*) - \lambda_{i2}\cos(A_i - \varphi_i^*)\begin{cases} \geqslant 0, & i = \mathrm{c} \\ \leqslant 0, & i = \mathrm{t} \end{cases} \tag{8.255}$$

进一步化简得到航天器的控制方程如式(8.256)和式(8.257)所示：

$$\varphi_i^* = A_i + \arctan\left(\frac{\lambda_{i4}}{\lambda_{c2} v_i}\right) \tag{8.256}$$

或

$$\varphi_i^* = A_i + \arctan\left(\frac{\lambda_{i4}}{\lambda_{i2} v_i}\right) + \pi \tag{8.257}$$

其中,式(8.255)可用于判断从式(8.256)和式(8.257)中选择正确的控制方程。

至此,先验信息样本生成模型由式(8.231)~式(8.235)、式(8.238)和式(8.251)组成,同时该先验信息样本生成模型也构成了一个两点边值问题。该两点边值问题为生成先验信息训练样本提供了基础。

8.4.1.2 基于马尔可夫决策过程的共面轨道追逃模型

不同于基于微分对策理论的传统建模方式。在本小节中,将引入马尔可夫决策过程的定义并对共面轨道追逃问题进行建模,为强化学习提供训练框架。

8.4.1.3 马尔可夫决策过程

在强化学习问题中,智能体(agent)通过执行动作(action)与环境(environment)相互作用,并通过反馈(reward)进行学习以实现目标。马尔可夫决策过程是对强化学习问题的数学描述,是强化学习问题的训练框架。图 8.28 为强化学习训练框架。

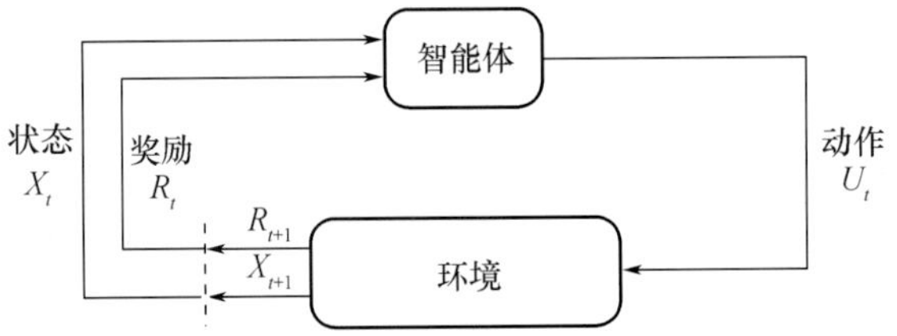

图 8.28 强化学习训练框架

一般地,定义马尔可夫决策过程为(X,U,P,R)。其中X表示状态集;U表示动作集;$P:X\times U\times X\to[0,1]$表示状态转移概率;$R:X\times U\times X\to\mathbb{R}$表示奖励函数。

对于任意状态$\boldsymbol{x}\in X$、$\boldsymbol{x}'\in X$和动作$\boldsymbol{u}\in U$,条件概率$P_{\boldsymbol{x},\boldsymbol{x}'}^{\boldsymbol{u}}=\Pr\{\boldsymbol{x}'\mid\boldsymbol{x},\boldsymbol{u}\}$表示在马尔可夫决策过程中通过执行动作$\boldsymbol{u}$,状态由$\boldsymbol{x}$转移至$\boldsymbol{x}'$的概率,$R_{\boldsymbol{x},\boldsymbol{x}'}^{\boldsymbol{u}}$表示通过执行动作$\boldsymbol{u}$,状态由$\boldsymbol{x}$转移至$\boldsymbol{x}'$的奖励。在马尔可夫决策过程中,状态转移概率$P_{\boldsymbol{x},\boldsymbol{x}'}^{\boldsymbol{u}}$仅取决于当前的状态$\boldsymbol{x}$与选择执行的动作$\boldsymbol{u}$,而与历史状态和动作无关,该特性也称为马尔可夫决策过程的马尔可夫性质(Markov property)。

定义时刻k的瞬时奖励为r_k,则其与奖励$R_{\boldsymbol{x},\boldsymbol{x}'}^{\boldsymbol{u}}$的关系如式(8.258)所示:

$$R_{\boldsymbol{x},\boldsymbol{x}'}^{\boldsymbol{u}}=E\{r_k\mid\boldsymbol{x}_k=\boldsymbol{x},\boldsymbol{u}_k=\boldsymbol{u},\boldsymbol{x}_{k+1}=\boldsymbol{x}'\}\tag{8.258}$$

式中,$E\{\cdot\}$表示数学期望。

定义未来奖励J_k如式(8.259)所示:

$$J_k=\sum_{i=0}\gamma^i r_{k+i}=\sum_{i=k}\gamma^{i-k}r_i\tag{8.259}$$

其中$0\leqslant\gamma\leqslant1$为折合因子,其中小的折合因子更强调即时性奖励,而大的折合因子则更强调累积性奖励。

定义策略π(policy)如式(8.260)所示:

$$\pi:X\times U\to[0,1]\tag{8.260}$$

对于任意状态$\boldsymbol{x}\in X$和动作$\boldsymbol{u}\in U$,条件概率$\pi(\boldsymbol{x},\boldsymbol{u})=\Pr\{\boldsymbol{u}\mid\boldsymbol{x}\}$表示在马尔可夫决策过程中状态$\boldsymbol{x}$下执行动作$\boldsymbol{u}$的概率。当存在多个非零条件概率对应的动作时,该策略称为随机性策略(stochastic policy),否则称为确定性策略(deterministic policy)。

特别地,对于确定性策略,策略可直接写作由状态向量$\boldsymbol{x}$到控制向量$\boldsymbol{u}$的映射,如式(8.261)所示:

$$\pi:X\to U\tag{8.261}$$

定义值函数$V_k^{\pi}(\boldsymbol{x})$如式(8.262)所示:

$$\begin{aligned}V_k^{\pi}(\boldsymbol{x})&=E_{\pi}\{J_k\mid\boldsymbol{x}_k=\boldsymbol{x}\}\\&=E_{\pi}\Big\{\sum_{i=k}\gamma^{i-k}r_i\mid\boldsymbol{x}_k=\boldsymbol{x}\Big\}\end{aligned}\tag{8.262}$$

式中,$E_{\pi}\{\cdot\}$表示采取策略$\pi(\boldsymbol{x},\boldsymbol{u})$的数学期望。

马尔可夫决策过程的基本问题即为寻找一个最优策略$\pi^*(\boldsymbol{x},\boldsymbol{u})$以最小化值函数,如式(8.263)所示:

$$\begin{aligned}\pi^*(\boldsymbol{x},\boldsymbol{u})&=\underset{\pi}{\operatorname{argmin}}E_{\pi}\{J_k\mid\boldsymbol{x}_k=\boldsymbol{x}\}\\&=\underset{\pi}{\operatorname{argmin}}E_{\pi}\Big\{\sum_{i=k}\gamma^{i-k}r_i\mid\boldsymbol{x}_k=\boldsymbol{x}\Big\}\end{aligned}\tag{8.263}$$

其对应的值函数$V_k^*(\boldsymbol{x})$被称为最优值函数,如式(8.264)所示:

$$V_k^*(\boldsymbol{x})=\min_{\pi}V_k^{\pi}(\boldsymbol{x})=\min_{\pi}E_{\pi}\Big\{\sum_{i=k}\gamma^{i-k}r_i\mid\boldsymbol{x}_k=\boldsymbol{x}\Big\}\tag{8.264}$$

进一步根据值函数的定义,值函数$V_k^{\pi}(\boldsymbol{x})$可以进一步展开,如式(8.265)所示:

$$\begin{aligned}V_k^{\pi}(\boldsymbol{x})&=E_{\pi}\Big\{\sum_{i=k}\gamma^{i-k}r_i\mid\boldsymbol{x}_k=\boldsymbol{x}\Big\}\\&=E_{\pi}\Big\{r_k+\gamma\sum_{i=k+1}\gamma^{i-(k+1)}r_i\mid\boldsymbol{x}_k=\boldsymbol{x}\Big\}\end{aligned}$$

$$
\begin{aligned}
&= \sum_{u} \pi(\boldsymbol{x},\boldsymbol{u}) \sum_{x'} P^{\boldsymbol{u}}_{\boldsymbol{x},\boldsymbol{x}'} \left[R^{\boldsymbol{u}}_{\boldsymbol{x},\boldsymbol{x}'} + \gamma E_{\pi}\left\{r_k + \gamma \sum_{i=k+1} \gamma^{i-(k+1)} r_i \mid \boldsymbol{x}_{k+1} = \boldsymbol{x}'\right\}\right] \\
&= \sum_{u} \pi(\boldsymbol{x},\boldsymbol{u}) \sum_{x'} P^{\boldsymbol{u}}_{\boldsymbol{x},\boldsymbol{x}'} \left[R^{\boldsymbol{u}}_{\boldsymbol{x},\boldsymbol{x}'} + \gamma V^{\pi}_{k+1}(\boldsymbol{x}')\right]
\end{aligned} \tag{8.265}
$$

式(8.265)即为著名的贝尔曼方程。贝尔曼方程反应了值函数的后向递推性(backward recursion),其也是基于值函数的强化学习算法对网络参数实施更新的重要依据。

进一步,定义 $Q^{\pi}_k(\boldsymbol{x},\boldsymbol{u})$ 如式(8.266)所示

$$
Q^{\pi}_k(\boldsymbol{x},\boldsymbol{u}) = E_{\pi}\left\{\sum_{i=k} \gamma^{i-k} r_i \mid \boldsymbol{x}_k = \boldsymbol{x}, \boldsymbol{u}_k = \boldsymbol{u}\right\} \tag{8.266}
$$

式(8.266)即为著名的 Q 函数(Q-function, quality function)。Q 函数本质上为一个条件期望,其表示在状态 $\boldsymbol{x}$ 时执行动作 $\boldsymbol{u}$ 的期望累计收益。根据定义,Q 函数与值函数的转换关系分别如式(8.267)和式(8.268)所示:

$$
Q^{\pi}_k(\boldsymbol{x},\boldsymbol{u}) = \sum_{x'} P^{\boldsymbol{u}}_{\boldsymbol{x},\boldsymbol{x}'} \left[R^{\boldsymbol{u}}_{\boldsymbol{x},\boldsymbol{x}'} + \gamma V^{\pi}_{k+1}(\boldsymbol{x}')\right] \tag{8.267}
$$

$$
V^{\pi}_k(\boldsymbol{x}) = \sum_{u} \pi(\boldsymbol{x},\boldsymbol{u}) Q^{\pi}_k(\boldsymbol{x},\boldsymbol{u}) \tag{8.268}
$$

进一步展开式(8.266)可得 Q 函数形式的贝尔曼方程,如式(8.269)所示:

$$
\begin{aligned}
Q^{\pi}_k(\boldsymbol{x},\boldsymbol{u}) &= E_{\pi}\left\{\sum_{i=k} \gamma^{i-k} r_i \mid \boldsymbol{x}_k = \boldsymbol{x}, \boldsymbol{u}_k = \boldsymbol{u}\right\} \\
&= E_{\pi}\left\{r_k + \gamma \sum_{i=k+1} \gamma^{i-(k+1)} r_i \mid \boldsymbol{x}_k = \boldsymbol{x}, \boldsymbol{u}_k = \boldsymbol{u}\right\} \\
&= \sum_{x'} P^{\boldsymbol{u}}_{\boldsymbol{x},\boldsymbol{x}'} \left[R^{\boldsymbol{u}}_{\boldsymbol{x},\boldsymbol{x}'} + \gamma E_{\pi}\left\{\sum_{i=k+1} \gamma^{i-(k+1)} r_i \mid \boldsymbol{x}_{k+1} = \boldsymbol{x}'\right\}\right] \\
&= \sum_{x'} P^{\boldsymbol{u}}_{\boldsymbol{x},\boldsymbol{x}'} \left[R^{\boldsymbol{u}}_{\boldsymbol{x},\boldsymbol{x}'} + \gamma \sum_{u'} E_{\pi}\left\{\sum_{i=k+1} \gamma^{i-(k+1)} r_i \mid \boldsymbol{x}_{k+1} = \boldsymbol{x}', \boldsymbol{u}_{k+1} = \boldsymbol{u}'\right\}\right] \\
&= \sum_{x'} P^{\boldsymbol{u}}_{\boldsymbol{x},\boldsymbol{x}'} \left[R^{\boldsymbol{u}}_{\boldsymbol{x},\boldsymbol{x}'} + \gamma \sum_{u'} Q^{\pi}_{k+1}(\boldsymbol{x}',\boldsymbol{u}')\right]
\end{aligned} \tag{8.269}
$$

如式(8.269)所示,Q 函数与值函数同样也满足贝尔曼方程,该方程也是基于 Q 函数的强化学习算法更新对网络参数实施更新的重要依据。

尽管值函数和 Q 函数的贝尔曼方程都能作为强化学习算法中对网络参数实施更新的重要依据,然而在现代强化学习算法中,Q 函数的应用频率远高于值函数,这是因为基于 Q 函数的强化学习算法在求解最优 Q 函数的同时也能同时确定最优策略,而基于值函数的强化学习算法则需要多进行一步转换工作。

为建立共面轨道追逃马尔可夫决策过程,现将追踪航天器视为受训智能体,而追踪航天器的目标则是实现对目标航天器的快速追踪。则根据绝对运动动力学模型可知,状态集 X 和动作集 U 分别对应状态向量 $\boldsymbol{x}=[\boldsymbol{x}_{\mathrm{c}},\boldsymbol{x}_{\mathrm{t}}]$ 和控制向量 $\boldsymbol{u}=\boldsymbol{u}_{\mathrm{c}}$ 的取值范围。

设时间间隔为 τ,由于共面轨道追逃问题遵循二维地心惯性系下的绝对运动动力学模型(8.221),所以状态转移概率 P 如式(8.270)所示:

$$
P^{\boldsymbol{u}}_{\boldsymbol{x},\boldsymbol{x}'} = 1 \tag{8.270}
$$

式中

$$
\boldsymbol{x}' = \int_{t}^{t+\tau} f(\boldsymbol{x},\boldsymbol{u},t)\,\mathrm{d}t
$$

$\boldsymbol{x} \in X$、$\boldsymbol{x}' \in X$ 分别表示时刻 t 和时刻 $t+\tau$ 的状态;$\boldsymbol{u} \in U$ 表示控制向量;$P^{\boldsymbol{u}}_{\boldsymbol{x},\boldsymbol{x}'}$ 表示通过施加控制向量 $\boldsymbol{u}$,系统状态从 $\boldsymbol{x}$ 转移至 $\boldsymbol{x}'$ 的概率。

由于追踪航天器意图快速接近目标航天器，所以定义奖励函数 R 如式(8.271)所示：

$$R_{x,x'}^{u}=\begin{cases}-100, & d\leqslant d_{\min}\\ 1, & \text{其他}\end{cases} \tag{8.271}$$

式中，$R_{x,x'}^{u}$ 表示通过作用控制向量 $\boldsymbol{u}$，系统状态由 $\boldsymbol{x}$ 转移至 $\boldsymbol{x}'$ 的奖励；d 表示追踪航天器与目标航天器之间的距离；d_{min} 表示追踪航天器与目标航天器之间的距离阈值，当追踪航天器与目标航天器之间的距离小于距离阈值时判定追踪航天器成功完成对目标航天器的追踪。

假设系统初始状态为 $\boldsymbol{x}_0$，则一条完整的马尔可夫链如式(8.272)所示：

$$\overbrace{\boldsymbol{x}_0,u_0,r_0,\boldsymbol{x}_1}^{\text{transition 1}}\underbrace{\boldsymbol{x}_1,u_1,r_1,\boldsymbol{x}_2}_{\text{transition 2}}\overbrace{\boldsymbol{x}_2,u_2,r_2,\boldsymbol{x}_3}^{\text{transition 3}},\cdots,\underbrace{\boldsymbol{x}_{n-1},u_{n-1},r_{n-1},\boldsymbol{x}_n}_{\text{transition } n} \tag{8.272}$$

该马尔可夫链由 n 个转移样本记录(transition)组成，而转移样本记录由当前状态 $\boldsymbol{x}_k$、动作 $\boldsymbol{u}_k$、奖励 r_k 和下一状态 $\boldsymbol{x}_{k+1}$ 组成。当追踪航天器与目标航天器的距离 d 足够接近或者转移样本记录个数超过预设的最大值 m 时，判定马尔可夫链结束。

在共面轨道追逃马尔可夫决策过程中，采用确定性策略，如式(8.261)所示。共面轨道追逃马尔可夫决策过程旨在搜索一个最优确定性策略 $\boldsymbol{\pi}^*$，该策略由状态向量 $\boldsymbol{x}$ 直接映射到控制向量 $\boldsymbol{u}$，使得初始状态的值函数 $V_0^{\pi}(\boldsymbol{x}_0)$ 达到最小值，如式(8.273)所示：

$$\boldsymbol{\pi}^*=\underset{\pi}{\operatorname{argmin}}V_0^{\pi}(\boldsymbol{x}_0) \tag{8.273}$$

本小节通过引入马尔可夫决策过程，建立了共面轨道追逃马尔可夫决策过程，其旨在搜索一个最优确定性策略 $\boldsymbol{\pi}^*$ 使得初始状态的值函数 $V_0^{\pi}(\boldsymbol{x}_0)$ 达到最小值，同时该马尔可夫决策过程也构成了强化学习的训练框架。在共面轨道追逃马尔可夫决策过程中没有出现协态变量、哈密尔顿函数等辅助变量，这使得共面轨道追逃马尔可夫决策过程更加直观易懂。

综上所述，本小节基于二维地心惯性系下的绝对运动动力学模型，结合微分对策理论和马尔可夫决策过程的定义，分别建立了先验信息样本生成模型和共面轨道追逃马尔可夫决策过程，其中先验信息样本生成模型将共面轨道追逃问题成功转化为与之对应的两点边值问题，为生成训练样本提供基础，而共面轨道追逃马尔可夫决策过程则为强化学习提供了训练框架。

8.4.2　算法设计

一般情况下，强化学习算法并不需要事先将先验信息注入智能体进行初始化。但是，相比于传统的强化学习环境，比如 Cartpole、Pendulum 或 Atari，共面轨道追逃问题的环境更加复杂。这种复杂性体现在三个方面：①一般的强化学习环境动作集均为离散集，而共面轨道追逃问题的环境为连续集；②即使动作集为连续集，状态集和动作集的取值范围也不大，例如 Cartpole 环境；③共面轨道追逃问题的环境所遵循的动力学模型更为复杂，动作集与状态集的映射不直观。

针对第一点，已经有学者提出了针对连续动作集的强化学习算法，如 DDPG、A2C 和 TRPO 等。虽然这些算法在求解传统连续动作集的环境中取得了很好的效果，例如 Cartpole 环境，然而如果直接将其应用于共面轨道追逃问题仍然会造成不收敛。

针对第二点，最为直接有效的解决方法即对共面轨道追逃问题进行整体的分析以缩小状态集和动作集的取值范围，缩小强化学习算法的搜索范围进而提高算法收敛性。这样的操作又被称为“剪枝”(pruning),即通过对问题的整体分析,去掉一些不必要的搜索节点以减少搜索负担。

针对第三点,如果动作集与状态集的映射相对直观,则可以利用这样的映射规律进一步减少搜索范围以提高算法收敛性。例如在无人机追逃问题的相关研究中,利用模糊控制理论将这种映射规律植入智能体再进行强化学习的方法就十分常见且有效。然而在共面轨道追逃问题中并不存在这样直观的映射关系,所以不仅很难利用模糊控制理论降低问题的复杂性,而且还直接增加了智能体的学习负担,造成传统强化学习算法难以收敛。

综上所述,将传统强化学习算法直接应用于共面轨道追逃问题会造成不收敛。为解决算法收敛性问题,本小节针对上述难点设计了经验深度确定性策略梯度搜索(experience based deep deterministic policy gradient,EBDDPG)。该算法基于传统深度确定性策略梯度搜索(deep deterministic policy gradient,DDPG)设计,共包含三个阶段:训练准备阶段、信息注入阶段和梯度下降阶段。

8.4.2.1 训练准备阶段

训练准备阶段的主要工作包括:①通过分析先验信息样本生成模型,总结共面轨道追逃问题的相关性质以缩小搜索空间;②为信息注入阶段准备训练集 T 与验证集 V 以完成先验信息的注入。其中训练集与验证集均由以初始状态 $\boldsymbol{x}_0$ 为标签的样本记录(record)序列组成。

定义一条样本记录包含状态、动作和未来奖励,如式(8.274)所示:

$$\overbrace{\boldsymbol{x}_0,u_0,J_0}^{\text{record 1}},\underbrace{\boldsymbol{x}_1,u_1,J_1}_{\text{record 2}},\overbrace{\boldsymbol{x}_2,u_2,J_2}^{\text{record 3}},\cdots,\underbrace{\boldsymbol{x}_{n-1},u_{n-1},J_{n-1}}_{\text{record } n},\boldsymbol{x}_n \tag{8.274}$$

式中,样本记录序列通过求解先验信息样本生成模型;未来奖励根据式(8.259)计算获取。

训练准备阶段的具体流程如伪代码 8.4 所示。

伪代码 8.4:训练准备阶段

```
确定随机初始状态的状态空间范围
生成 m 个共面轨道追逃任务场景并存入集合 T_i
生成 n 个共面轨道追逃任务场景并存入集合 V_i
初始化训练集 T 和验证集 V
for T_i 和 V_i 中的每一个共面轨道追逃任务场景 do
    建立先验信息样本生成模型并求解
    根据样本记录的定义生成样本记录序列
    将样本记录序列以初始状态 x_0 为标签存入对应的训练集 T 和验证集 V
end
```

在伪代码 8.4 中,首先,随机生成了 $m+n$ 个共面轨道追逃任务场景,并分别存入了集合 T_i 和 V_i 中;然后,依次对 T_i 和 V_i 中的所有共面轨道追逃任务场景建立先验信息样本生成模型并求解;最后,将求解结果根据样本记录的定义生成样本记录序列并以初始状态 $\boldsymbol{x}_0$ 为标签分别存入训练集 T 和验证集 V。

追踪航天器在执行对目标航天器的追踪时存在最优相对方位角，追踪航天器在最优相对方位角附近的“次优”初始位置也能在短时间内完成对目标航天器的追踪。所以为缩小搜索空间提高算法的收敛性，随机初始状态将会根据具体问题设定在其最优相对方位角附近随机生成。

综上所述，训练准备阶段的重点在于：首先根据具体问题设定进行分析并缩小搜索空间，然后在搜索空间内生成训练集 T 和验证集 V，为信息注入阶段提供训练数据。

8.4.2.2　信息注入阶段

信息注入阶段旨在利用训练准备阶段生成的训练集 T 与验证集 V 对深度神经网络进行训练和验证，这样做的目的是在正式训练前将先验信息注入深度神经网络以提高算法的收敛性。

与传统深度确定性策略梯度搜索类似，在该算法中同样引入了四个深度神经网络：策略评价网络 Q（policy critic network）、策略控制网络 μ（policy actor network）、目标评价网络 Q'（target critic network）和目标控制网络 μ'（target actor network）。其中策略网络负责与环境交互产生记录，而目标网络负责定期复制并记录策略网络的权重参数。

在传统深度确定性策略梯度搜索的设定中，策略评价网络和目标评价网络的结构完全相同且均用以拟合 Q 函数，即网络输入为当前状态 $\boldsymbol{x}$ 和动作 $\boldsymbol{u}$，输出为未来奖励 J；策略控制网络和目标控制网络结构完全相同且均用以拟合确定性策略，该网络输入当前状态 $\boldsymbol{x}$，输出动作 $\boldsymbol{u}$。

本章中评价网络和控制网络的网络结构如图 8.29 所示。控制网络采用 8 层线性网络结构，其中隐藏层的激活函数采用 ReLU 函数，输出层的激活函数采用 tanh 函数；评价网络采用 6 层线性网络结构，其中隐藏层的激活函数采用 ReLU 函数，输出层不采用激活函数直接输出。

对于控制网络，由于控制变量 φ_c 为角度变量，可以规定其取值范围如式(8.275)所示：

$$-\pi < \varphi_c < \pi \tag{8.275}$$

激活函数 tanh 的取值范围如式(8.276)所示：

$$-1 < \tanh < 1 \tag{8.276}$$

对比式(8.275)和式(8.276)可知，将 tanh 作为激活函数能够方便地将网络输出变量转换为控制变量。事实上，对于一般的有上下界的变量，tanh 都可以作为其激活函数以方便对网络输出量进行转换。

对于评价网络，由于未来奖励的取值范围无上下界，所以不再适合采用 ReLU 或 tanh 这样的激活函数而选择直接输出。

传统深度确定性策略梯度搜索在问题建模和设计四个深度神经网络之后便可直接开始训练。但是，此时直接应用传统深度确定性策略梯度搜索会造成算法无法收敛。而利用训练准备阶段生成的训练集 T 与验证集 V 对上述四个网络进行初始化可以有效解决算法的收敛性问题。

事实上，通过初始化网络解决强化学习算法的收敛性问题的思路来自基于强化学习的模糊控制。在基于强化学习的模糊控制中，为了提高强化学习算法的收敛性，首先需对训练环境进行分析并总结出模糊规则，然后利用模糊规则对模糊控制器进行初始化，最后再通过强化学习算法对模糊控制器进行训练。然而，由于模糊规则通常对应十分直观简单的物理规则，所以这种方法多应用于地面追逃或无人机制导等问题中。对于共面轨道追逃问题，由于其物理规则并不直观，所以很难总结出合适的模糊规则，以致很难将模糊控制理论直接应用于共面轨道追逃问题。虽然不能直接使用模糊控制理论，但其思路却可以借鉴以解决传统强化学习算法的收敛性问题。

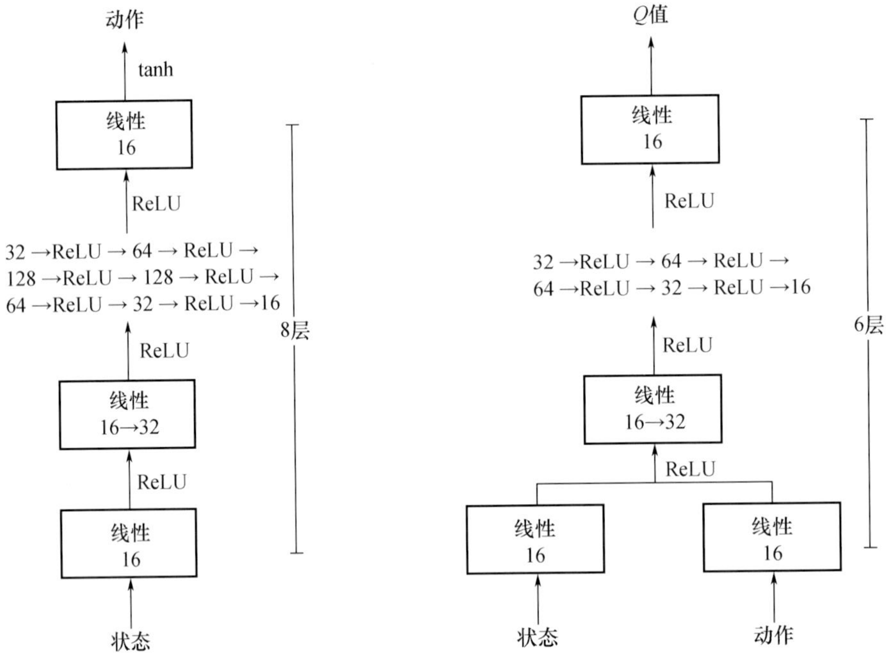

(a)控制网络　　(b)评价网络

图 8.29　评价网络和控制网络的网络结构示意图

信息注入阶段的具体流程如伪代码 8.5 所示。

伪代码 8.5：信息注入阶段

以随机权值参数 θ^Q 初始化策略评价网络 $Q(s,a\mid\theta^Q)$
以随机权值参数 θ^μ 初始化策略控制网络 $\mu(s\mid\theta^\mu)$
初始化样本记录记忆回溯$\mathcal{M}'$
for 循环数 = 1:N'_{max} do
　　从训练集中随机随机提取样本记录序列
　　将提取序列中的所有样本记录存入样本记录记忆回溯$\mathcal{M}'$
　　if 循环数达到训练频率 then
　　　　从样本记录记忆回溯$\mathcal{M}'$中随机提取 N 条样本记录作为训练批样
　　　　以 $\frac{1}{N}\sum\delta_c^2$ 为输出偏差，采用梯度下降算法更新策略评价网络
　　　　以$\frac{1}{N}\sum\delta_a^2$ 为输出偏差，采用梯度下降算法更新策略评价网络
　　end
　　if 循环数达到验证频率 then
　　　　根据验证集 V 中所有样本记录计算策略评价网络的输出偏差
　　　　根据验证集 V 中所有样本记录计算策略控制网络的输出偏差

```
    end
end
采用训练后的权值参数 θ^Q 初始化目标评价网络 Q'(s,a|θ^Q)
采用训练后的权值参数 θ^μ 初始化目标控制网络 μ'(s|θ^μ)
```

如伪代码 8.5 所示，首先对策略评价网络 $Q(s,a|\theta^Q)$ 和策略控制网络 $\mu(s|\theta^\mu)$ 进行了初始化并准备对其进行训练。事实上此处可以选择任意一个评价网络和一个控制网络进行训练（目标网络亦可），只需在训练完成后利用训练好的权值参数对另一个对应网络进行初始化即可。

在对策略评价网络 $Q(s,a|\theta^Q)$ 和策略控制网络 $\mu(s|\theta^\mu)$ 进行训练之前引入了记忆回溯（memory replay）。记忆回溯本质上是一个数据缓存结构，其主要目的是降低训练数据之间的关联性以提高训练的收敛性和稳定性。这是因为在利用训练数据对深度神经网络进行训练时，前提均假设训练数据是独立同分布的，但是训练准备阶段生成的训练集 $\boldsymbol{T}$ 与验证集 $\boldsymbol{V}$ 中的训练数据为以初始状态 $\boldsymbol{x}_0$ 为标签的样本记录序列，序列中的数据之间存在强关联性，如果直接利用该数据对深度神经网络进行训练会造成发散。这样降低数据间相关性的技巧在专业领域有时又被称为经验回放（experience replay）。

在强化学习的过程中，智能体通过与环境互动产生训练数据并将其存入（push）记忆回溯，如果数据量超过记忆回溯的容量，则对之前的数据进行覆盖替换。采样时利用均匀采样的方法从记忆回溯中抽取（sample）数据，然后利用抽取的数据形成训练批样（batch）对深度神经网络进行训练。记忆回溯的工作示意图如图 8.30 所示。

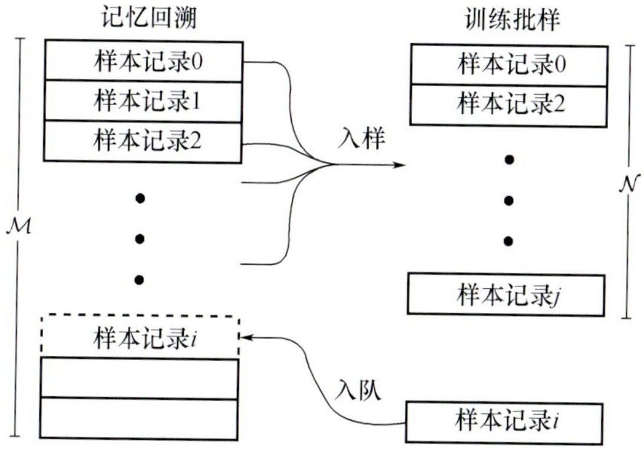

图 8.30　记忆回溯工作示意图

如图 8.30 所示为常规记忆回溯的工作示意图，其在强化学习算法中主要用于存储如式(8.272)所示的转移样本记录，其对转移样本记录的主要操作主要包括存储（push）和抽样（sample）。

在本小节中，引入了样本记录记忆回溯 $\mathcal{M}'$，其作用类似如图 8.30 所示的常规记忆回溯，不同的是其存取的数据为如式(8.274)所示的样本记录而非转移样本记录。通过将训练集中样本记录序列依次存入记忆回溯，再通过随机采样的方法从记忆回溯中抽取样本记录形成训练批样对策略评价网络和策略控制网络进行训练，以达到提高训练收敛性和稳定性的目的。

训练策略评价网络和策略控制网络主要采用的是梯度下降算法，在信息注入阶段，策略评价网络的网络输出偏差 δ_c 和策略控制网络的网络输出偏差 δ_a 的定义分别如式(8.277)和式(8.278)所示：

$$\delta_c = J - Q(\boldsymbol{x},\boldsymbol{u} \mid \theta^Q) \tag{8.277}$$

$$\delta_a = \boldsymbol{u} - \mu(\boldsymbol{x} \mid \theta^\mu) \tag{8.278}$$

式中，J 表示样本记录中的实际未来奖励，$Q(\boldsymbol{x},\boldsymbol{u} \mid \theta^Q)$ 表示通过策略评价网络预估的未来奖励，二者之差作为策略评价网络的网络输出偏差；类似地，$\boldsymbol{u}$ 表示样本记录中的实际动作，$\mu(\boldsymbol{x} \mid \theta^\mu)$ 表示策略控制网络预估的动作，二者之差作为策略控制网络的网络输出偏差。

在信息注入阶段的最后采用策略评价网络和策略控制网络训练后的权值参数 θ^Q 和 θ^μ 分别初始化目标评价网络 $Q'(s,a \mid \theta^Q)$ 和目标控制网络 $\mu'(s \mid \theta^\mu)$。如上文所述，策略评价网络和策略控制网络与目标评价网络和目标控制网络的网络结构完全相同，所以最后一步的作用就是将已经注入策略评价网络和策略控制网络的先验信息再次注入目标评价网络和目标控制网络，以使二者在梯度下降阶段的开始处于相同的状态。

综上所述，信息注入阶段借鉴了基于强化学习的模糊控制的思路，在正式训练前利用训练准备阶段生成的训练集 T 与验证集 V 对策略评价网络 Q、策略控制网络 μ、目标评价网络 Q' 和目标控制网络 μ' 进行了先验信息的注入。并且通过引入样本记录记忆回溯 $\mathcal{M}'$，利用经验回放的技巧降低了训练集 T 中数据间的相关性，提高了信息注入阶段的收敛性和稳定性。信息注入阶段其本质是对四个深度神经网络的初始化，仍然属于该算法的辅助阶段，但因为这一步初始化的质量直接关系到算法整体的收敛性，所以至关重要，其重要程度甚至超过最后的梯度下降阶段。

8.4.3 梯度下降阶段

梯度下降阶段旨在让智能体与环境进行直接互动产生数据，并利用产生的数据对深度神经网络进行训练以实现追踪航天器对目标航天器的快速追踪。

梯度下降阶段的设计思路主要参考传统深度确定性策略梯度搜索，其具体流程如伪代码8.6所示。

伪代码 8.6：梯度下降阶段

初始化记忆回溯 $\mathcal{M}$
初始化共面轨道追逃环境
初始化随机过程 $\mathcal{N}_\epsilon$
for 循环数 $=1:N_{max}$ do
    while 共面轨道追逃环境尚未结束 do
        利用策略控制网络根据当前状态 $\boldsymbol{x}_i$ 输出动作 $\boldsymbol{u}_t=\mu(\boldsymbol{x}_t \mid \theta^\mu)$
        利用随机过程 $\mathcal{N}_\epsilon$ 对动作输出施加动作搜索策略得到新动作 $\hat{\boldsymbol{\mu}}_i$
        执行动作 $\hat{\boldsymbol{\mu}}_i$ 并观察及时奖励 r_i 和下一状态 $\boldsymbol{x}_{i+1}$
        将转移样本记录 $(\boldsymbol{x}_i,\boldsymbol{u}_i,r_i,\boldsymbol{x}_{i+1})$ 存入记忆回溯 $\mathcal{M}$
    end
    通过均匀采样的方法从记忆回溯 $\mathcal{M}$ 随机抽取 N 条转移样本记录 $(\boldsymbol{x}_i,\boldsymbol{u}_i,r_i,\boldsymbol{x}_{i+1})$ 作为训练批样
    计算策略评价网络的 Huber 偏差并以此为依据更新策略评价网络

```
    计算策略控制网络的采样梯度并以此为依据更新策略控制网络
    if 循环数达到软替换的频率 then
        根据环境输出的追逃成功率 α 对目标网络参数进行软替换
    end
    重置共面轨道追逃环境
end
```

如伪代码 8.6 所示，经过信息注入阶段，已经完成了对四个深度神经网络，即策略评价网络 Q、策略控制网络 μ、目标评价网络 Q' 和目标控制网络 μ' 的初始化。所以，相比传统深度确定性策略梯度搜索不再需要首先对四个网络进行权值参数的随机初始化和复制参数等操作。

进一步可以发现，与信息注入阶段类似，梯度下降阶段在训练开始前引入了记忆回溯 $\mathcal{M}$，与信息注入阶段不同的是，梯度下降阶段的记忆回溯为常规记忆回溯，其记录的数据为如式(8.272)所示的转移样本记录。此处引入记忆回溯的目的也与信息注入阶段类似，主要为了消除数据之间的相关性，以提高算法的收敛性和稳定性。

梯度下降阶段的训练环境为共面轨道追逃环境，该环境遵循如式(8.221)所示的动力学模型，且该环境在初始化或重置的时候会在一定范围内随机生成初始状态，该随机生成范围与训练准备阶段相同。

进一步，为扩展策略控制网络的搜索空间引入了随机过程 N_e。该随机过程通过对策略控制网络的输出动作 u_t 添加扰动改变预估的动作，以达到扩展搜索空间避免搜索停滞的目的。但是，如果长时间对策略控制网络的输出进行干扰同样会造成算法无法收敛的问题。所以为了解决上述矛盾，引入动作搜索策略如式(8.279)所示：

$$\hat{\mu}(\boldsymbol{x}_t) = \mu(\boldsymbol{x}_t \mid \theta^{\mu}) + \mathcal{N}_{\epsilon} \tag{8.279}$$

式中

$$\mathcal{N}_{\epsilon} = \begin{cases} 0, & \epsilon > \epsilon_t \\ \mathcal{N}, & \epsilon \leqslant \epsilon_t \end{cases}$$

式(8.279)中的 ϵ 为随机数，其取值范围如式(8.280)所示：

$$\epsilon \in (0,1) \tag{8.280}$$

ϵ_t 为随机数 ϵ 的判定阈值，其大小随循环数从 $\epsilon_{\max}$ 衰减至 $\epsilon_{\min}$，如式(8.281)所示：

$$\epsilon_t = \epsilon_{\min} + (\epsilon_{\max} - \epsilon_{\min})\mathrm{e}^{-\frac{j}{\epsilon_d}} \tag{8.281}$$

式中，j 表示循环数，ϵ_d 表示衰减效率。其中 ϵ_d 取值越大 ϵ_t 衰减越快，ϵ_d 取值越小 ϵ_t 衰减越慢。

上述动作搜索策略又被称为 ϵ-greedy 略，是一种常见的扩展搜索空间的搜索策略。这种搜索策略的设计思路类似于传统智能优化算法中模拟退火算法的退火策略，其特点是在训练初期其对策略控制网络的输出施加干扰以扩展搜索空间，而当训练进行了一段时间，策略控制网络已经进入稳定状态时，其对策略控制网络的干扰逐渐降低。

随后，通过让智能体与共面轨道追逃环境互动，并依据式(8.270)产生的转移样本记录 $(\boldsymbol{x}_t, \boldsymbol{u}_t, r_t, \boldsymbol{x}_{t+1})$ 逐步存入记忆回溯 $\mathcal{M}$。待状态满足如式(8.282)所示时判定成功：

$$d \leqslant d_{\min} \tag{8.282}$$

式中，d 表示追踪航天器与目标航天器之间的距离；$d_{\min}$ 表示追踪航天器与目标航天器之间的距离阈值。式(8.282)表示当追踪航天器与目标航天器之间的距离 d 小于距离阈值 $d_{\min}$ 时判定追踪航天器完成追踪任务。

同时，当状态满足如式(8.283)所示时，判定追踪航天器未完成追踪：

$$t > t_{\max} \tag{8.283}$$

式中，t 表示当前时刻；$t_{\max}$ 表示预定最大时间阈值。

式(8.282)与式(8.283)即为共面轨道追逃环境的结束标志，即在与共面轨道追逃环境互动的过程中无论状态达到式(8.282)或式(8.283)，共面轨道追逃环境均视为结束并主动跳出循环。

然后，通过从记忆回溯$\mathcal{M}$均匀采样 N 条转移样本记录$(\boldsymbol{x}_i,\boldsymbol{u}_i,r_i,\boldsymbol{x}_{i+1})$作为训练批样以计算策略评价网络和策略控制网络的网络输出偏差以更新策略评价网络和策略控制网络。

对于策略评价网络，定义网络输出偏差 δ 如式(8.284)所示：

$$\delta = r_t + \gamma Q'(\boldsymbol{x}_{t+1},\boldsymbol{u}_{t+1} \mid \theta^{Q'}) - Q(\boldsymbol{x}_t,\boldsymbol{u}_t \mid \theta^{Q}) \tag{8.284}$$

式中

$$\boldsymbol{u}_t = \mu(\boldsymbol{x}_t \mid \theta^{\mu})$$

$$\boldsymbol{u}_{t+1} = \mu'(\boldsymbol{x}_{t+1} \mid \theta^{\mu'})$$

可以发现网络输出偏差 δ 主要分为两个部分，第一个部分为 Q 函数估计值，第二部分为 Q 函数实际值，分别如式(8.285)和式(8.286)所示：

$$r_t + \gamma Q'(\boldsymbol{x}_{t+1},\boldsymbol{u}_{t+1} \mid \theta^{Q'}) \tag{8.285}$$

$$Q(\boldsymbol{x}_t,\boldsymbol{u}_t \mid \theta^{Q}) \tag{8.286}$$

对于 Q 函数估计值部分，根据 Q 函数满足的贝尔曼方程(8.269)可知，式(8.285)可进一步写作如式(8.287)所示：

$$Q'(\boldsymbol{x}_t,\boldsymbol{u}_t \mid \theta^{Q'}) \approx r_t + \gamma Q'(\boldsymbol{x}_{t+1},\boldsymbol{u}_{t+1} \mid \theta^{Q'}) \tag{8.287}$$

即 Q 函数的估计值部分通过目标评价网络计算得到，根据下一状态 $\boldsymbol{x}_{t+1}$ 与下一动作 $\boldsymbol{u}_{t+1}$，结合 Q 函数满足的贝尔曼方程(8.269)，对当前的 Q 函数值 $Q'(\boldsymbol{x}_t,\boldsymbol{u}_t \mid \theta^{Q'})$进行计算。其中下一动作 $\boldsymbol{u}_{t+1}$ 通过目标控制网络基于下一状态 $\boldsymbol{x}_{t+1}$ 计算得到。

则网络输出偏差 δ 表示目标评价网络对当前 Q 函数的估计值与策略评价网络对当前 Q 函数的实际值的偏差，该偏差又被称为时间差分(temporal difference)。事实上，这种将估计值与实际值采用不同网络进行计算的技巧在现代强化学习算法中十分普遍，该技巧又被称为异策略(off-policy)。其用意与引入记忆回溯类似，同为消除数据间的相关性以提高算法的收敛性和稳定性。

进一步定义 Huber 偏差 $\mathcal{L}$ 如式(8.288)所示：

$$\mathcal{L} = \frac{1}{N}\sum \mathcal{L}(\delta) \tag{8.288}$$

式中

$$\mathcal{L}(\delta) = \begin{cases} \dfrac{1}{2}\delta^2 & |\delta| \leqslant 1 \\ |\delta| - \dfrac{1}{2} & \text{其他} \end{cases}$$

如式(8.288)所示，Huber 偏差在偏差小的时候采用均方偏差，而在偏差较大时则采用绝对值偏差。引入 Huber 偏差主要为了防止偏差 δ 过大造成算法发散。其将作为梯度下降算法的依据对策略评价网络进行更新。

对于策略控制网络，无须计算网络输出偏差，将策略评价网络的输出直接作为最小化的目标进行梯度下降，定义采样梯度∇如式(8.289)所示：

$$\nabla = \frac{1}{N}\sum \nabla_u Q(\boldsymbol{x},\boldsymbol{u} \mid \theta^Q)\, \nabla_{\theta^\mu}\mu(\boldsymbol{x} \mid \theta^\mu) \tag{8.289}$$

如式(8.289)所示，采样梯度∇即为策略评价网络的输出梯度，其通过策略控制网络的输出 $\boldsymbol{u}$ 作为桥梁将梯度从策略评价网络回传至策略控制网络。

可以发现策略评价网络和策略控制网络的权值参数均采用梯度下降的方式进行更新，而目标评价网络和目标控制网络的权值参数的更新方式则采用直接复制替换的方式。定义目标评价网络和目标控制网络的权值参数的更新方式分别如式(8.290)和式(8.291)所示：

$$\theta^{Q'} \leftarrow \alpha\theta^Q + (1-\alpha)\theta^{Q'} \tag{8.290}$$

$$\theta^{\mu'} \leftarrow \alpha\theta^\mu + (1-\alpha)\theta^{\mu'} \tag{8.291}$$

式中，α 表示替换率，其取值为训练过程中共面轨道追逃环境输出的成功率，即成功率越高替换率越大，成功率越低替换率越小。

式(8.290)和式(8.291)描述的权值参数替换方式很多时候又被称为软替换(soft-replacement)，多应用于异策略的强化学习算法中。需要注意的是，一般情况下替换率 α 的取值不易过大，这里使用成功率作为替换率主要考虑在确保收敛的情况下对算法进行加速。实验发现，采用定值作为替换率(例如经典的 $\alpha=0.01$)，其不仅收敛速度非常慢，而且经常会出现无法收敛的情况。

8.4.4　仿真分析

假设追踪航天器和目标航天器的初始轨道高度分别如式(8.292)和式(8.293)所示：

$$r_{c0} = 1.05\ \text{DU} \approx 300\ \text{km} \tag{8.292}$$

$$r_{t0} = 1.08\ \text{DU} \approx 500\ \text{km} \tag{8.293}$$

追踪航天器的推质比$\dfrac{T_c}{m_c}$追逃全程为常数且取值如式(8.294)所示：

$$\frac{T_c}{m_c} = 0.01g \tag{8.294}$$

式中

$$g = \frac{\mu_E}{R_E^2}$$

目标航天器全程采用微分对策的计算结果，即将追逃轨迹对应的控制序列作为开环逃逸策略。

8.4.4.1　训练准备阶段

当 $R_c=-200$ km 时，追踪航天器较好的追逃起始位置集中在 $V_c=-430$ km 附近，此时的初始方位角之差 $\Delta\theta_0\approx 0.096$ rad。

绘制其归一化追逃时间 $\bar{t}_f$ 随初始方位角之差 $\Delta\theta_0$ 变化如图 8. 31 所示。

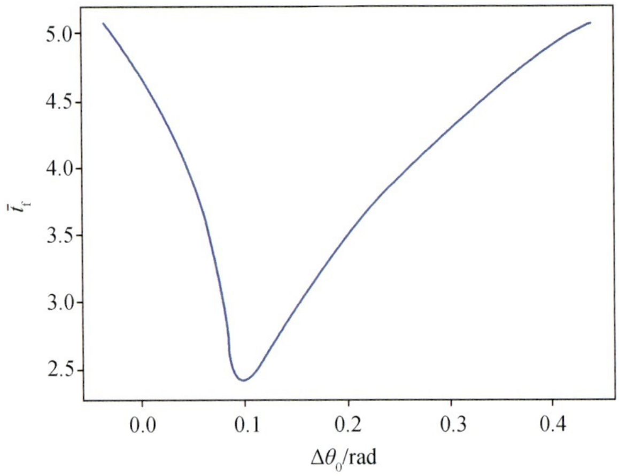

图 8. 31　归一化追逃时间 $\bar{t}_f$ 随初始方位角之差 $\Delta\theta_0$ 变化曲线

如图 8. 31 所示，最优相对方位角大约为 $\frac{1}{30}\pi$，与追逃占优域的分析结果几乎相同，而且越远离最优相对方位角，追踪航天器对目标航天器完成追踪所需的时间越长。所以，考虑到共面轨道追逃的问题设定中追踪航天器旨在快速完成追踪，规定初始方位角差 $\Delta\theta_0$ 的搜索范围如式(8. 295)所示：

$$-\frac{1}{90}\pi \leqslant \Delta\theta_0 \leqslant \frac{5}{36}\pi \tag{8. 295}$$

如图 8. 31 所示，当初始方位角差 $\Delta\theta_0$ 的取值范围如式(8. 295)所示时，可以确保追逃时间 t_f 的取值范围如式(8. 296)所示：

$$t_f < 5\ \text{TU} \tag{8. 296}$$

将如式(8. 295)所示的初始方位角差区间平均分为 2 700 份得到包含 $-\frac{1}{90}\pi$ 和 $\frac{5}{36}\pi$ 在内的 2 701 个样本点。将所有样本点分为训练集样本点和验证集样本点两部分，如图 8. 32 所示。

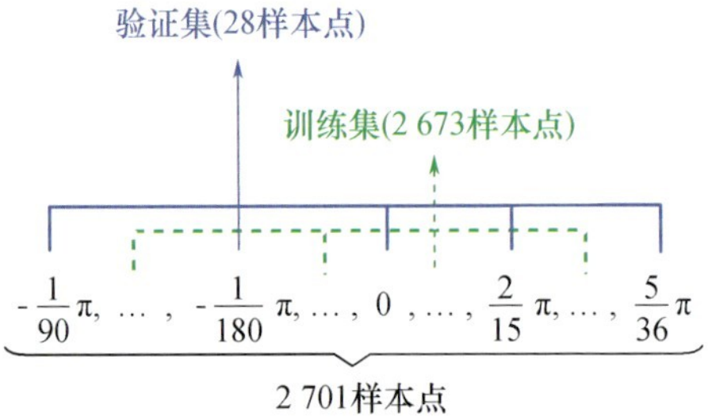

图 8. 32　划分样本点示意图

如图 8. 32 所示，其中验证集共包含 28 个样本点，其样本间隔为 $\frac{1}{180}\pi$，其余共 2 673 个样本点则作为训练集。

按小节 8. 4. 2. 1 的算法描述,首先将所有样本点的初始状态分别存入集合 T_i 和 V_i。

准备好集合 T_i 和 V_i 后,针对集合中的每个初始状态进行求解,然后根据样本记录的定义生成以初始状态 $\boldsymbol{x}_0$ 为标签的样本记录序列存入对应的训练集 T 和验证集 V。其中,训时间间隔 τ 和折合因子 γ 的取值分别如式(8. 297)和式(8. 298)所示:

$$\tau = 0.02\ \text{TU} \tag{8.297}$$

$$\gamma = 0.99 \tag{8.298}$$

综上所述,训练准备阶段主要完成的工作包括:①通过对问题设定进行分析,在最优相对方位角附近确定了初始方位角差 $\Delta\theta_0$ 的取值范围,并在指定范围内生成了样本点;②对所有样本点进行求解并转换为了样本记录序列,以初始状态 $\boldsymbol{x}_0$ 为标签存入训练集 T 和验证集 V,为后续阶段提供训练数据。

8.4.4.2　信息注入阶段

信息注入阶段的主要工作是将训练准备阶段生成的训练集 T 和验证集 V 的先验信息注入策略评价网络 Q、策略控制网络 μ、目标评价网络 Q' 和目标控制网络 μ'。

根据小节 8. 4. 2. 2 中的描述,首先需要对四个网络和样本记录记忆回溯进行初始化。其中四个网络的网络结构如图 8. 29 所示,样本记录记忆回溯中记忆容量 M 和训练批样大小 N 的取值分别如式(8. 299)和式(8. 300)所示:

$$M = 10\ 000 \tag{8.299}$$

$$N = 128 \tag{8.300}$$

在训练过程中,最大循环数 N'_{max}、训练频率 f_{t} 和验证频率 f_{v} 的取值分别如式(8. 301)~式(8. 303)所示:

$$N'_{\text{max}} = 100\ 000 \tag{8.301}$$

$$f_{\text{t}} = 1 \tag{8.302}$$

$$f_{\text{v}} = 200 \tag{8.303}$$

深度神经网络的优化器采用 Adam 优化器,其中策略评价网络和策略控制网络的学习率分别如式(8. 304)和式(8. 305)所示:

$$l_{\text{c}} = 10^{-4} \tag{8.304}$$

$$l_{\text{a}} = 10^{-3} \tag{8.305}$$

按照小节 8. 4. 2. 2 中的算法对四个网络进行训练,其中策略评价网络和策略控制网络的验证结果分别如图 8. 33 和图 8. 34 所示。

网络训练采用 pytorch 框架实现,计算机配置为:①处理器:11th Gen Intel(R) Core(TM) i7-11700 @ 2. 5 GHz (16 CPUs), 2. 5 GHz;②内存:16 384 MB RAM;③显卡:NVIDIA GeForce RTX 3060。

如图 8. 33 和图 8. 34 所示,图中分别描述了策略评价网络和策略控制网络的网络输出偏差随训练循环次数的变化。可以发现,策略评价网络和策略控制网络的网络输出偏差均随训练的进行而逐步减少,这说明先验信息已成功注入策略评价网络和策略控制网络。

进一步可以发现,策略评价网络的网络输出偏差一直呈现下降趋势,而反观策略控制网络,其网络输出偏差在后期一直处于震荡状态。这是因为共面轨道追逃的物理规律本身相对复杂，导致从状态量到控制量的映射关系相对复杂，仅仅依靠监督式训练无法使其收敛。所以，为提高该映射的准确性，需要进行进一步的训练。

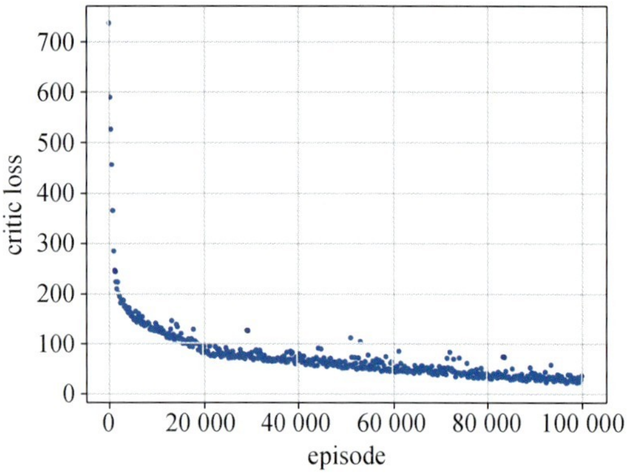

图 8.33 策略评价网络的网络输出偏差变化散点图

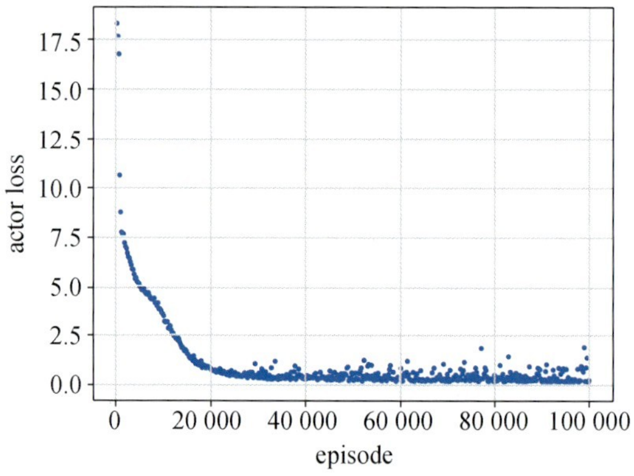

图 8.34 策略控制网络的网络输出偏差变化散点图

最后，在策略评价网络和策略控制网络的训练完成后，将策略评价网络 Q、策略控制网络 μ 的权值参数分别复制给目标评价网络 Q' 和目标控制网络 μ' 即可完成信息注入阶段。

综上所述，信息注入阶段主要完成的工作为利用训练准备阶段生成的训练集 T 和验证集 V 对四个深度神经网络进行初始化，这样做的目的是在正式训练前将先验信息注入深度神经网络以提高算法的收敛性和稳定性，在一定程度上也能提高梯度下降阶段的训练效率。

8.4.4.3 梯度下降阶段

梯度下降阶段为经验深度确定性策略梯度搜索的主要阶段，其目的是让策略评价网络 Q 和策略控制网络 μ 与共面轨道追逃环境直接进行互动，在互动的同时产生数据并利用这些数据对网络进行训练更新。

根据小节 8.4.3 的描述，首先对记忆回溯 $\mathcal{M}$、共面轨道追逃环境和随机过程 N 进行初始化。其中记忆回溯 $\mathcal{M}$ 的容量 M 和训练批样大小 N 的取值采用信息注入阶段样本记录记忆回溯的设定，即如式(8.299)和式(8.300)所示；随机过程 $\mathcal{N}$ 如式(8.306)所示

$$\mathcal{N} \sim \frac{\pi}{24}U(-1,1) \tag{8.306}$$

式中，U 表示均匀分布。则如式(8.306)所示，该随机过程服从均匀分布，且其上下界为 $\pm\frac{\pi}{24}$。

ϵ-greedy 策略中的参数设置分别如式(8.307)～式(8.309)所示：

$$\epsilon_{\min} = 0.05 \tag{8.307}$$

$$\epsilon_{\max} = 1 \tag{8.308}$$

$$\epsilon_{d} = 5\ 000 \tag{8.309}$$

根据算法设计，在训练开始阶段策略控制网络的输出会被平均施加最大 $\pm\frac{\pi}{24}$ 的干扰以扩展搜索，而随着训练的进行该干扰会越来越小最后趋于稳定。

在训练过程中，最大循环数 N_{max} 的取值如式(8.310)所示：

$$N_{max} = 50\,000 \tag{8.310}$$

追踪航天器与目标航天器之间的距离阈值 d_{min} 和预定最大时间阈值 t_{max} 的取值分别如式(8.311)和式(8.312)所示：

$$d_{min} = 0.001\ \text{DU} \tag{8.311}$$

$$t_{max} = 5\ \text{TU} \tag{8.312}$$

根据设定，当式(8.282)或式(8.283)任意一个满足时，共面轨道追逃环境将会被视为结束。

经过上述设定后，分别采用经验深度确定性策略梯度搜索和传统深度确定性策略梯度搜索进行训练，其训练结果如图 8.35 所示。

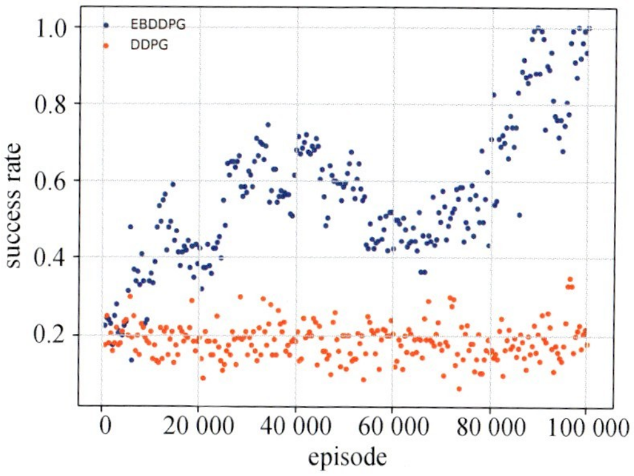

图 8.35 成功率随训练迭代数变化对比图

如图 8.35 所示，图中描绘了成功率随训练进行的变化。可以发现，随着训练的进行经验深度确定性策略梯度搜索的成功率在逐渐提高最后几乎达到 100%，反观传统深度确定性策略梯度搜索的成功率则始终在 20%附近振荡。

由于经验深度确定性策略梯度搜索梯度下降阶段的设计完全参照传统深度确定性策略梯度搜索，其流程与传统深度确定性策略梯度搜索也相差无几，所以造成训练结果不同的主要原因在于经验深度确定性策略梯度搜索的前两个阶段，即训练准备阶段和信息注入阶段。该结果很有力地说明了经验深度确定性策略梯度搜索训练准备阶段和信息注入阶段的必要性，其在很大程度上解决了算法的收敛性问题。

综上所述，梯度下降阶段完成了对深度神经网络控制器的训练，使得追踪航天器在设定的初始方位角之差范围内完成对目标航天器的快速追踪。并且通过与传统深度确定性策略梯度搜索的对比发现，传统深度确定性策略梯度搜索在面对共面轨道追逃问题时存在收敛性问题，而经验深度确定性策略梯度搜索通过训练准备阶段和信息注入阶段的设计成功有效地解决了该问题。

练 习 题

(1)简述远距离轨道追逃与近距离轨道追逃的相同点与不同点。

(2)假设追踪航天器与目标航天器的初始状态已知,试采用笛卡儿模型和球模型计算追踪航天器和目标航天器的最优追逃策略。

$$\begin{cases} r_{c0} = 6\ 578.165\ \text{km} \\ \xi_{c0} = 10° \\ \varphi_{c0} = 0° \\ v_{c0} = 7.784\ \text{km/s} \\ \Theta_{c0} = 0° \\ A_{c0} = 60° \end{cases} \quad \begin{cases} r_{t0} = 6\ 578.165\ \text{km} \\ \xi_{t0} = 36.466° \\ \varphi_{t0} = 7.644° \\ v_{t0} = 7.784\ \text{km/s} \\ \Theta_{t0} = 0° \\ A_{t0} = 40.433° \end{cases}$$

(3)以目标航天器为参考航天器,追踪航天器的初始状态设定已知,试计算追踪航天器和目标航天器的最优追逃策略:

$$\boldsymbol{X}_{c0} \begin{cases} x_{c0} = -1 \times 10^{-5}\ \text{km} \\ y_{c0} = 0 \\ z_{c0} = 2\ \text{km} \\ \dot{x}_{c0} = 1.046\ 6 \times 10^{-4}\ \text{m/s} \\ \dot{y}_{c0} = 1.617\ 2\ \text{m/s} \\ \dot{z}_{c0} = 0 \end{cases}$$

(4)思考采用强化学习算法训练的追踪策略相较于采用传统微分对策方法求解的追踪策略最大的优势。